E. Holzbecher · Modellierung dynamischer Prozesse in der Hydrologie

Springer-Verlag Berlin Heidelberg GmbH

Ekkehard Holzbecher

Modellierung dynamischer Prozesse in der Hydrologie

Grundwasser und ungesättigte Zone

Eine Einführung

Mit 88 Abbildungen und 21 Tabellen

Springer

Dr.-Ing./Dipl. Math. Ekkehard Holzbecher
Forsterstraße 56
10999 Berlin

E-mail: gw_model@iwawi.bv.tu-berlin.de

ISBN 978-3-642-64681-2   ISBN 978-3-642-61073-8 (eBook)
DOI 10.1007/978-3-642-61073-8

Additional material to this book can be downloaded from http://extras.springer.com.
Die Deutsche Bibliothek – CIP-Einheitsaufnahme
Modellierung dynamischer Prozesse in der Hydrologie: Grundwasser und
ungesättigte Zone; eine Einführung; mit 21 Tabellen/Ekkehard Holzbecher.

NE: Holzbecher, Ekkehard
Buch. – 1996
CD-ROM. – 1996

SPIN 10500989   30/3136 – 5 4 3 2 1 0 – Gedruckt auf säurefreiem Papier

Danksagung

Bedanken möchte ich mich bei allen, die zum Zustandekommen dieses Buchs beigetragen haben. Namentlich erwähnen kann ich nur einige wenige. Ich danke Emmy Schmidt für die Literaturbeschaffung, Manfred Heinl für die Beschäftigung mit den Komplikationen der Rechner- und Netzinstallation, Guido Ernst und Claudia Kücklich für die Erstellung und Überlassung von Zeichnungen, meiner Frau Susanne Janowitz für das erste, Michael Thiele für das zweite Korrekturlesen. Meinem Bruder Harald Holzbecher gebührt besonderer Dank für die Erstellung der Eingabe-Shells und deren Weiterentwicklung, die sich über einige Jahre und Computergenerationen hinweg erstreckte. Ganz besonders danke ich meiner Familie für ihre Rücksichtnahme auf meinen erhöhten Arbeitsaufwand in den Zeiten, in denen es 'eng' wurde.

Schließlich möchte ich diejenigen Studenten erwähnen, die innerhalb mehrerer Jahre die Veranstaltung Modellierung von Strömung und Ausbreitung am Institut für Wasserbau und Wasserwirtschaft der Technischen Universität Berlin besucht haben. Durch ihre kritischen Fragen haben sie zum guten Teil dazu beigetragen, daß Skript und Software, aus denen heraus dieser Band entstanden ist, von Semester zu Semester erweitert und verbessert wurden. Wenn trotzdem an der einen oder anderen Stelle Darstellungen nicht deutlich sein sollten, so ist das allein die Verantwortung des Autors.

Vorwort

Grundwasser ist eine lebenswichtige Ressource, die durch anthropogene Eingriffe zunehmend gefährdet ist. Diese Aussage gilt, betrachtet man lokale Gegebenheiten, in größerem oder geringerem Maße. Sie gilt aber insbesondere für die weltweite Perspektive. Bei wachsender Weltbevölkerung und wachsendem Pro-Kopf Wasserverbrauch in sich entwickelnden Ländern werden stets neue Wasserreserven benötigt. Nach einer Schätzung der FAO wird der Verbauch auf dem Globus im Jahre 2000 um den Faktor 2.75 über dem des Jahres 1967[1] liegen, nämlich bei 5500 km^3. Die für die Jahrtausendwende prognostizierte Wasserentnahme geht mit 18700 km^3 weit darüber hinaus[2].

Das in der Erdkruste gebundene Wasser übertrifft die Wassermassen der Ozeane um ein Vielfaches. Der größte Teil dieses Wassers ist chemisch im Gestein selbst gebunden oder befindet sich in großer Tiefe. Nach L'vovich (1979) können lediglich 6,7% des Wassers, das in einer Tiefe bis zu 800m unter der Erdoberfläche zu finden ist, zur Hydrosphäre gerechnet werden. Mit 4 Mio. km^3 stellt dieses Grundwasser 14% der weltweit verfügbaren Süßwasserreserven dar. Dies erscheint gering verglichen mit dem Großteil des Süßwasservorrats (85%), der als Eis in Gletschern und den Polkappen der Erde auftritt. Er ist aber groß in Relation zu der Menge des Süßwassers, das sich in Seen und Flüssen, als Feuchte in der ungesättigten Bodenzone und als Wasserdampf in der Atmosphäre befindet. Alle diese Anteile zusammen machen weniger als 1% der Hydrosphäre aus.[3]

Das in fester Form gebundene Wasser kommt in den meisten Teilen des Globus zur Deckung des Wasserbedarfs nicht in Betracht. Flüsse und Seen werden in vielfacher Weise genutzt, sind oftmals schon übernutzt. Von Schadstoff-Einleitern als Vorfluter behandelt, muß die Weiternutzung aus Gründen der schlechten Qualität in der Regel ausgeschlossen, zumindest aber reduziert werden. Diese Quellen sind zunehmend stärker belastet, so daß sie als Wasserreserve für die meisten Verwendungszwecke nicht mehr in Frage kommen. Es bleibt das Grundwasser als Süßwasserressource, die in weltweiter Perspektive den einzigen

---

[1] Holy M., FAO, zitiert nach 'Global 2000', Bericht an den Präsidenten (1980)

[2] Kalinin G.P./ Byko V.D., UNESCO, zitiert nach 'Global 2000', Bericht an den Präsidenten (1980)

[3] Alle Zahlenangaben nach L'vovich (1979)

und letzten Puffer darstellt, aus dem heutzutage noch zusätzliche Entnahmen möglich sind. Es stellt sich die Frage, welche Fördermenge gerechtfertigt ist.

Gerade im Hinblick auf eine nachhaltige[4] Entwicklung der Menschheit ist es ein dringendes Gebot, Quellen zu erhalten, d.h. sie nicht in einem solchen Maße auszubeuten, das nicht wieder regenerierbar ist und sie nicht durch Schadstoffeinträge zu belasten. Wendet man diese Forderung auf den Gesamthaushalt der Erde an, müssen die 37000 km^3 Wasser berücksichtigt werden, die jährlich im globalen hydrologischen Kreislauf zirkulieren. Diese Zahl liegt nur um den Faktor 2 über der prognostizierten Entnahme für das Jahr 2000. Wenn man die derzeitige Entwicklung ins 21. Jahrhundert fortschreibt, ist die Grenze des Wasserverbrauchs für eine nachhaltige Entwicklung im Weltmaßstab leicht erreicht.

Für die globale Erneuerungsrate des Grundwassers liegen keine Abschätzungen vor, zwangsläufig liegt sie unter den 37000 km^3 des Gesamtkreislaufs. Damit errechnet sich eine mittlere Verweildauer im Untergrund von mehr als 100 Jahren; entsprechend lang währt die Regenerierung eines unterirdischen Reservoirs. Um die Erneuerbarkeit zu gewährleisten, sind die Förderraten klein zu halten. Das gilt für oberflächennahe Aquifere in geringerem Masse, für tiefergelegene Horizonte stärker. Grundwasser, wie auch Feuchte und Boden, sind als Schutzgüter zu betrachten und sollten in der Gesetzgebung als solche behandelt werden[5]. Diese Klassifikation ist nicht nur für den Menschen selbst, für den die Verfügbarkeit von Wasser eine Lebensgrundlage darstellt, von fundamentalem Interesse.

Die genannten Bedingungen - der verstärkte Rückgriff auf Grundwasser als Süßwasserressource einerseits und die zunehmende Belastung durch Schadstoffe andererseits - machen lokale und regionale Maßnahmen zum Schutz der unterirdischen Reserven zur Notwendigkeit. Quantitative Abschätzungen in diesbezüglichen technischen Expertisen können in der Regel nur durch Modelle oder Modellansätze gewonnen werden.

Es ist der Wunsch des Autors, daß die in diesem Band vermittelten Methoden zur Erhaltung und zum Schutz der Ressourcen und nicht zu deren unverantwortlicher Ausbeutung eingesetzt werden.

---

[4] Als Übersetzung des Begriffs 'sustainable development' der UN-Konferenz in Rio de Janeiro 1992

[5] Sachverständigenrat Umweltfragen, Umweltgutachten 1994

Inhaltsverzeichnis

Symbolverzeichnis

Im folgenden sind die meistverwendeten Symbole mit ihrer Bedeutung aufgeführt. In der dritten Spalte ist zusätzlich die physikalische Einheit als Kombination der Grundeinheiten angegeben. Die Grundeinheiten sin dabei wie folgt abgekürzt: L=Länge, T=Zeit, M=Masse, K=Temperatur. Dimensionslose Variable sind durch eine 1 gekennzeichnet. Findet sich in der dritten Spalte ein Strich, so erübrigt sich die Einheitenangabe, da die Variable in unterschiedlicher physikalischer Bedeutung verwandt wird.

Hier wie im Band selbst sind skalare Größen im Normaldruck dargestellt, vektorielle Größen sind in arabischen Kleinbuchstaben in Fettdruck wiedergegeben, Tensorgrößen bzw. Matrizen in arabischen Großbuchstaben in Fettdruck.

1. Lateinische Anfangslettern

Symbol	Variable	Einheit	Englische Bezeichnung
A	Fläche	L^2	area
$c\ c_f$	Massenverhältnis im Fluid	1	fluid phase mass fraction
C	Konzentration im Fluid	M/L^3	fluid phase concentration
c_s	Adsorbierte Konzentration	1	solid phase concentration
C_f	Wärmekapazität des Fluids	$L^2/K/T^2$	fluid heat capacity
C_s	Wärmekapazität des Festgesteins	$L^2/K/T^2$	rock heat capacity
D	Diffusionskonstante	L^2/T	(solute) diffusivity
D_T	Thermische Diffusionskonstante	L^2/T	thermal diffusivity
D	Dispersionstensor	L^2/T	dispersion tensor
D_{xx} etc.	Komponenten von D	L^2/T	dispersivities
e_f	Innere Energie in Fluidphase	ML^2/T^2	internal fluid phase energy
e_g	Innere Energie in Gasphase	ML^2/T^2	internal gas phase energy
e_s	Innere Energie in fester Phase	ML^2/T^2	internal solid phase energy
g	Gravitationskonstante	L/T^2	constant of gravity
g	Gravitationsvektor	L/T^2	vector of gravity
G	Modellgebiet (1-D, 2-D, 3-D)	-	model region
h	Piezometerhöhe	L	piezometric head
h_c	Kapillardruckhöhe	L	suction head

Symbol	Variable	Einheit	Englische Bezeichnung
H	(Modell-) Höhe (z-Richtung)	L	height
k	Permeabilität	L^2	permeability
k	Permeabilitätstensor	L^2	permeability tensor
K	Relative Permeabilität (ungesättigt)	1	relative permeability
K	Durchlässigkeitstensor	L/T	conductivity tensor
K_d	Verteilungskoeffizient	L^3/M	distribution coefficient
K_f	Durchlässigkeitsbeiwert (gesättigt)	L/T	hydraulic conductivity
$K_x\,K_y\,K_z$	Komponenten des K-Tensors	L/T	hydraulic conductivities
l	Porengrößenindex	1	pore size index
L	Differentialoperator	-	
$L_x\,L_y$	Modellgebietslängen (horizontal)	L	model-length, -width
m	Mächtigkeit	L	thickness
M_{mol}	Molare Masse	M	molar mass
n	Normalenrichtung (einer Fläche)	-	surface normal direction
N	Anzahl der Unbekannten	-	
p	Gesamtdruck	$M/L/T^2$	total pressure
p_{dyn}	dynamischer Druck	$M/L/T^2$	dynamic pressure
q	allg. Quell- und Senkenterm	M/T	sources / sinks
R	Retardationsfaktor	1	retardation factor
S_0	Speicherkoeffizient	1	storativity
S	Sättigung	1	saturation
S_e	effektive Sättigung	1	effective saturation
t	Zeit	T	time
T	Temperatur	K	temperature
T	Tensor der Transmissivitäten	L^2/T	transmissivity tensor
$T_{1/2}$	Halbwertszeit	T	halflife
u	Abstandsgeschwindigkeit	L/T	real (interstitial) velocity
$\mathbf{u}_f$	Fluidgeschwindigkeit	L/T	fluid velocity
$\mathbf{u}_s$	Festgesteins-Geschwindigkeit	L/T	velocity of solid material
v	Darcy-Geschwindigkeit	L/T	Darcy-velocity
$\mathbf{v}_x\,\mathbf{v}_y\,\mathbf{v}_z$	Komponenten von v	L/T	components of v
V	Volumen	L^3	volume
X	Bakterienpopulation	M/L^3	microbial mass concentration
x,y	Längen (Koordinatenachsen)	L	length, width
z	Länge (in Richtung von g)	L	height

2. Griechische Anfangslettern

Symbol	Variable	Einheit	Englische Bezeichnung
α	Transferfaktor	1/T	transfer factor
α_L	longitudinale Dispersionslänge	L	longitudinal dispersivity
α_T	transversale Dispersionslänge	L	transversal dispesivity
β	Kompressibilität	T^2L/M	compressibility
β_T	Thermischer Expansionsfaktor	1/K	thermal expansion factor
Δt	Zeitschritt	T	timestep
$\Delta x \quad \Delta y$ Δz	Modell-Blocklängen	L	grid spacing
ε	(rel.) Genauigkeit (in num. Lösung)	1	(rel.) accuracy (in num. solution)
φ	Porosität	1	porosity
φ_i	ortsabhäng. Basisfunktionen	-	basisfunctions
κ	Zeitschichtwichtungsfaktor	1	timelevel weighting factor
λ	Zerfalls- bzw. Abbaukonstante	1/T	decay constant
$\lambda_f \, \lambda_g \, \lambda_s$	Thermische Leitfähigkeit in Phasen	$ML/K/T^3$	thermal conductivity
λ_T	Thermische Leitfähigkeit (gesamt)	$ML/K/T^3$	thermal conductivity
μ	dynamische Viskosität des Fluids	M/L/T	dynamic viscosity
μ_i	ortsab. Gewichtsfunktionen	-	weighting functions
$\rho \; \rho_f$	Fluidichte	M/L^3	density
ρ_b	Trockendichte	M/L^3	bulk density
ρ_s	Gesteinsdichte	M/L^3	rock density
$(\rho c)_f$	Wärmekapazität	$M/L/K/T^2$	heat capacity
θ	allg. Transportvariable		
θ_r	Restfeuchte	1	residual water content
ω	Überrexationsfaktor	1	overrelaxation factor
Ω	Raumdiskretisierung-Operator	-	operator for space discretisation

3. Indizes

Index	bezeichnet
f	Fluid (flüssige Phase)
g	Gasphase
i, j, k	Blockkennzeichnung im Rechteckgitter
min, max	Extremwerte
s	Festgestein ('solid phase')
T	thermisch
x, y, z	Richtungen des Koordinatensystems

4. Sonstige

$\mathfrak{R}^{N}$	Raum der Vektoren mit N reelen Zahlen als Komponenten
$\nabla=(\partial x, \partial y, \partial z)$	Nabla-Operator (für 1D-, 2D, 3D mit entsprechenden Auslassungen)

1 Einführung

1.1 Problemstellungen

Die folgende Aufzählung gibt einen Überblick über Problemfelder in denen
Computermodelle für die Bereiche Grundwasser und Aerationszone eingesetzt
werden. Die Aufzählung soll lediglich einen Eindruck über Möglichkeiten vermitteln und nicht darüber hinwegtäuschen, daß in den einzelnen Bereichen Modellierungen mit unterschiedlicher Methodik angegangen werden, daß sie unterschiedlich aufwendig sind und auch unterschiedlich häufig eingesetzt werden. Nur in
einigen wenigen der genannten Einsatzfelder gehören Modelle schon zum allgemeinen 'state of the art'. Es besteht aber kein Zweifel, daß sich die Techniken der
Computermodellierung auf vielen Gebieten zu allgemein anerkannten Werkzeugen
entwickeln.

- Verfügbarkeit von Grundwasser (Ausbeutung von Lagerstätten)
- Grundwasserabsenkung
- Anstieg des Grundwasserspiegels
- Trockenhaltung von Gruben
- Unterströmung von Spundwänden
- Austausch von Grund- und Oberflächenwasser
- Grundwasserneubildung
- Hydraulische Sanierungsmaßnahmen
- Deponieversiegelung
- Bodenabsenkung / Subsidenz
- Festlegung von Sicherheitszonen (Wasserschutzbereiche)
- Sicherheitsanalysen für bestehende oder zu bauende Deponien
- Schadstoffeinträge in Aquifere (aus dem ungesättigten Bereich: Müllhalden, Deponien)
- Schadstoffverpressung in geologische Formationen
- Gefährdungsabschätzung von Altlasten
- Ermittlung von Schadensverursachern

- Gefährungsabschätzung von diffusen Einträgen (non-point-sources)
- Düngemittel- und Pestizidrückstände aus landwirtschaftl. Nutzung
- Konzeption von Sanierungsmaßnahmen
- Begleitung von Sanierungsmaßnahmen
- Bewertung von Sanierungsalternativen
- Über-, Unter- bzw. Umströmung von Salzformationen
- Meerwasserintrusion
- Salzwasseraufstieg unter Brunnen
- Energie- bzw. Wärmegewinnung (Ausbeutung geothermischer Ressourcen)
- Energie- bzw. Wärmespeicherung (Einspeisung und Extraktion von Warmwasser)
- Einspeisung von Kaltwasser (Wärmepumpen)
- Temperaturfelder in der Nähe von wärmeabstrahlendem Abfall

Diese Aufzählung ist sicherlich unvollständig. Eine Behandlung aller dieser Anwendungsfälle wäre trotzdem eine Aufgabe, die in einem Band wie diesem nicht geleistet werden kann. Auch muß die Software für die Modellierung in den einzelnen Anwendungen unterschiedlich sein. Daher möchte ich es an dieser Stelle dabei belassen, einen Eindruck über den Umfang eines Fachgebiets zu vermitteln, das derzeit eine außergewöhnliche Dynamik aufweist.

1.2 Modelle

1.2.1   Ebenen der Modellierung

In Abb. 1.1 ist der Prozeß der Modellierung von der Realität bis zum Computermodell in Ebenen dargestellt. Modelle in einem verallgemeinerten Sinn bestehen auf allen Ebenen, auf denen man sich ein Bild von der Realität macht. Hier interessieren die Vorstellungen, die unterschiedliche Wissenschaftsdisziplinen auszeichnen. Jede dieser Fachrichtungen hat ihre eigene Art von Modellen und ihre darauf zugeschnittene Terminologie der Beschreibung. Die Liste der beteiligten Disziplinen in Abb. 1.1 ist nicht vollständig: es fehlen z.B. die Biologie und Ingenieurwissenschaften. Die Zuordnung der Termini Technici, die auf der rechten Seite der Balken genannt sind, zu Disziplinen ist natürlich nicht eindeutig.

Die Anordnung der Ebenen entspricht in etwa der Reihenfolge, in der die Fachgebiete tangiert werden; allerdings hängt es vom einzelnen Modell ab, ob alle Bereiche involviert sind oder nicht. Physikalische, chemische oder biologische Aspekte müssen oft parallel gesetzt werden: sie gehen dann auf gleichem Level, zumeist in der analytischen Beschreibung, in die Modellbildung ein. An dieser Stelle muß davon abgesehen werden, daß in den Fachbereichen numerische Charakterisierungen eine unterschiedliche Rolle spielen (z.B. benutzt die Geologie in der Regel qualitative Beschreibungselemente): da es letztlich um ein Computermodell geht, ist in der Aufstellung stets die quantitative Beschreibung gemeint.

Wesentlich ist, zu sehen, daß auf allen Ebenen die jeweiligen Modelle bestimmte Eigenschaften haben und bestimmte Voraussetzungen notwendigerweise verlangen. Sind diese Voraussetzungen nicht erfüllt, so kann ein Modell auf einer weiterführenden (in Abb. 1.1 weiter unten aufgeführten) Ebene nicht besser sein. Geht z.B. die hydrogeologische Vorstellung von einer Gesteinsformation, die einer Computersimulation zugrundeliegt, völlig an der Wirklichkeit vorbei - z.B. weil nicht genügend Aufschlüsse zur Verfügung stehen -, so kann ein darauf aufbauendes numerisches Modell keine brauchbaren Ergebnisse liefern. Physikalische und chemische Beschreibungen sind meist an Voraussetzungen gebunden, deren Gültigkeit überprüft werden muß. Kann ein Eingabeparameter tatsächlich als homogen aufgefaßt werden? Liegen nicht Abhängigkeiten von nicht ins Modell eingehenden Größen vor: beispielsweise von der Temperatur oder von der Konzentration eines anderen Stoffs, der sich im Untergrund befindet?

Der Erfolg eines Modells hängt also von Unsicherheiten ab, die auf den unterschiedlichen Ebenen einfließen. Es gehört daher nicht nur zur Modellierung, ein bestimmtes Ergebnis, die Rekonstruktion von Meßdaten beispielsweise, nachzuvollziehen. Genauso wichtig ist es, sich auf den verschiedenen Ebenen Rechenschaft darüber abzulegen, an welche Voraussetzungen und Annahmen die gewählte

Vorgehensweise im Einzelfall gebunden ist. Eine gute Modellierung besteht nicht nur aus Rechenläufen am Computer, sondern auch aus einer Diskussion der Grenzen des Modells.

Die Gültigkeit von Modellen wird mit den Begriffen Verifizierung und Validierung diskutiert. Oreskes u.a. (1994) geben einen Überblick und eine Beurteilung der Definitionen aus grundsätzlicher Sicht. Die Übereinstimmung von Rechnerergebnissen und Meßdaten besagt noch nicht, daß das Computermodell die Wirklichkeit abbildet.

1.2.2   Modelltypen

Wie die in Abschnitt 1.1 erstellte Übersicht zeigt, werden Modelle von Vorgängen unter der Erdoberfläche aus unterschiedlichen Gründen und zu unterschiedlichen Zwecken erstellt. Auch Unterteilungen in Modelltypen können daher nach unterschiedlichen Kriterien erfolgen. Ein Kriterium ist für die thematische Gliederung in diesem Band verantwortlich - und darüber hinaus auch dafür, daß in der mitgelieferten Software nicht nur ein einzelnes Modellierungsprogramm zu finden ist.

Dieses Kriterium lautet: ist der Gegenstand der Modellierung das Wasser selbst - oder ist es ein anderer Stoff, eine andere Komponente, die allerdings dann mit dem Wasser verknüpft ist? In den meisten Fällen läßt sich auch fragen: ist man an der Wassermenge oder an der Wassergüte interessiert? Entsprechend der Interessenlage wird dann ein Mengen- oder Gütemodell erstellt. Synonym mit Wassergüte kann der Term Wasserqualität gesetzt werden.

Eine leicht andere Terminologie ergibt sich bei Übersetzung der Begriffe der englischsprachigen Spezialliteratur - dort findet man die Ausdrücke *'flow'* und *'transport'*. Liegt ein Interesse am Wasser selbst vor, so berechnet man eine Strömung, genauer: ein Strömungsfeld, das durch Variablen wie Druck, Piezometerhöhe oder Geschwindigkeiten bestimmt ist. Interessiert man sich für eine andere Komponente im Untergrund, einen Wasserinhaltsstoff beispielsweise, so wird dieser im Strömungsfeld transportiert.

Die Vorstellung, die man sich aufgrund des Terminus 'transport' i.a. macht, ist allerdings viel zu eng. In Transportmodellen können eine ganze Reihe von Prozessen behandelt werden: Advektion, Diffusion, Dispersion, Ad- und Desorption, Zerfall, Degradation, Abbau und Produktion. Daher soll im folgenden der Begriff der *Ausbreitung* anstelle von Transport als allgemeinster Terminus verwandt werden.

Beispiel: in einem Wassergütemodell wird die Ausbreitung von Schadstoffen simuliert. Umgekehrt können mit Ausbreitungsmodellen auch andere Komponenten (als Schadstoffe) behandelt werden. Beliebige Wasserinhaltsstoffe, seien sie

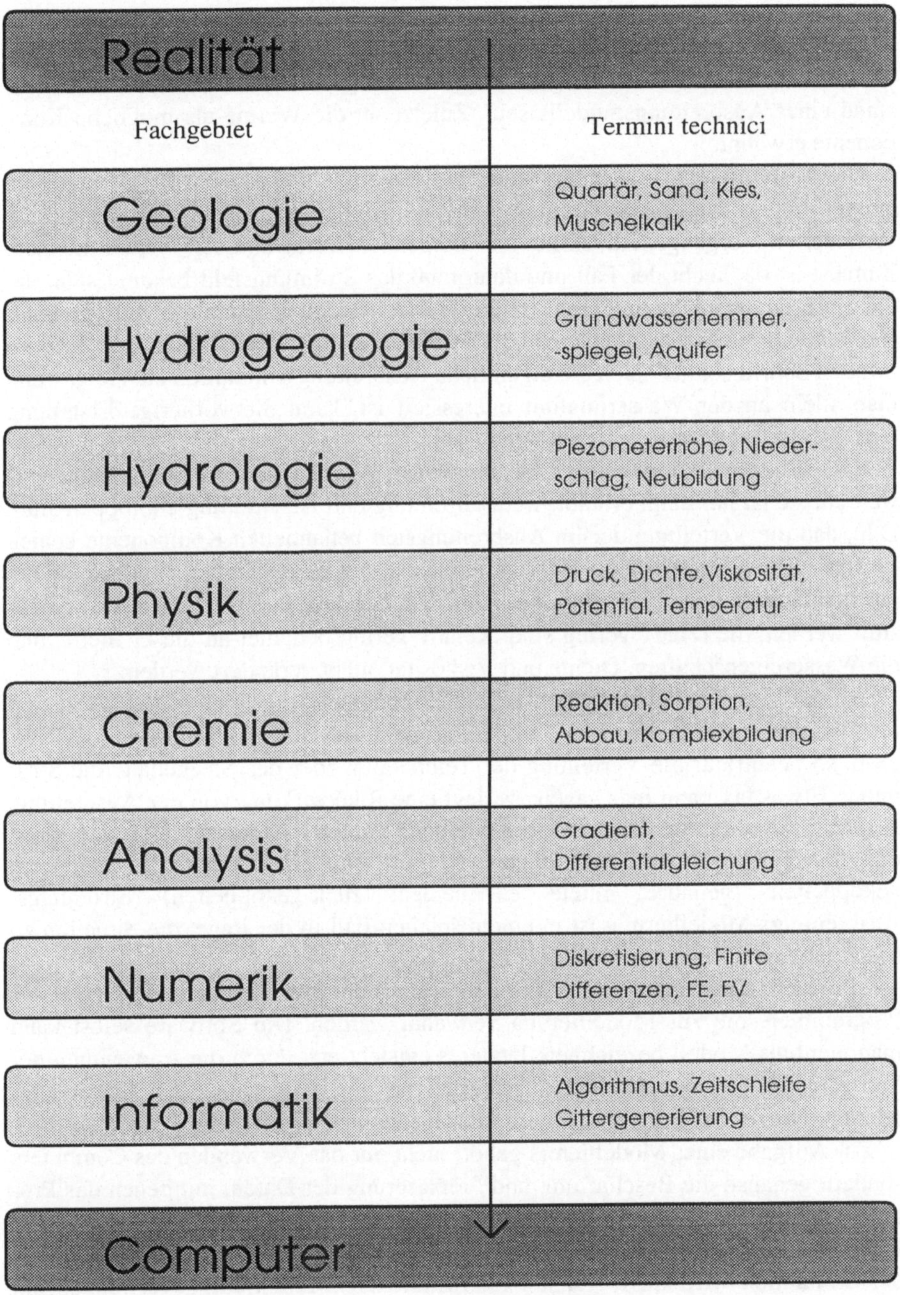

Abb. 1.1: Ebenen der Modellierung von Geosystemen

nun wassergefährdend oder nicht, können mit derselben Software simuliert werden, sofern die bestimmenden Prozesse bekannt sind. Unter derselben Bedingung kann aber auch die Verbreitung oder Dezimierung von Bakterienkulturen Gegenstand eines Ausbreitungsmodells sein. Zuletzt sei die Wärme als mögliche Komponente erwähnt.

Die Ausbreitung im Erduntergrund ist allgemein von der Strömung abhängig. In einigen Fällen mag die Strömungsgeschwindigkeit so klein sein, daß die mit ihr verknüpften Vorgänge, Advektion und Dispersion, vernachlässigt werden können. Zumeist ist das nicht der Fall und dann muß das Strömungsfeld bekannt sein, um die Ausbreitung zu modellieren. Ist die Wasserbewegung komplex, wird sie unter Verwendung eines Strömungsmodells in einem ersten Schritt berechnet. Erst im zweiten Schritt schließt sich die eigentliche Ausbreitungssimulation an. Auch wenn man allein an der Wasserqualität interessiert ist, kann die vorherige Erstellung eines Wassermengenmodells notwendig sein.

Eine Einschränkung zu der beschriebenen Vorgehensweise muß angemerkt werden: sie ist nur dann erlaubt, wenn Strömung und Ausbreitung entkoppelt sind. D.h., daß die Verteilung der im Ausbreitungsteil behandelten Komponente keinen Einfluß auf die Strömung hat. Das ist in vielen Anwendungsfällen gegeben, da die meisten Kontaminationen schon bei Konzentrationen als wassergefährdend eingestuft werden, die relativ gering sind. Relativ gering bedeutet an dieser Stelle, daß die Wassereigenschaften, Dichte und Viskosität, nicht verändert werden.

Wärme und Salzkonzentration sind Komponenten, die Dichte und Viskosität des Wassers beeinflussen. Sind Temperatur- oder Salinitätsunterschiede im Wasser groß, so beeinflußt die Verteilung der Temperatur oder des Salzgehalts die Strömung. Etwas lax kann man sagen: es liegt eine Rückwirkung von der Ausbreitung auf die Strömung vor. Die oben beschriebene Hintereinanderschaltung von 'flow' und 'transport' reicht in diesen Fällen nicht aus. Nur ein Computerprogramm zur gekoppelten (genauer müßte es heißen: rück-gekoppelten) Strömungs-Ausbreitungs-Modellierung ist in einem solchen Fall in der Lage, die Situation zu beschreiben.

In diesem Band geht es um die Vermittlung der wesentlichen Merkmale von Programmen, die zur Modellierung verwandt werden. Die Software selbst kann man nicht als Modell bezeichnen; letzteres entsteht erst durch die Anwendung der Software, wenn ein bestimmten Datensatz bereitgestellt wird. Die Anwenderin oder der Nutzer des Programms wird im folgenden als Modellierer bezeichnet.

Zur Aufgabe eines Modellierers gehört nicht nur das Verwenden des Computers sondern genauso die Beschaffung und Präparierung der Daten, mit denen das Programm erst läuft. Die Qualität eines so erzeugten Modells besteht nicht nur in der Güte der Software, sondern auch in der Güte des Eingabedatensatzes. Der Begriff der Simul§ion wird im folgenden für instationäre Modellierung verwendet, um dem umgangssprachlichen Gebrauch im Sinne einer zeitlichen Änderung gerecht zu entsprechen.

1.3 Programme

Einen Eindruck über die Art von Modellen im hier behandelten Gebiet erhält man durch den Blick auf die zur Modellierung verwendeten Computerprogramme. Auf einer Auswertung von Fragebögen über nicht weniger als 399 Codes basiert eine Studie von van der Heijde u.a. (1985). Dort wird der gesamte Bereich der betrachteten Software in vier Klassen eingeteilt:

- Programme zu Prognose/Voraussage (85%)
- Managementprogramme (8%)
- Programme zur Parameteridentifikation (7%)
- Datenmanipulationsprogramme

In Klammern ist der Anteil der ersten drei Klassen an der Gesamtmenge angegeben, was deutlich zeigt, daß überwiegend Prognose-Modelle eingesetzt werden. Dabei gehe ich der Einfachheit halber davon aus, daß die Anzahl der existierenden Programme auch etwas über ihren Einsatz zur Modellierung aussagt. Der Begriff der Prognose ist hier in einem allgemeineren Sinn als nur der zeitlichen Vorhersage zu verstehen. Im vorliegenden Band werden ausschließlich Programme der ersten Klasse behandelt.

In der genannten Studie werden die Programme zur Voraussage nach ihrem Einsatzbereich unterteilt.

- Strömung (51%)
- Stofftransport (21%)
- Wärmetransport (6%)
- Deformation / Subsidenz (3%)
- Mehrzweck (4%)

In Klammern wiederum der Anteil an der Gesamtanzahl der Programme. Aus den Zahlen läßt sich ableiten, daß Modelle überwiegend zur Voraussage von Strömungsvorgängen eingesetzt werden. In den nachfolgenden Kapiteln werden Programme zum Einsatz in den drei wichtigsten Bereichen - Strömung, Stoff- und Wärmetransport - erörtert.

Die Autoren des genannten Bandes schlüsseln den Einsatzbereich der Strömungsprogramme weiter auf. Die Mehrzahl behandelt eine Phase (47%); nur ein kleiner Teil (4%) wurde für Mehrphasenströmungen erstellt. Die Software für 1-Phasen-Strömungen kann weiter eingeteilt werden in:

- gesättigter Bereich (37,5%)
- ungesättigter Bereich (3,5%)
- gesättigt/ungesättigt (4,5%)
- Verbindung mit Oberflächenwasser (1,5%)

In den Kapiteln 2-4 dieses Bandes werden Computermodelle in gesättigter, ungesättigter und teilgesättigter Zone behandelt.

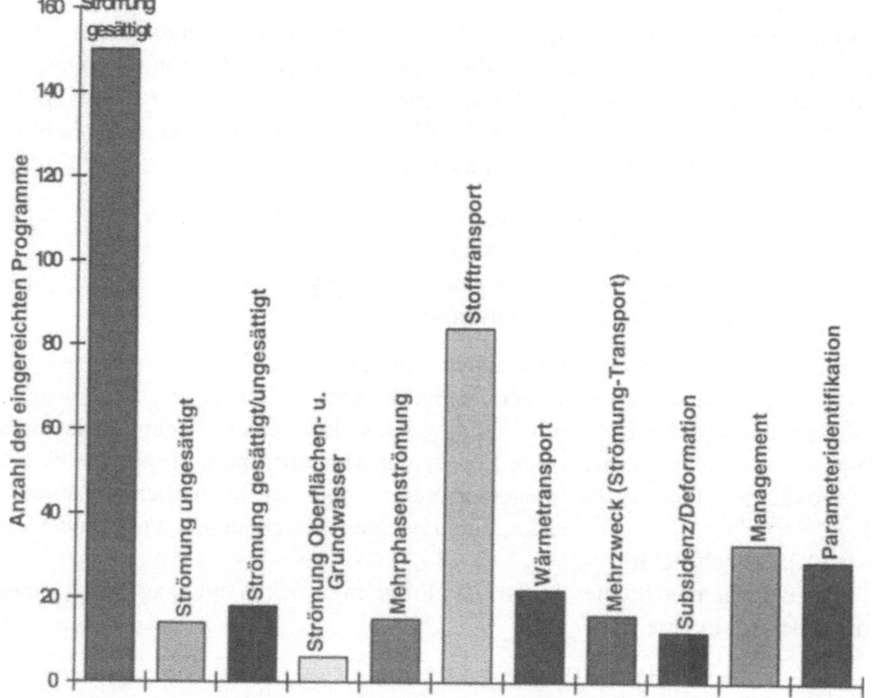

Abb. 1.2: Programmtypen: Klassifikation u. Häufigkeit (van d. Heijde u.a. 1985)

Von Interesse ist auch die Klassifikation von van der Heijde u.a. (1985) nach den verwendeten numerischen Ansätzen. Dabei zeigt sich, daß zumeist mit Differenzenverfahren diskretisiert wird (43%). Mit einigem Abstand folgen Finite-Element-Programme (27%). Alle anderen Ansätze sind dagegen schwach vertreten. Im vorliegenden Band wird trotzdem versucht, einen Überblick zu vermitteln, der auch andere als die beiden Standardmethoden beinhaltet.

Zudem verwenden viele Programme unterschiedliche Methoden für die Diskretisierung von Ort bzw. Zeit. Es ist daher zweckmäßig, die Ansätze wie folgt zu unterscheiden:

Diskretisierung des Orts:

- Finite Differenzen (FD)
- Finite Elemente (FE)
- Finite Volumen (FV oder IFDM)
- Zelluläre oder Kompartiment-Methoden

Diskretisierung der Zeit:

- explizite Verfahren

- Crank-Nicolson-Ansatz
- rückwärtiges Euler-Verfahren
- Runge-Kutta-Ansätze

Im Kern eines Programms steht zumeist ein Algorithmus zur Lösung der Systeme von Unbekannten; ausgenommen sind lediglich explizite Verfahren zur Simulation instationärer Prozesse, für die kein Matrixlöser benötigt wird. Die unterschiedlichen Lösungsalgorithmen besitzen verschiedene Vorzüge bzw. Nachteile. Wichtig sind ihre Eigenschaften in Bezug auf die benötigten Computerressourcen: Rechenzeit und Speicherplatz. Dies ist ein wichtiger Gesichtspunkt - der in der angewandten Literatur zumeist nicht beleuchtet wird. Wesentlich sind die folgenden Löser für lineare Gleichungen :

- direkte Verfahren (Gauß-Algorithmus und Cholesky-Verfahren)
- Jacobi-Verfahren
- Gauß-Seidel-Verfahren
- Relaxationsverfahren
- Konjugierte Gradienten
- Mehrgitterverfahren

und folgende Lösungsverfahren, die von den Programmen zur Lösung nicht-linearer Gleichungen verwendet werden:

- Picard-Iterationen
- Quasi-Newton Ansatz
- Unvollständiges Newton-Verfahren
- Newton-Verfahren

Die meisten Methoden werden in Lehrbüchern zur Numerik behandelt und selbst eine kurze Einführung in alle Methoden würde den Rahmen des vorliegenden Projekts sprengen. In diesem Band bzw. in der beiliegenden Software beschränke ich mich daher auf die Beschreibung bzw. Verwendung des Verfahrens der Konjugierten Gradienten (und Varianten) zur Lösung linearer und der Picard-Iterationen zur Lösung nicht-linearer Gleichungen.

Im Auftrag der US-amerikanischen Ingenieursorganisation ASCE beurteilen Pandit u.a. (1993) eine kleinere Anzahl von Computerprogrammen. Dabei verwenden sie die nachfolgenden Kriterien:

- Größe und Art des Anwendungsbereichs (applicability)
- Benutzerfreundlichkeit (usability)
- Qualität der Prä- und Postprozessoren (accessories)
- Unterstützung (support)
- Modellerfolg (success)

Programme mit großem Anwendungsbereich sind schon in der oben zitierten Klassifikation von van der Heijde u.a. (1985) unter dem Stichwort Mehrzweckmodelle aufgetreten. Dabei handelt es sich zumeist um Programme, mit denen Strömungs- und Ausbreitungsprozesse gekoppelt behandelt werden können. Ein Modellierer auf der Suche nach einem Programm wird sich vielleicht für eines mit einem möglichst großen Spektrum möglicher Anwendungen entscheiden.

Die Größe des Anwendungsbereichs steht allerdings oftmals in einem Konflikt mit anderen Kriterien. Modelle, die mit Mehrzwecksoftware erstellt wurden, benötigen in der Regel mehr Computerressourcen - das sind Rechenzeit und Speicherplatz - als diejenigen, die auf der Anwendung eines speziell zugeschnittenen Programms basieren. Z.B. belegt ein Programm für 3D-Modellierungen Variablenfelder, die bei 2D-Modellanwendungen nicht benötigt werden.

Wichtig ist auch der Zielkonflikt zwischen der Größe des Anwendungsbereichs und der sogenannten 'Benutzerfreundlichkeit'. Je einfacher es ein Nutzer hat, mit einer Software einen zuvor erstellten Modellentwurf zu realisieren, desto 'benutzerfreundlicher' ist das Programm. Der von Pandit u.a. (1993) verwendete englische Ausdruck 'usability' trifft den Kern der Sache besser.

Die bessere Benutzbarkeit wird vor allem durch das Prä- und Postprozessing erzielt. Das sind Programmodule, die die Eingabe von Daten erleichtern (Präprozessing) und die Ausgabewerte zur besseren Interpretation weiterverarbeiten (Postprozessing). Dazwischen steht weiterhin das Berechnungsprogramm, in dem die zu bestimmenden unbekannten Variablen ermittelt werden.[1] In einer vollständigen Benutzerumgebung wird die getroffene Unterscheidung für den Anwender nicht mehr erfahrbar: er benutzt eine einzige Software - lediglich im Softwarekonzept bleibt die Unterscheidung zwischen den einzelnen 'Gängen' von Belang.

Prä- und Postprozessingroutinen selbst können verschiedene Merkmale aufweisen. Einige Beispiele:

Präprozessing :
- Graphische Benutzeroberflächen
- Verknüpfung mit Datenbanken
- Verknüpfung mit CAD-Systemen
- Verknüpfung mit geographischen Informationssystemen (GIS)

Postprozessing :
- graphische Darstellung der Ergebnisse (1D-, 2D- oder 3D; Isolinien/flächen, Geschwindigkeitspfeile etc.)
- numerische Feldausgabe zur Weiterverarbeitung mit anderer Software (in Graphik- oder Statistikprogrammen)

Alle diese Hilfsmittel sollen dem Anwender die Modellierungsaufgabe erleichtern. Nicht versierte Nutzer gelangen mit Benutzeroberflächen unvergleichlich schneller und einfacher zu einem Modell. Bei Mehrzwecksoftware sind Novizen allerdings im Nachteil: eine Vielzahl von Parametern und Einstellungen sind anzu-

---

[1] In der beiliegenden Software befinden sich die Kern-Programme FAST-A und FAST-B(2D). Mit den Benutzeroberflächen GeoShell A und GeoShell B werden die Eingabedaten zur Verfügung gestellt. Postprozessing-Aufgaben sind in den FAST Programmen selbst implementiert. FASTpath ist ein separates Postprozessing Programm.

geben, die sich auf den allgemeineren Fall beziehen, für den eingeschränkten Einsatzbereich aber ohne Belang sind. Programme, die für spezielle Zwecke konzipiert sind, können Eigenheiten dieser Anwendungsfälle berücksichtigen. Daher ist es selbst für den Fachmann von Vorteil, eine Software mit eingeschränktem Anwendungsspektrum zu verwenden.

Die erfolgreiche Modellierung (s.o.) zum Kriterium einer Softwarebeurteilung zu machen, war auch der Grundgedanke verschiedener internationaler Initiativen. INTRACOIN, HYDROCOIN, INTRAVAL und NSARS sind die Kürzel für Projekte, bei denen sich international besetzte Gruppen trafen, um Testbeispiele zu definieren, zu modellieren und die Ergebnisse zu vergleichen - alle mit dem Ziel der Entwicklung von Methoden zur Beurteilung von radioaktiven Endlagern. Trotz der speziellen Zielvorgabe sind die meisten der in diesen Projekten diskutierten Probleme von allgemeinem Interesse für die Modellierung von Geosystemen.

Die Aufstellung und Nachrechnung geeigneter Testbeispiele - seien es analytische Lösungen, seien es experimentelle oder im Feld ermittelte Daten - ist sicherlich ein entscheidender Punkt bei der Beurteilung von Programmen. Sich über derartige Testbeispiele zu verständigen, ist auch eine Aufgabe der internationalen Wissenschaftsgemeinschaft.

Schließlich unterscheiden sich Modellierungsprogramme in der Hardware, für die sie implementiert sind. Die Palette reicht inzwischen vom Homecomputer bis zum Zentralrechner. Was die Lösungsalgorithmen betrifft, so kann die Unterscheidung zwischen einer sequentiellen oder parallelen Rechnerarchitektur wichtig sein. Punkte wie diesen werde ich ausklammern, da die Hardware für die mitgelieferte Programme eindeutig festgelegt ist[2].

1.4 Vorgehensweise bei der Modellierung

Im folgenden soll das praktische Vorgehen bei der Erstellung eines Strömungs- und Ausbreitungsmodells erläutert werden. In einzelnen Schritten wird dargestellt, welche Daten der Modellierer nötig hat, welche Eingaben er zu machen hat und welches Ergebnis er nach dem Computerlauf erhält. Dabei liegt das Augenmerk auf einer kombinierten Strömungs-/Transportmodellierung als dem allgemeinsten Fall. Beschränkt man sich auf eine der beiden Teilaufgaben, so können einige der aufgeführten Schritte übergangen werden.

---

[2] Die FAST-Programme sind für MS-DOS kompatible PC's implementiert. Die Benutzeroberflächen benötigen MS-WINDOWS.

1.4.1   Schritt 1: *Wahl des Modelltyps*

Auf die grundsätzliche Unterscheidung zwischen Strömungs- und Ausbreitungsmodell wird hier nicht weiter eingegangen (s. Abschnitt 1.2.2). Eine weitere Alternative besteht zwischen stationären und instationären - zeitunabhängigen und zeitabhängigen - Modellen. Die Grundlage für die Entscheidung liegt hier in der zu bearbeitenden Problemstellung begründet, in der zumeist schon festgelegt ist, ob die zeitliche Veränderung von wesentlichem Belang ist oder nicht. Allgemein gibt es kaum Vorgänge, die nicht in irgendeiner Weise eine Zeitabhängigkeit aufweisen; von dieser kann man jedenfalls unter bestimmten Bedingungen absehen.

Strömungsmodelle werden oft unter der Annahme der Stationarität (Zeitunabhängigkeit) erstellt. In diesem Falle muß eigentlich stets begründet werden, aus welchem Grund man diese Vereinfachung für zulässig hält. Verändern sich die Grundwasserstände tatsächlich nicht? Z.B. werden natürliche oberflächennahe Aquifere stets von Niederschlagsereignissen beeinflußt, die von einer extremen Zeitcharakteristik geprägt sind. Ob diese nun berücksichtigt werden muß oder nicht, hängt auch vom Zeitrahmen ab, der in der Problemstellung vorgegeben ist. Bei einer Wasserbilanzmodellierung, die sich über Jahre erstreckt, kann der jährliche Mittelwert der Grundwasserneubildung im Modell verwendet werden. Ungeeignet ist dieser Wert natürlich, wenn im selben Aquifer Prognosen für einen Zeitraum von Wochen oder Monaten gemacht werden sollen, die vom unbekannten Regenereignis in dieser Zeit abhängen. Diese Argumentation gilt natürlich nur dann, wenn der vom Niederschlag herrührende Eintrag von seiner Quantität her tatsächlich genügend groß ist, um die Strömungsprozesse unter dem Grundwasserspiegel zu verändern. Zeitliche Veränderungen weisen auch Wasserstände in Oberflächengewässern auf, die oft in Randbedingungen von Modellen verwandt werden. Ein weiterer typischer Verursacher von Zeitabhängigkeit ist der Mensch mit seinen Eingriffen. Pumpen fördern in der Regel nicht mit gleicher Rate; Bewässerung und Berieselung erfolgen in zeitlich veränderlichen Mengen.

Während man bei Strömungen oft ein stationäres Modell erstellt, überwiegt bei Ausbreitungsvorgängen die Anwendung instationärer Modelle. Bei Kontaminationsfällen liegt das in der Natur der Probleme begründet. Liegt der Schadstoff lokal in einer erhöhten Konzentration vor, so fragt man sich, in welchem Maße die Menge vor Ort abnimmt und in welchen Konzentrationen die Kontamination zu welchen Zeiten entferntere Orte erreicht. Dasselbe gilt, wenn die Verschmutzung des Wassers durch einen konstanten Eintrag von Kontaminationen erfolgt. Stets ist nach der zeitlichen Veränderung einer Variablen - hier der Stoffkonzentration - gefragt und somit ein instationäres Problem gegeben. In beiden genannten Fällen stellt sich auch dann kein stationärer Zustand ein, wenn die Eingabegrößen selbst zeitunabhängig sind.

Bei der Wärmeausbreitung findet man allerdings den Fall vor, daß an zwei Enden des Modellgebiets nahezu konstante Temperaturen vorliegen. Betrachtet man dabei lange Zeiträume, so hat man es mit einem stationären Problem zu tun, wenn alle anderen Parameter zeitunabhängig sind. Dies ist eines der wenigen stationären Probleme, die bei der Betrachtung von Transportvorgängen vorkommen.

Eine weitere Unterscheidung betrifft die Anzahl der Ortsdimensionen: soll man ein 1D-, ein 2D- oder ein 3D-Modell aufbauen? Da der zusätzliche Aufwand für die jeweils höhere Dimension i.a. beträchtlich ist, sollte man die Dimensionalität so klein wie möglich wählen. Es ist wiederum die der Modellierung zugrundeliegende Problemstellung, die den geeigneten Modelltyp bestimmt. Es sei angemerkt, daß einige Programme eine Modellierung ermöglichen, die zwischen 2D und 3D angesiedelt werden kann. Es werden dabei die unterschiedlichen Gesteinsschichten als 2D-Modelle behandelt, die nach dem Leaky-Aquifer-Prinzip miteinander verknüpft sind.

Im allgemeinen laufen alle Prozesse im dreidimensionalen Raum ab. Es muß also bei der Beschränkung auf 1 oder 2 Dimensionen eine Begründung erfolgen, weshalb die Vereinfachung erlaubt ist. Eine Dimension kann vernachlässigt werden, wenn in einer Richtung keine Änderungen der Variablen auftreten. Die Strömung in einem Modellgebiet kann beispielsweise durch ein zweidimensionales Feld beschrieben werden, wenn die Geschwindigkeitsvektoren bei Veränderung des Ortes in einer Raumrichtung stets parallel verlaufen. Die Veränderung des Betrachtungsortes erfolgt dabei nur innerhalb eines bestimmten Intervalls. In Abb. 1.3 ist dieser Bereich durch ein fett umrandetes Rechteck gekennzeichnet. Außerhalb dieses Bereichs spielen 2D-Effekte, die vom Deponierand hervorgerufen werden, eine nicht mehr zu vernachlässigende Rolle.

Zusätzlich kann zwischen Modellen in Horizontal- und Vertikalschnitten unterschieden werden. Es sei darauf hingewiesen, daß die Anzahl der Ortsdimensionen für beide Teile in einem hintereinandergeschalteten Strömungs-/Ausbreitungsmodell nicht dieselbe sein muß. Z.B. ist in einem 1D-Strömungsfeld die Ausbreitung von einer Linienquelle zweidimensional, von einer Punktquelle sogar dreidimensional.

Die Unterscheidung zwischen gesättigt, ungesättigt bzw. gesättigt/ungesättigt erübrigt sich nicht ganz für den Modellierer. In den meisten Modellierungen ist von der Problemstellung her festgelegt, ob die Strömung im gesättigten oder im ungesättigten Bereich erfolgt (siehe Abschnitt 1.4.2). Die meisten derzeit erhältlichen Programme sind ausschließlich für einen dieser beiden Fälle bestimmt. Greift man statt dessen auf eine Software zurück, die den allgemeinen Fall (gesättigt/ungesättigt) behandeln kann, so sollte man die spezielle Option wählen, wenn es sich um Modellierungen im gesättigten Bereich handelt. Einige Eingabeparameter des allgemeinen Falls sind dann obsolet. Zudem wirkt sich das auch auf die Rechenzeit aus, da die Nichtlinearität der Gleichungen, die nur im Ungesättigten auftritt, nicht aufgelöst zu werden braucht. Zudem lassen sich Randbedingungen einfacher formulieren.

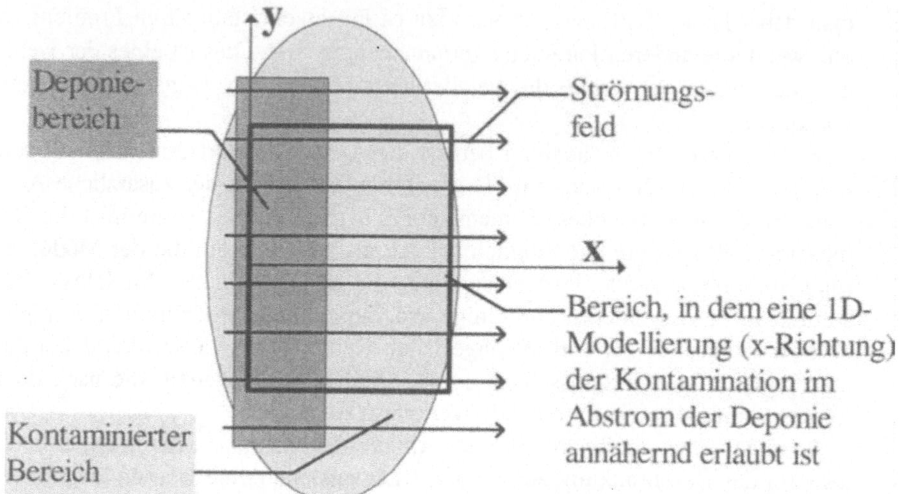

Abb. 1.3 : Schematische Skizze zur Frage der Modelldimension (1D oder 2D) im Abstrom einer Deponie

Desweiteren gibt es Unterschiede bzgl. des Diskretisierungstyps. Die Programme unterscheiden sich darin, wie die Diskretisierung des Raumes und der Zeit vorgenommen werden: Finite Differenzen (FD), Finite Volumen (FV), Finite Elemente (FE); bezüglich der Diskretisierung der Zeit: Crank-Nicolson, Runge-Kutta etc. Lösungsalgorithmen für lineare und nichtlineare Gleichungen sind unterschiedlich. In den Abschnitten 4 und 8 werden diese Verfahren im Einzelnen besprochen, sowie ihre Vor- und Nachteile vorgestellt.

Modellierungs-Software unterscheidet sich zudem stark in den Parameteroptionen. Einfache Programme lassen lediglich die Eingabe von Werten zu, mit denen nur homogene Verhältnisse behandelt werden können. Dagegen lassen größere Programmpakete inhomogene Verteilungen von Parametern und Randbedingungen zu. Es ist allerdings wieder sehr unterschiedlich, wie weit das Konzept der Verwendung von inhomogenen Variablen implementiert ist. Während Durchlässigkeiten und Porositäten als gesteinsgebundene Parameter in erster Linie verteilt behandelt werden müssen, werden die meisten Transportparameter von der überwiegenden Anzahl der Programme als Konstante behandelt. Eine weitere Option, die man in Programmen aber seltener findet, ist die Erzeugung von stochastisch verteilten Eingabewerten.

Unterschiedliche Optionen werden auch bzgl. der Randbedingungen verwendet. Üblich ist die Unterscheidung zwischen Randbedingungen 1. Art (Dirichlet-Typ) und 2. Art (Neumann-Typ). Einige Programme bieten die Randbedingung 3. Art (Cauchy-Typ) und auch weitere spezielle Bedingungen als Option an.

1.4.2   Schritt 2: *Wahl des Modellgebiets*

Als Modellgebiet versteht man einen Teilbereich des 1D-, 2D- oder 3D-Raums, je nach der Wahl des Modelltyps. Ränder des Modellgebiets bestehen im 1D-Fall aus Punkten, im 2D-Fall aus Linien, im 3D-Fall aus Flächen.

Die Wahl des Modellgebiets ist natürlich zunächst von der zugrundeliegenden Problemstellung determiniert: das Gebiet, für das im Modell Variablen bestimmt werden, darf nicht kleiner sein als der Bereich, der für das Problem von Interesse ist. Die Grenzen des Bereichs, für den eine Modellierung erfolgt, können allerdings weiter nach außen verlegt werden:

- um zu Rändern zu gelangen, an denen bestimmte Bedingungen gelten
- um einen gewissen Abstand zwischen Rand und interessierendem Bereich zu erhalten

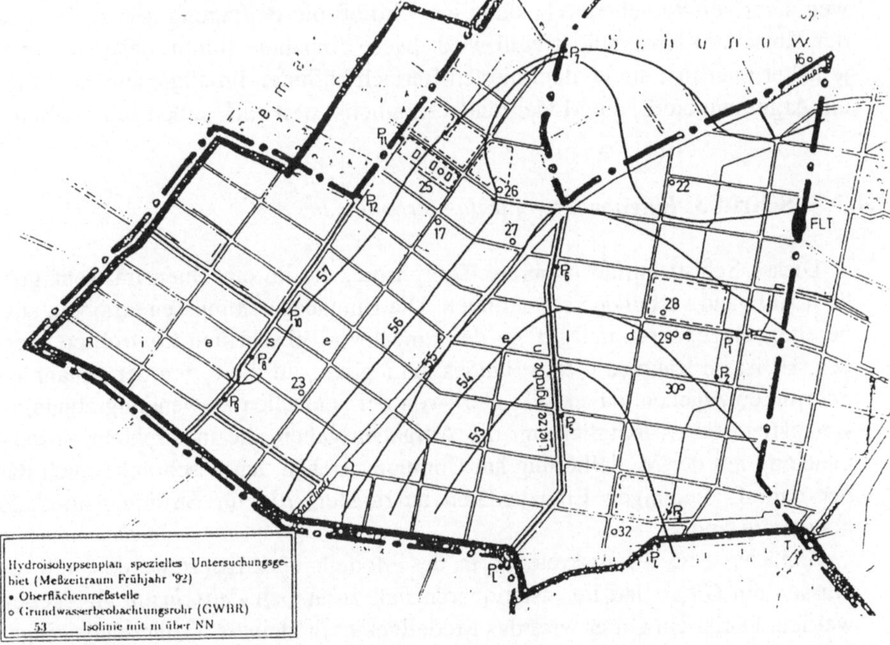

Abb. 1.4: Eine Karte als Grundlage der Festlegung eines Modellgebiets

Der erste der genannten Gründe ist der wesentlichere. In Strömungsmodellen sind Randbedingungen nur unter bestimmten Gegebenheiten anzugeben. Als Beispiel sei die Festpotential-Bedingung genannt: es muß eine Modellkante existieren, an der die Potentialwerte, die im Innern des Modellgebiets vom Computer berechnet werden, bekannt sind. Diese können in einer Meßkampagne bestimmt worden sein. Ufer von Flüssen, Seen oder Bächen sind beliebte Orte für Modellränder in 3D-Gebieten oder 2D-Horizontalschnitten. An Modellrändern muß mehr über die gegebene Situation bekannt sein als im Inneren. Daher muß man sie geeignet wählen. Liegen beispielsweise undurchlässige

Schichten vor, so bieten sich diese als Begrenzungen des Modellgebiets an. In Strömungs- und Ausbreitungsmodellen verwendet man dann die sogenannte 'no-flow' Randbedingung.

In Abb. 1.4 ist ein Kartenausschnitt gezeigt, der die Grundlage darstellte bei der Auswahl des Gebiets für ein 2D-Horizontalmodell. Als Begrenzungen dienten die beiden am unteren Ende der Graphik (Punkt A) zusammenfließenden Bäche, für die Pegelmessungen vorlagen. Als oberer Rand wurde eine Verbindungslinie zwischen den beiden Oberflächengewässern festgelegt, in deren Nähe sich einige Grundwasserbeobachtungspunkte befanden, mit deren Daten die senkrecht zur Linie einfließende Wassermenge abgeschätzt werden konnte.

Besonders problematisch bei Ausbreitungsvorgängen sind Ein- und Ausstromkanten. Da die Änderung der Konzentration über die Randkante hinweg nicht von vorneherein bekannt ist, wird oft die Bedingung verwendet, daß der Konzentrationsgradient Null wird. Diese Annahme stimmt desto weniger, je näher man sich am kontaminierten Bereich befindet. Im allgemeinen ist dies ein Argument dafür, die Modellränder möglichst weit nach außen zu schieben.

1.4.3   Schritt 3: *Eingabedaten für das Strömungsmodell*

Dieser Schritt umfaßt mehrere Teilschritte, die im einzelnen mit sehr großem Aufwand verbunden sein können. Die Eingabedaten müssen erhoben, aufbereitet, eingegeben und ggf. in den einzelnen Teilschritten kontrolliert werden. Es ist im Rahmen dieses Bandes unmöglich, auf die ersten der genannten Schritte einzugehen, da sie sehr stark von der speziellen Anwendung abhängig sind. Hier soll es lediglich um die Aufgaben gehen, die in direktem Zusammenhang mit der Modellierung am Computer stehen. Ich beschränke mich daher darauf, diejenigen Eingabedaten aufzulisten, die für Strömungsmodelle notwendig sind.

Zunächst muß die diskrete Form des Modells spezifiziert werden, d.h. es müssen ein *Gitter* und im instationären Fall zusätzlich *Zeitschritte* angegeben werden. Durch ein Gitter wird das Modellgebiet in kleinere Teilbereiche eingeteilt, für die man je nach Ansatz in der Literatur unterschiedliche Namen verwendet. Blöcke, Volumen, Elemente, Zellen oder im Englischen noch 'domains'. In 1D-Modellen sind dies Streckenabschnitte; im 2D-Fall sind es Teilflächen, im 3D-Fall Teilräume. Das Gitter - ein Ausdruck, der nur im Mehrdimensionalen anschaulich ist, besteht aus den Randlinien oder Randkanten, die sich an Knoten(punkten) schneiden. Ein Gitter kann feiner oder gröber sein als ein anderes, es kann regelmäßig oder unregelmäßig sein, Elemente gleicher Art enthalten oder nicht.

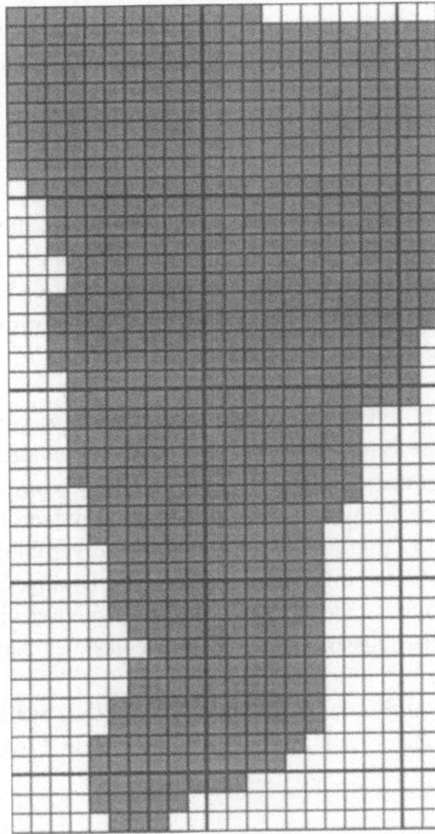

Abb. 1.5:

Regelmäßiges 2D-Rechteckgitter mit unregelmäßigem Rand

Abb. 1.5 zeigt ein Gitter, wie es zur Bearbeitung des Modells zu Abb. 1.4 verwendet wurde. Die grau hinterlegten Blöcke gehören zum Modellgebiet, die weiß hinterlegten nicht. Die Läufe der Oberflächengewässer sind durch treppenförmig verlaufende Ränder nachgebildet worden. Das liegt in dem Beispiel darin begründet, daß die Verwendung eines Rechteckgitters vorgeschrieben war. Welche Form von Elementen auch verwendet werden mag, man ist in jedem Fall bestrebt, das Gitter so fein zu wählen, daß die Ergebnisse durch die stets ungenaue Approximation der Ränder nicht wesentlich beeinflußt werden. Ob das der Fall ist, kann durch eine Kontroll-Modellierung mit verfeinertem Gitter nachgeprüft werden.

Als nichtnumerische Parameter müssen in jedem Fall *Durchlässigkeiten* oder *Permeabilitäten* eingegeben werden. Einige Programme, die speziell für Modelle in 2D-Horizontalschnitten konzipiert sind, fordern alternativ dazu die Angabe der *Transmissivität*. Die Eingabe erfolgt in verschiedener Art und Weise: jedes Programm verwendet unterschiedliche Variablen, Einheiten etc. und bietet unterschiedliche Optionen bzgl. der Beschreibung des Untergrunds. Dabei lassen sich folgende Fälle unterscheiden: ist das poröse Medium homogen oder inhomogen? Ist es isotrop oder anisotrop? Im Falle der Anisotropie: ändert sich die Anisotropierichtung oder nicht? Im inhomogenen Fall hängt die Eingabe schon von der Diskretisierung, vom gewählten Gitter, ab. Es gibt die Möglichkeit der Eingabe für Knoten oder Elemente des Gitters. Bei der Modellierung der ungesättigten Zone sind zusätzlich Parameter einzugeben, die die Abhängigkeit der *relativen Durchlässigkeit* von der Saugspannung beschreiben. *Porositäten* müssen bekannt sein, wenn im Anschluß an die Strömungsmodellierung Laufzeiten mittels eines Strompfadsimulators ermittelt werden sollen. Im Ungesättigten benötigt man dazu die *Sättigung*, die sich nach einer zu spezifizierenden Vorschrift aus Saugspannungen ergibt (die Saugspannung oder eine direkt damit zusammenhängende Größe wird im Simulationslauf ermittelt).

Instationäre Modelle benötigen - ebenfalls - die Porosität und - zusätzlich - die *Kompressibilität* als Eingabeparameter. Alternativ dazu verwendet Software für Modellierungen in Horizontalschnitten den *Speicherkoeffizient.*

Der Modellierer gibt die Daten heutzutage zumeist über Benutzeroberflächen (Input Shells) ein. Einfachere Programme, mit denen keine verteilten Daten eingelesen werden können, arbeiten mit einem interaktiven Dialog. Bei älteren Programmen erstellt man mittels eines Editors eine oder mehrere Eingabedateien, von denen die Modellierungssoftware alle Daten liest, um sie dann als Batch-Job zu verarbeiten.

Auf der beiliegenden CD finden Sie das Programm GeoShell-A zur Eingabe, Prüfung und Änderung von Daten zur Modellierung mit dem Programm FAST-A.

1.4.4   Schritt 4: *Programmlauf Strömungsmodell*

In diesem Schritt werden die Daten eingelesen, verarbeitet und es erfolgt die Ausgabe der Resultate in numerischer oder graphischer Form. Diese Arbeit wird von der Maschine geleistet und bleibt für den Modellierer weitgehend unsichtbar - es besteht allenfalls die Option zur Ausgabe von Zwischenwerten.

Dabei erfolgt eine Reihe von Teilschritten:

- Eingabedaten werden gelesen (soweit noch nicht vorhanden, wenn Schritte 3 und 4 vom selben Programm ausgeführt werden)
- es erfolgt die Umrechnung der Daten gemäß der Diskretisierung; letztlich werden die Koeffizienten von Gleichungssystemen (linear oder nichtlinear) berechnet
- die Systeme mit den Unbekannten werden gelöst
- die Ergebnisse werden ausgegeben (direkt, nach Umrechnungen oder sonstigem Postprozessing)

Obwohl der Modellierer mit den Einzelheiten dieser teilweise komplexen Berechnungen nichts zu tun hat (und haben soll), sollte er doch mit dem generellen Ablauf und Aufbau der Software vertraut sein. Andernfalls wird er die

Modellierung teilweise nicht adäquat angehen. Außerdem kann er mit Problemsituationen, in denen die Programme nicht so wie intendiert funktionieren, nicht entsprechend umgehen, wenn die Modellierung im eigentlichen Sinne für ihn nichts weiter als eine 'black box' ist. In diesem Band werden die einzelnen Aufgaben, die die Software im 4. Schritt abarbeitet, beschrieben. Dem unerfahrenen Modellierer soll damit der nötige Einblick vermittelt werden.

Am Schluß dieses Schritts sind vom Programm die Unbekannten der Strömungsvariablen ermittelt worden - das sind zunächst Piezometerhöhen, Drücke oder Werte der Stromfunktion. Teilweise werden daraus Geschwindigkeitskomponenten berechnet. Die unterschiedlichen Benutzeroberflächen bieten verschiedene Möglichkeiten der Ausgabe: numerisch oder graphisch, als 2D- oder 3D-Graphik mit Isolinien/Isoflächen der Variablen oder in Vektordarstellung.

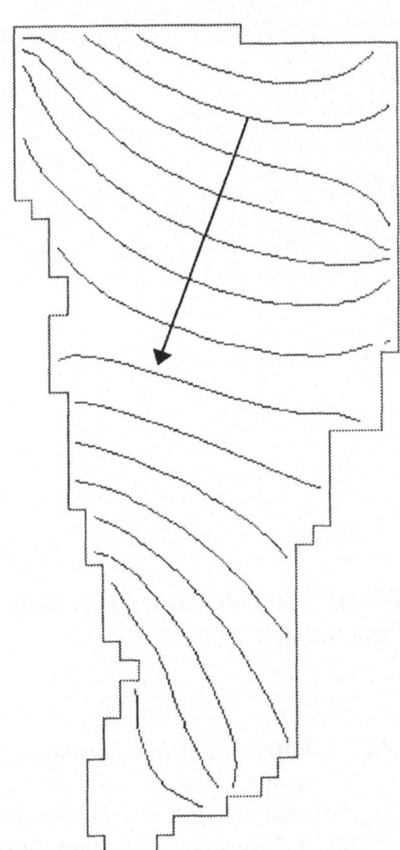

Abb. 1.6: Isohypsen als Ausgabe eines Strömungsprogramms für das Modellbeispiel

Abb. 1.6 zeigt für das in Abb. 1.4 dargestellte Gebiet die Ausgabe eines Strömungsmodells, in dem das in Abb. 1.5 gezeigte Gitter verwandt wurde[3]. In diesem Fall wurden die Isolinien des Grundwasserspiegels zu äquidistant gewählten Niveaus dargestellt. Die Strömung verläuft senkrecht zu diesen Isohypsen. Da am oberen Rand Einstrom vorliegt, verläuft die Strömung von oben und wendet sich schließlich zu den beiden Bächen an den anderen Rändern hin. In einigen wenigen randnahen Bereichen entwässern die Oberflächengewässer in den Aquifer.

Zur Bearbeitung dieses Schritts befindet sich auf der beiliegenden CD das Programm FAST-A.

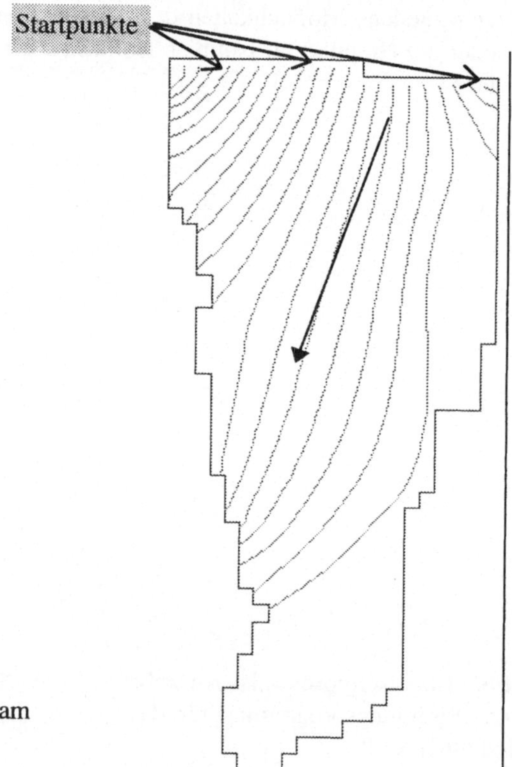

Abb. 1.7: Stromlinien beginnend am Einstromrand (oben)

1.4.5   Schritt 5: *Strompfadsimulation*

Stromlinien für das in diesem Abschnitt behandelte Testbeispiel sind in Abb. 1.7 gezeigt. Mit einer Strompfadsimulation kann einerseits das Strömungsfeld deutlicher dargestellt werden als beispielsweise durch Isolini-

---

[3] Den Eingabedatensatz zum Beispiel finden Sie auf der beiliegenden CD unter dem namen DEMO6.WTA

en/Isoflächenbilder der Strömungsvariablen oder Vektordarstellungen. Anderseits wird mit der Advektion ein Ausbreitungsvorgang modelliert. D.h. Strompfadsimulationen können als Zwischenstadium zwischen Strömungs- und Ausbreitungsmodellierung betrachtet werden. Wichtig ist die Möglichkeit der Laufzeitermittlung.

Simulationen von Strompfaden werden auch zur Ermittlung von Schutz- und Einzugsgebieten eingesetzt. Auch Gefährdungsabschätzungen im Abstrom von Kontaminationen erfolgen mit diesem Hilfsmittel. So kann ermittelt werden, ob ein belasteter Bereich B und eine Schutzzone S durch einen direkten Strompfad verbunden sind. Dabei können Startpunkte der Strompfade in B gewählt und (vorwärts) in die Zukunft verfolgt werden. Es können auch Endpunkte in S gewählt und (rückwärts) in die Vergangenheit verfolgt werden.

Eine derartige Vorgehensweise zur Gefahrenabschätzung ist nur bedingt aussagekräftig. Darauf soll an dieser Stelle nicht näher eingegangen werden (s. Holzbecher 1996). Zu beachten ist, daß als einziger Prozeß die Advektion in einer Strompfadverfolgung berücksichtigt ist, wohingegen alle anderen Transportvorgänge vernachlässigt werden (vgl. Abschnitte 6 und 7 in diesem Band).

Auf der beiliegenden CD finden Sie zur Bearbeitung dieses Schritts das Programm FASTpath.

1.4.6   Schritt 6: *Eingabe von Daten für das Ausbreitungsmodell*

Wiederum, wie im 3. Schritt, geht es um die Ermittlung, Aufbereitung, Eingabe und Kontrolle von Eingabedaten. Diesmal sind es Daten, die

    (1) das Strömungsfeld,
    (2) das poröse Medium,
    (3) und die Stoffe oder Komponenten betreffen.

Zu (1): Einfache 1D-Strömungsfelder werden direkt eingegeben. Mehrdimensionale Felder können aus analytischen Ansätzen oder auch aus Messungen stammen. Zumeist wird allerdings das Strömungsfeld aus einer numerischen Modellierung gewonnen. Teilweise sind Umrechnungen erforderlich, um Strömungs- und Transportmodell kompatibel zu machen. Bei Modellierungen im ungesättigten Bereich ist die Sättigung ein weiterer Parameter, der ebenfalls zumeist aus einem Strömungsmodell übernommen wird, wenn er nicht als Konstante angesetzt werden kann.

Zu (2): Die Porosität ist an Gesteinsschichten gebunden und zumeist verteilt anzugeben. Eigentlich ist es u.a. das Produkt aus Porosität und Sättigung, das die Skala der zeitlichen Veränderungen bestimmt - in einigen Programmen muß daher die (volumetrische) Feuchte als Parameter angegeben werden.

Longitudinale und vertikale Dispersion sind durch die Struktur des porösen Mediums bestimmt. Es ist die Verteilung der Inhomogenitäten im Untergrund, die den Wert der Dispersivitäten als Summenparameter determiniert. In der Regel reicht es, einem im gesamten Modellgebiet gültigen Wert dafür anzugeben. In Einzelfällen kann es allerdings durchaus notwendig sein, diese Parameter verteilt anzugeben. Die Gesteinsdichte wird zur Umrechnung von Sorptionsdaten im Programm gebraucht. Insbesondere ist es bei der Gleichgewichtssorption die Berechnung der Retardationswerte, bei der die Trockendichte des porösen Mediums bekannt sein muß. Auch diese ist an die geologische Struktur der Gesteine gebunden und damit ein verteilter Parameter.

Zu (3): Sorption, Zerfall und Diffusion sind Oberbegriffe für stoffspezifische Vorgänge, die für die Ausbreitung im Untergrund wesentlich sein können. Eine Vielzahl von Parametern kann dabei angegeben werden, die zumeist zusätzlich gesteinsabhängig sind. Der radioaktive Zerfall von Nukliden bildet hier beinahe die Ausnahme, da er von den lokalen Bedingungen im Untergrund vollkommen unabhängig ist. Demgegenüber hängen Kd-Werte, Transferfaktoren, Abbau- bzw. Degradationsparameter stets auch vom umgebenden Milieu ab. Dieses besteht dabei nicht nur aus dem porösen Medium, sondern aus der Vielzahl der im lokalen Umfeld vorhandenen (oder nicht vorhandenen) gelösten oder nicht gelösten Stoffe. An dieser Stelle gerät man in den Bereich der Chemie, in dem die Vielzahl der Wechselwirkungen beträchtlich ist und auch nichtlineare Abhängigkeiten von Belang sein können.

Ausbreitungsmodelle der hier behandelten Art, die Strömungsvorgänge mit berücksichtigen, behandeln zumeist nur einfachste chemische Reaktionen. Andererseits sind Codes zur Simulation von kinetischen chemischen Vorgängen selten in der Lage, den eigentlichen Transport in Betracht zu ziehen.

Auf der beiliegenden CD finden Sie zur Eingabe, Kontrolle und Änderung von Daten das Programm GeoShell-B.

1.4.7   Schritt 7: *Programmlauf Transportmodell*

Wie im 4. Schritt lassen sich die Arbeitsschritte, die der Computer in diesem Schritt bearbeitet, grob in die Teilaufgaben Einlesen, Verarbeiten und Ausgabe einteilen. Die eigentliche Modellierung im Verarbeitungsteil spaltet sich nochmals in einen Teil, in dem Koeffizienten von Gleichungssystemen berechnet werden und in einen zweiten, in dem die Gleichungssysteme gelöst werden. Da man es bei der Modellierung von Ausbreitungsprozessen in der Regel mit instationären Simulationen zu tun hat, erfolgt die Bearbeitung der beiden letzteren Teilaufgaben in einem alternierenden Rhythmus. Bei der Bearbeitung jedes Zeitschritts müssen zunächst wiederum die Koeffizienten bestimmt werden, bevor die Löser aufgerufen werden.

Während des Ablaufs der Simulation liefert das Programm Konzentrationsfelder (im Falle einer Simulation der Wärmeausbreitung Temperaturfelder) jeweils nach der Bearbeitung eines Zeitschritts. Um die Datenmenge nicht überlaufen zu lassen, steuert der Benutzer in der Regel mittels Output-Optionen, wie mit diesen Daten verfahren werden soll. Es gibt Optionen zur numerischen und graphischen Ausgabe. Bzgl. der Weiterverarbeitung (Postprozessing) können bestimmte Operationen ausgewählt werden, z.B. zur Bestimmung von Extrema oder zur Ausgabe der Werte an bestimmten Beobachtungspunkten. Ist keine dieser Optionen eingestellt, geschieht mit den Resultaten nichts weiter, als daß sie bei der Simulation des nachfolgenden Zeitschritts als Anfangswerte dienen.

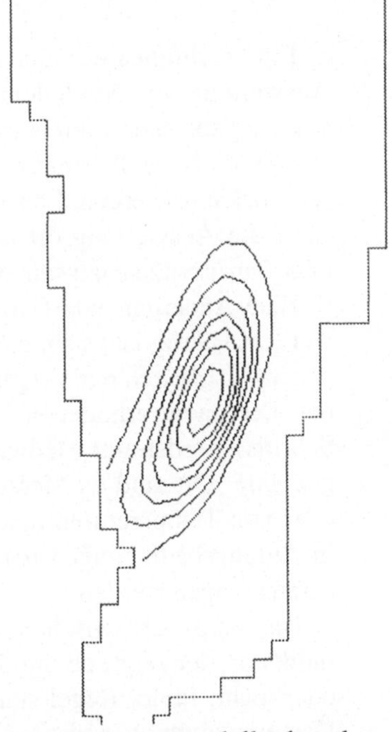

Abb. 1.8: Konzentrationsgleichen für einen bestimmten Zeitpunkt

Abb. 1.8 stellt die graphische Ausgabe eines Ausbreitungsmodells dar, das aufgrund des Geschwindigkeitsfeldes aus den Abb. 1.6 und 1.7 erzeugt wurde[4]. Die Kontamination aufgrund eines kurzzeitigen Schadstoffeintrags in einem begrenzten Teilbereich des modellierten Gebiets breitet sich im Strömungsfeld aus. Zu einem bestimmten, vom Modellierer spezifizierten Zeitpunkt, liefert das Modell eine Konzentrationsverteilung. Diese ist in Abb. 1.8 durch Isolinien gleicher Konzentration veranschaulicht. Die einzelnen Linien entsprechen Konzentrationsniveaus, die zum Innern der Schadstoffwolke hin zunehmen.

Indem man mehrere Bilder wie in Abb. 1.8 hintereinandermontiert, entsteht ein Bild von der Ausbreitung einer Kontamination im Grundwasserleiter, in dem einzelne Transportprozesse zu erkennen sind; (1) die Advektion: der 'Mittelpunkt' des kontaminierten Bereichs, der die höchste Verschmutzung aufweist, wandert im Strömungsfeld, (2) die Dispersion: die Schadstoffwolke

---

[4] Den Eingabedatensatz zum Beispiel finden Sie auf der beiliegenden CD unter dem Namen DEMO6.WTB

verbreitert sich. Auch am Computerbildschirm läßt sich das wie eine Animation verfolgen.

Zur Bearbeitung dieses Schritts befindet sich auf der beiliegenden CD das Programm FAST-B(2D).

1.4.8   Schritt 8: *Ergebnisaufbereitung, Eichung und Auswertung*

Ein 'nichtlineares' Durchschreiten der Schritte ist teilweise möglich. Die Auswertung von Modellergebnissen kann zu einer Korrektur bzw. Änderung von Eingabedaten führen, evtl. auch zu einer Änderung des Modellgebiets oder des -typs. Neue Erkenntnisse über Eingabedaten, die während der Modellierung bekannt werden, können zu einem Rücksprung in der Liste führen. Auch führt die Auswertung oft auf neue Fragestellungen, die Modellerweiterungen oder Sensitivitätsanalysen erforderlich machen.

Eine Änderung von Eingabewerten kann für die Modelleichung notwendig werden. Häufig ist es so, daß einige Modellparameter nicht bekannt sind. Beim ersten Abarbeiten der vorgenannten Schritte werden dann Schätzwerte verwendet. Die damit erhaltenen Modellergebnisse (nach Ausführung des 4. oder 7. Schritts) werden mit Meßwerten verglichen, die nicht in das Modell eingegangen sind. Oft sind es Messungen von Piezometerhöhen, von Konzentrationen oder von Temperaturen innerhalb des Modellgebiets, die weder in Rand- noch in Anfangsbedingungen berücksichtigt werden können, die dann zur Eichung herangezogen werden.

Der Vergleich zwischen numerisch ermittelten und gemessenen Daten ist ein Indikator, der zeigt, ob mit dem Modell reale Verhältnisse nachgebildet werden oder nicht. In der Regel sind mehrere Eichläufe nötig, um eine genügend gute Übereinstimmung zwischen beiden Datensätzen zu erzielen. Läßt sich auch durch größere Parametervariationen keine Übereinstimmung erzielen, so muß der Modellierer darüber nachdenken, ob er die falschen Eichparameter gewählt hat oder ob im betrachteten System nicht Vorgänge wesentlich sind, die im Modellansatz nicht berücksichtigt werden. Ein weiterer möglicher Grund für das Versagen von Modellen können numerische Fehler sein - davon ist in den Abschnitten 4 und 8 in diesem Band die Rede.

2 Strömungen in porösen Medien

2.1 Allgemeines

In und zwischen den Gesteinen der Erde finden sich Hohlräume unterschiedlichster Form, unterschiedlichster Verteilung, unterschiedlichster Größe und mit unterschiedlichster Verbindung. Diese Hohlräume sind mit Flüssigkeiten - zumeist Wasser - und/oder mit Gasen - zumeist Luft - gefüllt. Nach dem Aggregatzustand lassen sich drei Phasen unterscheiden: Gestein / Boden (feste Phase), das Fluid / Wasser (flüssige Phase) und Gas /Luft (gasförmige Phase). Man spricht vom gesättigten Fall, wenn die gasförmige Phase nicht vorhanden ist. Obwohl das Festgestein als gesonderte Phase im Untergrund stets vorhanden ist, findet man in der Literatur oft eine Zählung, bei der die feste Phase nicht berücksichtigt ist: z.B. Ein-Phasen System für den gesättigten Fall. Hier werden lediglich die Phasen im Porenraum gezählt.

In speziellen Anwendungsfällen ist es notwendig, weitere Phaseneinteilungen vorzunehmen. Für die Mineralölwirtschaft ist der Fall von Bedeutung, in dem der Porenraum mit zwei flüssigen Phasen, nämlich Öl und Wasser gefüllt ist. Als Gas-Phase kann das Erdgas hinzukommen. In der Tat waren es die Interessen der Ölindustrie, die in den USA in den Anfängen die Techniken der Modellierung vorantrieben (Aziz/Settari 1979, Peaceman 1977).

Zwei weitere Beispiele: an stark kontaminierten Standorten bilden häufig organische Schadstoffe eine weitere separate Phase. In der Geothermie werden u.a. Systeme betrachtet, bei denen Wasser und Wasserdampf die beiden Phasen des Porenraums sind.

In allen zuvor beschriebenen Fällen, in denen unterschiedliche Fluide im Porenraum aufzufinden sind, trifft man zusätzlich die Unterscheidung zwischen benetzender und nicht-benetzender Phase. An der Phasengrenze zwischen Flüssigkeiten und Gasen ist die Flüssigkeit die benetzende Phase, das Gas die nicht benetzende. Wasser ist auch die benetzende Phase bzgl. Öl oder anderen Kohlenwasserstoffen. Die Benetzung ist stets eine Eigenschaft des Verhältnisses zweier Phasen. So kann eine Phase bzgl. einer zweiten benetzend sein, bzgl. einer dritten aber nichtbenetzend.

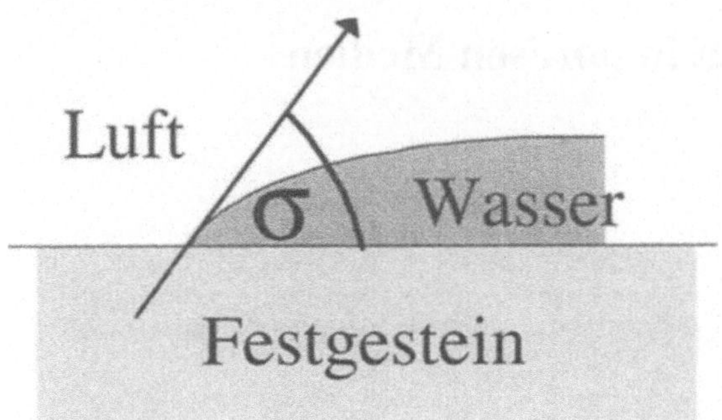

Abb. 2.1: Oberflächenspannung im 3-Phasen-System mit Wasser als benetzender und Luft als nicht-benetzender Phase

Der Winkel σ, den die Phasen-Trennfläche zur festen Phase bildet, bestimmt das Verhältnis zweier Phasen im Porenraum zueinander. Für benetzende Phasen ist σ kleiner als 90°, für benetzte Phasen größer als 90°. Die hier wirkende Oberflächenspannung wird durch eine Druckdifferenz zwischen beiden Seiten der Trennfläche aufrechterhalten. Im ungesättigten Wasser-Luft-System im porösen Medium wird die Druckdifferenz Kapillardruck genannt, oder mit umgekehrtem Vorzeichen Saugspannung.

Die Einführung einer weiteren Phaseneinteilung bzgl. des Strömungsverhaltens ist in manchen Anwendungen sinnvoll. Die mobile Phase ist der Teil einer Phase, die am Strömungsprozeß teilnimmt. Die effektive Porosität bezeichnet den Anteil des Porenraums, der von der Strömung berührt wird. Die immobile Phase ist der ruhende statische Teil. Der Aufbau und die Struktur des Porenraums bestimmen diese Einteilung wesentlich. Insbesondere ist das Vorhandensein von eingeschlossenen Poren oder von einseitig erreichbaren Poren (*dead-end pores* - Coats/Smith 1964) von Bedeutung. Im Fall von aufgerissenen Porenrändern kann die Einführung der immobilen Phase für Ausbreitungsvorgänge wichtig sein (van Genuchten/ Wierenga 1976, Gaudet/ Jégat/ Vachaud/ Wierenga 1977, de Smedt/ Wierenga 1979).

Bei der Betrachtung von Ausbreitungsvorgängen im Untergrund ist die Wechselwirkung zwischen den Phasen stets in Betracht zu ziehen. Inhaltsstoffe können angelagert oder abgestoßen werden. Wie Wärme können sie in den Flüssigkeiten und in den Gasen transportiert werden. Konzentrations- und Temperaturgradienten werden in der Tendenz ausgeglichen, wobei Geschwindigkeitsfeld, Fluideigenschaften und Inhomogenitäten die Intensität dieses Ausgleichprozesses bestimmen.

Zur mathematischen Beschreibung von Vorgängen im Untergrund werden Variablen verwendet, die für jeden Ort und zu jedem Zeitpunkt definiert sind, wie z.B. Konzentration, Temperatur oder Geschwindigkeit. Im Gegensatz zu einphasigen Systemen macht diese infinitesimale Definition einiger Variablen direkt keinen Sinn, sondern sie muß über einen Mittelungsprozeß hergeleitet werden. An einem unendlich klein gedachten Punkt eines Aquifers mag die Definition der Temperatur noch prinzipiell nachvollziehbar sein, die der Porosität ist es nicht.

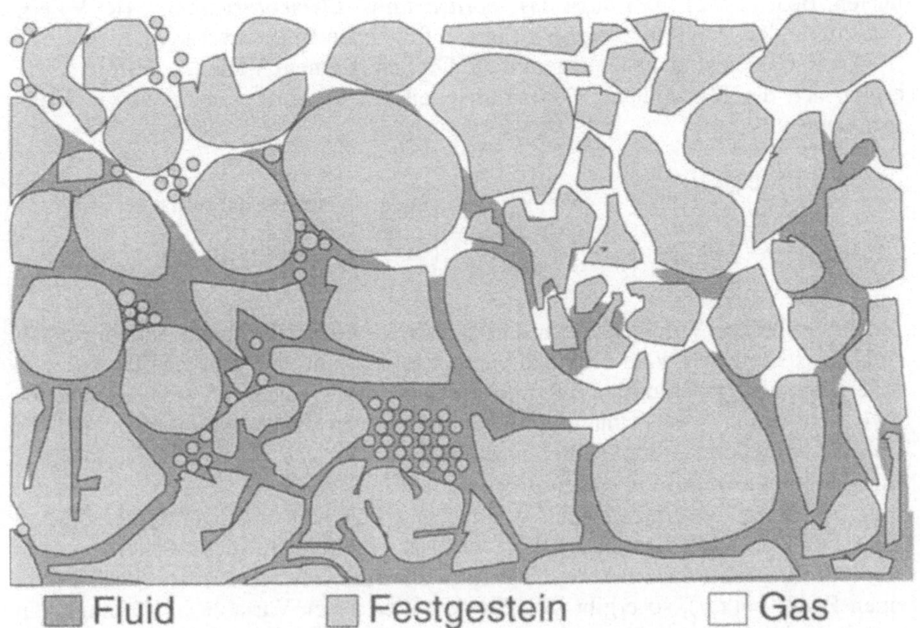

Abb. 2.2: Schnitt durch ein poröses Medium, Illustration eines 3-Phasen-Systems

2.2 Porosität

Die Porosität ist das Verhältnis der Größe des Porenraum zum Gesamtvolumen, das alle Phasen umfaßt. Die Porosität (φ) ist eine dimensionslose Zahl zwischen Null und Eins. Man kann auch sagen, sie spezifiziert den Anteil des Porenraums am Gesamtvolumen. Dieser Wert ergibt sich in Prozent, wenn die Porosität mit dem Faktor 100 multipliziert wird.

Wenn hier von Porenraum die Rede ist, so ist damit stets der für Strömung und Ausbreitung wirksame Porenraum gemeint. D.h. isolierte Poren werden bei der Volumenbestimmung nicht mitberücksichtigt. Auch einseitig abgeschlossene Poren ('dead-end pores') sind nur in Teilen relevant. Man verwendet den Begriff der *effektiven Porosität*. Im weiteren soll mit Porosität stets die effektive Porosität gemeint sein.

Porosität ist mit obiger Definition für gegebene Volumina eindeutig definiert. Im folgenden wird sie allerdings als Variable von Ort und Zeit definiert. Problematisch ist die punktuelle Definition als Ortsvariable. Die Definition über eine Grenzwertbildung - so wie in der Differentialrechnung - ist nicht sinnvoll. Es zeigt sich, daß die betrachteten Volumina nicht zu klein, aber auch nicht zu groß sein dürfen. Bear (1972) führt dazu das *repräsentative Elementarvolumen* (REV) ein. Das zugrundeliegende Konzept wird in den folgenden Bildern veranschaulicht.

Die Variablen sind stets als gemittelte Größen in einem Volumen definiert, z.B. ergibt sich die Porosität als Porenraumanteil am Gesamtvolumen für ein Volumenelement:

$$\varphi = \frac{\int\limits_V \chi_\varphi \, dV}{\int\limits_V dV} \qquad \text{mit} \qquad \chi_\varphi = \begin{cases} 1 & \text{im Porenraum} \\ 0 & \text{im porösen Medium} \end{cases} \tag{2.1}$$

Die Größe des Volumens V in dieser Definition ist dabei nicht beliebig. Ist V zu klein, so spielen lokale Fluktuationen im Porenraum eine große Rolle. Ist V zu groß, kommen großräumige Inhomogenitäten zum Tragen. In dem geeigneten Zwischenbereich spricht man vom 'repräsentativen Elementarvolumen' (REV). Unter Verwendung dieser Mittelungsvorschrift läßt sich für jede skalare Größe eine punktuelle Definition rechtfertigen.

In Abhängigkeit vom gewählten Element erhält man einen unterschiedlichen Wert der Variablen. Das Vorgehen wird an einem nicht-realistischen porösen Medium illustriert, das in Abb. 2.3 dargestellt wird. Betrachtet man Quadrate um einen Punkt **r**=(x,y), so ergibt sich für den Wert einer Variable in Abhängigkeit von der Seitenlänge ein Verlauf, wie er im folgenden beschrieben und in Abb. 2.4 gezeigt wird.

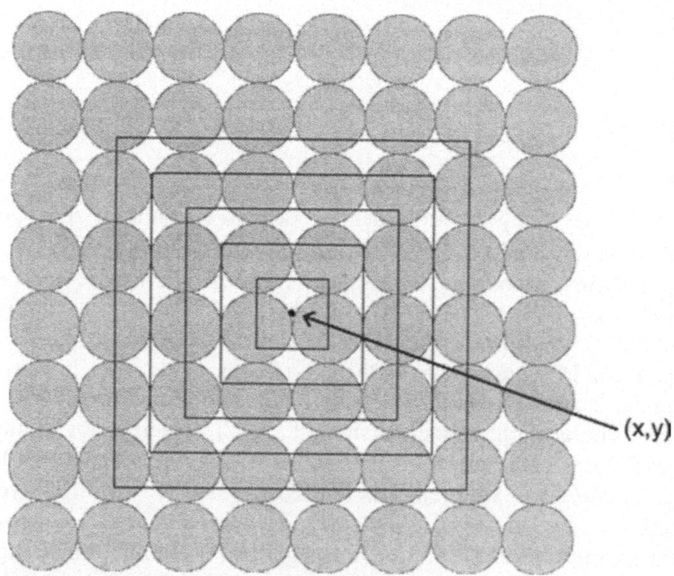

Abb. 2.3: Strukturiertes poröses Medium (2D)
Illustration zur Bestimmung der Porosität am Punkt (x,y)

Für kleine Radien, im Mikrobereich, ändert sich der Wert unregelmäßig in Abhängigkeit von der lokalen Phasenverteilung. Deutlich ist selbst für Volumina, die ein Vielfaches der periodischen Struktur des Mediums betragen, die Schwingung um den Mittelwert (hier: $\varphi=0.2146$) erkennbar. Das liegt hier an der Periodizität des porösen Mediums selbst: liegen die Grenzen des Quadrats in der Nähe der Kreistangenten, wird der Porenanteil überschätzt - in der Nähe der Kreismittelpunkte wird er unterschätzt.

In unstrukturierten Medien ist ein derartig langsames Einschwingen nicht zu beobachten. Dennoch wird im Bereich großer Volumina im Kurvenverlauf die großräumige Veränderung der Variablen erkennbar werden. In homogenen Medien stellt sich die Variable bei größer werdenden Volumina auf einen konstanten Wert ein[1]. Dieser wird als der Wert der Variable am Ort **r** definiert. Ein Volumen, für das dieser Wert angenommen wird, bezeichnet man als repräsentatives Elementarvolumen, kurz: REV. Das REV ist nicht eindeutig, sondern innerhalb eines Größenintervalls bestimmt.

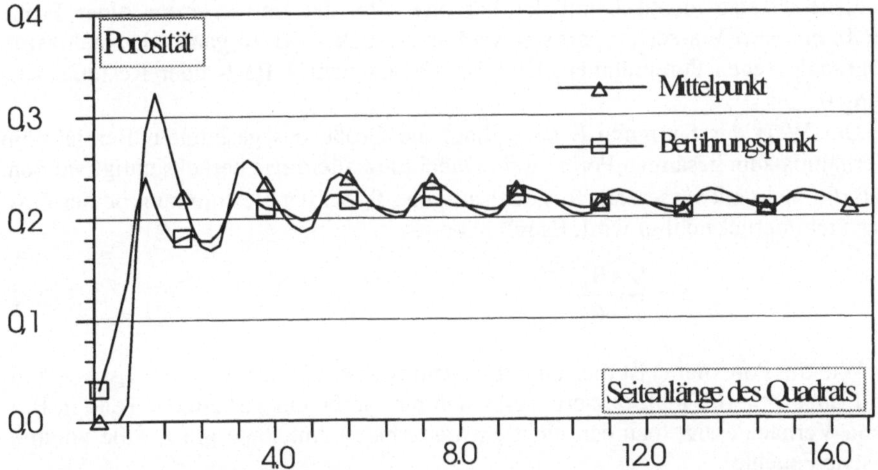

Abb. 2.4: Porosität in Abhängigkeit von der Seitenlänge des umgebenden Quadrats für zwei ausgewählte Punkte (berechnet für das strukturierte poröse Medium aus Abb. 2.3 für Kreise mit Durchmesser 1.0)

Die beschriebene Vorgehensweise ist auch für inhomogen verteilte Variablen möglich. Bei diesen zeigt sich in einer Kurve, die in Analogie zu Abb. 2.4 erstellt wird, im Makrobereich kein konstanter Wert. Im allgemeinen stellt sich allerdings zwischen den beiden Extremen - in einem mittleren Bereich - ein konstantes Niveau ein, durch welches das REV und der Wert der Variablen definiert werden können. In der Praxis der Modellierung spielt das REV kaum eine Rolle. Der Modellierer ist zumeist froh, überhaupt auf einen oder einige wenige Meßwerte zurückgreifen zu können. Trotzdem sollte er sich dabei der Problematik und des möglicherweise daraus resultierenden Fehlers bewußt sein.

---

[1] Mit Inhomogenität bezeichnet man eine Ortsabhängigkeit. In diesem Falle würde das bedeuten, daß sich Eigenschaften des porösen Mediums, hier die Porosität, von einem Ort zum anderen ändern. Der homogene Fall ist gerade durch die Nichtveränderlichkeit der charakterisierenden Parameter gekennzeichnet.

2.3 Sättigung und Feuchte

Man spricht davon, daß der Porenraum *gesättigt* ist, wenn er vollends mit Wasser gefüllt ist. Im Erduntergrund stellt sich ein Grundwasserspiegel ein, unterhalb dessen gesättigte Verhältnisse vorliegen. Das Wasser im gesättigten Bereich nennt man *Grundwasser*. Durchlässige gesättigte Formationen sind *Grundwasserleiter* oder *Aquifere*[2]. Im Untergrund sind Aquifere durch schlecht leitende Schichten, die sogenannten *Aquitards* getrennt. Zwischen Erdoberfläche und Grundwasserspiegel befindet sich die *ungesättigte* - oder *Aerationszone* (engl.: 'unsaturated' oder 'vadose zone'), in der Luft und Wasser im Porenraum vorhanden sind.

Die (volumetrische) Feuchte θ gibt den Anteil des mit Wasser gefüllten Raums an (gemessen im alle Phasen umfassenden Gesamtvolumen). Der Maximalwert der Feuchte ist also identisch mit der Porosität. Bei der Entwässerung einer Probe bleibt ein Rest Wasser im porösen Medium zurück - z.B. in ganz oder mehrseitig abgeschlossenen Porenräumen. Dies ist die sogenannte Rest- oder Residualsättigung θ_r.

Der Wert der Sättigung S bezeichnet die Größe des gesättigten Bereichs im Verhältnis zum gesamten Porenraum. Dabei muß allerdings berücksichtigt werden, daß die nicht entwässerbare Residualsättigung θ_r bei der Bestimmung beider Größen nicht berücksichtigt wird. Es gilt also:

$$S = \frac{\theta - \theta_r}{\varphi - \theta_r} \qquad (2.\,2)$$

Wie die Porosität φ ist dies eine dimensionslose Zahl mit Werten zwischen Null und Eins. Mit 100 multipliziert ergibt sich die Größe des gesättigten Teils in Prozent. Vernachlässigt man den nicht entwässerbaren Anteil, so gilt für die volumetrische Feuchte:

$$\theta = \varphi \cdot S$$
$$(2.\,3)$$

Im gesättigten Bereich gilt S=1. Wie bei der Porosität ist die Sättigung für Volumina definiert und wird erst bei Spezifizierung eines REV zu einer ortsabhängigen Variablen.

---

[2] Im genannten Sinne wird der Begriff *Aquifer* am häufigsten verwendet. Theis (1994) weist darauf hin, daß der Begriff nicht klar definiert ist; beispielsweise wäre in dieser Terminologie die Entwässerung eines Aquifers unmöglich. Man beachte dazu auch die Kritik des Theis'schen Artikels von Clebsch (1994).

2.4 Geschwindigkeit

Die tatsächliche Geschwindigkeit des Wassers im Porenraum $\mathbf{u}$[3] ist von Ort zu Ort sehr unterschiedlich. Die Lage des Orts, an dem die Geschwindigkeit ermittelt wird, innerhalb der jeweiligen Pore, ist von entscheidender Bedeutung. In der Porenmitte ist die Strömung am stärksten. Zum Porenrand hin bewirken Reibungskräfte einen starken Rückgang. Je nach Geometrie des Porenraums können sogar Rückströmungen auftreten: das Vorzeichen der Geschwindigkeit dreht sich um. Darüber hinaus ist die vernetzte Struktur des Porenraums, die sogenannte Tortuosität, eine weitere Ursache für die Heterogenität der Strömungsfelder.

Das genaue Strömungsfeld in einem porösen Medium kann nicht gemessen und auch nicht berechnet werden. Eine punktuelle Geschwindigkeitsdefinition ist also in jeder Hinsicht belanglos. Die Geschwindigkeit im porösen Medium wird aus meßbaren Flußgrößen - Volumen- oder Massenfluß - abgeleitet. Strömt durch einen Querschnitt der Größe A der Volumenstrom Q, so ergibt sich die sogenannte *Filtergeschwindigkeit*

$$v = Q \, / \, A \tag{2.4}$$

Bei der Definition vektorieller Größen sind in Gleichung (2.1) Randintegrale zu verwenden. Die Geschwindigkeit v in Gleichung (2.4) ist aus dem Durchfluß abgeleitet: man nennt sie Filter- oder auch Darcy-Geschwindigkeit.

Betrachtet man die mittlere Teilchengeschwindigkeit v, so muß diese größer als u sein, denn es steht dem Fluß nicht der gesamte Querschnitt der Größe A, sondern nur ein kleinerer Teil davon zur Verfügung. I.a. wird angenommen, daß es die Porosität φ ist, die im gesättigten Fall den Anteil der durchströmten Fläche angibt. Im ungesättigten Fall ist es die volumetrische Feuchte φS. Die Fläche A wird dadurch um den Faktor φS reduziert, wodurch sich der Geschwindigkeitswert um den Faktor $1/\varphi S$ erhöht:

$$u = v \, / \, \varphi S \tag{2.5}$$

u wird als *Abstandsgeschwindigkeit* bezeichnet. Bildet man den Mittelwert aller Partikel in einem Volumen geeigneter Größe, so ergibt sich v als resultierende Größe.

---

[3] Vektorielle Größen sind im folgenden stets mit Kleinbuchstaben in Fettdruck angegeben. An einzelnen Stellen erscheinen sie in Normaldruck; dann ist der Betrag der Geschwindigkeit gemeint. Im 1D-Fall, der in diesem Unterabschnitt beschrieben ist, ist die Druckform gleichgültig: der Betrag und die einzige Komponente sind identisch.

2.5 Druck und Druckhöhe

Der Druck im porösen Medium nimmt, von Ausnahmefällen abgesehen, mit der Tiefe zu. Im hydrostatischen Fall mit konstanter Dichte, in dem keine (echte) Strömung stattfindet, ist die Druckzunahme linear:

$$p_{stat} = \rho g z \tag{2. 6}$$

Dabei bezeichnet z die Tiefe unterhalb des Grundwasserspiegels (die z-Achse wird nach unten positiv gerechnet). Am Grundwasserspiegel ist der Druck gleich dem Atmosphärendruck, der gegenüber üblichen Wasserdrücken vernachlässigt werden kann.

Druckhöhe bezeichnet die Höhe der Wassersäule, die zur Ausübung des entsprechenden Drucks nötig ist. Sie läßt sich also im Falle konstanter Dichte angeben durch $p / \rho g$. Der konstante Faktor $1/\rho g$ ist lediglich der Umrechnungsfaktor zwischen der Angabe des Drucks in einer Druckeinheit und einer Längeneinheit. Wie in freien Gewässern kann die Druckzunahme mit einem Druckdreieck angegeben werden, wenn keine Vertikalgeschwindigkeiten auftreten.

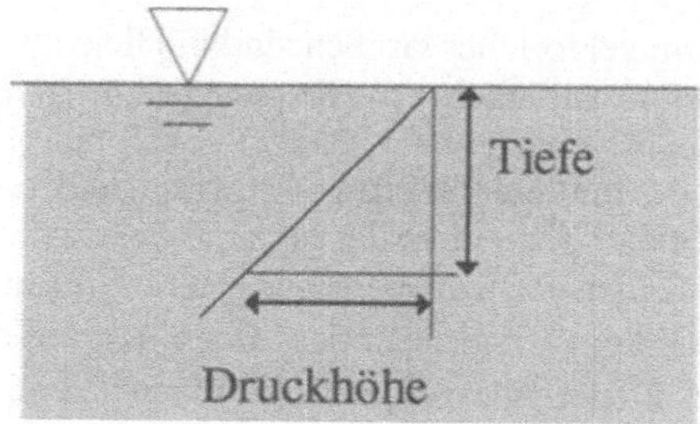

Abb. 2.5 : Das Druckdreieck in Grund- und Oberflächengewässern

Die Voraussetzung für das Auftreten von (echten) Strömungen ist also, daß das Druckfeld vom hydrostatischen Fall abweicht, daß die Druckhöhe nicht durch dasselbe Druckdreieck beschrieben werden kann. Die Abweichung des an einer Stelle des Untergrunds vorliegenden Drucks vom hydrostatischen ist eine charakteristische Größe für die Strömung; man bezeichnet sie auch als hydraulischen Druck, für den also gilt: $p - \rho g z$. Äquivalent dazu ist die Verwendung dieser Größe in einer Längeneinheit:

$$h = \frac{p}{\rho g} - z \tag{2. 7}$$

Die hier auftretende Größe nennt man die Piezometerhöhe.

2.6 Piezometerhöhe

Die Piezometerhöhe h wird mit einem Piezometerrohr gemessen und läßt sich darüber am einfachsten einführen. Ein Piezometer ist ein Rohr, das lediglich an den beiden Enden geöffnet ist. Wird ein Piezometerrohr in den Untergrund eingeführt, so bezeichnet h die Höhe des Wasserstands im Rohr über einem Referenzniveau. Ort der Messung der Piezometerhöhe ist die untere Rohröffnung.

h besitzt die Einheit einer Länge. Wie sich in den folgenden Kapiteln zeigen wird, ist die Piezometerhöhe die entscheidende Variable in einfachen Strömungsmodellen, d.h. in Modellen, die mit zeit- und örtlich konstanten Wassereigenschaften arbeiten.

Wird die Messung im obersten Grundwasserleiter durchgeführt, so liegt der Wasserstand im Rohr am Grundwasserspiegel. Man nennt solche wasserführenden Schichten auch *ungespannte Aquifere*. Im Gegensatz dazu stimmt die Piezometerhöhe im *gespannten Aquifer* i.a. nicht mit dem Grundwasserspiegel im darüberliegenden ungespannten Aquifer überein.

Im Falle konstanter Fluiddichte ist die Piezometerhöhe proportional zum dynamischen Druck. Im ungesättigten Fall ist sie betraglich identisch mit der Saugspannung (siehe unten), hat allerdings das umgekehrte Vorzeichen.

2.7 Saugspannung und Kapillardruck

Der Kapillardruck beschreibt den Druckunterschied zwischen den Phasen Luft und Wasser. Durch diesen Druckunterschied bewirkt, daß die Kontaktfläche zwischen Flüssigkeit und Gas gewölbt ist. Durch dadurch erzeugte *Oberflächenspannung* ist charakteristisch für die beteiligten Medien (bei Luft und Wasser beträgt sie 72.5 erg/cm^2). Sie bestimmt auch den Winkel zwischen benetzender und benetzter Phase, wie in Abb. 2.1 dargestellt. Die Saugspannung h_c gibt den Kapillardruck in Längeneinheiten der Wassersäule an, d.h. es gilt

$$h_c = \frac{p_c}{\rho g} \tag{2.8}$$

Eine weitergehende Beschreibung der Phänomene auf Mikroebene findet man bei Bear/Verruijt (1987). Diese Einzelheiten spielen für die Art von Modellen, wie sie hier besprochen werden, keine Rolle. Wesentlich ist allerdings, daß negativer Kapillardruck bzw. negative Saugspannung als Fortsetzungen der entsprechenden Größen Druck bzw. Druckhöhe aus dem gesättigten in den ungesättigten Bereich aufgefaßt werden können.

3   Analytische Beschreibung von Strömungen

3.1 Das Darcy-Gesetz und Verallgemeinerungen

In seiner klassischen Arbeit aus dem Jahre 1856 ('Les fontaines publiques de la ville de Dijon') beschreibt Henry Darcy die Experimente, deren Resultate zur Grundlage der quantitativen Behandlung von Grundwasserströmungen geworden sind. Der Versuchsaufbau mit einem Sandfilter ist schematisch in Abb. 3.1 dargestellt. Gesucht wurde eine Beziehung zwischen der Standrohrspiegelhöhe h, dem Durchfluß Q und den geometrischen Abmessungen des Filters.

Die Experimente führten zu dem Ergebnis, daß der Durchfluß Q proportional ist: (1) zur Differenz der Wasserstände am Ein- und Auslaß des Filters Δh, (2) zum Querschnitt A; und umgekehrt proportional zur Länge L.

$$\frac{Q}{A} = K_f \, \frac{\Delta h}{L} \tag{3.1}$$

Die Proportionalitätskonstante K_f ist eine Eigenschaft des porösen Mediums, d.h. sie ist allgemein abhängig vom Festgestein, der Porenverteilung und -struktur und vom Fluid. Wenn man sich nur auf die klassische Arbeit von H. Darcy berufen möchte, müßte man es bei dieser Formulierung belassen. Die Bezeichnung 'Darcy-Gesetz' wird in der aktuellen Literatur allerdings für unterschiedliche Verallgemeinerungen der empirischen Formel (3.1) verwandt. Im folgenden werden die häufigsten und wichtigsten dieser 'Darcy-Gesetze' behandelt.

Man kann Gleichung (3.1) auch als Definition des K_f-Werts auffassen. Er wird als Durchlässigkeit, Durchlässigkeitsbeiwert oder hydraulische Leitfähigkeit bezeichnet. Er hat die Einheit einer Geschwindigkeit und man mißt ihn in m/s im MKS-System. Vom K_f-Wert lassen sich die Fluideigenschaften μ (Viskosität) und Dichte (ρ) abspalten und es bleibt die Permeabilität k als reine Gesteinseigenschaft, für die gilt:

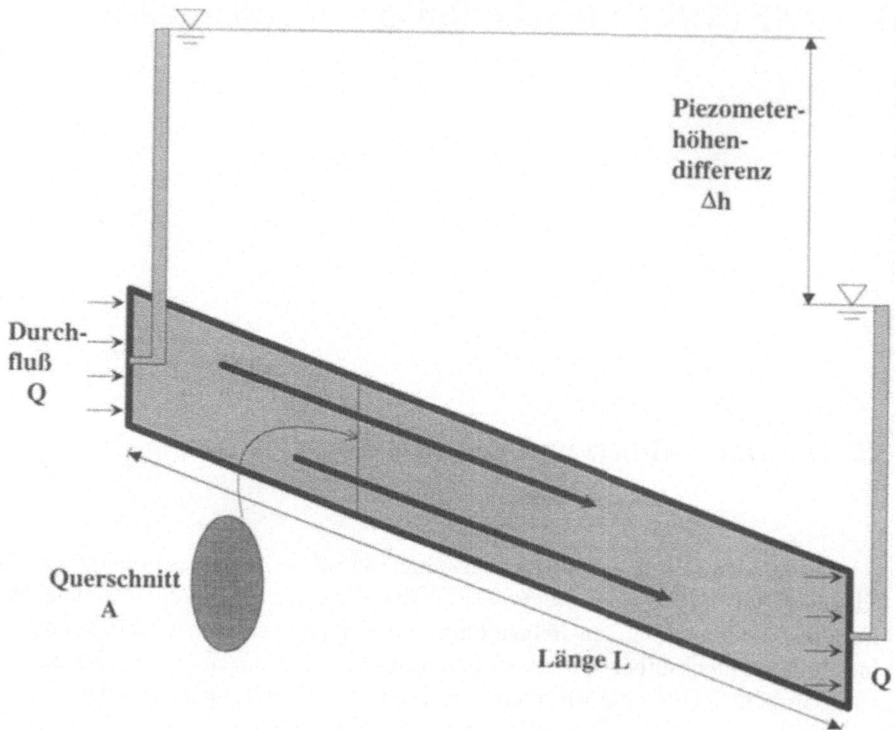

Abb. 3.1: Schematische Darstellung eines Darcy-Versuchs

$$K_f = \frac{k\rho g}{\mu} \qquad (3.\,2)$$

g bezeichnet die Gravitationskonstante. Die Permeabilität wird in m^2 (MKS-System) oder in Darcy gemessen. Durchlässigkeiten und Permeabilitäten variieren zwischen sehr durchlässigen und quasi undurchlässigen Gesteinen um mehrere Zehnerpotenzen - siehe dazu Tablle 3.1.

Gesteinstyp	Durchlässigkeit [m/s]	Permeabilität [m^2]	Permeabilität [Darcy]
Kies	$>10^{-2}$	$>10^{-9}$	>10000
Kiessand	10^{-3}-10^{-2}	10^{-10}-10^{-9}	1000-10000
Grobsand	10^{-4}-10^{-3}	10^{-11}-10^{-10}	10-100
Feinsand	10^{-6}-10^{-4}	10^{-13}-10^{-11}	10^{-1}-10
sandiger Ton	10^{-9}-10^{-8}	10^{-16}-10^{-15}	10^{-4}-10^{-3}
Ton	$<10^{-9}$	$<10^{-17}$	$<10^{-5}$

Tabelle 3.1: Durchlässigkeitsbeiwerte für unterschiedliche poröse Medien

Die Gültigkeit des Darcy-Gesetzes ist in einer unübersehbaren Anzahl von Versuchen bestätigt worden, so daß es umgekehrt zur Bestimmung von Durchlässigkeiten in Säulenversuchen herangezogen wird. Die Grenzen der Gültigkeit seien kurz aufgezählt:

- bei hohen Geschwindigkeiten (für Reynoldszahlen Re>10)
- bei hohen Druckdifferenzen
- in klüftigem Gestein
- im Karst

Das Darcy-Gesetz in der Form (3.1) ist für einen Spezialfall der Strömung im porösen Medium aufgestellt worden. Über dessen Einschränkungen hinaus wird es in verallgemeinerter Form verwendet. Der Spezialfall ist die eindimensionale stationäre Strömung im homogenen, isotropen, gesättigten, unbewegten Porenwasserleiter. Verwandt werden heutzutage Verallgemeinerungen des Gesetzes für mehrdimensionale und für instationäre Strömungen im inhomogenen, im anisotropen, im ungesättigten und im sich bewegenden und deformierenden porösen Medium. Die vielfachen Verallgemeinerungen sollen im folgenden kurz behandelt werden.

Die Bedingungen, für die Formulierungen des Darcy-Gesetz angegeben werden, sind sehr viel allgemeiner, als daß sie in dem Darcy´schen Versuchsaufbau hätten behandelt werden können. Zuallererst wird die oben gegebene Gleichung (3.1), die eine Beziehung zwischen diskreten endlichen Größen angibt, in eine infinitesimale Form überführt, die an jedem Punkt des betrachteten Systems gilt:

$$v_x = -K_f \, \frac{\partial h}{\partial x}$$

(3. 3)

Die x-Achse liege in Richtung der betrachteten eindimensionalen Strömung. Da der Fluß in der Richtung der abnehmenden Standrohrspiegelhöhe erfolgt, erhält der stets positive K_f-Wert in der neuen Formulierung ein negatives Vorzeichen. Der Quotient $\Delta h / L$, der für das Durchfließen der Stecke L bestimmend ist, wird ersetzt durch den Differentialquotient, der an einzelnen Punkten definiert ist. Alle Größen in dieser Formulierung müssen an allen Punkten des Raums definiert sein (in Analogie zu den Navier-Stokes-Gleichungen für Strömungen freier Fluide)[1].

---

[1] Rein formal kann das Darcy-Gesetz in der Form aus den Navier-Stokes-Gleichungen abgeleitet werden. In den Bewegungsgleichungen (mit den Viskositätstermen λ und κ und der äußeren Kraft $\mathbf{f_e}$)

$$\rho \, \frac{d\mathbf{v}}{dt} + \nabla p = \mathbf{f_e} + \kappa \nabla^2 \mathbf{v} + (\kappa + \lambda)\nabla(\nabla \cdot \mathbf{v}) + (\nabla \cdot \mathbf{v})\nabla\lambda + [\nabla\mathbf{v} + (\nabla\mathbf{v})^T]\nabla\kappa$$

können sämtliche Terme, die Änderungen der Geschwindigkeit enthalten, vernachlässigt werden. Der wesentliche Einfluß der Geschwindigkeit liegt darin, daß sie proportional ist zum Widerstand, den das Korngerüst der Bewegung entgegensetzt:

$$\mathbf{f_e} = -\frac{1}{K_f} \, \mathbf{v}$$

Mit der Proportionalitätskonstante $1/K_f$ erhält man das Darcy-Gesetz.

Gerade das ist allerdings nicht so einfach wie bei den freien Fluiden, die in Seen, Flüssen und sonstigen Gerinnen fließen. Auffällig an der Form des Darcy-Gesetzes (3.3) ist, daß die auftauchenden Variablen selbst in einer ideal-typischen Vorstellung nicht punktuell aufgefaßt werden können, sondern durch einen Mittelungsprozeß hergeleitet werden. Dabei betrachtet man ein Volumen um den Punkt r, für das die Variablen definiert werden, das sogenannte REV (siehe Abschnitt 2.2).

Man kann das Darcy-Gesetz wie folgt beschreiben: die Darcy-Geschwindigkeit ist proportional zum negativen Gradienten des hydraulischen Potentials. In dieser Form ist das Darcy-Gesetz formal gleich aufgebaut wie andere wichtige physikalische Gesetze, z.B. das Ohm'sche Gesetz, das Fourier'sche Gesetz oder das Fick'sche Gesetz (s. Abschnitt 7). Noch naheliegender ist die Analogie zum laminaren Fließgesetz für Rohrströmungen, das durch Versuche von Hagen (1839) und Poiseuille (1843) experimentell nachgewiesen wurde. Auch hier wird die mittlere Geschwindigkeit zum Druckgradienten in Bezug gesetzt, wobei der Rohrradius r in die Proportionalitätskonstante eingeht:

$$v_x = -\frac{r^2}{8\mu}\frac{\partial p}{\partial x} \tag{3.4}$$

Die Verallgemeinerung des Darcy-Gesetzes (3.3) auf den mehrdimensionalen Fall ergibt sich durch die Einführung des Gradienten-Operators ∇ (hier zusätzlich in 2D und 3D in Komponentenform notiert; im folgenden wird die Komponentenschreibweise stets für den 3D-Fall angegeben, die für den 2D-Fall gilt, wenn man eine Komponente streicht):

$$\mathbf{v} = -K_f \nabla h \qquad \left[= -K_f \begin{pmatrix} \dfrac{\partial h}{\partial x} \\ \dfrac{\partial h}{\partial y} \end{pmatrix} \text{ für 2D } \quad \text{bzw.} = -K_f \begin{pmatrix} \dfrac{\partial h}{\partial x} \\ \dfrac{\partial h}{\partial y} \\ \dfrac{\partial h}{\partial z} \end{pmatrix} \text{ für 3D} \right] \tag{3.5}$$

Für h verwendet man in Analogie zur Begriffsbildung in der Physik auch die Bezeichnung *hydraulisches Potential*. Gleichung (3.5) sagt aus, daß der Vektor der Geschwindigkeit parallel zum Gradienten der Piezometerhöhe h verläuft und daß die Komponenten proportional sind. Mit dieser Formulierung lassen sich auch inhomogene Verhältnisse erfassen: der K_f-Wert ändert sich dann von Ort zu Ort.

Nicht erfaßt wird mit Gleichung (3.5) der anisotrope Fall, in dem die Durchlässigkeit richtungsabhängig ist. Es zeigt sich in der Praxis, daß Durchlässigkeiten nicht in allen Raumrichtungen gleich sind. Wie permeabel eine poröse Formation an einer Stelle ist, wird stark von der geologischen Schichtung bestimmt. Die Durchlässigkeit parallel zur Schichtung ist eine andere als quer dazu (vgl. Abb. 3.2).

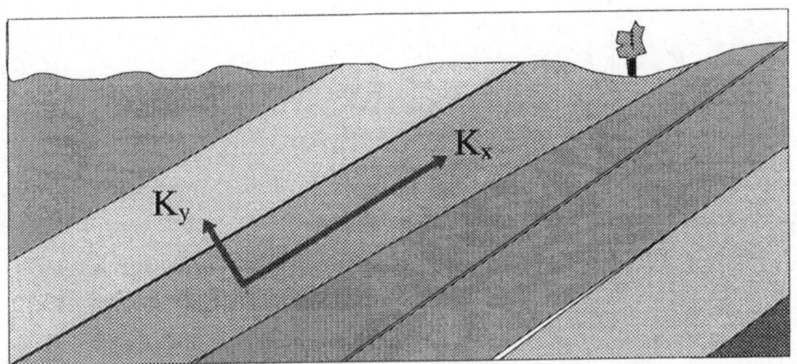

Abb. 3.2 : Geologische Schichtenfolge und Anisotropie

Die Verallgemeinerung des Darcy-Gesetzes für den anisotropen Fall ergibt sich, indem man den Skalar K_f durch einen Tensor $\mathbf{K_f}$ ersetzt.

$$\mathbf{v} = -\mathbf{K_f} \cdot \nabla h \tag{3.6}$$

Werden Durchlässigkeiten nach ihrer Abhängigkeit von Fluid und Festgestein wie in (3.2) aufgeteilt, tritt an die Stelle des Durchlässigkeitstensors der Permeabilitätstensor $\mathbf{k}$. In den meisten praktischen Fällen werden die Koordinatenachsen so gewählt, daß sie mit den Anisotropierichtungen übereinstimmen. Dann erhält der Durchlässigkeitstensor Diagonalform:

$$\mathbf{v} = - \begin{pmatrix} K_x & 0 & 0 \\ 0 & K_y & 0 \\ 0 & 0 & K_z \end{pmatrix} \cdot \nabla h \tag{3.7}$$

Voraussetzung für diese Vereinfachung ist, daß sich die Anisotropierichtungen im zu modellierenden Grundwasserleiter nicht ändern. Sicherlich ist die Tatsache, daß die meisten Strömungsmodelle den Tensor in dieser Form verwenden, darauf zurückzuführen, daß Anisotropierichtungen schwerlich meßbar sind.

Die Erfahrung zeigt, daß natürliche Böden in vertikaler Richtung (d.h. in Richtung der Schwerkraft) um ca. eine Größenordnung weniger durchlässig sind als in horizontaler Richtung. Für horizontal geschichtete Formationen ist das aus ihrer in geologischen Zeiträumen verlaufenden Genese zu erklären. Wenn allerdings Faltungsprozesse die ursprünglich horizontale Formation verworfen haben, würde die Anisotropierichtung nicht mehr mit der Richtung der Gravitation übereinstimmen.

Wenn diese Betrachtungen in der Praxis auch selten eine Rolle spielen, sollten sie nicht völlig außer Acht gelassen werden. Insbesondere gilt das bei der Betrachtung von Strömungsprozessen im strukturierten klüftigen Gestein, in dem große Anisotropien auftreten. Bei einer Änderung der Hauptkluftrichtung kann ein Ansatz wie in (3.7) nicht verwandt werden, der die Konstanz der Anisotropierichtungen verlangt. Als weitere Verallgemeinerung muß dann ein voll besetzter Durchlässigkeitstensor eingeführt werden:

$$\mathbf{K_f} = \begin{pmatrix} K_{xx} & K_{xy} & K_{xz} \\ K_{yx} & K_{yy} & K_{yz} \\ K_{zx} & K_{zy} & K_{zz} \end{pmatrix} \tag{3.8}$$

Unter Verwendung der Permeabilität lassen sich, wie oben bemerkt, die Abhängigkeiten der Variablen von Fluid bzw. Festgestein aufteilen. Als weiterer Unterschied in den meisten Formulierungen ist zu konstatieren, daß der Gesamtdruck p die Piezometerhöhe h als Variable ersetzt. Das erfolgt mittels der Beziehung:

$$h = \frac{p}{\rho g} - z = \frac{p_{dyn}}{\rho g} \tag{3.9}$$

Die unabhängige Variable z wird auf der Koordinatenachse in Richtung der Schwerkraft gemessen. Der dynamische Druck $p_{dyn} = p - \rho g z$ ist in der Regel kleiner als der Gesamtdruck. h mißt den dynamischen Druck in der Einheit 'Länge der Wassersäule'. Setzt man die Beziehung (3.9) in Gleichung (3.8) ein, so erhält man unter Verwendung der Permeabilität die folgende Formulierung des Darcy-Gesetzes:

$$\mathbf{v} = -\frac{1}{\mu}\,\mathbf{k} \cdot (\nabla p - \rho \mathbf{g}) \tag{3.10}$$

Eine Verallgemeinerung des Darcy-Gesetzes für inhomogene poröse Medien ergibt sich durch die Einführung ortsveränderlicher Funktionen der Durchlässigkeit bzw. Permeabilität. In derselben Weise kann das Darcy-Gesetz zur Behandlung zeitlicher Veränderungen erweitert werden. Örtliche und zeitliche Schwankungen aufgrund der Änderung der Fluideigenschaften Dichte ρ und Viskosität μ können in der Formulierung (3.10) berücksichtigt werden.

Bei dichteveränderlichen Strömungen sind die Formulierungen (3.6) und (3.10) nicht äquivalent. Die Differentiation von (3.6) unter Berücksichtigung von (3.9) ergibt einen zusätzlichen Term, der den Dichtegradienten $\nabla \rho$ enthält. Die allgemeinere Formulierung, die für sogenannte Dichteströmungen verwandt wird, ist durch Gleichung (3.10) gegeben und vereinfacht sich im Fall konstanter Dichte auf die Form (3.6).

Auch Strömungen im ungesättigten Bereich werden mit einem Darcy-Ansatz beschrieben. Unter der vereinfachenden Bedingung, daß der Druck in der gasförmigen Phase im gesamten Bereich vernachlässigt werden kann, wird eine vereinfachte Strömungsgleichung für die Fluidphase abgeleitet. Der Gesamtdruck p wird als eine Funktion aufgefaßt, die im gesättigten Aquifer positiv, in der ungesättigten Zone negativ ist. Am Grundwasserspiegel gilt p=0. Im Ungesättigten wird er mit umgekehrtem (positivem) Vorzeichen als Saugspannung oder als Kapillardruck p_c bezeichnet:

Für die entsprechende Variable $h_c = p_c / \rho g$, die in der Einheit 'Höhe Wasser-säule' angegeben wird, ergibt sich dann:

$$\mathbf{v} = -K\mathbf{K_f} \cdot \nabla(-h_c - z) \qquad (3.11)$$

In der Aerationszone ist die Abhängigkeit der Durchlässigkeit, bzw. Permeabili-tät von der Sättigung S bzw. der volumetrischen Feuchte φS wesentlich zu be-rücksichtigen. Die Durchlässigkeit nimmt mit der Sättigung ab. Zumeist geht man hier von der Annahme aus, daß diese Abhängigkeit für alle Elemente des Tensors in gleicher Weise abläuft. Als zusätzlicher Faktor kommt die relative Permeabilität K in das Fließgesetz hinein. Bear/Verruijt (1987) weisen darauf hin, daß diese Ableitungen im Fall veränderlicher Dichten nicht gültig sind.

Gleichung (3.11) stellt eine Verallgemeinerung der Form (3.6) dar. Die Piezo-meterhöhe $h = -h_c - z$ kann in den ungesättigten Bereich fortgesetzt werden. Damit ist dann eine Formulierung gefunden, die für Strömungsprozesse oberhalb und unterhalb des Grundwasserspiegels gleichermaßen verwandt werden kann. Formal läßt sich Gleichung (3.11) umschreiben zu:

$$\mathbf{v} = -K\mathbf{K_f}(-\frac{\partial h_c}{\partial S} \nabla S - \nabla z) \qquad (3.12)$$

wobei der Koeffizient des ersten Summanden $-K\mathbf{K_f}\partial h_c / \partial S$ auch als (kapillare) Diffusion bezeichnet wird. Wesentlich geht hier in jedem Fall die Form der Retentionskurve ein, die die Beziehung zwischen Sättigung und Saugspannung beschreibt. In der Literatur werden verschiedene empirische Gleichungen der Sät-tigungs-Saugspannungs-Beziehung angegeben. Klassisch ist die exponentielle Formel für die Sättigung S bzw. die effektive Sättigung S_e

$$S_e = (h_b / h_c)^l \qquad \text{(Brooks/Corey 1964) (3.13)}$$

$$S = (H_b / h_c)^l \qquad \text{(Campbell 1974) (3.14)}$$

mit Konstanten H_b bzw. h_b und l. Die erstgenannten Autoren bezeichnen den Ex-ponent l als Porengrößenindex (pore size index). Alternativ dazu findet man mit Konstanten α, n und m die Formulierung:

$$S_e = 1 / (1 + |\alpha h_c|^n)^m \qquad \text{(van Genuchten 1980) (3.15)}$$

Alle genannten Ansätze geben nicht die - experimentell beobachtete - Hysterese in der Sättigungs-Saugspannungs-Beziehung wieder (vgl. Abb. 3.3). Mißt man in einer experimentellen Anordnung mit einer gesättigten Probe die Saugspannung während der erstmaligen Entwässerung, so ergibt sich lediglich eine Obergrenze für die Werte von h_c. Am Ende der Entwässerung bleibt eine nicht entwässerbare Residualfeuchte θ_r in der Probe enthalten. Führt man daraufhin wiederum eine

Wässerung des porösen Materials durch, so kommt die gemessene Saugspannungskurve deutlich unter den zuvor gemessenen Werten zu liegen.

In real gegebenen Situationen in ungesättigten Bereichen wird man sich zwischen den beiden Extremen des Ent- und des Bewässerungszweigs befinden. Schwankungen der Sättigung im Feld finden sicherlich in einem schmaleren Teilbereich als zwischen dem vollständig gesättigten Fall und der Residualsättigung statt. Aus diesem Grund kann für Feldsituationen von der Gültigkeit einer fest bestimmten Retentionskurve ausgegangen werden.

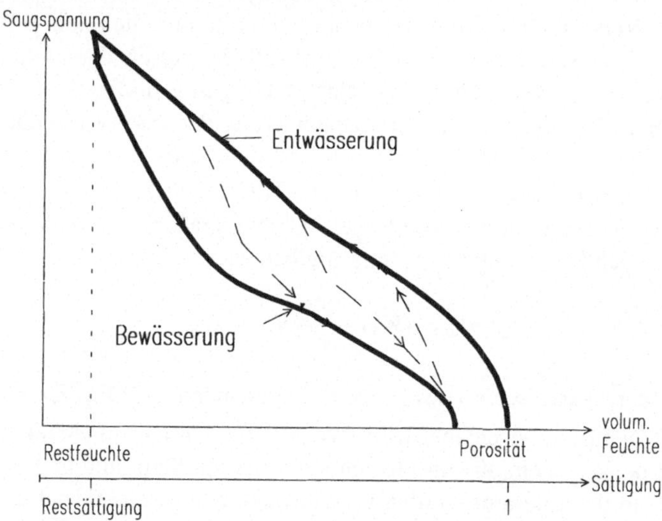

Abb. 3.3: Typische Sättigungs-Saugspannungs-Kurve mit Hysterese

Die Beziehung zwischen der relativen Permeablilität und Saugspannung ist bei stationären und instationären Problemen in der Aerationszone von Bedeutung. Einige Beispiele werden in den folgenden Gleichungen angegeben:

$$K(h_c) = a \, / \, (b + (h_c)^m)$$

(Gardner 1958) (3. 16)

$$K(h_c) = (h_b \, / \, h_c)^{2+3l}$$

(Brooks/Corey 1964) (3. 17)

$$K(h_c) = \exp(-\alpha h_c)$$

(Waechter/Philip 1985) (3. 18)

mit Konstanten a, b, h_b, l, m, und α. Den Parameter α bezeichnet Philip (1985) als 'sorptive number'. Ich verwende im folgenden den Ausdruck *Sorptivität*. Einen Überblick über Werte der Sorptivität findet man in der Tabelle 3.2.

Mualem (1976) beschäftigt sich mit Ansätzen zur Abhängigkeit der Durchlässigkeit von der Sättigung. Häufig wird eine einfache Beziehung der Form

$$K(S_e) = S_e^n$$

(3. 19)

angenommen. Die Exponenten, die sich für unterschiedliche Böden ergeben, liegen oberhalb von 3, zumeist zwischen 3 und 4. Brooks/Corey (1964) setzen n in Beziehung zum Porengrößenindex l:

$$n = 3 + 2 / l \qquad (3.20)$$

	Fein-strukturierte Medien	Grob-strukturierte Medien
Philip (1969)	0.2	8.0
Braester (1973)	1.0	16.9
Waechter/Philip (1985)	0.2	5.0

Tabelle 3.2: Sorptivität in $[\text{m}^{-1}]$ nach verschiedenen Autoren

Während die Durchlässigkeit in der flüssigen Phase mit sinkender Sättigung stark abnimmt, steigt sie für die gasförmige Phase ensprechend an; nach Brooks/Corey (1964) besteht die Proportionalität zu $(1 - S_e)^2 (1 - S_e^2)$. In der neueren Literatur wird für die Durchlässigkeit in der flüssigen Phase häufig die folgende Beziehung verwendet:

$$K(S_e) = \sqrt{S_e}\left[1 - \left(1 - S_e^{1/m}\right)^m\right]^2 \qquad \text{(van Genuchten 1980) (3.21)}$$

Einen Überblick über die unterschiedlichen Beziehungen bzgl. der Retention und der hydraulischen Leitfähigkeit, sowie eine Bewertung der unterschiedlichen Ansätze findet man bei Rawls/Brakensiek (1989).

Eine weitere Verallgemeinerung des Darcy-Gesetzes behandelt den Fall, in dem das poröse Medium selbst sich in Bewegung befindet. Hier ergibt sich die Darcy-Geschwindigkeit als Resultierende der Geschwindigkeiten der einzelnen Phasen (Veruijt 1995)

$$\mathbf{v} = \varphi S(\mathbf{u_f} - \mathbf{u_s}) \qquad (3.22)$$

Die Darcy-Geschwindigkeit ist also als Relativ-Geschwindigkeit aufzufassen zwischen den Geschwindigkeiten des Festgesteins $\mathbf{u_s}$ und der des Fluids $\mathbf{u_f}$.

3.2 Das Prinzip der Massenerhaltung

Das Prinzip der Massenerhaltung wird in einem Kontrollvolumen formuliert. Das Kontrollvolumen, zumeist als Quader idealisiert (siehe Abb. 3.4) liegt raumfest im Koordinatensystem. Dies ist die sogenannte Euler-Formulierung, der die

Lagrange-Formulierung gegenübergestellt werden kann, in der ein Kontrollvolumen sich mit der Strömung bewegt und die Form ändert.

Die Massenänderung im Zeitraum Δt wird ausgedrückt: (1) durch den Vergleich der Gesamtmassen am Beginn und am Ende des Zeitraums und (2) durch die Bilanzierung der Ströme über die Seitenflächen des Kontrollvolumens.

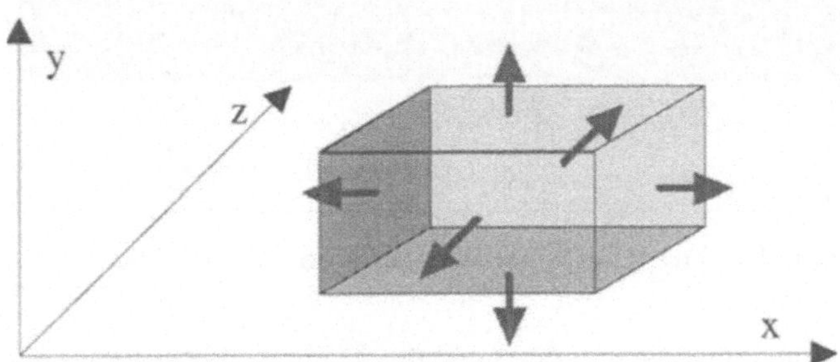

Abb. 3.4: Kontrollvolumen

Im Kontrollquader um den Punkt (x,y,z) mit den Abmessungen Δx, Δy und Δz gilt dann:

$$[\varphi S\rho(x,y,z,t+\Delta t) - \varphi S\rho(x,y,z,t)] \cdot V$$

$$= \rho v_x(x-\frac{\Delta x}{2},y,z,t+\frac{\Delta t}{2})\Delta y\Delta z\Delta t - \rho v_x(x+\frac{\Delta x}{2},y,z,t+\frac{\Delta t}{2})\Delta y\Delta z\Delta t$$

$$+\rho v_y(x,y-\frac{\Delta y}{2},z,t+\frac{\Delta t}{2})\Delta x\Delta z\Delta t - \rho v_y(x,y+\frac{\Delta y}{2},z,t+\frac{\Delta t}{2})\Delta x\Delta z\Delta t \quad (3.23)$$

$$+\rho v_z(x,y,z-\frac{\Delta z}{2},t+\frac{\Delta t}{2})\Delta x\Delta y\Delta t - \rho v_z(x,y,z+\frac{\Delta z}{2},t+\frac{\Delta t}{2})\Delta x\Delta y\Delta t$$

$$+q\Delta x\Delta y\Delta z\Delta t$$

q bezeichnet hier einen allgemeinen Quellterm, der zur Betrachtung verschiedenster hydraulischer, physikalischer, chemischer oder biologischer Prozesse verwandt wird. Mit positivem Vorzeichen quantifiziert er einen Zustrom oder Massenzugabe, mit negativem Vorzeichen eine Senke oder Massenentnahme. Auch die unterschiedlichen Vorzeichen für die Massenflüsse über die Kanten resultieren aus dieser Vorzeichen-Konvention.

Im Grenzübergang $\Delta x{\to}0$, $\Delta y{\to}0$, $\Delta z{\to}0$ und $\Delta t{\to}0$ entsteht dann die Kontinuitätsgleichung:

$$\frac{\partial}{\partial t}\varphi S\rho = -\nabla \cdot \rho \mathbf{v} + q \quad (3.24)$$

Die Beziehung (3.24) gilt, wenn Bewegungen und Verformungen des porösen Mediums selbst vernachlässigt werden können. Bei Problemen des Wasserhaushalts oder der Wasserqualität ist diese Annahme zumeist erfüllt. Anders ist das, wenn Böden durch Bebauung zusätzlich belastet werden oder durch Grundwasserabsenkung an Festigkeit verlieren. Bei der Modellierung von Subsistenz müssen Erhaltungsgleichungen für flüssige und feste Phase gesondert aufgestellt werden:

$$\frac{\partial}{\partial t}\,\varphi S\rho = -\nabla \cdot \rho\varphi S\mathbf{u}_f + q$$

$$\frac{\partial}{\partial t}\,(1-\varphi)\rho_s = -\nabla \cdot \rho_s(1-\varphi)\mathbf{u}_s \qquad (3.\,25)$$

Dabei bezeichnen $\mathbf{u}_f$ und $\mathbf{u}_s$ die Geschwindigkeiten in den einzelnen Phasen. Das Gleichungssystem (3.25) kann vereinfacht werden. Dabei wird in der Regel nicht der allgemeine Fall behandelt, sondern vereinfachende Annahmen gemacht. Im Falle konstanter Dichte des Festgesteins ersetzt man den Term $\partial\varphi/\partial t$, die zeitliche Änderung der Porosität, durch den expliziten Ausdruck, der dann durch die zweite Gleichung gegeben ist. Die erste Gleichung lautet dann:

$$\varphi\frac{\partial}{\partial t}\,S\rho = -S\rho\nabla\mathbf{u}_s - S\rho\nabla\varphi(\mathbf{u}_f - \mathbf{u}_s) - \varphi\mathbf{u}_f\nabla S\rho + q \qquad (3.\,26)$$

Eine detaillierte Darstellung des gesättigten Falls findet man bei Verruijt (1995). Gleichungen der angegebenen Art bilden den Ausgangspunkt für die Modellierung von Konsolidierung, Subsistenz und anderen Phänomenen, bei denen Prozesse des porösen Mediums an sich von Bedeutung sind. In den meisten Fällen genügt es dann allerdings nicht, die Translation des Mediums allein zu betrachten. Verformungen und Kompressionen müssen durch Spezifikation von Spannungs-Dehnungs-Beziehungen einbezogen werden.

Auf diesen komplexeren Fall wird im folgenden nicht weiter eingegangen. Stattdessen sollen einige alternative und vereinfachte Formulierungen von Gleichung (3.24) vorgestellt werden. Durch Differentiation auf der linken Seite der Gleichung ergibt sich:

$$\rho\frac{\partial}{\partial t}\,\varphi S + \varphi S\frac{\partial}{\partial t}\,\rho = -\nabla \cdot \rho\mathbf{v} + q \qquad (3.\,27)$$

Weitere Umformungen beruhen auf Eigenschaften der Dichte, die im folgenden Unterabschnitt behandelt wird.

3.3 Zustandsgleichungen

Zustandgleichungen geben die Beziehung zwischen Grundgrößen Druck, Dichte und Temperatur an. Als zusätzliche Variable wird hier noch die Salzkonzentration betrachtet. Die Dichte wird zueist als Funktion der anderen Variablen geschreiben: $\rho(p,T,c)$. Man betrachtet dann die relative Dichteänderung bzgl. der einzelnen Unbekannten. Durch Einführung der Kompressibilität des Fluids β

$$\beta = \frac{1}{\rho}\frac{\partial\rho}{\partial p}$$

(3. 28)

ergibt sich aus (3.27):

$$\rho(\frac{\partial}{\partial t}\varphi S + \varphi S\beta\frac{\partial p}{\partial t}) = -\nabla\cdot\rho\mathbf{v} + q$$

(3. 29)

Für konstante Feuchtewerte lassen sich eine Gleichung in Abhängigkeit von Druckhöhe bzw. Piezometerhöhe schreiben:

$$\rho\varphi S\beta_\psi\frac{\partial\psi}{\partial t} = -\nabla\cdot\rho\mathbf{v} + q \quad \text{oder} \quad \rho\varphi S\beta_\psi\frac{\partial h}{\partial t} = -\nabla\cdot\rho\mathbf{v} + q$$

(3. 30)

Die zweite Gleichung ergibt sich aus der ersten durch Ausnutzung der Beziehung $\psi = h + z$. Die eingehende Kompressibilität β_ψ ist hier in Relation zu Änderungen der Druckhöhe definiert. Bezüglich der Änderungen in Abhängigkeit von Temperatur und der Konzentration von Wasserinhaltsstoffen, insbesondere von der Salinität, definiert man:

$$\beta_T = -\frac{1}{\rho}\frac{\partial\rho}{\partial T} \quad \text{und} \quad \beta_c = \frac{1}{\rho}\frac{\partial\rho}{\partial c}$$

(3. 31)

β_T ist der thermische Expansionskoeffizient und β_c der 'saline Kontraktionskoeffizient'. Die Koeffizienten β_T und β_c sind für Wasser um einige Größenordnungen größer als β (siehe Tabelle 3.3). Die Abhängigkeit der Dichte ρ, des thermischen Expansionskoeffizienten β_T und der dynamischen Viskosität μ des Wassers von der Temperatur ist in Abb. 3.5 dargestellt.

Koeffizient	Wert	Einheit	bei Referenz
β	$5.4\cdot10^{-5}$	1/bar	1 bar
β_T	$0.2\cdot10^{-4}$	1/°C	20°C
β_c	0.69	1.	dest. Wasser

Tabelle 3.3: Dichteänderung von Wasser

In diesem Band wird für das weitere davon ausgegangen, daß Temperatur- und Salinitätsgradienten so klein sind, daß sie keine Änderungen der Wassereigenschaften bewirken. Ein Grund für diese Annahme ist, daß Gleichungen (3.24) bzw. (3.27) sich vereinfachen, wenn konstante Dichte vorliegt. Wesentlicher ist allerdings der Gesichtspunkt, daß in dem Fall Strömung und Ausbreitung gekoppelt betrachtet werden müssen. Im Normalfall, der hier behandelt wird, ist zwar die Ausbreitung von der Strömung beeinflußt, nicht aber umgekehrt die Strömung von der Verteilung der Temperatur oder Salzkonzentration.

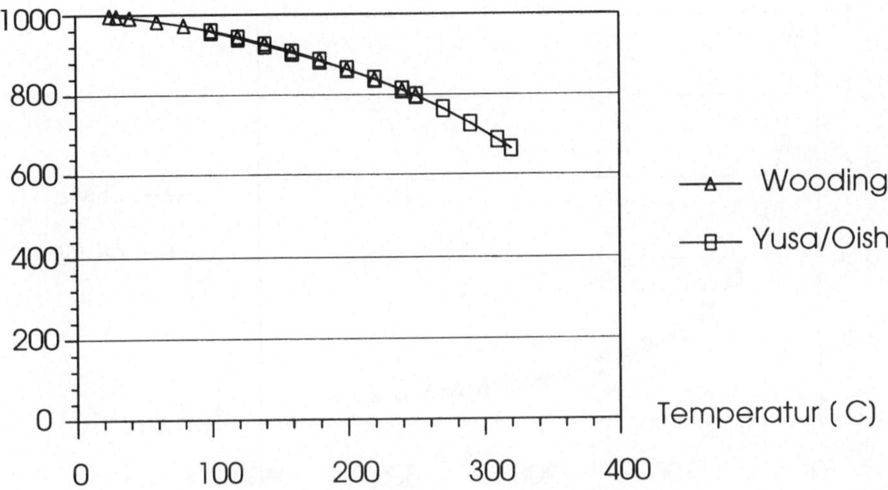

Abb. 3.5: Abhängigkeit der Wasserdichte [kg/m^3] von der Temperatur im Bereich zwischen 0°C und 320°C (berechnet vermittels Näherungsformeln nach Wooding (1957) bzw. Yusa/Oishi (1989))

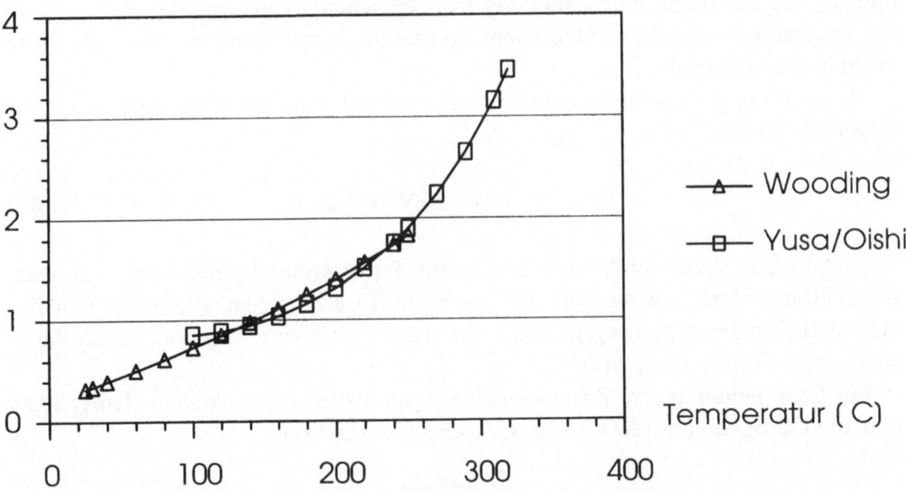

Abb. 3.6: Abhängigkeit des thermischen Expansionskoeffizenten [10^{-3}/°C] von der Temperatur im Bereich zwischen 0°C und 320°C (berechnet vermittels Näherungsformeln nach Wooding (1957) bzw. Yusa/Oishi (1989))

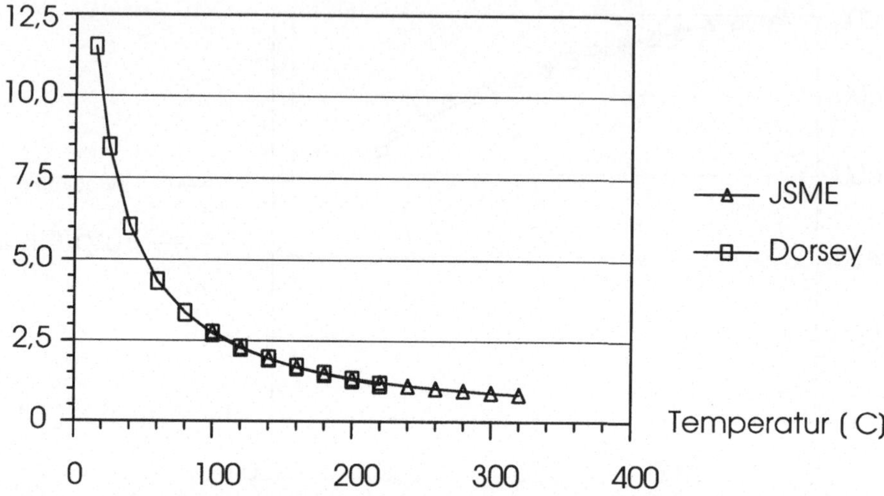

Abb. 3.7: Abhängigkeit der Viskosität [mP] von der Temperatur im Bereich zwischen 0°C und 320°C (berechnet vermittels Näherungsformeln nach Dorsey (1940) bzw. JSME (1968))

Modelle für Dichteströmungen müssen diesem gekoppelten Prozess Rechnung tragen, was nur durch eine Erhöhung des Rechenaufwands und der Komplexität der Programme erreicht werden kann. Zu diesem Zweck wurden unterschiedliche Programme entwickelt.

Vernachlässigt man Dichteunterschiede, so erhält man aus Gleichung (3.27) die folgende einfache Form:

$$\frac{\partial}{\partial t}\varphi S = -\nabla \cdot \mathbf{v} + q / \rho \qquad (3.\,32)$$

Numerische Verfahren können bereits aus der diskreten Formulierung der Massenerhaltung abgeleitet werden. Die meisten Ansätze gehen allerdings von der differentiellen Formulierung in einer Differentialgleichung aus, wie sie im nächsten Abschnitt behandelt wird.

Für Gase gelten andere Zustandsgleichungen als für Flüssigkeiten. Häufig kann man die Gültigkeit des idelaen Gas-Gesetzes voraussetzen:

$$\rho = \frac{pM_{mol}}{RT} \qquad (3.\,33)$$

3.4 Differentialgleichungen

Darcy-Gesetz und Erhaltungsgleichungen für die Masse bilden die Grundlage für die Modellierung von Strömungsvorgängen in porösen Medien. Für eine numerische oder analytische Lösung müssen die Gesetzmäßigkeiten in eine geeignete Form gebracht werden. Es ist in der Regel am günstigsten, die Anzahl der Variablen möglichst weitgehend zu reduzieren. Die verbleibenden abhängigen Variablen müssen dann Bedingungen, zumeist in Form von Differentialgleichungen erfüllen.

Eine Vereinfachung der Gleichungen ergibt sich, wenn man in Gleichung (3.24) die Filtergeschwindigkeit mittels des Darcy-Gesetzes ersetzt:

$$\frac{\partial}{\partial t}\,\rho\varphi S = \nabla\rho\mathbf{K}_f K\nabla h + q \tag{3.34}$$

Dadurch tritt die skalare Unbekannte h an die Stelle der unbekannten Geschwindigkeitskomponenten (im 3D-Fall: im 1D-Fall reduziert man durch die Einsetzung die Anzahl der Unbekannten nicht!). Die Piezometerhöhe h ist die abhängige Unbekannte, die aus Gleichung (3.34) heraus durch ein numerisches Verfahren bestimmt werden kann. Im ungesättigten Fall ist diese Gleichung nichtlinear: sowohl die Sättigung S wie die relative Permeabilität K hängen von der Saugspannung und damit auch von h ab.

Auch wenn Bewegungen des Festgesteins berücksichtigt werden, wird diese Vereinfachung verwendet. Das Darcy-Gesetz in der Form (3.22) wird dann in Gleichung (3.26) eingesetzt. Bei der Modellierung von Strömungen in der Aerationszone wird teilweise die Sättigung S als unbekannte, zu berechnende Variable verwandt, was unter bestimmten Bedingungen einfacher ist. Dann verwendet man das Darcy-Gesetz in der Form (3. 11) und erhält:

$$\frac{\partial}{\partial t}\,\rho\varphi S = \nabla\rho(\frac{\mathbf{K}_f K}{\partial S / \partial h_c}\nabla S - \mathbf{K}_f K\nabla z) + q \tag{3.35}$$

Im folgenden wird auf einige Spezialfälle und damit einhergehende Vereinfachungen von Gleichung (3.34) eingegangen. Berücksichtigt man die Vereinfachungen auf der linken Seite, die zu (3.30) führen, so ergibt sich:

$$\rho\varphi S\beta_\psi\,\frac{\partial h}{\partial t} = \nabla\rho\mathbf{K}_f K\nabla h + q \tag{3.36}$$

Sind örtliche Dichteänderungen vernachlässigbar, so kann man die Gleichung durch ρ dividieren. Dadurch entfällt die Dichte in der Differentialgleichung. Zu beachten ist allerdings, daß der Quellterm eine andere Einheit erhält. Im gesättigten Fall ergibt sich damit die in FAST-A (siehe Abschnitt 4.3) verwendete Differentialgleichung:

$$\varphi \beta_\psi \frac{\partial h}{\partial t} = \nabla \mathbf{K}_f \nabla h + q / \rho \qquad (3.37)$$

Im Falle der inkompressiblen gesättigten Strömung im ebenfalls inkompressiblen inelastischen porösen Medium können die Abhängigkeiten von der Zeit (auf der linken Seite der Gleichung) vernachlässigt werden. Es ergibt sich die einfache Gleichung:

$$\nabla \mathbf{K}_f \nabla h + q / \rho = 0 \qquad (3.38)$$

Insbesondere ist dabei vorausgesetzt, daß sich der Porenraum auch durch chemische Prozesse nicht verändert. Ansonsten muß die zeitliche Änderung der Porosität φ berücksichtigt werden. In Gleichung (3.37) sind alle Variablen außer h Parameter, die als bekannt vorausgesetzt werden und die als Eingabedaten für Computerprogramme behandelt werden müssen. Durchlässigkeiten wie auch Quell- und Senkenterme sind in der Regel nichtkonstant. Neuere Programme besitzen graphische Benutzeroberflächen (GUI), mittels derer diese Daten einfach und komfortabel zu spezifizieren sind.

Instationäre 2D-Horizontalströmungen im gesättigten ungespannten Aquifer werden oft mit einer veränderten Formulierung von (3.37) behandelt. Die gesamte Gleichung wird mit der Mächtigkeit m multipliziert und auf der linken Seite der Gleichung werden die unterschiedlichen Faktoren in einem Speicherkoeffizienten S_0 zusammengefaßt. S_0 ist der Proportionalitätsfaktor zwischen der zeitlichen Änderung der Wassermenge in einem Kontrollsektor der Länge m und der zeitlichen Änderung der Piezometerhöhe.

$$S_0 \frac{\partial h}{\partial t} = \nabla m \mathbf{K}_f \nabla h + m q / \rho \qquad (3.39)$$

Das Produkt $\mathbf{T} = m \cdot \mathbf{K}$ wird als Transmissivitätstensor, oder im skalaren Fall als Transmissivität bezeichnet. Mit dieser Formulierung werden gespannte und ungespannte Grundwasserleiter behandelt. Im gespannten Fall ist S_0 in der Regel sehr klein, da Kompressibilität des Wassers und des Festgesteins vernachlässigt werden können und auch der Porenraum unverändert bleibt. Der wesentliche Anteil am Speicherkoeffizient ist im ungespannten Fall durch die Veränderung des Grundwasserspiegels, und damit durch die auf die Mächtigkeit bezogene Sättigung S gegeben.

Im homogenen Aquifer gilt die aus anderen Disziplinen bekannte Potentialgleichung:

$$\nabla^2 h - q / K_f = 0 \qquad (3.40)$$

Man bezeichnet hier h auch als hydraulisches Potential. Im ungesättigten inkompressiblen porösen Medium bleibt die Sättigung S als die wesentliche Variable, die das zeitliche Strömungsverhalten bestimmt. Die spezielle Form

$$\varphi \frac{\partial}{\partial t} S = \nabla \mathbf{K}_f K \nabla h + q / \rho \qquad (3.41)$$

nennt man nach der Erstveröffentlichung im Jahre 1931 die Richards-Gleichung.

Inkompressible Strömungen können stets auch durch die Stromfunktion Ψ beschrieben werden. Im allgemeinen 3D-Fall ist der Stromfunktionsvektor durch die folgende Beziehung definiert:

$$\mathbf{v} = \nabla \times \Psi \qquad (3.42)$$

Die Darcy-Geschwindigkeit ergibt sich als Rotation des Stromfunktionsvektors. Der Vektor Ψ steht senkrecht auf dem Geschwindigkeitsvektor. Im 2D-Fall behält er die Richtung - senkrecht zur 2D-Strömungsebene - bei und es bleibt lediglich eine skalare Komponente Ψ zu berücksichtigen. Dies ist der Grund, warum die Stromfunktionsformulierung für 2D-Strömungen beliebt ist, wohingegen sie für 3D-Strömungen nicht verwendet wird. Gleichung (3.42) läßt sich in zwei Ortsdimensionen (x und z) zu den zwei Beziehungen vereinfachen:

$$v_x = -\frac{\partial \Psi}{\partial z} \qquad v_z = \frac{\partial \Psi}{\partial x} \qquad (3.43)$$

Daraus ergibt sich unter Ausnutzung des Darcy-Gesetzes in der Form von Gleichung (3.10) eine Differentialgleichung für die Stromfunktion:

$$\left[\frac{1}{k_z}\frac{\partial^2}{\partial x^2} + \frac{1}{k_x}\frac{\partial^2}{\partial z^2}\right]\Psi = \frac{1}{k_z}\frac{\partial}{\partial x}v_z - \frac{1}{k_x}\frac{\partial}{\partial x}v_x =$$

$$\frac{1}{k_z}\left[\frac{k_z}{\mu}\left(\frac{\partial^2 p}{\partial x \partial z} - g\frac{\partial \rho}{\partial x}\right) + \frac{\partial}{\partial x}\left(\frac{k_z}{\mu}\right)\left(\frac{\partial p}{\partial x} - \rho g\right)\right] - \frac{1}{k_x}\left[\frac{k_x}{\mu}\frac{\partial^2 p}{\partial z \partial x} + \frac{\partial}{\partial z}\left(\frac{k_x}{\mu}\right)\frac{\partial p}{\partial x}\right] =$$

$$-\frac{g}{\mu}\frac{\partial \rho}{\partial x} + \frac{1}{k_z}\left[\frac{\partial}{\partial x}\left(\frac{k_z}{\mu}\right)\left(\frac{\partial p}{\partial x} - \rho g\right)\right] - \frac{1}{k_x}\left[\frac{\partial}{\partial z}\left(\frac{k_x}{\mu}\right)\frac{\partial p}{\partial x}\right]$$

$$(3.44)$$

Im Falle konstanter Viskosität im homogenen Untergrund bleibt lediglich der erste Term auf der rechten Seite der Gleichung (3.44):

$$\left[\frac{1}{k_z}\frac{\partial^2}{\partial x^2} + \frac{1}{k_x}\frac{\partial^2}{\partial z^2}\right]\Psi = -\frac{g}{\mu}\frac{\partial \rho}{\partial x} \qquad (3.45)$$

Ist auch die Wasserdichte unveränderlich, erhält man:

$$\left[\frac{1}{k_z}\frac{\partial^2}{\partial x^2} + \frac{1}{k_x}\frac{\partial^2}{\partial z^2}\right]\Psi = 0 \qquad (3.46)$$

Im isotropen porösen Medium erhält man wiederum eine Potentialgleichung:

$$\nabla^2 \Psi = 0 \qquad (3.\,47)$$

Im Unterschied zu Gleichungen (3.29) bis (3.32) sind in der Stromfunktionsformulierung Quellterme nicht enthalten. Sie lassen sich in der Tat auch in einer verallgemeinerten Herleitung nicht einfach berücksichtigen. Quellen und Senken können bei der Ψ-Formulierung in den Randbedingungen einbezogen werden. Dazu müssen dann allerdings die Ränder in geeigneter Weise erweitert werden.

Zuletzt sei noch der Fall einer Gasströmung im porösen Medium erwähnt. Im Gegensatz zu den Flüssigkeiten sind sie nicht inkompressibel und eine Zustandsgleichung muß zusätzlich zu (3.28) herangezogen werden. Gilt die ideale Gas-Gleichung (3.33) so erhält man für den Fall, daß lediglich das Gas den Porenraum ausfüllt, die folgende Beziehung:

$$\frac{\partial}{\partial t}\varphi\,\frac{M_{mol}\,p}{RT} = \nabla \mathbf{k}\,\frac{M_{mol}\,p}{RT}\nabla(p - \rho g z) + q \qquad (3.\,48)$$

Hier wurde das Darcy-Gesetz in der Form (3.10) verwandt. Wegen der geringen Dichte kann der Auftriebsterm in der Klammer auf der rechten Seite vernachlässigt werden. M und R sind Konstanten und können aus den Differentiationen herausgezogen werden. Unter isothermen Verhältnissen ergibt sich dann im porösen Medium mit konstanten Parametern:

$$\varphi\,\frac{\partial}{\partial t}\,p = \mathbf{k}\nabla(p \cdot \nabla p) + \frac{RT}{M_{mol}}\,q \qquad (3.\,49)$$

Unter Ausnutzung der Differentiationsregel $2\nabla(p \cdot \nabla p) = \nabla p^2$ erhält man hieraus eine Differentialgleichung für p^2:

$$\varphi\,\frac{\partial}{\partial t}\,p = \frac{1}{2}\mathbf{k}\nabla^2 p^2 + \frac{RT}{M_{mol}}\,q \qquad (3.\,50)$$

Für die stationäre Strömung von Gasen ergibt sich also eine Differntialbeziehung für p^2 anstelle einer Gleichung für p:

$$\mathbf{k}\nabla^2 p^2 = -\frac{RT}{2M_{mol}}\,q \qquad (3.\,51)$$

Auch im instationären Fall kann eine Gleichung für p^2 hergeleitet werden (vergleiche dazu: Aziz/Settari 1979).

3.5 Randbedingungen

Im vorherigen Abschnitt wurde gezeigt, daß Strömungen im Untergrund durch eine Differentialgleichung beschrieben werden können. Praktische Probleme werden stets nur in Teilbereichen des 1D-, 2D- oder 3D-Raumes betrachtet, die im folgenden einfach als Gebiete G bezeichnet werden sollen. Mathematisch ist das Problem allein durch die Differentialgleichung nicht bestimmt. Hinzu kommen Bedingungen an den Gebietsrändern, die sogenannten Randbedingungen - daneben gibt es noch Anfangsbedingungen.

Ohne die zusätzlichen Bedingungen ist das Problem unbestimmt. Erst unter Hinzunahme dieser Bedingungen ist eine Lösung im Lösungsraum bestimmt - und das auch nicht in jedem Fall. Mathematiker beschäftigen sich mit Fragen der Existenz und Eindeutigkeit von Lösungen, die hier allerdings ausgeklammert bleiben sollen. Es sei nur darauf hingewiesen, daß im Fall einer linearen Differentialgleichung für die üblichen Randbedingungen eine eindeutige Lösung existiert.

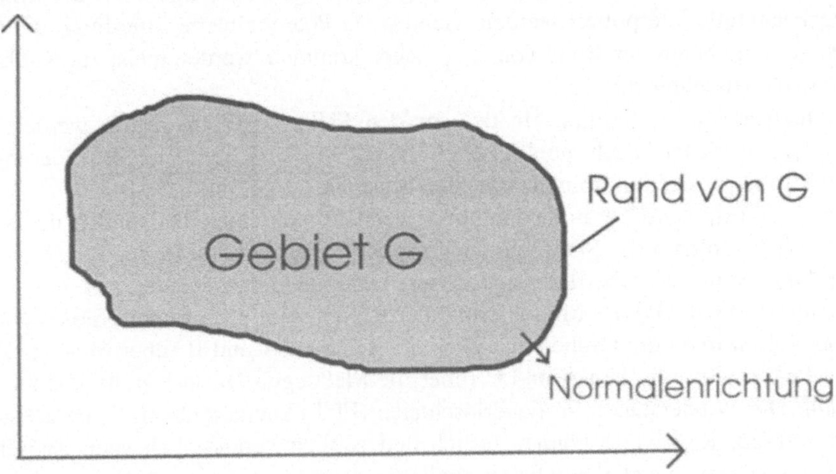

Abb. 3.8: Gebiet im 2D-Raum mit Rand

Randbedingungen werden für die unbekannte und damit zu bestimmende Variable angegeben; im Falle der Strömung im porösen Medium ist das zumeist die Piezometerhöhe h. Für diese werden die folgenden Aussagen formuliert, auch wenn sie für allgemeine partielle Differentialgleichungen Gültigkeit haben. In der Mathematik unterscheidet man im wesentlichen drei Typen von Randbedingungen:

- Randbedingung erster Art (Dirichlet-Typ): h ist vorgegeben
- Randbedingung zweiter Art (Neumann-Typ): die Ableitung $\partial h/\partial n$ der Funktion in Normalenrichtung **n** ist vorgegeben
- Randbedingung dritter Art (Cauchy-Typ): eine Beziehung zwischen h und $\partial h/\partial n$ ist vorgegeben:

$$\alpha h + \beta \frac{\partial h}{\partial n} = \gamma \qquad\qquad (3.\,52)$$

Im allgemeinen Fall sind α, β und γ Funktionen, die orts- und/oder zeitabhängig sein können.

Eigentlich ist mit (3.52) eine allgemeine Form der Randbedingung gegeben, von der Dirichlet- oder Neumann-Typ lediglich Spezialfälle darstellen. In Teilbereichen des Gebietsrands können unterschiedliche Typen von Randbedingungen spezifiziert sein.

In der Realität bedeutet die Angabe von Randbedingungen, daß an diesen Orten bestimmte Daten vorliegen, die ja im Innern des Gebiets nicht vorhanden sind. Für die Praxis ist das von entscheidender Bedeutung: die Gebietsränder werden so gewählt, daß Punkte, an denen diese Zusatzinformationen vorliegen, möglichst an den Rand zu liegen kommen.

Beispielsweise können gemessene Piezometerhöhen als Dirichlet-Randbedingungen zur Bestimmung der Strömung im Untergrund herangezogen werden. Da zumeist nur wenige Meßpegel vorliegen muß zwischen Meßwerten gegebenenfalls interpoliert werden. Gemessene Potentialwerte, die durch die Gebietswahl nicht auf den Rand von G zu liegen kommen, werden meist zur Kalibrierung von Modellen verwandt.

Meßwerte sind allerdings in den meisten Fällen spärlich. Daher werden die Ränder zusätzlich nach geologischen oder hydraulischen Charakterisierungen gewählt. Dazu seien im folgenden einige Beispiele aufgeführt.

Unter Festpotential-Randbedingungen versteht man einen Teilbereich des Randes von G, an dem die Standrohrspiegelhöhe vorgegeben ist. In der Regel ist das der Fall, wenn ein Oberflächengewässer, ein Fluß- oder Seeufer, am Rand des Gebiets vorliegt. Bei der Modellierung der Rieselfelder im Berliner Norden (siehe Abb. 1.4) wurden die Gräben zwischen den Punkten A und B (über Meßpegel P5 und P6), sowie zwischen A und C (über die Meßpegel P1 bis P4) als Ränder gewählt. Die Wasserstände im Feuerlöschteich (FLT) konnten ebenfalls berücksichtigt werden. Randwerte können örtlich und zeitlich veränderlich sein. Zwischen Meßpegeln muß gegebenenfalls interpoliert werden.

Ein Teil des Randes kann durch konstanten Druck charakterisiert sein. Zumeist ist es der Übergang zum ungesättigten Bereich bzw. zur Atmosphäre, der durch eine derartige Bedingung beschrieben wird. Der Luftdruck ist nämlich unter natürlichen Bedingungen so klein, daß er gegenüber den hydraulischen Drücken, die die Strömung des Wassers bestimmen, vernachlässigt werden kann. Zur Lösung eines Problems mit der Unbekannten h muß die Druckbedingung vermittels Gleichung (3.9) in eine Bedingung für die Piezometerhöhe umgerechnet werden.

Undurchlässige Ränder sind charakterisiert durch die Bedingung, daß die Komponente der Geschwindigkeit in Normalenrichtung verschwindet:

$$v_n = 0 \qquad\qquad (3.\,53)$$

Durch das Darcy-Gesetz läßt sich dies durch eine Neumann-Randbedingung für h ausdrücken:

$$\frac{\partial h}{\partial n} = 0 \qquad (3.\,54)$$

Diese 'no-flow'-Randbedingung wird verwendet an Grenzflächen des Übergangs von durchlässigen zu (relativ) undurchlässigen Schichten. Insbesondere der untere Rand (in Richtung des Erdinnern) ist meist mit einer derartigen Bedingung verknüpft.

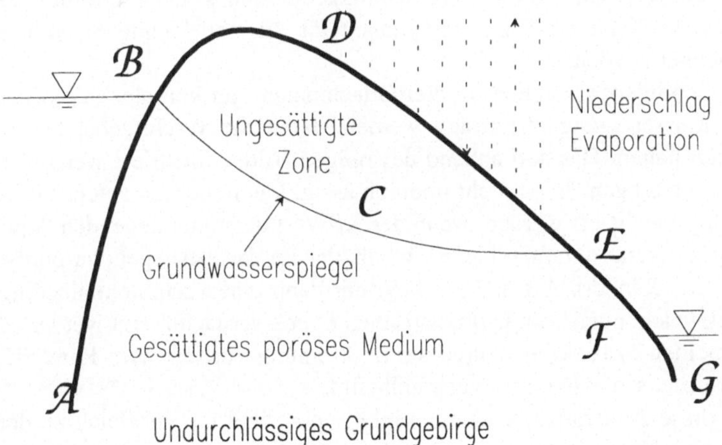

Abb. 3.9: Randbedingungen im Modellkonzept der Durchströmung eines Erdwalls zwischen zwei Wasserreservoirs

Rand	Charakterisierung	Typ
$\mathcal{AB}$	Festpotentialrandbedingung	Dirichlet
$\mathcal{BDE}$	konstante Infiltration vorgegeben	Neumann
$\mathcal{BDE}$	Einstrom (abhängig von h_c) vorgegeben	Cauchy
$\mathcal{BCEF}$	Konstanter (Luft-)druck (=0)	Dirichlet
$\mathcal{FG}$	Festpotentialrandbedingung	Dirichlet
$\mathcal{AG}$	Undurchlässiger Rand ('no flow')	Neumann

Tabelle 3.4: Randbedingungen bei der Durchströmung eines Erdwalls zwischen zwei Wasserreservoirs (zu Abb. 3.9)

Die 'no-flow' Bedingung findet allerdings auch in durchlässigen Bereichen Verwendung. Die Tatsache, daß quer zu Stromlinien kein Fluß stattfindet, wird dabei zur Formulierung der Randbedingung ausgenutzt. Stromlinien sind allerdings oft nicht bekannt und so sind die Ränder entlang dieser Linien mit Unsicherheiten behaftet.

Eine Verallgemeinerung der 'no-flow' Bedingung liegt vor, wenn Geschwindigkeiten vorgegeben sind. Die Komponente in Normalenrichtung, im allgemeinen auch ungleich null, wird durch das Darcy-Gesetz ebenso in eine Neumann-Randbedingung für h umgerechnet. Geschwindigkeiten im Feld können durch direkte Messungen bestimmt worden sein. Laborversuche können so aufgebaut sein, daß bestimmte Ein- oder Ausstromgeschwindigkeiten vorliegen. Oft sind es auch Werte für Zu- oder Abstrom, die in Randteilbereichen bekannt sind. Die Zahlenwerte müssen dann in Geschwindigkeiten und weiter (vermittels des Darcy-Gesetzes) in Neumann-Randbedingungen für die unbekannte Strömungsvariable umgerechnet werden.

Randbedingungen stellen oft Vereinfachungen von komplexen Vorgängen dar. Ränder müssen geeignet gewählt werden, damit die vereinfachenden Annahmen Gültigkeit haben. Das soll anhand des obigen Bildes illustriert werden. Der Rand AG ist im strengen Sinne nicht undurchlässig, kann aber als solcher in der Randbedingung idealisiert werden, wenn der K_f-Wert des untenliegenden Aquitards um mehrere Größenordnungen kleiner ist als der im darüberliegenden porösen Medium. An den Rändern AB und FG liegt nur dann eine Festpotentialbedingung vor, wenn Abweichungen vom hydrostatischen Druck vernachlässigt werden, d.h. wenn in den beiden Wasserreservoiren keine Strömung vorliegt. Am Rand BCEF werden Luftdruckschwankungen vernachlässigt.

Alle diese Annahmen erscheinen relativ plausibel im Vergleich zu denjenigen, die zu einer Vereinfachung der Beschreibung an der Dammoberkante herangezogen werden müssen. Grundwasserneubildung, d.h. die Resultierende aus Niederschlag und Evaporation, und Saugspannung sind wechselseitig voneinander abhängig. Das führt allgemein zu einer Randbedingung vom Cauchy-Typ. Unter der Annahme konstanter Infiltration (d.h. unabhängig von der Höhe der Saugspannung) gelangt man zu der einfacheren Neumann-Bedingung.

Zur allgemeinen Beschreibung realer Sachverhalte müssten Randbedingungen fast immer in allgemeinster Form als Cauchy-Bedingungen formuliert sein. Zum Beispiel kann man bei der Variation einer Einstrom-Randbedingung in die Situation geraten, daß die daraus resultierende Piezometerhöhe real mögliche Werte übersteigt, daß der Anstieg von h größer wird als der Flurabstand. Der Einstrom darf hier einen Maximalwert nicht überschreiten, was wie folgt formuliert werden kann:

$$\text{Randbed.} = \begin{cases} K_f A \dfrac{\partial h}{\partial n} = q_r & \text{(Neumann - Typ)} \\ h = h_{\max} & \text{(Dirichlet - Typ)} \end{cases} \quad \text{wenn} \quad \begin{cases} h \prec h_{\max} \\ \text{sonst} \end{cases} \quad (3.55)$$

Die Randbedingungen haben in der Stromfunktionsformulierung eine andere Bedeutung. 'No flow' wird durch eine Dirichlet-Bedingung mit konstantem Wert der Stromfunktion ausgedrückt. Durch eine Neumann-Randbedingung ist die Geschwindigkeit parallel zum Rand vorgegeben. An einem vertikalen bzw. horizontalen Rand bedeutet also die Bedingung

$$\frac{\partial \Psi}{\partial z} = 0 \qquad \text{bzw.} \qquad \frac{\partial \Psi}{\partial x} = 0 \qquad\qquad (3.\,56)$$

daß dort horizontaler bzw. vertikaler Aus- oder Einstrom stattfindet. Die Änderung der Stromfunktion zwischen zwei Randblöcken steht in einer festen Beziehung zum lokalen Fluß.

3.6 Anfangsbedingungen

Anfangsbedingungen müssen bei instationären Problemen spezifiziert werden. Die Werte der zu bestimmenden Funktion (hier weiterhin mit h bezeichnet) zum Anfangszeitpunkt müssen bekannt sein und zur Modellierung angegeben werden. Betrachtet man die Zeitachse unabhängig von ihrer physikalischen Bedeutung, so kann eine Anfangsbedingung als Randbedingung für die Variable t aufgefaßt werden.

Gefragt ist bei einem instationären Problem stets nach der zeitlichen Entwicklung von einem vorgegebenen Anfangszustand aus. In der Praxis kann die Angabe der Anfangsbedingung ein erhebliches Problem darstellen, da ja ein Zeitpunkt gewählt werden muß, an dem der Status des Systems, gegeben durch die Verteilung von h, vollständig bekannt sein muß. So wie die Ränder geeignet gewählt werden, um Randbedingungen definieren zu können, muß der Anfangszeitpunkt geeignet gewählt sein zur Formulierung der Anfangsbedingung.

Oft dient ein stationärer Zustand als Ausgangspunkt für die Verfolgung eines zeitabhängigen Prozesses. So muß die Grundströmung in einem Aquifer bestimmt werden, wenn der Einfluß einer oder mehrerer Quellen oder Senken simuliert werden soll. Der Anfangswert wird dann in einem ersten Schritt in einem stationären Modell berechnet.

Zur praktischen Kopplung von stationärem und instationärem Modell kann die RESTART-Option verwendet werden. Dabei werden am Ende eines Laufs die Werte der Zustandvariablen (hier h) abgespeichert und werden dann beim Start einer instationären Simulation als Anfangswerte eingelesen. Diese Option dient natürlich auch der Hintereinanderschaltung verschiedener zeitabhängiger Programmläufe, wobei der Endzeitpunkt des vorherigen Laufs der Anfangszeitpunkt des folgenden Laufs ist. Es ist z. B. in der Regel von vorneherein nicht bekannt, zu welchem Zeitpunkt ein neuer stationärer Zustand - unter den veränderten Bedingungen (An- bzw. Abschalten von Quellen bzw. Senken) - erreicht ist. Dann bleibt nichts anderes übrig, als die Simulation bis zu einem bestimmten Zeitpunkt durchzuführen und sie von dort ggf. mittels der RESTART-Funktion fortzusetzen, wenn das System noch nicht stationär ist.

4   Numerische Verfahren für Strömungen

Bei der Diskretisierung gehen die Variablen, die üblicherweise für Intervalle der reellen Zahlenebene definiert sind, in eine diskrete Darstellung über, bei der sie lediglich an einzelnen Punkten definiert sind. Die Anzahl der unendlich vielen Unbekannten wird damit auf eine endliche Zahl reduziert.

Die Punkte, an denen diskrete Variable Werte zugeordnet erhalten, sind an Gitter gebunden. Es sind verschiedene Gitterarten zu unterscheiden. Ein eindimensionales Gitter besteht lediglich aus hintereinandergereihten Intervallen. Die Bezeichnung ist im mehrdimensionalen Fall einleuchtender. Im 2D-Fall hat man es meist mit Dreieckgittern, Rechteckgittern oder gemischten Gittern zu tun. Im 3D-Fall sind es Tetraeder, Quader oder allgemeiner Prismen, die ein Gitter ausmachen. Desweiteren lassen sich regelmäßige und unregelmäßige Gitter unterscheiden. Regelmäßige Gitter bestehen nicht nur aus Komponenten des gleichen Typs; deren Abmessungen sind zusätzlich noch gleich. Man spricht auch von äquidistanten Gittern, wenn die Block- oder Elementabmessungen in den einzelnen Raumrichtungen gleich bleiben.

Variable können an verschiedenen Punkten des Gitters definiert sein. Die Unbekannten werden entweder an Knotenpunkten oder Blockmittelpunkten gesucht - allgemein spricht man von Stützstellen. Parameter sind oft innerhalb von Blöcken, Elementen, Zellen - wie auch immer man die Komponenten nennen mag - definiert. Abgeleitete Größen, wie z.B. Geschwindigkeiten, können an Punkten auf den Blockkanten spezifiziert sein.

Durch das Gitter ist die Zahl der Unbekannten auf eine endliche Zahl festgelegt, die im Weiteren mit N bezeichnet wird. Das grundlegende Ziel aller Diskretisierungsverfahren besteht darin, ein System von N Gleichungen aufzustellen. In einem zweiten Schritt wird dann ein numerisches Verfahren angewandt, um das Gleichungssystem zu lösen und damit die unbekannte Variable an den Stützstellen zu erhalten.

Bei der Diskretisierung gilt die Forderung, daß das diskrete System von N Gleichungen die spezielle Lösung der Differentialgleichung für bestimmte Randbedingungen genügend genau liefern soll. In der numerischen Mathematik wird dies als Konvergenz bezeichnet: wenn die Abmessungen der diskreten Größen kleiner werden, soll auch die exakte Lösung genauer approximiert werden. Zu jeder (beliebig kleinen) geforderten Genauigkeit ε gibt es ein (genügend feines) Gitter, auf dem das Diskretisierungsverfahren eine entsprechende Lösung liefert. Diese Konvergenzeigenschaft ist im allgemeinen nicht leicht nachzuweisen.

Die wichtigsten Diskretisierungsverfahren sind mit den Schlagworten Finite Differenzen (FD), Finite Volumen (FV) und Finite Elemente (FE) genannt.

Beschrieben werden im folgenden Diskretisierungsverfahren der numerischen Lösung der Differentialgleichung, die im vorigen Kapitel hergeleitet wurde:

$$\frac{\partial}{\partial t}\varphi\beta S = \nabla\mathbf{K}_f K\nabla h + q\,/\,\rho \qquad (4.1)$$

4.1 Diskretisierung des Raums

4.1.1   Finite Differenzen (FD)

Die Methode der Finiten Differenzen, im Deutschen auch Differenzenverfahren genannt, besteht darin, die Differentialquotienten in den Differentialgleichungen durch Differenzenapproximationen zu ersetzen.

Zweite Ableitungen werden zumeist durch eine zentrale Differenzenapproximation mit drei Stützstellen angenähert. Im äquidistanten Gitter lautet die einfachste, aber auch meistverwandte Näherung für die zweite Ableitung an der Stelle x:

$$\frac{\partial^2 h}{\partial x^2} \approx \frac{h(x+\Delta x) - 2h(x) + h(x-\Delta x)}{\Delta x^2} \qquad (4.2)$$

Streng genommen dürften hier die Variable, nach der differenziert wird und die Stelle, an der die Näherung gilt, nicht gleich bezeichnet werden. Um nicht zu viele Bezeichnungen einzuführen, wird hier wie im folgenden die etwas unpräzise Darstellung beibehalten, da auch kaum Grund zu Mißverständnissen vorliegt. Die Variable h kann i.a. auch von y,z und t abhängen; das berührt die Diskretisierung der Richtungsableitung (4.2) nicht und deshalb wurden die weiteren unabhängigen Variablen weggelassen. Auch steht x in Gleichung (4.2) nur stellvertretend für irgendeine unabhängige Variable.

Die Diskretisierung (4.2) ist von 2. Ordnung, d.h., daß sich die Differenz zwischen beiden Seiten der Gleichung im Grenzübergang $\Delta x \to 0$ wie $(\Delta x)^2$ verhält. Zum Nachweis dieser Eigenschaft setzt man für h(x±Δx) die Taylorentwicklung

$$h(x \pm \Delta x) = h(x) \pm \Delta x\frac{\partial h}{\partial x} + \frac{1}{2}\Delta x^2\frac{\partial^2 h}{\partial x^2} \pm \frac{1}{6}\Delta x^3\frac{\partial^3 h}{\partial x^3} + \frac{1}{24}\Delta x^4\frac{\partial^4 h}{\partial x^4} + ... \qquad (4.3)$$

ein. Es ergibt sich:

$$\frac{\partial^2 h}{\partial x^2} - \frac{h(x + \Delta x) - 2h(x) + h(x - \Delta x)}{\Delta x^2} = \Delta x^2 \left(\frac{1}{12}\frac{\partial^4 h}{\partial x^4} + ...\right)$$

$$(4.4)$$

Daß der Term in der Klammer auf der rechten Seite im Grenzübergang $\Delta x \to 0$ nicht ins Unendliche wächst, ergibt sich aus der Restgliedabschätzung für die Taylorreihe (unter der Bedingung, daß h genügend glatt ist - hier: stetige vierte Ableitungen besitzt). Die rechte Seite von (4.4) bezeichnet man auch als (lokalen) *Abschneidefehler* (engl.: truncation error). Die Potenz von Δx - hier 2 - nennt man *Konsistenzordnung* der Diskretisierung. Sie gibt die (asymptotische) Güte der Näherung an.

Der einfache Differenzenquotient (4.2) ist allerdings nur für den Fall anwendbar, in dem sich die Koeffizienten in Abhängigkeit von x nicht ändern, d.h. im homogenen porösen Medium. Im inhomogenen Untergrund, für örtlich veränderliche Durchlässigkeiten, schreibt man:

$$\frac{\partial}{\partial x} K_x \frac{\partial h}{\partial x} = K_x\left(x + \frac{\Delta x}{2}\right)\frac{h(x + \Delta x) - h(x)}{(\Delta x)^2} - K_x\left(x - \frac{\Delta x}{2}\right)\frac{h(x) - h(x - \Delta x)}{(\Delta x)^2} \quad (4.5)$$

Hierbei wird zur Vereinfachung der Notation angenommen, daß die Blocklängen gleich sind. Zur Untersuchung der Konsistenz setzt man für $h(x \pm \Delta x)$ und $K_x(x \pm \Delta x / 2)$ die Taylorentwicklungen ein und erhält auch hier die Ordnung 2, wenn die Funktionen genügend glatt sind. Approximationen höherer Ordnung findet man in der Literatur zu hier besprochenen Modellierungen nicht.

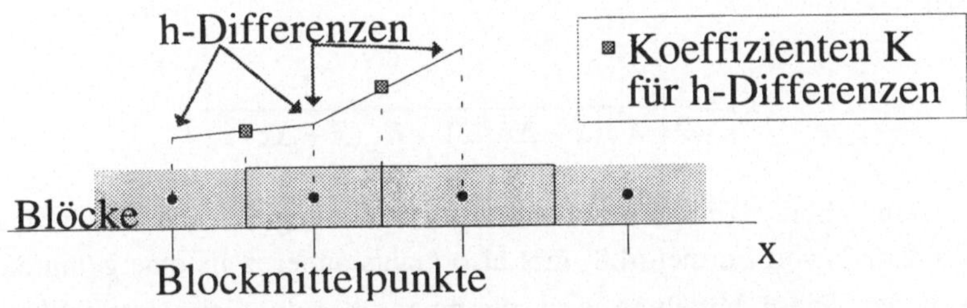

Abb. 4.1 : Zur Veranschaulichung der Diskretisierung 2.Ableitungen
      mit inhomogenen Koeffizienten

Zur Differenzenapproximation für Ableitungen zweiter Ordnung im inhomogenen Fall gibt es weitere Alternativen. Die erste wird von Mitchell/Griffiths (1980) angegeben und verwendet die Ableitung der Koeffizienten:

$$\frac{\partial}{\partial x} K_x \frac{\partial h}{\partial x} = \frac{1}{\Delta x^2}\left[\begin{array}{l}(K_x(x) + \frac{\Delta x}{2}K_x'(x))h(x + \Delta x) - 2K_x(x)h(x) \\ + (K_x(x) - \frac{\Delta x}{2}K_x'(x))h(x - \Delta x)\end{array}\right]$$

$$(4.6)$$

Offenbar verlangt dieses Differenzenschema nicht nur die Differenzierbarkeit der Funktion der Durchlässigkeiten: die Ableitung an den Gitterpunkten muß zur Anwendung des Algorithmus auch bekannt sein. Bei der Modellierung von Strömungsvorgängen im Untergrund ist diese Situation so gut wie nie gegeben. Ableitungswerte für Durchlässigkeiten bestimmen zu wollen, wäre selbst bei leicht variablen Verhältnissen im Untergrund ein unrealistisches Unterfangen. Übergänge von einer geologischen Schicht zu einer anderen erzeugen in der Regel eine sprunghafte Veränderung der charakterisierenden Parameter.

Die Parameterfunktionen müssen i.a. als unstetige Funktionen mit Sprüngen aufgefaßt werden. Dafür erweist sich die folgende Darstellung, die auf Tikhonov/Samarskii (1961) zurückgeht, als geeignet. Anstelle von Funktionswerten der Koeffizienten werden hier lokal auszuwertende Integrale verwandt:

$$\frac{\partial}{\partial x} K_x \frac{\partial h}{\partial x} = \tilde{K}_x(x + \frac{\Delta x}{2})\frac{h(x+\Delta x)-h(x)}{(\Delta x)^2} - \tilde{K}_x(x - \frac{\Delta x}{2})\frac{h(x)-h(x-\Delta x)}{(\Delta x)^2}$$

$$\text{mit} \qquad \tilde{K}_x(\tilde{x}) = \Delta x \left[\int_{\tilde{x}-\Delta x/2}^{\tilde{x}+\Delta x/2} \frac{dx}{K_x(x)} \right]^{-1} \tag{4.7}$$

Auf den ersten Blick lassen die notwendigen Integralauswertungen dieses Verfahren als besonders kompliziert erscheinen. In der Tat sind Durchlässigkeiten als wohldefinierte Funktion des Ortes unter natürlichen Verhältnissen nicht bekannt. Wesentlich ist allerdings der Spezialfall, in dem die Koeffizientenfunktion stückweise stetig ist und an der Block- bzw. Elementkante einen Sprung besitzt. In diesem Fall lassen sich die an den Kanten auszuwertenden Integrale in (4.7) sofort angeben:

$$\tilde{K}_x(\tilde{x}) = \frac{1}{2}\left(\frac{1}{K_x(\tilde{x}-\Delta x/2)} + \frac{1}{K_x(\tilde{x}+\Delta x/2)} \right)^{-1} \tag{4.8}$$

In den bei $\tilde{x}$ angrenzenden Blöcken liegen die Leitfähigkeiten $K_x(\tilde{x} \pm \Delta x/2)$ vor. Formel (4.8) gibt also nichts anderes als eine gemittelte Leitfähigkeit dar. Diese Mittelung wird allerdings über die Kehrwerte vollzogen. In der Tat stellt ja schon das Integral in Gleichung (4.7) nichts anderes als eine über die Kehrwerte auszuführende Mittelung dar. Es ist anzumerken, daß die Diskretisierung (4.7) die wenigsten Bedingungen an die Koeffizientenfunktionen stellt. Das mag der Grund sein, daß sie trotz einiger Bedenken (siehe unten) doch die meistverwendete Form darstellt.

Um die Auswertung der Mittelung in der soeben beschriebenen Form durchführen zu können, müssen die Koeffizientenfunktionen an den Gitterpunkten definiert sein, an denen die Unbekannten zu berechnen sind. Das ist nicht selbstverständlich, sondern setzt schon eine bestimmte Gitterauffassung voraus. Zwei Varianten des Differenzenverfahrens müssen diesbezüglich unterschieden werden.

Im einen Fall werden die Unbekannten an den Blockkanten bzw. den Knotenpunkten bestimmt (*node-centered*); im anderen Fall sind sie an den Blockmittelpunkten zu berechnen *(block-centered)*. Auch die Behandlung der Randbedingungen und der Koeffizienten hängt wesentlich von dieser Unterscheidung ab.

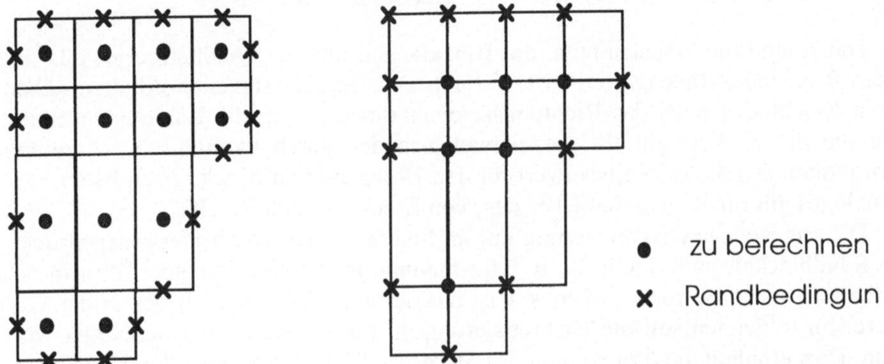

Abb. 4.2: Ansätze *block-centered* und *node-centered* im 2-D Gitter

Sind die Koeffizientenfunktionen lediglich diskret innerhalb der Blöcke gegeben, ist im Falle der 'block-centered' Diskretisierung eine Mittelung durchzuführen. Im Falle eines 1D-'node-centered' Gitters erübrigt sich dann dieses Problem, wie auch für den Fall, in dem die Koeffizienten kontinuierlich gegeben sind. Im Mehrdimensionalen erhält man aber auch beim knoten-zentrierten Ansatz das Problem der Mittelung - wenn auch in veränderter Weise.

Folgt man der angegebenen Methode, so ergibt sich für den Laplace-Operator in zwei Ortsdimensionen ein sogenannter 5er-Stern (5 Stützstellen), in drei Ortsdimensionen ein 7er-Stern.

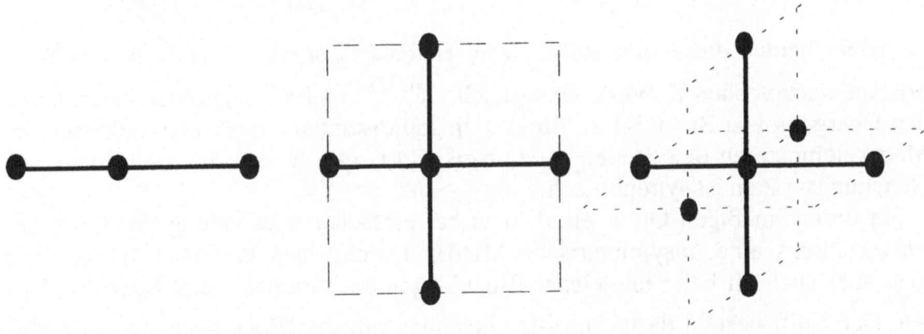

Abb. 4.3: 3-Punkt-, 5-Punkt- und 7-Punkt-Stern

Im folgenden wird der 1D-Fall und zwar in einem unregelmäßigen Gitter mit Block-Zentrierung betrachtet. Die Blöcke seien mit dem Index $i \in \{1, ..., N\}$ der Reihe nach durchnummeriert. Es ergibt sich im i-ten Block die folgende Diskretisierung der rechten Seite der Differentialgleichung:

$$\frac{1}{\Delta x^i}\left(K^{i+}\frac{h^{i+1}-h^i}{(\Delta x^{i+1}+\Delta x^i)/2}-K^{i-}\frac{h^i-h^{i-1}}{(\Delta x^i+\Delta x^{i-1})/2}\right)+q^i \tag{4.9}$$

Dabei sind die Unbekannten, die Blocklängen und die Quellterme jeweils mit dem Blockindex (hochgestellt) bezeichnet. Die Durchlässigkeiten erhalten neben dem Blockindex noch das Richtungszeichen + oder -, um die Kante anzuzeigen, für die der K-Wert gilt. K^{i+} bezeichnet also den durch harmonische Mittelung ermittelten Durchlässigkeitsbeiwert für den Übergang von Block i nach Block i+1. Analoges gilt für K^{i-} und den Übergang von Block i-1 nach Block i.

Die angegebene Diskretisierung gilt im Innern des Gitters. Anders ausgedrückt: in Randblöcken muß durch die Randbedingung der jeweils fehlende Term in der Klammer ersetzt werden: in Block 1 ist das der hintere Term, in Block N der vordere. Im folgenden soll die Diskretisierung im Innern des Gitters betrachtet werden. Dort erhalten die drei Knoten des Sterns im Block i die folgenden Koeffizienten:

$$\frac{1}{\Delta x^i}\frac{K^{i-}}{(\Delta x^i+\Delta x^{i-1})/2};\quad \frac{-1}{\Delta x^i}\left(\frac{K^{i-}}{(\Delta x^i+\Delta x^{i-1})/2}+\frac{K^{i+}}{(\Delta x^{i+1}+\Delta x^i)/2}\right);$$

$$\frac{1}{\Delta x^i}\frac{K^{i+}}{(\Delta x^{i+1}+\Delta x^i)/2} \tag{4.10}$$

Vergleicht man die Matrixelemente an den Stellen (i,i-1) und (i-1,i)

$$\frac{1}{\Delta x^{i-1}}\frac{K^{(i-1)+}}{(\Delta x^i+\Delta x^{i-1})/2}\quad \text{und}\quad \frac{1}{\Delta x^i}\frac{K^{i-}}{(\Delta x^i+\Delta x^{i-1})/2}, \tag{4.11}$$

so unterscheiden diese sich lediglich im ersten Faktor, denn die in beiden Ausdrücken auftretenden K-Werte sind gleich. $K^{(i-1)+}$ und K^{i-} charakterisieren beide den Übergang von Block i-1 zu Block i. In äquidistanten Gittern sind demnach die Matrixelemente an den Stellen (i,i-1) bzw. (i-1,i) gleich, d.h. das sich ergebende Gleichungssystem ist symmetrisch.

Im unregelmäßigen Gitter erhält man bei einfacher Anwendung des Differenzenverfahrens eine unsymmetrische Matrix. Durch einen einfachen Trick kann man aber auch im Falle ungleicher Blocklängen ein symmetrisches System erhalten. Der Kniff besteht darin, die i-te Gleichung mit der Blocklänge Δx^i zu multiplizieren. Dann fallen die ersten Quotienten in den beiden Termen fort.

Die Wahl der oben angegebenen Differenzenschemata ist keineswegs eindeutig. Ein wichtiges Unterscheidungsmerkmal für die unterschiedlichen Ansätze besteht in der Konsistenzordnung des lokalen Fehlers, die ein Gütekriterium für Diskretisierungen darstellt. Dazu setzt man in die Terme des Differenzenquotienten die Taylorentwicklungen um den Stützpunkt ein, also z.B.:

$$h(x\pm\Delta x)=h(x)\pm\Delta x\cdot h'(x)+\frac{1}{2}\Delta x^2\cdot h''(x)\pm\frac{1}{6}\Delta x^3\cdot h'''(x)+... \tag{4.12}$$

Der dann entstehende Ausdruck wird für die (nicht bekannte) exakte Lösung h mit dem Differentialquotienten verglichen. Die übrig bleibenden Restglieder werden ausgedrückt durch die diskreten Größen, also hier die Blocklängen und Ableitungsterme von h an der Stelle x. Ordnet man die Terme in aufsteigender Reihenfolge nach der Potenz von Δx, so bestimmt die Hochzahl des ersten Terms die Fehlerordnung der Diskretisierung. Im regelmäßigen eindimensionalen Gitter erhält man beispielsweise:

$$\frac{h(x + \Delta x) - 2h(x) + h(x - \Delta x)}{\Delta x^2} - h''(x) = \Delta x^2 \frac{h''(x)}{2} + \Delta x^4 \frac{h^{iv}(x)}{24} + ... \qquad (4.\ 13)$$

Die Approximation besitzt also die Fehlerordnung 2. Ist das Gitter genügend fein, so können in der Tat alle weiteren Terme gegenüber dem ersten vernachlässigt werden. Zu beachten ist dabei, daß sonst lediglich die festen Werte der Ableitungen von h, die ja nicht von der Diskretisierung abhängig sind, eingehen.

Natürlich wird bei dieser Betrachtung vorausgesetzt, daß die Lösung h genügend oft differenzierbar ist. Da man die Lösung i.a. nicht kennt, weiß man das nicht. Diese Problematik ist aber irrelevant, da es ja darum geht, eine Methodik zum Vergleich von Diskretisierungen zur Hand zu haben.

Im folgenden wird der 1D-Fall und zwar in einem unregelmäßigen Gitter mit Block-Zentrierung betrachtet. Die Blöcke seien mit dem Index $i \in \{1,...,N\}$ der Reihe nach durchnummeriert. Es ergibt sich im i-ten Block die folgende Diskretisierung der rechten Seite der Differentialgleichung:

$$\frac{1}{\Delta x^i}\left(K^{i+} \frac{h^{i+1} - h^i}{(\Delta x^{i+1} + \Delta x^i)/2} - K^{i-} \frac{h^i - h^{i-1}}{(\Delta x^i + \Delta x^{i-1})/2} \right) + q^i \qquad (4.\ 14)$$

für den block-zentrierten Ansatz. Dabei sind die Unbekannten, die Blocklängen und die Quellterme jeweils mit dem Blockindex (hochgestellt) bezeichnet. Die Durchlässigkeiten erhalten neben dem Blockindex noch das Richtungszeichen + oder -, um die Kante zu anzuzeigen, für die der K-Wert gilt. K^{i+} bezeichnet also den durch Mittelung ermittelten Durchlässigkeitsbeiwert für den Übergang von Block i nach Block i+1; Analoges gilt für K^{i-} und den Übergang von Block i-1 nach Block i.

Die angegebene Diskretisierung gilt im Innern des Gitters. Anders ausgedrückt: in Randblöcken muß durch die Randbedingung der jeweils fehlende Term in der Klammer ersetzt werden: in Block 1 ist das der hintere Term, in Block N der vordere. Im Falle des knoten-zentrierten Ansatzes erhält man:

$$\frac{1}{(\delta x^{i+} + \delta x^{i-})/2}\left(K^{i+} \frac{h^{i+1} - h^i}{\delta x^{i-}} - K^{i-} \frac{h^i - h^{i-1}}{\delta x^{i+}} \right) + q^i \qquad (4.\ 15)$$

wobei die Entfernungen des i-Knotens von den beiden benachbarten Knoten mit δx benannt sind. Beide Ansätze lassen sich in folgender Formulierung gleichermaßen ausdrücken:

$$\frac{1}{\Delta x}\left(K^{i+}\,\frac{h^{i+1}-h^{i}}{\Delta x^{+}} - K^{i-}\,\frac{h^{i}-h^{i-1}}{\Delta x^{-}} \right) + q^{i} \qquad (4.\,16)$$

mit

$$\Delta x^{-}=\begin{cases}(\Delta x^{i}+\Delta x^{i-1})/2\\ \delta x^{i-}\end{cases} \qquad \Delta x^{+}=\begin{cases}(\Delta x^{i}+\Delta x^{i+1})/2\\ \delta x^{i+}\end{cases} \qquad \Delta x=\begin{cases}\Delta x^{i}\\ (\delta x^{i+}+\delta x^{i-})/2\end{cases}$$

für block-zentrierte bzw. knoten-zentrierte Gitter.

Zur Betrachtung des Abschneidefehlers werden, wie im äquidistanten Gitter, die Taylor-Entwickungen verwendet und zwar für $h(x+\Delta x^{+})$, $h(x-\Delta x^{-})$ und $K_{x}(x+\Delta x/2)$, $K_{x}(x-\Delta x/2)$ bzw. $K_{x}(x+\delta x^{i+}/2)$, $K_{x}(x-\delta x^{i-}/2)$.

Der Index i wird, da er nicht eingeht, in den folgenden Ausführungen der Einfachheit halber weggelassen. Verwendet man h', h'', K' als Bezeichnung der Ableitungen in x-Richtung, so ergibt sich:

$$K'h'+\frac{\Delta x^{+}+\Delta x^{-}}{2\Delta x}\,Kh'' + o(\Delta x) \qquad (4.\,17)$$

Es ergibt sich, daß der Abschneidefehler ein Term von 0. Ordnung sein kann. Das Verfahren ist in dem Falle von $\Delta x^{+}+\Delta x^{-}\neq 2\Delta x$ nicht einmal konsistent. Das wurde bereits von Aziz/Settari (1979) vermerkt. Die dort angegebene Bedingung für die Konsistenzordnung 1 im block-zentrierten Gitter ist:

$$\Delta x^{i+1}-2\Delta x^{i}+\Delta x^{i-1}=0 \qquad (4.\,18)$$

Dies ist äquivalent mit der Forderung, daß der Koeffizient von Kh'' gerade 1.0 wird. Im knoten-zentrierten Gitter ist diese Bedingung automatisch erfüllt und der Abschneidefehler ist von 1. Ordnung in Δx.

Im block-zentrierten Gitter wird die Konsistenzordnung 1 allein von der geeigneten Wahl der Gitterabstände garantiert. Die Verteilung der Koeffizienten K spielt dabei keine Rolle, d.h. auch, daß das Problem der Inkonsistenz auch im homogenen Fall gleichermaßen präsent ist. Auch die Mittelungsvorschrift für die K-Werte geht nicht ein. Man beachte allerdings, daß bei der vorgestellten Berechnung des Abschneidefehlers die K-Werte an den Blockrändern in die Diskretisierung eingehen und durch Taylor-Reihenentwicklungen um die Blockmittelpunkte dargestellt werden können. Insbesondere wird also vorausgesetzt, daß die Koeffizienten differenzierbare Funktionen sind.

Wie auch die vorgenannten Autoren betonen, wird das Verfahren durch die Inkonsistenz für den Einsatz in der Praxis durchaus nicht ausgeschlossen. Es wird von vielen heute verbreiteten numerischen Codes verwendet - allerdings fehlt in den Handbüchern zumeist ein Hinweis auf die Inkonsistenz. Der Benutzer sollte allerdings darauf achten, daß die oben angegebene Bedingung in den meisten Blöcken des Modells erfüllt ist. Aziz/Settari (1979) weisen darauf hin, daß das Verfahren sich bei zahlreichen numerischen Tests als konvergent erwiesen hat, wenn die Variation der Gitterabstände 'reasonable smooth' gewählt ist. Der Einfluß der Diskretisierungsfehler wird im Grenzübergang $\Delta x \rightarrow 0$ geglättet. Die genannten Autoren beziehen sich dabei auf den Fall, in dem eine arithmetische Mittelung zwischen unterschiedlichen K-Werten an den Blockmittelpunkten verwendet wird.

Marsal (1976) gibt eine weitere Diskretisierung für den Differentialquotienten 2. Ordnung im unregelmäßigen block-zentrierten Gitter an:

$$\frac{1}{\Delta x^+ \Delta x^-}\left[\frac{\Delta x^+}{(\Delta x^+ + \Delta x^-)/2}h^{i-1} - 2h^i + \frac{\Delta x^-}{(\Delta x^+ + \Delta x^-)/2}h^{i+1}\right] \tag{4.19}$$

Der Abschneidefehler der Diskretisierung ist von 1. Ordnung. Der Ansatz läßt sich leicht auch für den Fall mit variablen Koeffizienten verallgemeinern und lautet dann:

$$\frac{1}{\Delta x^+ \Delta x^-}\left[\frac{K^{i-}\Delta x^+}{(\Delta x^+ + \Delta x^-)/2}h^{i-1} - \frac{K^{i-}\Delta x^+ + K^{i+}\Delta x^-}{(\Delta x^+ + \Delta x^-)/2}h^i + \frac{K^{i+}\Delta x^-}{(\Delta x^+ + \Delta x^-)/2}h^{i+1}\right]$$

$$\tag{4.20}$$

Es ergibt sich durch Einsetzen der Taylorentwicklungen:

$$\frac{\Delta x^+ + \Delta x^-}{2\Delta x}K'h' + Kh'' + o(\Delta x) \tag{4.21}$$

Auch diese Diskretisierung im block-zentrierten Gitter ist nur dann konsistent, wenn die oben genannte Bedingung erfüllt ist. Zusätzlich allerdings auch im Fall konstanter Koeffizienten.

4.1.2   Finite Volumen (FV)

Beim Verfahren der Finiten Volumen steht die Idee im Vordergrund, das numerische Verfahren auf dem Prinzip der Massen- oder Energieerhaltung im Volumen aufzubauen. Ein numerischer Ansatz, bei dem eine physikalische Erhaltungsgröße im Rechenverfahren gleichfalls erhalten bleibt, wird als *konservativ* bezeichnet. Dabei ist allerdings zu beachten, daß bei der Anwendung auf dem Computer durch Rundungsfehler und deren Fortpflanzung doch wiederum Abweichungen in der Bilanz der Erhaltungsgröße auftreten können.

Das Verfahren der Finiten Volumen ist von der Grundidee identisch mit demjenigen der IFDM *(integrated finite difference method)* (Narasimhan/Wither-spoon 1976). Die Bezeichnung ist oft nicht eindeutig, wenn es in regelmäßigen Rechteckgittern angewandt wird: die FV-Methode ergibt denselben numerischen Algorithmus wie die 'block-centered' FD-Methode. Lediglich bei der Diskretisierung von bestimmten Randbedingungen und Quell/Senkentermen und vor allem in unregelmäßigen Gittern ergeben sich Unterschiede.

Der FV-Ansatz ist als Verallgemeinerung der FD-Methode auf nicht-strukturierte Gitter von Bedeutung - also für Volumina wie dasjenige was in Abb. 4.4. dargestellt ist. Dessenungeachtet wenden viele Autoren FV in praktischen

Beispielen doch nur auf Rechteckgitter an, in denen sich dann ein Algorithmus ergibt, wie er auch mit der FD-Methode hergeleitet werden könnte. Narasimhan/Witherspoon (1976) allerdings demonstrieren die Anwendbarkeit auf einem 3D-Gitter mit allgemeinen Vielecken.

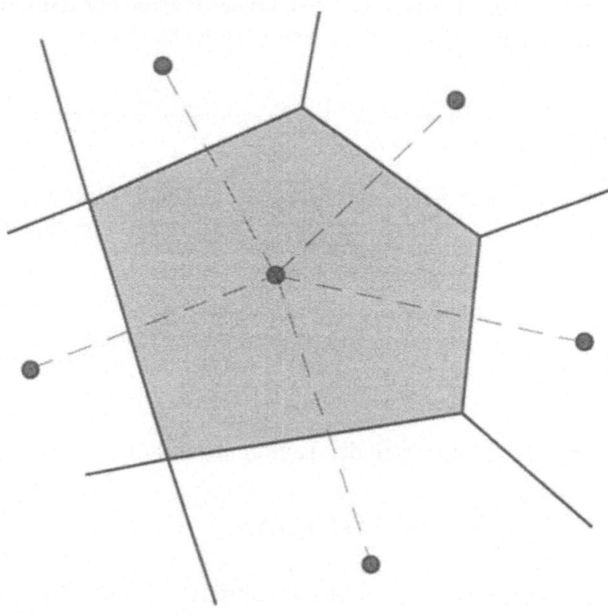

Abb. 4.4: FV- Ansatz für ein 2D-Volumen im unstrukturierten Gitter

Peyret/Taylor (1985) betonen die Tatsache, daß der FV-Ansatz für kurvilineare Gitter angewandt werden kann, ohne daß im Algorithmus selbst die gekrümmte Form der Ränder berücksichtigt werden muß. Lediglich die Eckpunkte der Volumina gehen letztlich darin ein.

Ich folge in diesem Kapitel der Darstellung von Wesseling (1987), betrachte dabei als Differentialgleichung die Strömungsgleichung als Spezialfall der allgemeinen Gleichung 2. Ordnung im 3D-Raum, wie es der genannte Autor tut. Der FV-Ansatz kommt dabei lediglich bei der Diskretisierung der rechten Seite der Strömungsgleichung (4.1) zum Tragen.

Dabei erfolgt eine Integration über das betrachtete Volumen, die im stationären Fall dann aufgrund des Erhaltungsprinzips insgesamt wiederum eine Null liefern muß. In einem zweiten Schritt wird die Green'sche Formel angewandt, wodurch Randintegrale in die Gleichung eingeführt werden. Andererseits verschwinden dadurch die zweiten Ableitungen.

$$0 = \int\limits_{V} [\nabla(\mathbf{K}\nabla h) + q / \rho]dV = \oint\limits_{\partial V}(\mathbf{K}\nabla h)\mathbf{n}dS + \int\limits_{V}(q / \rho)dV \tag{4.22}$$

Als Beispiel kann die Auswertung eines Oberflächenintegrals über den linken Rand nach folgender Näherung erfolgen:

$$\oint K_x \frac{\partial h}{\partial x} dy dz \approx (K_x \frac{\partial h}{\partial x})(\mathbf{r} - \frac{\Delta x}{2}) \cdot \Delta y \Delta z \qquad (4.23)$$

wobei der Punkt $\mathbf{r}$ den Blockmittelpunkt bezeichnet. Die Approximation ersetzt das Kurvenintegral durch das Produkt aus Wert an einem Punkt und Flächenmaß. Wesseling's Argument an dieser Stelle ist die Annahme, daß alle Parameterfunktionen innerhalb des Volumens konstant sind. Peyret/Taylor (1985) verwenden stattdessen den Mittelwert, der an der Volumenkante angenommen wird und lassen damit die Bedingung der Konstanz im Blockinnern fallen.

Anstelle von (4.23) ergeben sich komplexere Ausdrücke, wenn der Vektor der Flächennormale nicht in Richtung der Koordinatenachse zeigt. Bei krummlinigen Kanten ist darüberhinaus zu berücksichtigen, daß $\mathbf{n}$ örtlich variabel ist.

Der weitere Schritt zur endgültigen Diskretisierung geschieht durch Einsetzung des Differenzenquotienten für $\Delta h/\Delta x$. Nimmt K_x in den beiden angrenzenden Volumina unterschiedliche Werte an, so ist eine Mittelung erforderlich. Üblicherweise wird hier das harmonische Mittel angewandt.

Es kann gezeigt werden, daß für den beschriebenen Fall die harmonische Mittelung die geeignetste ist:

$$K_x(x + \frac{\Delta x}{2}) = \left[\frac{1/2}{K_x(x + \Delta x)} + \frac{1/2}{K_x(x)} \right]^{-1} \qquad (4.24)$$

Zur Herleitung betrachtet man eine ideal-typische Situation, in der zwei Bereiche unterschiedlicher Durchlässigkeit (K_1 und K_2) und unterschiedlicher Länge (Δx_1 und Δx_2) hintereinander durchflossen werden (siehe Abb. 4.5). Die Geschwindigkeit v in Richtung der Normalen der Schnittebene zwischen beiden Bereichen sei vorgegeben. Berechnet werden soll die mittlere Durchlässigkeit K_m, die für die Durchströmung des Gesamtsystems maßgeblich ist.

Dazu sind an den Systemgrenzen Dirichlet-Randbedingungen (h_1 und h_2) gegeben. Für dieses einfache Problem läßt sich eine analytische Lösung angeben. In den beiden homogenen Teilbereichen ist h linear. Die Größe des Potentialabfalls in beiden Teilen ist eindeutig festgelegt durch den Wert h_0 an der Schnittfläche. Die Lösung ergibt sich, wenn man die Geschwindigkeit als Funktion des Gradienten von h in beiden Bereichen aufstellt:

$$-K_1 \frac{h_0 - h_1}{\Delta x_1} = v = -K_2 \frac{h_2 - h_0}{\Delta x_2} \qquad (4.25)$$

Die Gleichung läßt sich nach h_0 auflösen und es ergibt sich:

$$h_0 = h_1 - v \frac{\Delta x_1}{K_1} \quad \text{bzw.} \quad h_0 = h_2 + v \frac{\Delta x_2}{K_2} \qquad (4.26)$$

In den Teilbereichen ergibt sich also ein Potentialabfall, der proportional zur Geschwindigkeit und zur Länge ist, aber umgekehrt proportional zum Durchlässigkeitsbeiwert.

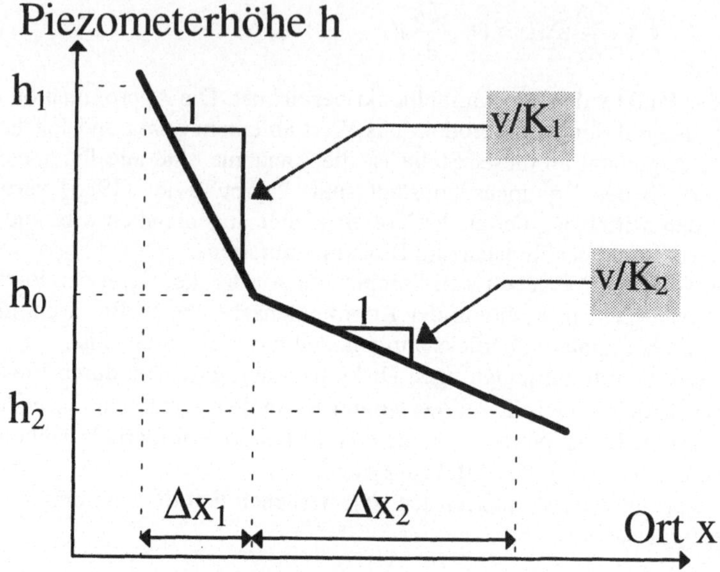

Abb. 4.5: Potentialabfall bei Durchströmung eines Zwei-Schichten Systems

Zusammenfassend kann man also für die Gesamtpotentialdifferenz auch schreiben:

$$h_1 - h_2 = v\left(\frac{\Delta x_1}{K_1} + \frac{\Delta x_2}{K_2}\right) \tag{4.27}$$

Bei Auflösung nach v ergibt sich daraus sofort eine Gleichung, die - wie das Darcy-Gesetz - Geschwindigkeit und Höhendifferenz zueinander in Beziehung setzt:

$$v = -\underbrace{\frac{\Delta x_1 + \Delta x_2}{\left(\dfrac{\Delta x_1}{K_1} + \dfrac{\Delta x_2}{K_2}\right)}}_{K_m} \frac{h_2 - h_1}{\Delta x_1 + \Delta x_2} \tag{4.28}$$

Die maßgebliche Durchlässigkeit K_m für das Gesamtsystem ist durch den vorderen Quotienten auf der rechten Seite gegeben. Durch leichte Umformung läßt sich zeigen, daß sich die Mittelwertbildung als gewichtete arithmetische Mittelung der Kehrwerte interpretieren läßt:

$$K_m^{-1} = \frac{1}{\Delta x_1 + \Delta x_2}\left(\Delta x_1 K_1^{-1} + \Delta x_2 K_2^{-1}\right) \tag{4.29}$$

Dies wird auch als harmonisches Mittel bezeichnet. Zu beachten ist, daß die Reihenfolge der Schichtenabfolge nicht in den Mittelwert eingeht - wie auch bei der arithmetischen Mittelung.

Wie entscheidend die Mittelwertbildung ist, wird durch die Beispiele in folgender Tabelle veranschaulicht. Für den Wert $K_1=10^{-4}$ und unter der Annahme gleicher Schichtdicke ergeben sich, je nach Mittelungsvorschrift die folgenden Werte.

Durchlässigkeit K_2	10^{-5}	10^{-6}	10^{-7}	10^{-8}	10^{-9}	10^{-10}
arithm. Mittel (gerundet)	$5.5\,10^{-5}$	$5.05\,10^{-5}$	$5.005\,10^{-5}$	$5.0005\,10^{-5}$	$5.\,10^{-5}$	$5.0\,10^{-5}$
harm. Mittel (gerundet)	$1.818\,10^{-5}$	$1.980\,10^{-6}$	$1.998\,10^{-7}$	$2.\,10^{-8}$	$2.\,10^{-9}$	$2.\,10^{-10}$

Tabelle 4.1: Mittlere Durchlässigkeiten für Durchströmung von Zwei-Schicht-Systemen

Die Unterschiede zwischen den errechneten Werten sind offensichtlich erheblich. Bei der Betrachtung der Beispiele fällt auf, daß sich das harmonische Mittel mehr am kleineren Wert, das arithmetische mehr am größeren Wert orientiert. Auch von der physikalischen Vorstellung her ist klar, daß die undurchlässige Schicht die entscheidendere ist: werden Bereiche hintereinander durchströmt, so ist das Gesamtsystem undurchlässig, wenn nur eine der Schichten undurchlässig ist.

Wesentlich ist dabei die Voraussetzung, daß die betrachtete Strömung senkrecht zu den Trennschichten der Teilbereiche verläuft. In der Tat muß im anderen Fall, in dem die Strömung parallel zu den Bereichsgrenzen betrachtet wird, das arithmetische Mittel verwendet werden. Im numerischen Modell erhält also das harmonische Mittel den Vorzug, weil es die Normalkomponenten der Geschwindigkeiten sind, die in die diskrete Formulierung eingehen.[1]

In regelmäßigen Rechteckgittern erhält man durch die FV-Diskretisierung dieselbe Rechenvorschrift wie mittels des FD-Ansatzes. Allerdings werden wegen der Ähnlichkeit in der Integralformulierung in manchen Lehrbüchern Finite Volumen im Zusammenhang mit Finiten Elementen behandelt (Peyret/Taylor 1985).

4.1.3   Finite Elemente (FE)

Finite Elemente spielen bei der Modellierung von Ausbreitungsprozessen eine immer bedeutendere Rolle. Der naheliegendste Grund dafür ist in ihrer Eigenschaft zu finden, daß sich mit FE beliebige Gebietsränder gut nachbilden lassen. Die Flexibilität bzg. des Gitters macht FE-Algorithmen auch besonders geeignet zur Anbindung an graphische Informationssysteme (GIS). Darüberhinaus sind in ande-

---

[1] Hier besteht eine Analogie zur Elektrotechnik: bei der Parallelschaltung müssen die (elektrischen) Leitfähigkeiten gemittelt werden, bei der Hintereinanderschaltung aber die Widerstände, die als Kehrwerte der Leitfähigkeiten definiert sind. Dahinter steht die formale Analogie zwischen Ohm'schen und Darcy'schem Gesetz.

ren Anwendungsbereichen FE-Methoden sehr weit entwickelt worden und Grundwassermodelle setzen teilweise auf den von dort zur Verfügung stehenden Modulen auf (CAD).

Die Variationsbreite der FE-Methodik ist groß und entsprechend umfangreich die zugehörige Literatur (als allgemeine Darstellungen empfehle ich Schwarz (1984) und Zienkiewicz (1977); zur Anwendung im Grundwasserbereich Istok (1989)). An dieser Stelle kann dagegen nur ein kurzer Einblick in diese Technik gegeben werden. Dieser fällt gegenüber den alternativen Ansätzen sogar ziemlich kurz aus, was dadurch begründet ist, daß hier vorrangig die Methode behandelt wird, die in der beiliegenden Software implementiert ist.

In den folgenden Ausführungen wird der 2-dimensionale Fall behandelt. Ich folge dabei der sogenannten Methode von *Galerkin* - daneben existieren auch andere Herleitungen (z.B. Verruijt 1995). In jedem Fall wird die unbekannte Funktion, hier h, als Linearkombination von Basisfunktionen φ_i dargestellt:

$$h(x, y, t) = \sum_{i=1}^{N} \lambda_i(t)\varphi_i(x, y) \tag{4.30}$$

N ist dabei die Anzahl der Basisfunktionen. Die λ_i sind die sogenannten Gewichte - nicht zu verwechseln mit den sogenannten Gewichtsfunktionen (s.u.). Im stationären Fall sind die Gewichte als Skalare aufzufassen. Die Wahl der Basisfunktionen hängt eng mit der Wahl des Gitters zusammen und wird weiter unten besprochen. Man definiert mit Hilfe dieses Ansatzes den Operator L:

$$L(h) \equiv \left[-\varphi\beta S \frac{\partial}{\partial t} + \nabla\mathbf{K}_f K\nabla \right] h + q/\rho = \sum_{i=1}^{N} -\varphi\beta S\varphi_i \frac{\partial\lambda_i}{\partial t} + \lambda_i \left[\nabla\mathbf{K}_f K\nabla \right] \varphi_i + q/\rho$$

$$\tag{4.31}$$

Im stationären Fall entfällt der erste Term auf der rechten Seite von (4.31). Für die Lösung h_a der Differentialgleichung gilt offenbar $L(h_a)=0$. Die Idee für das FE-Verfahren besteht nun darin, die Gewichte so zu bestimmen, daß nach einem geeignet zu wählenden Kriterium L(h) möglichst klein wird. Dabei werden Integralkriterien mit Gewichtsfunktionen μ_j verwandt. Bezeichnet G das Modellgebiet, so schreiben sich die Bedingungsgleichungen:

$$\int_G L(h)\mu_j\,dxdy = 0 \qquad \text{für } j \in \{1, ..., N\} \tag{4.32}$$

Damit sind N Bedingungsgleichungen für die N zu bestimmenden Gewichte λ_i gegeben. Damit ist die Suche nach einer geeigneten Lösungsfunktion h zurückgeführt auf ein Problem der Lösung eines Gleichungssystems mit N Unbekannten, so wie man es in der Regel auch bei den alternativen Diskretisierungen zu behandeln hat. Die FE-Lösung h ist nicht die analytische Lösung, sondern approximiert diese nur im Mittel nach den Integralkriterien (4.32). L(h) wird auch das *Residuum* genannt.

Setzt man (4.31) in die Gleichungen (4.32) ein und vertauscht Summation und Integration, so erhält man verschiedene Integralterme, die Ableitungen der Basisfunktionen unterschiedlicher Ordnung enthalten. Der 2. Summand von (4.31) erzeugt Ableitungen 2.Ordnung. Zur Vereinfachung dieser Gleichungen und Berücksichtung der Randbedingungen wird die 1.*Green*'sche Formel auf $\psi_i = \partial\varphi_i / \partial x$ angewandt. Bezeichnet $\Gamma(G)$ den Rand des Modellgebiets, so lautet sie:

$$\int_G \mu_j \frac{\partial}{\partial x}\psi_i \, dxdy = \int_{\Gamma(G)} \mu_j \psi_i \, dn - \int_G \psi_i \frac{\partial}{\partial x}\mu_j \, dxdy \qquad (4.33)$$

und man erhält im stationären Fall anstelle von (4.33) Folgendes:

$$\int_{\Gamma(G)} \left[(K_x \frac{\partial}{\partial x} + K_y \frac{\partial}{\partial y})h \right] \mu_j \, dn -$$

$$-\sum_{i=1}^{N} \lambda_i \left[\int_G (K_x \frac{\partial}{\partial x}\varphi_i \frac{\partial}{\partial x}\mu_j + K_y \frac{\partial}{\partial y}\varphi_i \frac{\partial}{\partial y}\mu_j) \, dxdy \right] = 0 \qquad (4.34)$$

Durch die Anwendung der Green'schen Formel sind im Integral die Ableitungen zweiter Ordnung verschwunden. Das erweist sich für die Auswertung der Integrale als günstig. Diese Umformung ist keine zwingende Notwendigkeit - sie ist allerdings in die meisten FE-Implementierungen eingegangen; einen anderen Weg geht van Genuchten (1977). In das Integral über den Gebietsrand $\Gamma(G)$ gehen die Randbedingungen ein. Es wird daher oft in Teile zerlegt, die abhängig von der Form der Randbedingung sind. Gilt z.B. die No-Flow-Randbedingung $\partial h / \partial n = 0$, so verschwindet in diesen Bereichen das Randintegral.

Damit ist der grundlegende Verlauf der FE-Methode dargelegt. Die weiteren Bemerkungen gehen auf Einzelheiten des Vorgehens ein. Insbesondere geht es dabei um die spezielle Wahl der Basis- bzw. Gewichtsfunktionen. Die Ansätze für diese Funktionen dürfen nicht zu komplex sein, um möglichst einfache Gleichungssysteme zu erhalten. Zumeist werden, dem Vorschlag von *Galerkin* folgend, die Gewichtsfunktion $\{\mu_i, i = 1, N\}$ gleich den Basisfunktionen $\{\varphi_i, i = 1, N\}$ gewählt. Bei dieser Wahl steht das Residuum senkrecht auf dem Raum der Funktionen, der von $\{\varphi_i, i = 1, N\}$ aufgespannt wird (Schwarz 1984).

Üblicherweise werden für die Methode der Finiten Elemente nun besonders einfache Basis- bzw. Gewichtsfunktionen herangezogen. Naheliegend ist es, Funktionen zu benutzen, die nur in Teilen von G ungleich Null sind - damit lassen sich die Integrale auf kleine Teilgebiete beschränken. Die Wahl der $\{\varphi_i, i = 1, N\}$ ist an die verwendeten Gitter gebunden, die im folgenden kurz beschrieben werden sollen.

Das 1-,2- oder 3-dimensionale Modell-Gebiet G wird in Elemente eingeteilt. Diese Einteilung durch ein FE-Gitter erzeugt Knoten: das sind Eckpunkte der Elemente und je nach Art des gewählten Ansatzes auch Mittelpunkte der Elementkanten. Die geometrische Form der Elemente kann unterschiedlich gewählt werden (s. Abb. 4.6). In der Ebene werden häufig einfache Dreieckselemente verwandt:

das sind Elemente mit Knoten an den drei Ecken, mit denen auch komplexe Gebiete geometrisch sehr einfach näherungsweise nachgebildet werden können. Auch
Vierecke werden in ebenen FE-Diskretisierungen oft verwandt. Im 3-
dimensionalen Raum trifft man zumeist auf Tetraeder und räumliche Dreieckselemente.

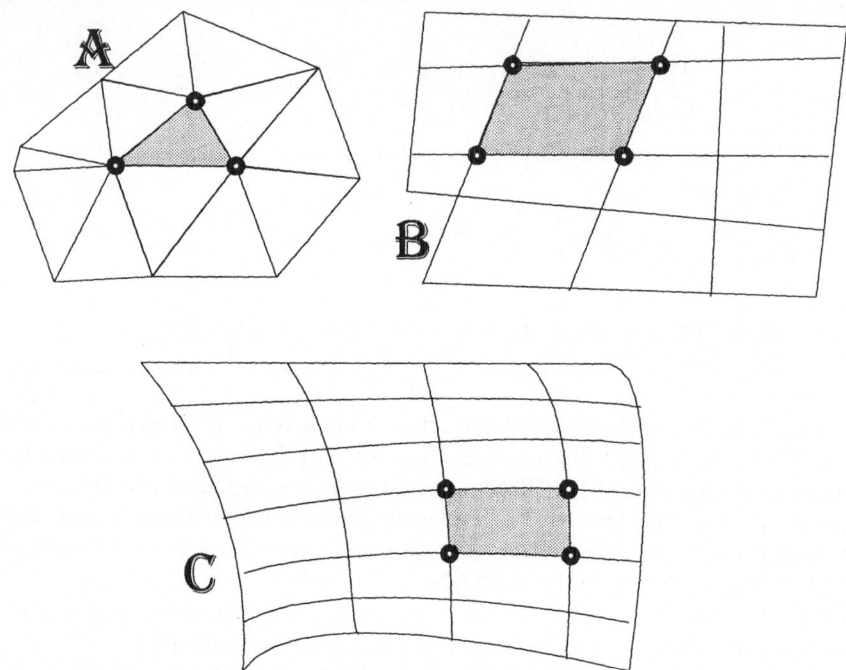

Abb. 4.6 : Beispiele von FE-Gittern in 2 Ortsdimensionen
(A: Dreieckselemente, B: Viereckselemente, C: krummlinige Viereckselemente)

Die am häufigsten verwendeten Basisfunktionen sind eindeutig den Knoten zugeordnet. Sie sind lediglich auf den Elementen ungleich Null, die an dem Knoten
liegen. Bildet man die Integrale gemäß Vorschrift (4.34), so sind diese nur dann
ungleich Null, wenn die beiden Knoten i und j an einen Element liegen.

Dadurch ergibt sich ein lineares Gleichungssystem, das schwach besetzt ist -wie
auch bei den Ansätzen mit Finiten Differenzen oder mit Finiten Volumen. Nur für
derartige Systeme ist es möglich, eine große Anzahl von Unbekannten in kurzer
Zeit und bei vertretbarer Anforderung von Speicherplatz zu lösen. Nur so können
also Modelle mit einer großen Anzahl von Elementen bzw. Knoten behandelt
werden.

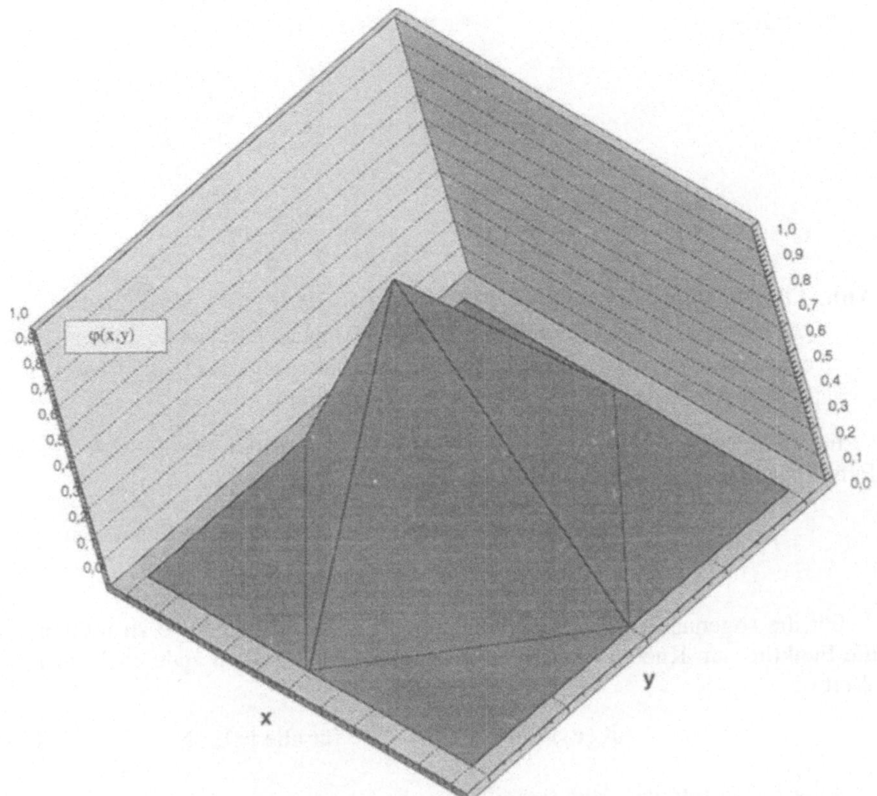

Abb. 4.7 : Beispiel einer Formfunktion im Dreicksgitter

Eine weitere Charakteristik der FE-Methode ist es, daß Funktionen verwandt werden, die stückweise linear oder quadratisch sind - damit wird die Integration einfach. Andererseits müssen die Basisfunktionen in jedem Element so komplex sein, daß beliebige Funktionswertverteilungen an den Knoten möglich sind. Der einfachste Ansatz für Basisfunktionen in Dreieckselementen mit drei Knoten (s. Abb. 4.8 (A)) ist der lineare:

$$\varphi_i = \begin{cases} a_{ik}\, x + b_{ik}\, y + c_{ik} & \text{in angrenzenden Elementen} \\ 0 & \text{sonst} \end{cases} \tag{4.35}$$

Der Index k bezeichne hier ein Element, das am Knoten i anliegt. Die Koeffizienten a_{ik}, b_{ik}, und c_{ik} sind durch die drei Funktionswerte an den Ecken eindeutig bestimmt. Wird der quadratische Ansatz im Dreieck verwendet, nimmt man die Funktionswerte in zusätzlichen Knoten auf der halben Seitenlänge hinzu: man hat dann in jedem Element sechs Koeffizienten, die durch Funktionswerte an den sechs Knoten eindeutig bestimmt sind.

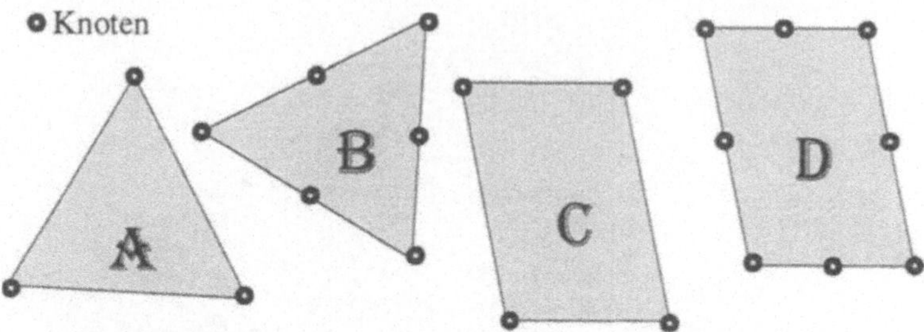

Abb. 4.8 : 2D-Elementtypen:
(A) linearer Ansatz im Dreieckselement, (B) quadratischer Ansatz im Drei-
eckselement, (C) bilinearer Ansatz im Parallelogramm, (D) quadratischer
Ansatz der Serendipity-Klasse im Parallelogramm

In Viereckselementen, wie in Abb. 4.8 (C) dargestellt, bieten sich bilineare
Funktionen an:

$$\varphi_i = \begin{cases} d_{ik}\,xy + a_{ik}\,x + b_{ik}\,y + c_{ik} & \text{in angrenzenden Elementen} \\ 0 & \text{sonst} \end{cases} \tag{4.36}$$

Für die sogenannten Formfunktionen sind die Koeffizienten so zu wählen, daß
die Funktion am Knoten i den Wert 1 annimmt und an allen anderen Knoten den
Wert 0:

$$\varphi_i(\mathbf{r}_j) = \delta_{ij} \qquad \text{für alle j=1,...N} \tag{4.37}$$

Allgemein kann man dann schreiben:

$$h = \sum_{i=1}^{n} h(\mathbf{r}_i)\varphi_i \tag{4.38}$$

Die Lösung der FE-Aufgabe h ergibt als Summe der Produkte aus den Funktionswerten an den Knoten und den zugehörigen Formfunktionen. Im folgenden
wird die Integration des Gebietsintegrals in (4.34) in einem einzelnen Element
betrachtet. Es sind Integrale der Form

$$\int \left((\frac{\partial \varphi_i}{\partial x})^2 + (\frac{\partial \varphi_i}{\partial y})^2 \right) dxdy \qquad \text{bzw.} \quad \int \varphi_i\, dxdy \tag{4.39}$$

auszuwerten. Bei der praktischen Anwendung der FE-Methode werden diese
nun nicht direkt im Element bestimmt, sondern auf die Integration im Einheitselement zurückgeführt. Dazu dient eine Koordinatentransformation $(x, y) \rightarrow (\eta, \zeta)$
des jeweiligen Elementes auf ein Einheitselement. Für Dreiecke ist das Einheitselement dasjenige, das zwischen den Knoten (0,0), (0,1) und (1,0) liegt (Abb. 4.9).

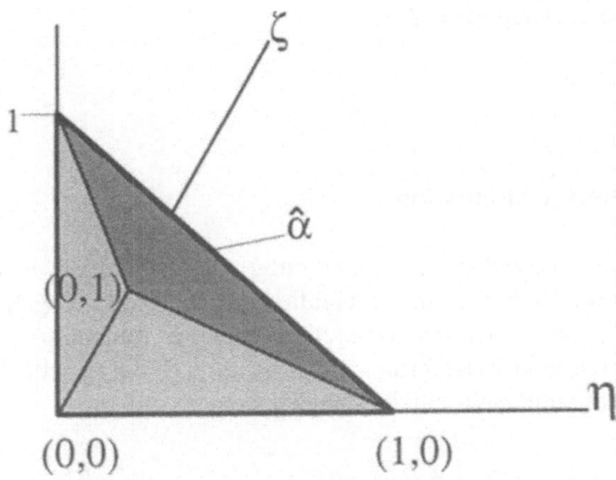

Abb. 4.9 : Eine lineare Formfunktion im 'Einheits'-Dreieck

Bei Viereckselementen ist es das Einheitsquadrat. Die Formfunktionen in den Elementen werden durch die Transformation auf Ansatzfunktionen $\hat{\alpha}_m, m = 1,...$ im Einheitselement zurückgeführt. Im Einheitsquadrat mit bilinearen Ansatzfunktionen sind dies genau vier, nämlich:

$$\begin{aligned}
\hat{\alpha}_1 &= 1 - \eta - \zeta + \eta\zeta & \hat{\alpha}_2 &= \eta - \eta\zeta \\
\hat{\alpha}_3 &= \eta\zeta & \hat{\alpha}_4 &= \zeta - \eta\zeta
\end{aligned}$$

$$(4.\,40)$$

die durch die Bedingungen $\hat{\alpha}_i(\eta_j, \zeta_j) = \delta_{ij}$ (*Kronecker*-δ) bei Numerierung des Einheitsquadrats im Gegenuhrzeigersinn eindeutig definiert sind. Die Umrechnungen der Integrale erfolgt durch die Jacobideterminanten der Transformationsfunktion, die das Einheitselement auf das Gitterelement zurücktransformiert.

Die Integrale der Formfunktionen über das Einheitselement sind unabhängig vom jeweilen Modell und allein vom gewählten Ansatz abhängig. Sie werden daher einmal ausgewertet und das Resultat wird im Programm fest implementiert.

In der oben angegebenen Form sind dabei lediglich erste Ableitungen zu berücksichtigen. Die Dirichlet'sche Randbedingung, bei der der Potentialwert gegeben ist, läßt sich am einfachsten berücksichtigen, indem man nach der Aufstellung des Gleichungssystems die bekannten Funktionswerte an den Randknoten aus dem System eliminiert.

Man beachte, daß die aus den Basisfunktionen zusammengesetzten Funktionen an den Elementkanten zumeist nur eingeschränkt (einfach oder mehrfach) differenzierbar sind. Bei der Verwendung linearer Ansätze hat die erste Ableitung i.a. Sprünge an den Kanten. Berechnet man daher Geschwindigkeiten aus der Steigung der linearen Basisfunktionen, so sind diese an den Rändern nicht eindeutig. Damit ergeben sich dann Probleme in der Massenbilanz; Verfahren der Finiten Elemente sind zumeist nicht konservativ.

4.2 Diskretisierung der Zeit

4.2.1   Instationäre Simulation

Zur Simulation der zeitlichen Veränderung einer Variablen, hier der Piezometerhöhe h, wird die Zeitachse in Abschnitte oder Intervalle eingeteilt, ebenso wie die Koordinatenachsen bei der Diskretisierung des Raums. An die Stelle der Blocklängen treten jetzt Zeitschritte, wie in Abb. 4.10 dargestellt. Im allgemeinen können Zeitschritte unterschiedliche Länge haben.

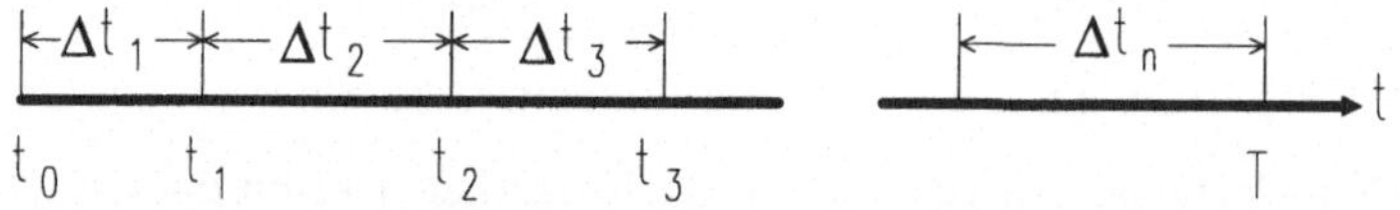

Abb. 4.10: Einteilung der Zeitachse in Zeitschritte

Die Simulation instationärer Vorgänge erfolgt schrittweise; in den Computerprogrammen wird dazu eine Iterationsschleife durchlaufen. Beginnend mit dem Anfangszeitpunkt t_0 wird zunächst die Veränderung im Zeitraum zwischen t_0 und $t_0+\Delta t_1$ modelliert. In diesem ersten Zeitintervall ist also $t_0+\Delta t_1$ der Endzeitpunkt. Er wird bei der Simulation des zweiten Zeitintervalls zwischen $t_0+\Delta t_1$ und $t_0+\Delta t_1+\Delta t_2$ zum Anfangszeitpunkt. Da der implementierte Algorithmus, der für jeden Zeitschritt durchlaufen wird, stets derselbe ist, werden die Zeitschritte in der folgenden Darstellung nicht mehr unterschieden: Δt wird als allgemeine Bezeichnung einer Zeitintervallänge verwendet.

Das gewählte Verfahren zur Berechnung der Piezometerhöhen auf einer neuen Zeitschicht wird fortgesetzt, bis der Zeitpunkt T erreicht ist, der für den der Simulation zugrundeliegenden Fall von Interesse ist (engl.: *time of interest*). Die Größe der Zeitschritte richtet sich zunächst nach Diskretisierungskriterien: z.B. dem *Neumann-Kriterium*. Numerische Ergebnisse sind in der Regel zuverlässiger, je kleiner die Intervalle für diskrete Variable gewählt wurden. In der Praxis empfiehlt es sich daher, relevante Ergebnisse durch einen Testlauf mit einer erhöhten Zahl von (verkleinerten) Zeitschritten abzusichern.

Das Vorgehen bei der Simulation der zeitlichen Veränderung von Variablen ist in Abb. 4.11 schematisch dargestellt. Auf der Ordinate ist die Zeit abgetragen. Die Abszisse stellt eine Raumachse dar, die in mehrdimensionalen Problemen stellvertretend für jede beliebige Raumrichtung steht. Um das Problem in zwei Ortsveränderlichen vollständig zu erfassen, stelle man sich das Bild räumlich erweitert vor, indem an die Stelle der einen Raumachse eine Koordinatenebene tritt. Für die folgende Argumentation reicht aber das gegebene Bild mit einer Raumachse aus.

Auf der Schicht $t=t_0$, also auf der horizontalen Achse, müssen Anfangsbedingungen vorgegeben sein. Dies ist im übrigen keine Anforderung der Numerik, sondern liegt in der Problemstellung selbst: so wie bei Modellierungen von räumlichen Änderungen zur vollständigen Beschreibung neben der Differentialgleichung auch eine Randbedingung vorliegen muß, ist hier die Kenntnis der Variablen zu einem Anfangszeitpunkt erforderlich (die Anfangsbedingung ist quasi eine Randbedingung auf der Zeitachse).

Zum Start des numerischen Verfahrens reicht es, wenn die Anfangswerte an diskreten Punkten im Raum vorliegen.

An festen Orten im Raum sind Randbedingungen gegeben, die im Bild exemplarisch auf der Ordinate eingezeichnet sind: die vertikale Koordinatenachse ist in einem Randpunkt des Modellgebiets gewählt. In Problemen mit einer räumlichen Achse liegen zumeist zwei Randpunkte vor; im Bild ist lediglich ein Teil des Modells zu erkennen. In mehrdimensionalen Gebieten sind Ränder selbst linien- oder flächenförmig.

In vielen Anwendungsfällen sind Randbedingungen konstant. Ist das nicht der Fall so können doch die Ränder so gewählt werden, daß man zeitlich unveränderliche Bedingungen erhält. Für die Modellierung von Strömungen im porösen Medium heißt das: Piezometerhöhe oder Darcygeschwindigkeit ändern sich während des gesamten simulierten Zeitraums nicht. Im allgemeinen können Randbedingungen zeitlich variabel sein, was derzeit allerdings nur in den wenigsten Codes berücksichtigt werden kann.

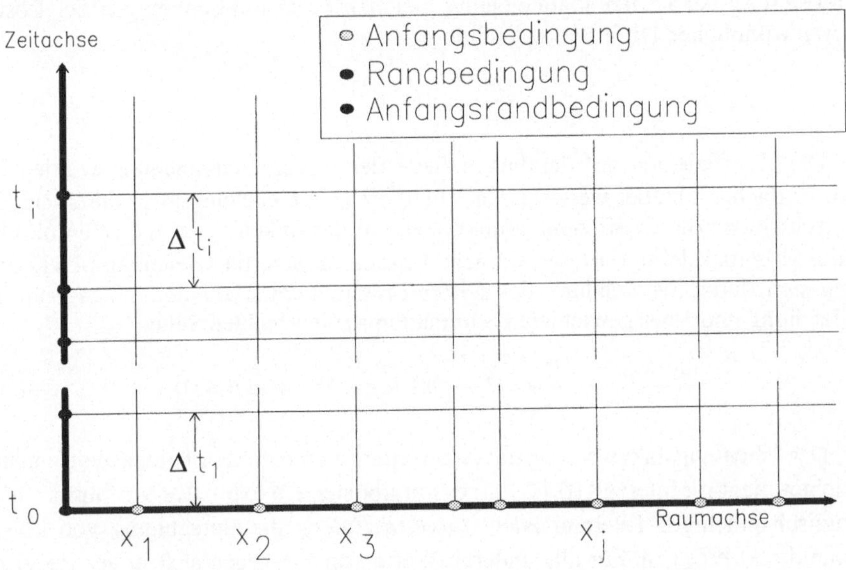

Abb. 4.11: Veranschaulichung der Simulation eines instationären Prozesses

Die Vorgehensweise für das Zeitintervall zwischen t_i und $t_i+\Delta t$ innerhalb einer Computersimulation sieht also mit Blick auf Abb. 4.11 folgendermaßen aus: ausgehend von den bekannten Werten der Variablen zur (alten) Zeitschicht t_i (an den Stellen (x_j, t_i), $j=1,2,...N$) werden die Variablenwerte in der (neuen) Zeitschicht $t_{i+1}=t_i+\Delta t$ (an den Stellen (x_j, t_{i+1}), $j=1,2,...N$) bestimmt. Die genaue Vorschrift, nach der diese Berechnung erfolgt, ergibt sich aus der Kombination von räumlichen und zeitlichen Diskretisierungsvorschriften.

Die beschriebene Vorgehensweise gilt für sogenannte *Einschrittverfahren*. Diesen stehen die *Mehrschrittverfahren* gegenüber, die zur Berechnung der Werte in einer neuen Zeitschicht auf Werte in mehreren davorliegenden Zeitschichten zurückgreifen. Diese trifft man in Codes zur Strömungsmodellierung im porösen Medium selten an; sie werden daher im folgenden nur kurz beschrieben und zwar für den Fall, daß Zeitschritte konstante Länge haben, sodaß sich auch dann die Beibehaltung von Indizes für Zeitschrittlängen erübrigt.

Zur einfacheren Darstellung der zeitlichen Diskretisierung wird für die örtliche Diskretisierung die Operatorschreibweise eingeführt. Es bezeichne $\Omega(h)$ den Operator, der die Diskretisierung für die räumlichen Ableitungsterme von h vorschreibt. Als Operator wirkt Ω auf Funktionen ortsabhängige Funktionen h. Für die folgende Darstellung ist es wichtig, auf welcher Zeitebene (t oder t+Δt) die Funktion im Argument betrachtet wird. h wird dann mit der entsprechenden Abhängigkeit angegeben (z.B.: h(t) - die zusätzliche Ortsabhängigkeit von h interessiert an dieser Stelle nicht). Die Operatorschreibweise läßt sich für Differenzenverfahren, FV- oder FE-Ansätze gleichermaßen verwenden. Sie ist auch unabhängig von der Anzahl der Raumdimensionen.

Ist die räumliche Diskretisierung erfolgt, so ist das Problem der zeitlichen Diskretisierung der Differentialgleichung gleichzusetzen mit demjenigen der Lösung der gewöhnlichen Differentialgleichung:

$$\frac{\partial h}{\partial t} = \Omega(h) \tag{4. 41}$$

Die Koeffizienten auf der linken Seite der Differentialgleichung wurden hier der Einfachheit halber weggelassen. Dividiert man Gleichung (4.1) durch $\varphi S\beta$, so verschwinden die Koeffizientenfunktionen auf der linken Seite und seien im Operator Ω berücksichtigt. Einige einfache Lösungsansätze für Gleichung (4.41) ergeben sich durch Verwendung des Differenzenquotienten auf der linken Seite der Gleichung und einer gewichteten Summation auf der rechten Seite:

$$\frac{h(t + \Delta t) - h(t)}{\Delta t} = (1 - \kappa)\Omega(h(t + \Delta t)) + \kappa\Omega(h(t)) \tag{4. 42}$$

Der Wichtungsfaktor κ, der die Auswertung von h zu den beiden Zeitschichten wichtet, liegt im Intervall [0,1]. Für κ=1 ergibt sich ein explizites Verfahren (in der englischsprachigen Literatur auch: *forward Euler*): die Berechnung von h(t+Δt) kann direkt erfolgen. Für alle anderen Werte von κ ergeben sich in der Regel implizite Verfahren, die dann die Auflösung eines linearen Gleichungssystems erforderlich machen.

Das Verfahren für κ=0 nennt man total-implizit oder (in der Literatur zur Numerik gewöhnlicher Differentialgleichungen): rückwärtiges Euler-Verfahren (*backward Euler*). Sehr beliebt ist es, beide Zeitebenen gleich zu wichten: das ist das bekannte *Crank-Nicolson*-Verfahren.

Alle bisher erwähnten Verfahren sind Einschrittverfahren. Ein spezielles Mehrschritt-Verfahren ergibt sich durch Rückgriff auf die vorletzte Zeitschicht:

$$\frac{h(t + \Delta t) - h(t - \Delta t)}{2\Delta t} = \Omega(h(t)) \qquad (4.\,43)$$

In der englischsprachigen Literatur wird dies Verfahren als *leap frog* Schema bezeichnet. Es ist explizit und an einschränkende Stabilitätskriterien gebunden. Eine weitere Klasse von expliziten Ansätzen ergibt sich, wenn man auf der rechten Seite von (4.43) mehrere schon berechnete Zeitschichten berücksichtigt. Daraus ergeben sich die *Adams-Bashforth*-Ansätze zweiter und dritter Ordnung:

$$\frac{h(t + \Delta t) - h(t)}{\Delta t} = \frac{3}{2}\Omega(h(t)) - \frac{1}{2}\Omega(h(t - \Delta t))$$

$$\frac{h(t + \Delta t) - h(t)}{\Delta t} = \frac{23}{12}\Omega(h(t)) - \frac{16}{12}\Omega(h(t - \Delta t)) + \frac{5}{12}\Omega(h(t - 2\Delta t)) \qquad (4.\,44)$$

Als implizites Mehrschrittverfahren sei der Ansatz 3. dritter Ordnung nach *Adams-Moulton* angegeben:

$$\frac{h(t + \Delta t) - h(t)}{\Delta t} = \frac{5}{12}\Omega(h(t + \Delta t)) + \frac{2}{3}\Omega(h(t)) - \frac{1}{12}\Omega(h(t + \Delta t)) \qquad (4.\,45)$$

Weitere Ansätze, z.B. nach *Nyström* und *Milne-Simpson* findet man in der Literatur zur numerischen Behandlung gewöhnlicher Differentialgleichungen (z.B. Grigorieff 1977).

Bei Verfahren vom *Runge-Kutta* Typ wird Algorithmus, der den Schritt von einer Zeitschicht zur nächsten ausführt, in Teilschritte eingeteilt. Die Güte der Approximation wird dadurch verbessert, das Ω zusätzlich an diesen Zwischenschichten ausgewertet wird. Das allgemeine Verfahren zweiter Ordnung, das in zwei Teilschritten fortschreitet, läßt sich aus den folgenden Diskretisierungen ableiten:

$$\frac{h(t + \kappa\Delta t) - h(t)}{\kappa\Delta t} = \Omega(h(t))$$

$$\frac{h(t + \Delta t) - h(t + \kappa\Delta t)}{(1 - \kappa)\Delta t} = \left(1 - \frac{1}{2\kappa(1 - \kappa)}\right)\Omega(h(t)) + \frac{1}{2\kappa(1 - \kappa)}\Omega(h(t + \Delta t)) \qquad (4.\,46)$$

Im ersten Schritt werden die Werte der Zwischenschicht t+$\kappa\Delta$t berechnet, wobei die erste der beiden Diskretisierungsgleichungen verwandt wird. Für den zweiten Teilschritt dient dann die zweite Gleichung von (4.46). Als Grenzfall dieses Verfahrens für $\kappa = 1$ (indem man die zweite Gleichung mit (1-κ) multipliziert) ergibt sich das folgende System:

$$\frac{\tilde{h}(t+\Delta t)-h(t)}{\Delta t}=\Omega(h(t))$$

$$\frac{h(t+\Delta t)-h(t)}{\Delta t}=\frac{1}{2}\Omega(h(t))+\frac{1}{2}\Omega(\tilde{h}(t+\Delta t)) \tag{4.47}$$

Daraus leitet sich das sogenannte *Heun*-Verfahren ab.

Um den zu implementierenden Algorithmus aus den diskreten Gleichungen zu gewinnen, bringt man die Terme, die die Unbekannte enthalten auf die linke Seite der Gleichung und alle anderen auf die rechte Seite. So erhält man für den verallgemeinerten Crank-Nicolson Ansatz den Ausdruck:

$$[\mathbf{I}-(1-\kappa)\Delta t\Omega](h(t+\Delta t))=[\mathbf{I}+\kappa\Delta t\Omega](h(t)) \tag{4.48}$$

$\mathbf{I}$ bezeichnet dabei den Einheitsoperator, der jede Funktion auf sich selbst abbildet. Diese Operatorschreibweise wird im folgenden noch öfter verwendet werden, denn sie bietet wichtige Möglichkeiten zur Untersuchung der Algorithmen. Es muß an dieser Stelle allerdings darauf hingewiesen werden, daß diese Formulierung nicht ganz mit der Matrix-Vektor-Form übereinstimmt, die sich bei Einsetzen des Vektors der unbekannten h-Werte ergibt. Auf der linken Seite der Gleichung entstehen nämlich bei Berücksichtigung von Randbedingungen Terme, die nicht von der Unbekannten h(t+Δt) abhängen. Diese gelangen dann beim Umschreiben auf die rechte Seite des Gleichungssystems.

Im Falle des Crank-Nicolson-Verfahrens erhält man:

$$[\mathbf{I}-\frac{1}{2}\Delta t\Omega](h(t+\Delta t))=[\mathbf{I}+\frac{1}{2}\Delta t\Omega](h(t)) \tag{4.49}$$

Für den Fall der eindimensionalen Gleichung mit konstanten Koeffizienten im äquidistanten Gitter gibt Douglas (1962) den Ausdruck

$$[\mathbf{I}-\frac{1}{2}(\Delta t-\frac{1}{6}\Delta x^{2})\Omega](h(t+\Delta t))=[\mathbf{I}+\frac{1}{2}(\Delta t+\frac{1}{6}\Delta x^{2})\Omega](h(t)) \tag{4.50}$$

an, der auf denselben 6 Stützstellen des Sterns den lokalen Abschneidefehler minimiert (siehe Mitchell/Griffiths 1980).

Bei impliziten Verfahren besteht die weitere Aufgabe darin, den Operator in der eckigen Klammer auf der linken Seite der Gleichung zu inverteieren. Dazu verwendet man numerische Algorithmen zur Lösung linearer bzw. nicht-linearer Systeme (siehe Abschnitt 10). Explizite Verfahren ergeben sich wenn auf der linken Seite der Gleichung die unbekannten Werte der Variablen lediglich mit einem Faktor multipliziert werden. Dann degeneriert der gesamte Operator zu einer Diagonalmatrix.

Als Beispiele seien für explizite Algorithmen werden Runge-Kutta Verfahren behandelt. Diese lassen sich stets in der folgenden Form angeben:

$$h(t+\Delta t)=h(t)+\Delta t\cdot\tilde{\Omega}(h(t)) \tag{4.51}$$

Tabelle 4.2 gibt an, wie sich der Operator $\tilde{\Omega}$ bei einigen Runge-Kutta-Varianten ergibt. Weitere Runge-Kutta-Verfahren findet man in der Literatur (Williamson 1980, Canuto u.a. 1988). Grigorieff (1972) gibt einen umfaßenden Überblick. Es sei angemerkt, daß der Aufwand an Rechnerressourcen mit der Anzahl der Zwischenschritte wächst. So ist abzuwägen, ob es nicht besser ist, einen einfachen Algorithmus zu implementieren und diesen mit reduzierten Zeitschritten einzusetzen, als ein Verfahren höherer Ordnung zu verwenden. Diese Abwägung bezieht sich auf Rechenzeit, Speicherplatz und Genauigkeit. Zum klass. Runge-Kutta-Vefahren gibt Blum (1962) einen Algorithmus an, bei dem lediglich Werte in drei Zeitschichten gespeichert werden müssen.

Im mehrdimensionalen Fall erfreut sich die ADI-Methode großer Beliebtheit. Sie stellt einen Spezialfall der *Splitting*-Ansätze dar. In der einfachsten Variante wird dabei der Operator der Ortsdiskretisierung in zwei Operatoren aufgespalten: $\Omega = \Omega_1 + \Omega_2$. Daraus ergibt sich ein Algorithmus, der in zwei Schritten von einer Zeitschicht zur nächsten übergeht:

$$[\mathbf{I} - \frac{1}{2}\Delta t \Omega_1](\tilde{h}(t+\Delta t)) = [\mathbf{I} + \frac{1}{2}\Delta t \Omega_2](h(t))$$

$$[\mathbf{I} - \frac{1}{2}\Delta t \Omega_2](h(t+\Delta t)) = [\mathbf{I} + \frac{1}{2}\Delta t \Omega_1](\tilde{h}(t+\Delta t))$$

$$(4.52)$$

Bezeichnung	Formel	Hilfsgrößen
Verb. Polygon-zugmethode (Heun-Verfahren, 2.Ordnung)	$\tilde{\Omega} = \frac{1}{2}(K_1 + K_2)$	$K_1 = \Omega(h(t))$ $K_2 = \Omega(h(t + \Delta t \cdot K_1))$
Heun-Verfahren (3.Ordnung)	$\tilde{\Omega} = \frac{1}{6}(K_1 + 4K_2 + K_3)$	$K_2 = \Omega(h(t + (\Delta t / 2) \cdot K_1))$ $K_3 = \Omega(h(t + (\Delta t / 2) \cdot K_1 + 2\Delta t \cdot K_2))$
"	$\tilde{\Omega} = \frac{1}{4}(K_1 + 3K_3)$	$K_2 = \Omega(h(t + (\Delta t / 3) \cdot K_1))$ $K_3 = \Omega(h(t + 2(\Delta t / 3) \cdot K_2))$
(Klass.) Runge-Kutta Verf.	$\tilde{\Omega} = \frac{1}{6}(K_1 + 2K_2 + 2K_3 + K_4)$	$K_2 = \Omega(h(t + (\Delta t / 2) \cdot K_1))$ $K_3 = \Omega(h(t + (\Delta t / 2) \cdot K_2))$ $K_4 = \Omega(h(t + \Delta t \cdot K_3))$
3/8-Regel	$\tilde{\Omega} = \frac{1}{8}(K_1 + 3K_2 + 3K_3 + K_4)$	$K_2 = \Omega(h(t + (\Delta t / 3) \cdot K_1))$ $K_3 = \Omega(h(t - (\Delta t / 3) \cdot K_1 + \Delta t \cdot K_2))$ $K_4 = \Omega(h(t + \Delta t \cdot (K_1 - K_2 + K_3)))$

Tabelle 4.2: Runge-Kutta Verfahren

Der Zwischenwert $\tilde{h}(t + \Delta t)$ wird im ersten Schritt berechnet und ist Grundlage für den zweiten Schritt. In der klassischen Verwendung, die von Peaceman/Rachford (1955) vorgeschlagen wurde, werden im 2D-Fall die beiden Teiloperatoren den Koordinatenrichtungen zugeordnet. Im Algorithmus ist dann für jeden simulierten Zeitschritt zweimal ein System zu lösen, das in jeder Zeile maximal drei Unbekannte hat - anstatt einmal ein System mit fünf Unbekannten in jeder Gleichung.

Spaltet sich der Operator in drei Teile, so erhalten Douglas/Gunn (1964) den dreistufigen Algorithmus:

$$[\mathbf{I} - \frac{1}{2}\Delta t \Omega_1](\tilde{h}(t+\Delta t)) = [\mathbf{I} + \Delta t(\frac{1}{2}\Omega_1 + \Omega_2 + \Omega_3)](h(t))$$

$$[\mathbf{I} - \frac{1}{2}\Delta t \Omega_2](\tilde{\tilde{h}}(t+\Delta t)) = \tilde{h}(t) - \Omega_2(h(t))$$

$$[\mathbf{I} - \frac{1}{2}\Delta t \tilde{\Omega}_3](h(t+\Delta t)) = \tilde{\tilde{h}}(t+\Delta t) - \tilde{\Omega}_3(h(t))$$

$$(4.53)$$

Hier werden zunächst $\tilde{h}$, dann $\tilde{\tilde{h}}$, zuletzt h berechnet. Es ergeben sich allerdings auch gewisse Stabilitätskriterien. Weitere 'Splitting-schemes' werden von Mitchell/Griffiths (1980) angegeben.

4.2.2   Fehlerfortpflanzung und Stabilität

Die im Computer verwendeten Zahlenwerte sind in der Regel mit einem Fehler behaftet. Gerade Umwelt- und Geodaten, gleichgültig ob sie aus Feld- oder Labormessungen gewonnen wurden, weisen z.T. erhebliche Unsicherheiten auf. Diese Fehler werden vom Rechner nicht erkannt. Der Modellierer hat die Möglichkeit, z.B. durch eine Sensitivitätsanalyse, die Auswirkungen der Variation der Eingangsdaten am Modell zu überprüfen. Gerade das ist eine wichtige Anwendungsmöglichkeit von Modellen.

Wenn es um die Fehlerfortpflanzung geht, sind Abweichungen der soeben beschriebenen Art nicht gemeint, obwohl natürlich auch diese sich während der Anwendung des Programms fortpflanzen. Vielmehr geht es darum, daß selbst kleine Fehler in den Eingangsdaten, die marginal erscheinen mögen, nicht zu deutlichen Verfälschungen der numerischen Lösung führen. So kann bei einem *schlecht konditionierten* Algorithmus ein Rundungsfehler, der durch das Abschneiden von Nachkommastellen zur Dateneingabe entsteht, in ein unbrauchbares Ergebnis münden.

Ein krasses Beispiel ist die Differenzbildung zweier nahezu gleichgrößer Zahlenwerte x und y. Für den relativen Fehler der Differenz $\varepsilon_{x\text{-}y}$ und die relativen Fehler der Ausgangswerte ε_x und ε_y gilt die Beziehung:

$$\varepsilon_{x-y} = \frac{x}{x-y}\varepsilon_x - \frac{y}{x-y}\varepsilon_y \tag{4.54}$$

Stimmen x und y in den führenden Stellen der Zahlen x und y überein ($|x-y| \prec |x|$ bzw. $|y|$), so kann der relative Fehler bei der Ausführung der Operation am Rechner dramatisch zulegen. Weitere Details dieser Art von Fehleranalyse findet man bei Stoer (1976). Es ist das Ziel, Algorithmen so zu schreiben, daß diese Art der Fehlerfortpflanzung nicht auftritt, z.B. durch Vermeidung von Differenzenoperationen soweit dies möglich ist.

Die zur Modellierung verwandten numerischen Methoden sind jedoch so komplex, daß eine detaillierte Fehleranalyse nicht möglich ist. Bei den hier verwendeten Algorithmen lassen sich aber Kriterien angeben, unter denen keine Verstärkung des Fehlers stattfindet: man spricht dann von Stabilität. Die mathematische Definition der Stabilität von Verfahren zur behandlung instationärer Vorgänge geht auf *von Neumann* zurück (Näheres dazu findet man bei Meis/Marcowitz 1978 oder Marsal 1976).

Verwendet man zur Lösung der Differentialgleichung $\partial h / \partial t = (\partial / \partial x)(a \partial h / \partial x)$ den zentralen Differenzenquotient (4.2) und den verallgemeinerten Crank-Nicolson-Ansatz (4.42), so ergibt sich die Stabilitätsbedingung (vgl. Meis/Marcowitz 1976):

$$2a\frac{\Delta t}{\Delta x^2}(2\kappa - 1) \leq 1 \tag{4.55}$$

Für $\kappa \leq 1/2$ ist das Verfahren also stabil, da der Ausdruck (4.55) dann negativ wird. Insbesondere sind das Crank-Nicolson- und das total implizite Verfahren bedingungslos stabil. Für $\kappa > 1/2$ ergibt sich die Stabilitätsbedingung

$$a\frac{\Delta t}{\Delta x^2} \leq \frac{1}{2(2\kappa - 1)} \tag{4.56}$$

Für das explizite Verfahren mit $\kappa=1$ ergibt sich also der Wert ½ als kritische Grenze des Ausdrucks auf der linken Seite. Die von Neumann'sche Stabilitätsanalyse kann streng genommen nur für konstante Koeffizienten durchgeführt werden. Es läßt sich aber auch für ortsveränderliche Koeffizenten a(x) eine Stabilitätsbedingung nachgewiesen werden. Allgemein ergibt sich für die Differentialgleichung $\partial h / \partial t = \nabla \mathbf{A} \nabla h$ mit dem Diagonaltensor $\mathbf{A}$ anstelle von (4.56):

$$6\max\left\{|a_x|, |a_y|, |a_z|\right\}\frac{\Delta t}{\Delta x^2}(2\kappa - 1) \leq 1 \qquad \text{für} \quad \mathbf{A} = \begin{pmatrix} a_x & 0 & 0 \\ 0 & a_y & 0 \\ 0 & 0 & a_z \end{pmatrix} \tag{4.57}$$

Das Maximum muß dabei über alle Komponenten des Tensors und alle Punkte des Modellgebiets bestimmt werden. Es gilt für den 2D-Fall gilt eine entsprechende Gleichung mit dem Vorfaktor 4 auf der linken Seite. Außerdem wurde dieses Ergebnis für ein äquidistantes Gitter mit quadratischen Blöcken hergeleitet (Meis/Marcowitz 1976).

Wie Gleichung (4.57) zeigt, ändert sich also prinzipiell nichts am Stabilitätskriterium, wenn man zu nicht-homogenen Verhältnissen und zu mehreren Ortsdimensionen übergeht. Für $\kappa \leq 1/2$ ergeben sich weiterhin stabile Verfahren. Für den expliziten Algorithmus der Gleichung (3.37) erhält man dann die Stabilitätsbedingungen:

$$\max\left\{\left|\frac{K_x}{\varphi\beta}\right|\right\}\frac{\Delta t}{\Delta x^2} \leq \frac{1}{2} \qquad \text{für 1D}$$

$$\max\left\{\left|\frac{K_x}{\varphi\beta}\right|,\left|\frac{K_y}{\varphi\beta}\right|\right\}\frac{\Delta t}{\Delta x^2} \leq \frac{1}{4} \qquad \text{für 2D} \qquad (4.58)$$

$$\max\left\{\left|\frac{K_x}{\varphi\beta}\right|,\left|\frac{K_y}{\varphi\beta}\right|,\left|\frac{K_z}{\varphi\beta}\right|\right\}\frac{\Delta t}{\Delta x^2} \leq \frac{1}{6} \qquad \text{für 3D}$$

Dies sind die sogenannten *von Neumann-Kriterien* für die Modellierung von instationären Strömungen im porösen Medium. Bekannter sind die gleichen Kriterien für die Transportgleichung (s. Abschnitt 8). Für ein gegebenes Gitter sind die Ungleichungen (4.58) Bedingungen für die Zeitschrittweite: Δt darf einen bestimmten Maximalwert nicht überschreiten, um Stabilität zu gewährleisten.

Wesentlich ist für konsistente numerische Verfahren die Äquivalenz von Stabilität und Konvergenz. Diese wichtige Aussage geht auf Lax-Richtmyer zurück (vgl. Meis/Marcowitz 1976). Der Beweis wurde von den Autoren unter einschränkenderen Bedingungen hergeleitet, die in den heute verwendeten Algorithmen teilweise nicht erfüllt sind. Daher sind die Kriterien lediglich als Richtschnur für die Wahl der diskreten Größen zu verwenden. In der Praxis zeigt sich, daß auch implizite Verfahren mit $\kappa \leq 1/2$ instabil werden können, wenn das von Neumann Kriterium grob verletzt ist.

4.3 FAST-A

Das Programm *FAST-A*, das auf der CD mitgeliefert wird, modelliert Strömungsprozesse im porösen Medium. Die Eingabedaten werden mit der Benutzeroberfläche *GeoShell-A* vorbereitet und gespeichert. Die Benutzeroberfläche dient auch zu Überprüfung bzw. Kontrolle, zur Änderung bzw. Variation der Eingabewerte. Alternativ dazu kann FAST-A unter DOS auch direkt aufgerufen werden. Wenn nicht von der Standardeingabedatei *FLOAT.WTA* gelesen werden soll, muß der Name der Datei mit den Inputwerten als Parameter beim Aufruf übergeben werden.

An dieser Stelle sollen die Möglichkeiten und Grenzen von FAST-A vor dem Hintergrund der Einführung aus den Kapiteln 3 sowie 4.1 und 4.2 beschrieben werden. Es wird dabei nicht auf die Einzelheiten der Bedienung eingegangen -

diese finden sich im Handbuch zu *GeoShell-A* und in der Beschreibung der Standardeingabedatei zu FAST-A.

Es können folgende Fälle behandelt werden:

- Stationäre Strömung im ganz- oder teilgesättigten porösen Medium (1)
- Instationäre Strömung im gesättigten porösen Medium (2)

zu (1): Es wird angenommen, daß Dichte und Viskosität des Wassers konstant sind. Das poröse Medium kann isotrop aber auch anisotrop sein. Im letzteren Fall müßen die Anisotropierichtungen im gesamten Modellgebiet die gleichen sein (d.h. der Tensor der Durchlässigkeiten ist eine Diagonalmatrix). Alle Komponenten des K_f-Tensors können inhomogen sein. Bei Modellen in teilgesättigten Bereichen wird für die Abhängigkeit der relativen Durchlässigkeit von der Saugspannung eine Beziehung nach Philip (1969) (vgl. Formel (3.18)) angenommen. Der dabei auftretende Parameter Sorptivität kann inhomogen verteilt sein. Quellen- und Senken können für jeden einzelnen Block berücksichtigt werden.

zu (2): Zusätzlich zu den Durchlässigkeiten sind Porositäten und Kompressibilitäten anzugeben. Auch diese können inhomogen sein.

Mit FAST-A ist es möglich 3D-Strömungsmodelle zu rechnen. Dabei wird zunächst von einem Gesamtgitter ausgegangen, das aus Rechteckblöcken besteht, die unterschiedliche Länge haben können. Für die Koordinatenrichtungen x und z ist ein solches Gitter ist in Abb. 4.12 dargestellt.

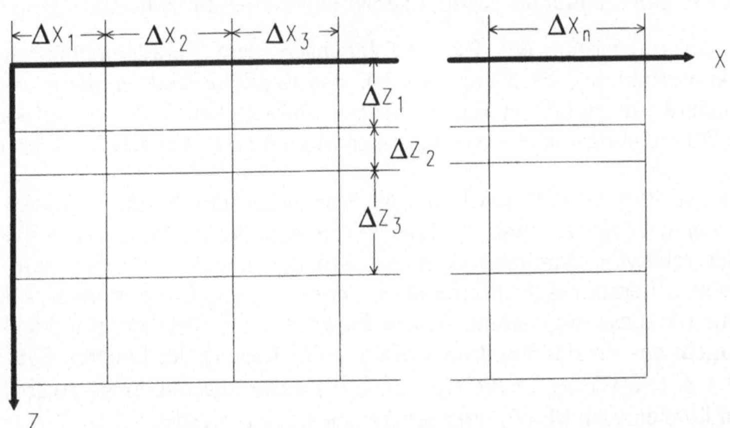

Abb. 4.12: Beispiel für ein 2D-Gesamtgitter wie es in FAST-Programmen verwendet wird

Zur Nachbildung unregelmäßiger Ränder eines Modellgebiets können Blöcke aus dem Gesamtgitter entfernt werden - im Programm wird ein für das Modellgitter charakteristisches Feld verwandt, das die Werte 0 und 1 enthält, abhängig davon, ob ein Block des Gesamtgitters zum Modellgebiet gehört oder nicht.

Dem Programm FAST-A liegt die Differentialgleichung (4.1) zugrunde. Bei stationären Problemen wird die linke Seite der Gleichung (4.1) Null. Die örtliche Diskretisierung erfolgt nach den Ansatz der Finiten Differenzen in block-zentrierten Gittern bzw. nach dem Ansatz der Finiten Volumen, wie in Kapitel 4.1 beschrieben. In Rechteckgittern führen beide Ansätze zur gleichen Diskretisierung, wenn man von der Mittelung der Koeffizienten absieht. Der Mittelwert der K_f-Werte wird nach dem harmonischen Mittel berechnet (das entspricht der Grundidee der Finiten Volumen - vgl. Kapitel 4.1.3).

Randbedingungen müssen für jede Außenkante des Modellgebiets angegeben werden. Es besteht hier die Alternative zwischen Randbedingungen vom Dirichlet- und vom Neumann-Typ. Im ersten Fall ist die Piezometerhöhe am Blockrand anzugeben, im letzteren Fall die Normalkomponente der Geschwindigkeit. Der Ausschnitt eines unregelmäßigen Modellgebiets mit Kanten ist in Abb. 4.13 dargestellt.

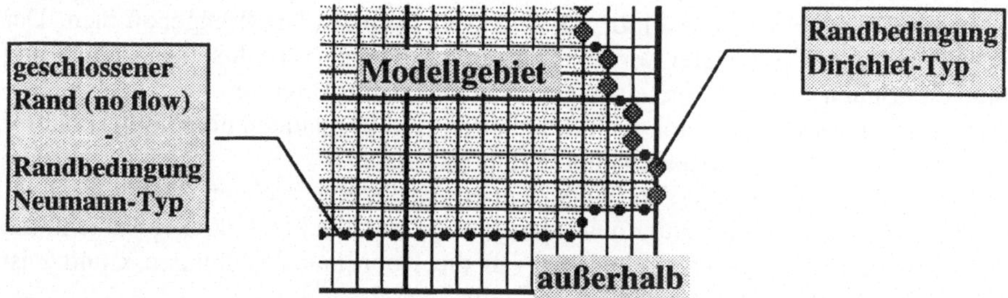

Abb. 4.13 : Unregelmäßiges Modellgebiet mit Kanten für Randbedingungen

Die Diskretisierung der Zeit erfolgt nach dem verallgemeinerten *Crank-Nicolson*-Verfahren (Gleichung (4.42)), das explizite und implizite Verfahren, insbesondere die einfachen Euler-Ansätze, umfaßt. Durch die Spezifikation des Zeitschichtwichtungsfaktors bestimmt der Modellierer, welches Verfahren er verwendet.

Im ungesättigten Fall wird die Nichtlinearität durch eine (innere) Picard-Iteration gelöst (vgl. Kapitel 10). Die Piezometerhöhe h geht dabei in die Berechnung der relativen Durchlässigkeit ein. Mit den neuen K-Werten wird dann in einem neuen Iterationsschritt eine neue Verteilung von h ermittelt. Das Abbruchkriterium für diese sogenannte *innere Iteration* ist in der Struktur identisch mit demjenigen, das für das Iterationsverfahren zur Lösung der linearen Systeme verwandt wird. Die Werte für die Genauigkeit ε sowie die maximale Anzahl der Iterationen können vom Modellierer separat spezifiziert werden.

Die Variable, die in jedem Fall vom Programm berechnet wird, ist die Piezometerhöhe h. Ausgehend von der ermittelten Verteilung von h bestimmt FAST-A abgeleitete Größen wie Druckhöhen und/oder Komponenten der Darcy-Geschwindigkeit. Auch die Bilanzierung der Volumenströme für das Modellgebiet ist möglich. Alles dies steuert der Modellierer in den Ausgabe-Optionen.

5 Beispiele von Strömungsmodellen

5.1 Anströmung von Brunnen

Dies ist ein Beispiel für die Modellierung einer stationären Strömung in einem 2D-Horizontalschnitt durch ein gesättigtes poröses Medium.

Zur Bestimmung der Grundwasserabsenkung aufgrund der Entnahme durch einen Brunnen wird die Potentialgleichung in Radialkoordinaten formuliert. Sind die Eigenschaften des porösen Mediums um den Brunnen konzentrisch verteilt, genügt es, ein 2D-Problem in einem Horizontalschnitt zu lösen. Vernachlässigt man die Vertikalkomponenten (Dupuit-Annahme), so bleibt ein 1D-Problem mit der Unbekannten r, die den Abstand vom Brunnenmittelpunkt bezeichnet.

Dabei lassen sich Randbedingungen in unterschiedlicher Weise angeben. An der Innenseite (Brunnenrand: $r=r_{min}$) kann eine Entnahme oder ein Potentialwert vorgegeben werden. Entsprechend müssen dort Bedingungen vom Neumann- oder vom Dirichlet-Typ definiert werden. Am äußeren Rand wird zumeist eine (zeitlich konstante) Dirichlet-Randbedingung vorgegeben. Der Radius r_{max} entspricht der Brunnenreichweite.

Mit der Mächtigkeit m des Aquifers ergeben sich dann analytische Lösungen wie folgt:

$$h(r) = h_{min} + (h_{max} - h_{min}) \frac{\ln(r / r_{min})}{\ln(r_{max} / r_{min})} \tag{5.1}$$

im Falle zweier Dirchlet-Bedingungen $h(r_{min}) = h_{min}$ und $h(r_{max}) = h_{max}$; bzw.:

$$h(r) = h_{max} - \frac{Q}{2\pi K_f m} \ln(r_{max} / r) \tag{5.2}$$

im Falle einer vorgegebenen Pumprate Q des Brunnens. Den Vorfaktor der Logarithmusfunktion erhält man aus der Kontinuitätsbedingung:

$$2\pi r m v_r = Q \tag{5.3}$$

In vektorieller Form schreibt sich der Geschwindigkeitsvektor dann wie folgt:

$$\mathbf{v} = \frac{-Q}{2\pi m}\frac{\mathbf{r}}{r^2} = \frac{-Q}{2\pi m r^2}(x,y) \tag{5.4}$$

In dieser einfachen Näherung bleibt unberücksichtigt, daß ein Brunnen nicht in allen Tiefen der verfilterten Strecke gleichermaßen Wasser zieht.

Löst man Gleichung (5.2) auf nach der Grundwasserabsenkung h_{max}-h(r), so bezeichnet man die Formel nach ihrem Urheber als Thiem-Gleichung (Thiem 1906). Diese ist unter der Bedingung hergeleitet worden, daß im ungestörten Aquifer (ohne Brunnen) keine Strömung vorliegt. Echte 2D-Grundströmungen $\mathbf{v}_0$ können durch Superposition mit den Lösungen (5.1) bzw. (5.2) verknüpft werden. Für die Geschwindigkeit ergibt sich dann statt (5.4) (vergleiche auch: Bear/Verruijt 1987):

$$\mathbf{v} = \mathbf{v}_0 - \frac{Q}{2\pi m}\frac{\mathbf{r}}{r^2} \tag{5.5}$$

Dabei ist zu beachten, daß äußere Randbedingungen für die Strömung von der Lösung (5.5) nur noch annähernd erfüllt werden. In der Realität ist das auch plausibel, da sich der Einfluß eines Brunnens im Prinzip auch am entfernten Rand bemerkbar macht. Es erschwert allerdings den Vergleich zwischen numerischen und analytischen Lösungen, wenn nicht die exakten Werte der analytischen Lösung als Randbedingungen für das numerische Problem verwandt werden.

Höhenlinien des Potentials bzw. Stromlinien für den Anstrom eines Brunnens in einer 1D-Grundströmung (von links nach rechts) sind in den folgenden beiden Bildern dargestellt. Beide Abbildungen wurden mit einem numerischen Simulationsprogramm erzeugt und nicht durch die Auswertung der analytischen Lösungsformel. Die horizontal abgebildeten Ränder wurden als geschlossen angenommen. Das Potentialgefälle zwischen den vertikal dargestellten Rändern ist konstant, d.h. es wird angenommen, daß sie außerhalb der Brunnenreichweite liegen.

Im Falle einer eindimensionalen Grundströmung v_0 in der x-Richtung kann man für Potential und Stromfunktion im (x,y)-Koordinatensystem die analytische Lösung angeben (vgl. Sauter u.a. 1994):

$$h(x,y) = -\frac{v_0}{K_f}x - \frac{Q}{2\pi K_f m}\ln(r_{max}\,/\,\sqrt{x^2+y^2}) \tag{5.6}$$

$$\Psi(x,y) = -v_0 y + \frac{Q}{2\pi m}\arctan(\frac{y}{x}) \tag{5.7}$$

Für das in Abb. 5.1 vorgestellte Beispiel wird allerdings die numerische Lösung, die sich mit dem Programm FASTpath (als Postprozessor für FAST-A) ergibt, gezeigt.

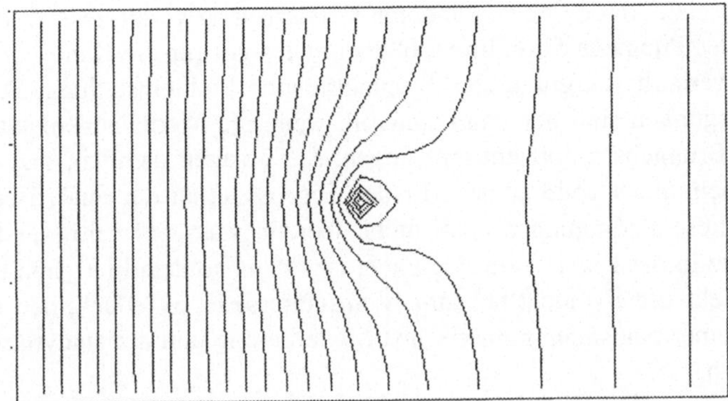

Abb. 5.1: Potentialisolinien um einen Brunnen in einer 1D-Grundströmung
(erzeugt mit FAST-A)

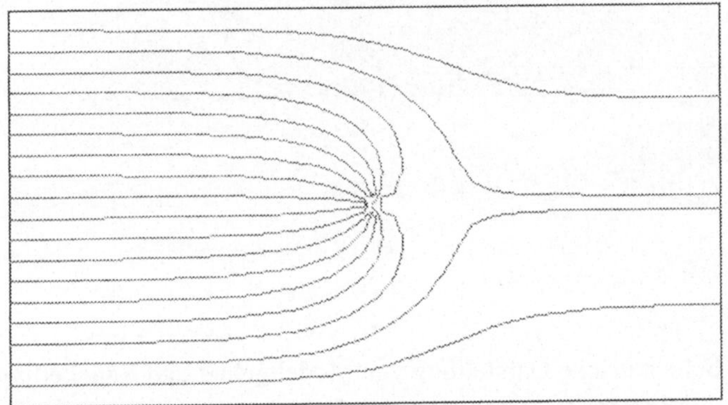

Abb. 5.2: Stromlinien um einen Brunnen in einer 1D-Grundströmung(erzeugt mit
dem FASTpath-Postprozessor zu FAST-A)

In Anlehnung an ein Testbeispiel des HYDROCOIN-Projekts (level 3, case 7a)
wird im folgenden ein Vergleich zwischen analytischen und numerischen Ergebnissen angestellt. Das Hauptaugenmerk soll dabei nicht so sehr auf der Übereinstimmung beider Lösungen liegen (die sich bei genügend feiner Diskretisierung
erreichen läßt), sondern in der Demonstration des Einflusses von Randbedingungen. Für die numerische Behandlung des Problems werden Randbedingungen
verwendet, wie sie in der Modellierungs-Praxis üblich sind und nicht die Werte der
analytischen Lösung.

Das Beispiel behandelt die Brunnenanströmung in einem 1D-Strömungsfeld in
einem homogenen und isotropen Grundwasserleiter. Die x-Achse ist dabei in negativer Strömungsrichtung gewählt. Das Schema in Abb. 5.3 vermittelt einen Eindruck von der Wahl des Modellgebiets und der Randbedingungen.

Am Einstromrand wird ein örtlich nicht variierendes konstantes Potential gewählt, durch das auch das Niveau der Potentialwerte festgelegt wird. Am
Ausstromrand wird die Geschwindigkeit im ungestörten Aquifer als Randbedin-

gung angesetzt. An den beiden anderen Rändern wird vorausgesetzt, daß sie auch im Falle des Pumpens Stromlinien bleiben. Dies gilt für die Kante, die durch den Brunnen verläuft, aufgrund der Symmetrie der Problemstellung. Alle anderen Randbedingungen sind nur dann sinnvoll, wenn die Modellaußenkanten weit genug vom Brunnenstandort entfernt liegen. Sie besagen nämlich, daß der Einfluß des Brunnens nicht spürbar ist. Mit den Eigenschaften der analytischen Lösung stimmen diese Bedingungen auch nicht überein, was aber selbstverständlich für den Einsatz in der Praxis kein Argument ist - denn so detailliert sind die Verhältnisse im Feld zumeist nicht bekannt. Von Interesse ist es jedoch, den Unterschied zwischen einer plausiblen numerischen Modellierung und der analytischen Lösung zu ermitteln.

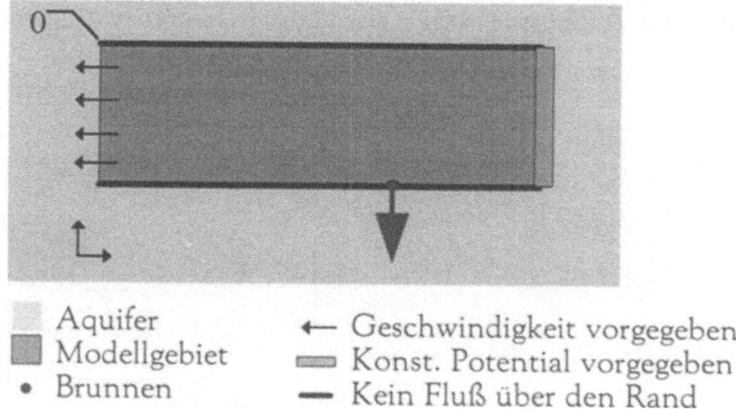

Abb. 5.3: Schematische Darstellung von Modellgebiet und Randbedingungen

Symbol	Parameter	Wert
v_0	Grundströmung	-.01 m/s
Q	Quellrate	6.28 m³/s
m	Mächtigkeit	1 m
L_x	Länge des Modellgebiets	497 m
L_y	Breite des Modellgebiets	250 m
x_0	Brunnenposition (x-Koord.)	323.5 m
y_0	Brunnenposition (y-Koord.)	250 m

Tabelle 5.1: Physikalische u. geometrische Parameter für die Brunnenanströmung

Weitere mögliche Variationen der Randbedingungen wurden getestet. So wurde einmal an Ein- und Ausstromrand eine Dirichlet-Bedingung spezifiziert. Auch die Möglichkeit einer Potentialrandbedingung am Ausstromrand und einer Einstrombedingung an der gegenüberliegenden Seite wurde modelliert. Wenn es unter realen Verhältnissen einen guten Grund für eine dieser Alternativen gibt, so sollte diese im Modell verwendet werden.

Einen Überblick über die wesentlichen Eingabedaten des Testbeispiels gibt Tabelle 5.1. Für die numerische Modellierung wurde ein unregelmäßiges Rechteckgitter verwendet. Es wurde so gewählt, daß in der Brunnennähe die Blockabmessungen in beiden Koordinatenrichtungen klein sind und mit wachsender Entfernung größer werden. Der Bereich der Abmessungen und Werte anderer wichtiger Parameter der Modellierung mit FAST-A[1]sind in Tabelle 5.2 zusammengefaßt.

Symbol	Parameter	Wert
ε	Genauigkeit	10^{-5}
Δx	Blocklängen (x-Richt.)	1.56-25. m
Δy	Blocklängen (y-Richt.)	1.56-25. m
n_x	Anzahl der Blöcke (x-Richt.)	40
n_y	Anzahl der Blöcke (y-Richt.)	20
ω	Relaxationsparameter	1.
It.	Anzahl der Iterationen	77

Tabelle 5.2: Numerische Parameter für das Beispiel Brunnenanströmung

Abb. 5.4 zeigt Isopotentiallinien für die analytische und die numerische Lösung für den Referenzfall und die Variante.

Es wurden jeweils 14 äquidistante Potentialniveaus gewählt, um die Ergebnisse vergleichbar zu gestalten. In Brunnennähe zeigt sich deutlich eine gute Übereinstimmung zwischen analytischen und numerischen Ergebnissen. Diese ließe sich noch verbessern, wenn an allen Modellkanten die Werte der analytischen Lösung als Dirichlet-Randbedingung angegeben würden.

Der Unterschied zwischen den beiden dargestellten Lösungen in Abb. 5.4 resultiert offenbar aus den unterschiedlichen Randbedingungen. Franke/Reilly (1987) weisen in ihren hypothetischen Beispielen darauf hin, daß bei der Modellierung von Quellen bzw. Senken in einer Grundströmung die Angabe der Randbedingungen von entscheidender Bedeutung ist - ohne Brunnen dagegen treten diese Unterschiede nicht auf.

---

[1]Den Eingabedatensatz zum Beispiel finden Sie auf der beiliegenden CD unter dem Namen DEMO1.WTA.

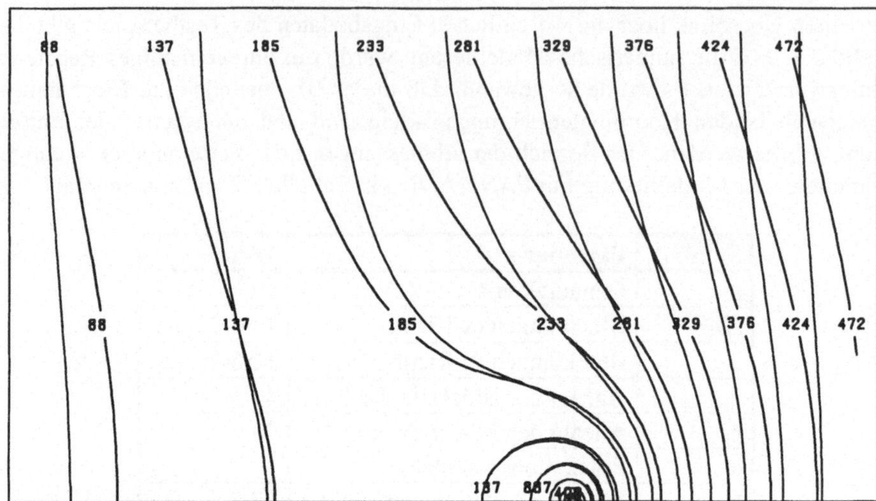

Abb. 5.4: Numerische und analytische Lösung für den Referenzfall der Brunnenanströmung. Linien mit Beschriftung zeigen die analytische, nichtmarkierte Linien die numerische Lösung

5.2 Potentialströmung in einem Trog

Dies ist ein Beispiel für die Modellierung einer stationären Strömung in einem 2D-Vertikalschnitt in einem gesättigten porösen Medium.

Die Potentialgleichung besitzt eine analytische Lösung, wenn das betrachtete rechteckige Gebiet an drei Seiten geschlossen ist und am offenen Rand ein linearer Potentialverlauf verlangt ist. Diese Lösung kann zur Berechnung der Strömung zwischen zwei Wasserscheiden in einem homogenen und isotropen Aquifer verwandt werden, wenn die Piezometerhöhe am oberen Rand linear ansteigt oder abfällt.

An Hanglagen ist das annähernd erfüllt, wenn sich der Grundwasserspiegel an die Topographie der Erdoberfläche angleicht. Zusätzlich geht dann allerdings die widersprüchliche Annahme ein, daß lediglich die Höhe der Wassersäule über der Oberkante des betrachteten Systems den in die Randbedingung eingehenden Potentialwert bestimmt.

Bezeichnet H die Tiefe (=Höhe) des Aquifers, L die Entfernung zwischen den Wasserscheiden, und h_{min} bzw. h_{max} die minimale bzw. maximale Höhe der Wassersäule, so gilt nach Tóth (1962):

$$h(x,z) = h_{min} +$$

$$+(h_{max} - h_{min})\pi \left[\frac{1}{2} - \frac{4}{\pi^2} \sum_{i=0}^{\infty} \frac{\cos[(2i+1)\pi x / L]\cosh[(2i+1)\pi(H-z)/L]}{(2i+1)^2 \cosh[(2i+1)\pi H / L]} \right] \quad (5.\,8)$$

Die Koordinate z ist dabei wieder in Richtung der Schwerkraft zu rechnen, wobei der Ursprung in die linke obere Ecke des Modellgebiets zu liegen kommt. Daß die Randbedingung am oberen Rand erfüllt ist, weist man leicht unter Zuhilfenahme der Formel

$$\frac{\pi}{2} - \frac{4}{\pi} \sum_{i=0}^{\infty} \frac{\cos[(2i+1)\pi x / L]}{(2i+1)^2} = x / L \quad (5.\,9)$$

nach. Es ergibt sich der geforderte lineare Verlauf zwischen Minimum und Maximum von h. Man beachte, daß die angegebene Lösung in den beiden oberen Eckpunkten nicht differenzierbar ist. Das liegt daran, daß sich die Randbedingungen für $\partial h / \partial x$, die an den beiden zusammentreffenden Rändern gefordert sind, an diesen Punkten widersprechen.

Die resultierende Strömung ist symmetrisch bzgl. der Mittelsenkrechten auf den horizontalen Rändern, wie im folgenden Bild zu erkennen ist:

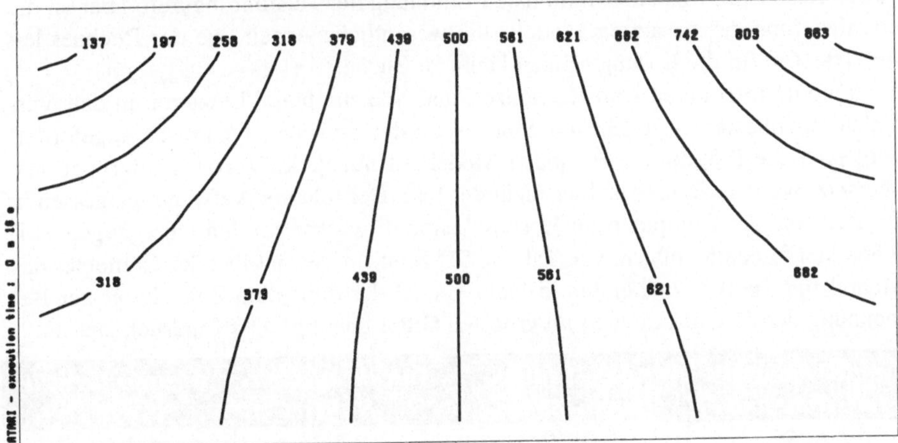

Abb. 5.5: Hydraulisches Potential im Tóth-Fallbeispiel (erzeugt mit FAST-A)

Ein Vergleich zwischen den Lösungen nach Gleichung (5.8) und den numerischen Lösungen mit dem FAST-Algorithmus ergibt die in Tabelle 5.3 zusammengestellten Ergebnisse. Im Testbeispiel wurden die Parameter mit H=1, L=1, h_{min}=1 und h_{max}=2 gewählt[2].

---

[2] Den Eingabedatensatz zum Beispiel finden Sie auf der beiliegenden CD unter dem Namen DEMO2.WTA

Die unendliche Reihe (5.8) konvergiert äußerst langsam. Es zeigte sich, daß bis zu 150 Summanden ausgewertet werden mußten, um genügend genaue Ergebnisse zu erzielen (im Grunde wird auch hier eine numerische Lösung erzeugt; im folgenden soll trotzdem der Term analytische Lösung verwandt werden, da das extrem genaue Abbruchkriterium die Übereinstimmung zwischen abgebrochener und unendlicher Reihe auf den vorderen Stellen garantiert).

Im numerischen Modell wurde das Gitter dreifach auf die halbe Blocklänge verfeinert. Ausgehend von einem 5×5 Raster mit 25 Blöcken gelangt man so bis zum 40×40 Raster mit 1600 Blöcken. Für jeden Modellierungslauf wurde die maximale Abweichung, die zwischen numerischer und analytischer Lösung bei Auswertung aller Gitterpunkte auftrat, berechnet. Sie ist in der zweiten Spalte der Tabelle angegeben. Es wird deutlich, daß sich die Genauigkeit der numerischen Modellierung bei Halbierung aller Gitterlängen verdoppelt: die Abweichung verringert sich fast exakt um den Faktor 2. Die numerische Lösung konvergiert mit Δx. Anders ausgedrückt: die Konvergenzordnung ist 1.

·Die Anzahl der Gitterpunkte vervierfacht sich beim Übergang zur nächst feineren Diskretisierung. Von daher könnte man vermuten, daß auch der Rechenaufwand sich zumindest um den Faktor 4 erhöht. Daß das nicht der Fall sein muß, zeigt der erste Blick in Spalte 3 der Tabelle. Die Verfeinerung vom 5×5 zum 10×10 Raster führt zu einer minimalen Erhöhung der Ausführungszeit. Hier ist die Initialisierung des gesamten Modells die wesentliche Arbeit, die der Rechner leistet. Die Zeit für die Lösung schlägt kaum zu Buche.

Computerressourcen sind Rechenzeit und Speicherplatz. Letzteren in den Vergleich einzubeziehen, macht nur Sinn, wenn der Speicher dynamisch angefordert wird oder die Programme für jeden Modellauf mit verkleinerten Feldgrößen neu übersetzt werden. Beides ist hier nicht der Fall. Der relative Aufwand, gemessen in der Zeit, die der Computer zur Lösung benötigt, wächst bei den Übergängen zwischen den feineren Gittern, wie Tabelle 5.3 zeigt. Insgesamt löst der Computer das Modell mit 1600 Unbekannten in nicht einmal der doppelten Zeit, die er zur Berechnung der 25 Unbekannten im gröbsten Gitter benötigt. Der Eindruck täuscht.

Blockanzahl (pro Koordinate)	Abweichung (num. - analyt.)	Ausführungszeit FAST	Ausführungszeit SWIFT
5	0.016941	0.34	2.75
10	0.008466	0.35	2.96
20	0.004286	0.40	3.84
40	0.002150	0.59	6.22

Tabelle 5.3: Modellierung des Tóth-Problems: Fehler und Ausführungszeit für unterschiedliche Diskretisierungen

Schätzt man mit 0.34 Zeiteinheiten den Initialierungsaufwand ab, so ergeben sich für die drei feineren Gitter die folgenden Werte für den Aufwand zur eigentlichen Problemlösung: 0.01 - 0.06 - 0.24. Hier findet man den Faktor 4 wieder, den man für den Übergang zur vierfachen Zahl von Unbekannten erwarten kann. In der

Tat läßt sich theoretisch ableiten, daß die zur Gleichungslösung benötigte Zeit bei einer Gitterverfeinerung mindestens um den Faktor zunehmen muß, der sich aus der Zunahme der Zahl der Unbekannten ergibt (mathematisch gesprochen: die optimalen Gleichungslöser sind von der Ordnung o(N)). Die dargestellten Ergebnisse zeigen, daß das CG-Verfahren, wie es in FAST implementiert ist, nicht weit von diesem Optimum entfernt liegt.

Zum Vergleich wurde die numerische Modellierung zusätzlich mit einem zweiten Programm, SWIFT (1982), durchgeführt. Es zeigte sich, daß die Ergebnisse der beiden Programme auf den ersten vier Stellen (wegen des Ausgabeformats ließ sich die fünfte Stelle nicht mehr prüfen) übereinstimmen. Die Rechenzeiten von SWIFT sind etwa um das 10fache länger als bei FAST. Sie sind insofern vergleichbar, als beide Programme im Quellcode vorlagen und mit demselben Compiler und denselben Optionen am selben Rechner (CRAY-1M) übersetzt wurden.

Es ist anzumerken, daß FAST in der an der CRAY-Anlage getesteten Version lediglich mit der Option zur Lösung von stationären Strömungsproblemen versehen ist. SWIFT demgegenüber ist in der vollständigen Version mit mehreren Optionen zu Strömungs- und Transportmodellierungen implementiert. Von daher ist verständlich, daß der Initialisierungsaufwand bei SWIFT erheblich größer sein muß. Offensichtlich ist allerdings auch der in den dokumentierten Rechnungen verwendete iterative Gleichungslöser (Überrelaxtionsverfahren) langsamer.

Auch für die Stromfunktion kann die analytische Lösung angegeben werden:

$$\Psi(x,z) = (h_{\max} - h_{\min}) \frac{K}{\pi} \left[\frac{4}{\pi} \sum_{i=0}^{\infty} \frac{\sin[(2i+1)\pi x / L]\sinh[(2i+1)\pi(H-z)/L]}{(2i+1)^2 \sinh[(2i+1)\pi H / L]} \right]$$

$$(5.\,10)$$

Die Randbedingung am oberen Rand ist vom Neumann-Typ und lautet:

$$\frac{\partial \Psi}{\partial z} = -v_x = K \frac{h_{\max} - h_{\min}}{L}$$

$$(5.\,11)$$

wobei die Durchlässigkeit des Aquifers mit K bezeichnet ist. Die Erfüllung der Randbedingung kann unter Zuhilfenahme der folgenden Formel nachgewiesen werden:

$$\frac{4}{\pi} \sum_{i=0}^{\infty} \frac{\sin[(2i+1)\pi x / L]}{(2i+1)} = 1$$

$$(5.\,12)$$

In gleicher Weise können analytische Lösungen angegeben werden, wenn am offenen Rand ein sinus-förmiger Verlauf des Potentials verlangt ist (Tóth 1963).

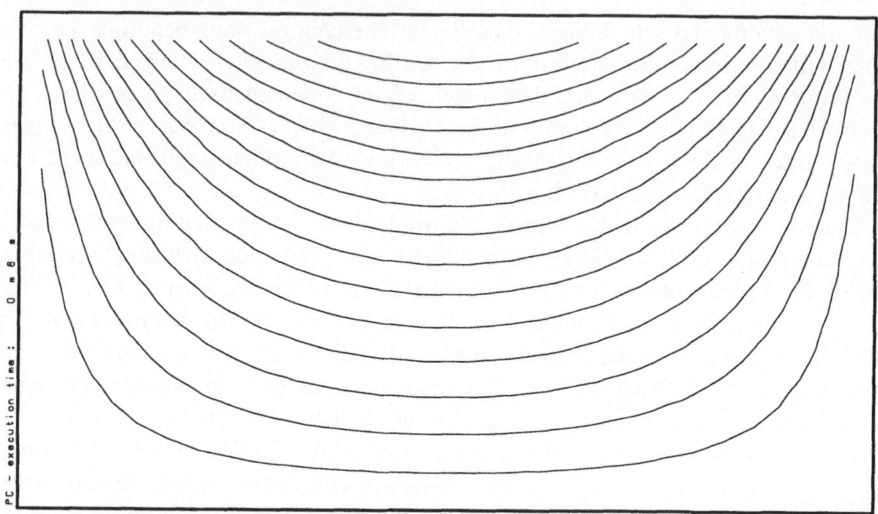

Abb. 5.6: Stromlinien im Tóth-Fallbeispiel (erzeugt mit FAST_C(2D) - vergleiche auch Abschnitt 8.3.4)

5.3 Konstanter Durchfluß in der Aerationszone

Dies ist ein Beispiel für die 1D-Modellierung der stationären Strömung in vertikaler Richtung im ungesättigten porösen Medium.

Im ungesättigten Bereich existieren analytische Lösungen nur unter eingeschränkten Bedingungen bzgl. der Retentionskurve und der Randbedingungen. Gilt die Philip-Gleichung (3.18) für die Abhängigkeit der relativen Durchlässigkeit von der Saugspannung, so läßt sich für den Fall einer konstanten vertikalen Strömung v eine Lösung für h_c angeben:

$$h_c(z) = -\frac{1}{\alpha}\ln\left[\frac{1}{K_f}\left(v + (K_f - v)\exp(-\alpha(L - z))\right)\right] \qquad (5.13)$$

v ist hierbei, wie z, in Richtung der Schwerkraft positiv zu rechnen. L bezeichnet die Länge des betrachteten Bereichs oberhalb des Grundwasserspiegels. Die Lösung (5.13), die sowohl für Exfiltration wie für Infiltration angewendet werden kann, geht auf Gardner (1958) zurück. Weitere Parameter sind in Tabelle (5.4) definiert. Besteht zwischen Durchlässigkeit und Sättigung eine Beziehung der Form $K \propto S^n$, so läßt sich auch eine Lösung für S ableiten:

Symbol	Parameter	Einheit
h_c	Saugspannung	m
z	Abstand von Modelloberkante	m
v	Ex-/Infiltration (Geschwindigkeit)	m/s
K_f	gesättigte Durchlässigkeit	m/s
L	Länge des Modellbereichs	m
L-z	Höhe über GW-spiegel	m
α	Sorptivität	1/m

Tabelle 5.4: Parameterbezeichnung zum Testbeispiel: stationäre Infiltration

Höhe über GW-spiegel [m]	Saugspannung [m]			
	num. (N=10)	num. (N=30)	num. (N=50)	analytisch
.95	.802651	.802803	.802798	.802813
.85	.724123	.724279	.724264	.724280
.75	.643957	.644118	.644093	.644110
.65	.562251	.562416	.562381	.562398
.55	.479097	.479267	.479223	.479238
.45	.394589	.394764	.394711	.394725
.35	.308817	.308997	.308936	.308948
.25	.221868	.222054	.221985	.221993
.15	.133826	.134017	.133940	.133946
.05	.044771	.044967	.044881	.044886

Tabelle 5.5: Vergleich analytischer und numerischer Lösungen für den Fall einer konstanten Infiltration in der ungesättigten Zone

$$S(z) = \left[\frac{1}{K_f} \left(v + (K_f - v)\exp(-\alpha(L - z)) \right) \right]^{1/n} \tag{5.14}$$

Mit den Werten $v=10^{-8}$, $\alpha=1.0$ und $K_f=10^{-7}$ ergibt sich für den Bereich von einem Meter oberhalb des Grundwasserspiegels die Saugspannung, wie sie in Tabelle 5.5 angegeben ist. Daneben sind Ergebnisse numerischer Simulationen mit FAST-A dargestellt. Diese ergaben sich aus 1D-Modellierungen des Bereichs der Länge L mit 10, 30 bzw. 50 Blöcken[3].

Die Genauigkeit für Gleichungslöser und innere Iteration war dabei mit $\varepsilon=10^{-7}$ eingestellt. In der folgenden Abbildung sind die Abweichungen zwischen numerisch und analytisch ermittelten Werten graphisch dargestellt.

---

[3] Den Eingabedatensatz zum Beispiel finden Sie auf der beiliegenden CD unter dem Namen DEMO3.WTA

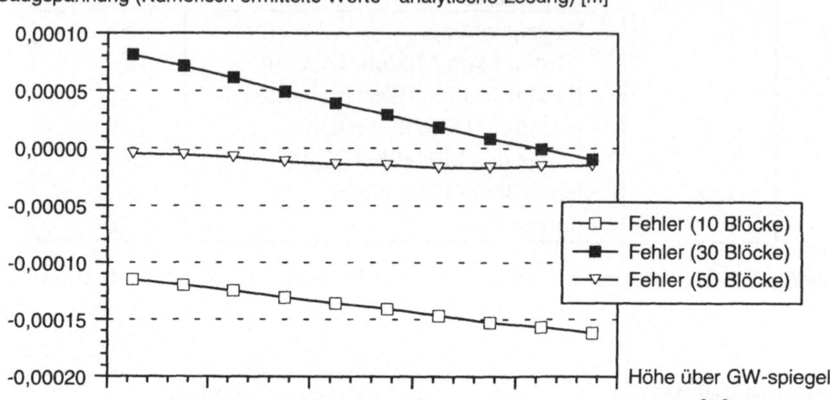

Abb. 5.7 : Fehler der num. Lösung in Abhängigkeit von der Gitterfeinheit

Abb. 5.7 zeigt, welche Abhängigkeit zwischen der Genauigkeit der numerischen Lösung und der Feinheit der Diskretisierung besteht. Da die Blockanzahl in den einzelnen Modelläufen mit 10, 30 bzw. 50 gewählt war, beträgt das Verhältnis der Blocklängen in den beiden feinen Gittern zur Blocklänge im groben Gitter 1/3 bzw. 1/5. Offenbar besteht keine feste Regel bezüglich der Tendenz des Fehlers: die gröbste und die feinste Diskretisierung unterschätzen sämtliche Werte der Saugspannung, wohingegen die Lösung von der mittleren Diskretisierung zumeist überschätzt wird. Die Fehlergröße wird offenbar bei feinerer Diskretisierung reduziert. Betrachtet man die maximalen Beträge der Abweichungen an den gemeinsamen Punkten für die drei Modellierungen, so zeigt sich, daß sich die Fehler beim Übergang von der feinen zur mittleren Diskretisierung halbieren; beim Übergang vom gröbsten zum feinsten Gitter gewinnt man dagegen eine Größenordnung.

Die Lösung (5.13) kann auf den Fall der vertikalen Durchströmung einer horizontal geschichteten Formation verallgemeinert werden (vgl. López-Baković/Nieber (1989)). Dann ergibt sich die Saugspannung in der Schicht, in der sich der Grundwasserspiegel befindet, nach Gleichung (5.13). Bezeichnet L_j den Abstand der Schichtoberkante vom Wasserspiegel (s. Abb. 5.8), so ergibt sich iterativ die folgende Lösung für die darüberliegenden Schichten:

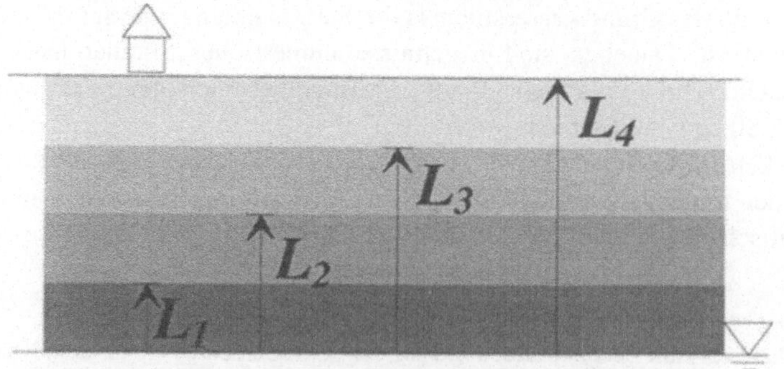

Abb. 5.8 : Schichtungen im ungesättigten Bereich

$$h_c(z) = -\frac{1}{\alpha_i}\ln\left[\frac{\alpha_i}{K_{fi}}\left(\frac{v}{\alpha_i} + c_i\exp(-\alpha_i(L-z))\right)\right] \qquad \text{mit} \qquad c_1 = \frac{K_{f1}-v}{\alpha_1}$$

$$\text{und}\quad c_i = \exp(\alpha_i L_{i-1})\left\{-\frac{v}{\alpha_i} + \frac{K_{fi}}{\alpha_i}\left[\frac{\alpha_{i-1}}{K_{fi-1}}\left(\frac{v}{\alpha_{i-1}} + c_{i-1}\exp(-\alpha_{i-1}L_{i-1})\right)\right]^{\alpha_i/\alpha_{i-1}}\right\}$$

für $\quad L_{i-1} < L-z \leq L_i$

$$(5.\,15)$$

Sie gilt für die Schicht i, die sich oberhalb der Schicht i-1 befindet. Für Durchlässigkeiten und Sorptivitäten sind schichtspezifische Werte einzusetzen. Ergebnisse für ein 2-Schicht-Modell mit $K_{f1}=5\cdot10^{-8}$, $K_{f2}=1\cdot10^{-7}$, $\alpha_1=1.0$ und $\alpha_2=1.5$ sind in Tabelle 5.6 dargestellt.

Höhe über GW-spiegel [m]	Saugspannung [m] (analytisch)	(numerisch)	Sättigung [-]	Durchlässigkeit [10^{-7} m/s]
.95	.723353	.723353	.6965	.3379
.85	.651429	.651418	.7220	.3764
.75	.576569	.576558	.7495	.4211
.65	.498993	.498983	.7792	.4731
.55	.418917	.418907	.8110	.5335
.45	.342346	.342336	.8922	.3550
.35	.269514	.269504	.9141	.3819
.25	.194749	.194740	.9371	.4115
.15	.118146	.118137	.9614	.4443
.05	.0339798	.039790	.9868	.4805

Tabelle 5.6: Stationäre Infiltration in einer geteilten Bodenschicht

Wassersättigungen lassen sich vermittels der Gleichung

$$S(z) = \left[\frac{\alpha_i}{K_{fi}}\left(-\frac{q}{\alpha_i} + c_i\exp(-\alpha_i(L-z))\right)\right]^{1/n_i}$$

$$(5.\,16)$$

errechnen, wobei gegebenenfalls schichtspezifische Werte für die Exponenten n_i zu berücksichtigen sind. Im vorliegenden Beispiel wurde allerdings ein homogener Exponent n von 3 angesetzt.

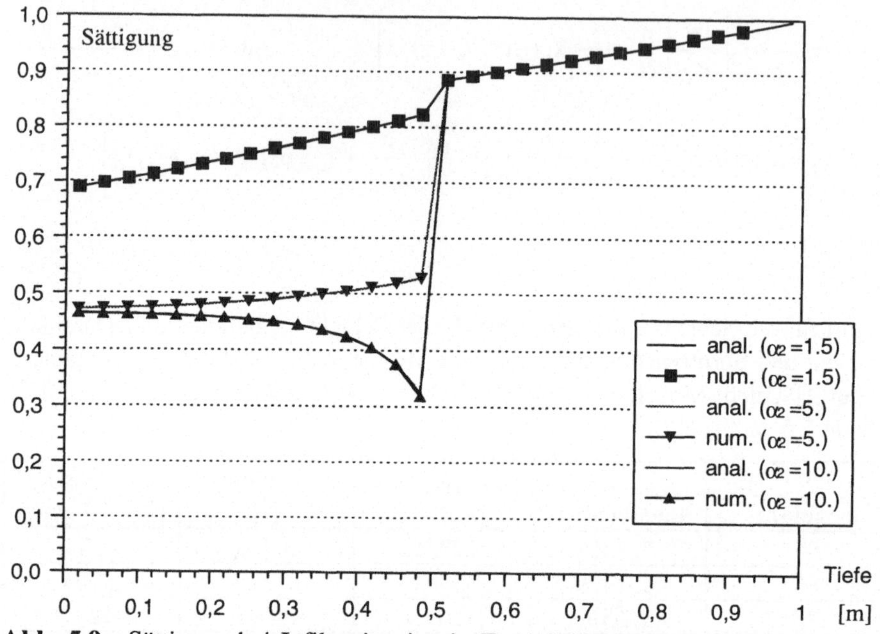

Abb. 5.9 : Sättigung bei Infiltration in ein Zwei-Schicht-System in Abhängigkeit von der Tiefe

Die numerische Lösung wurde mit FAST-A an einem Modell mit 50 Blöcken errechnet. Am unteren Rand war die Piezometerhöhe mit h=-1m voreingestellt. Am oberen Rand wurde die Infiltrationsgeschwindigkeit als Bedingung vorgegeben.

Während sich die Saugspannungskurve unmerklich über die Trennlinie zwischen den beiden Schichten fortsetzt, sind in den Verläufen von Sättigungen und Durchlässigkeiten deutlich Veränderungen zu erkennen. Die Sättigung nimmt monoton und innerhalb der einzelnen Schichten linear mit der Tiefe zu. Der in der Modellmitte liegende Sprung der Funktion ist in Abb. 5.9 gut erkennbar. Die Höhe des Sprungs hängt offenbar vom Unterschied des Sorptivität ab.

Zur Verdeutlichung des auftretenden Effekts wurde die Sorptivität in der oberen Schicht auf Werte von 5.0 und 10.0 erhöht. Im Extremfall führt das sogar zur Umkehrung des Monotonieverhaltens der Kurve in der oberen Modellhälfte: die größte Trockenheit liegt nicht mehr an der Einstromkante, sondern oberhalb der Trennlinie vor. Die Abbildung zeigt auch, daß die numerischen Ergebnisse, hier von FAST-A in einem 30 Block-Modell erzeugt, kaum von den analytischen Werten abweichen.

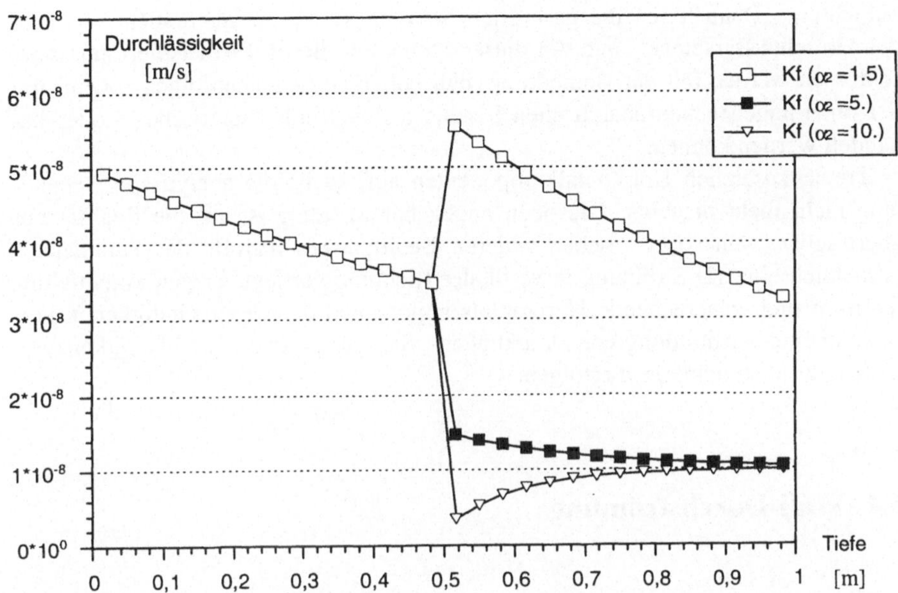

Abb. 5.10 : Hydraulische Durchlässigkeiten bei stationärer Infiltration im Zwei-Schicht-System

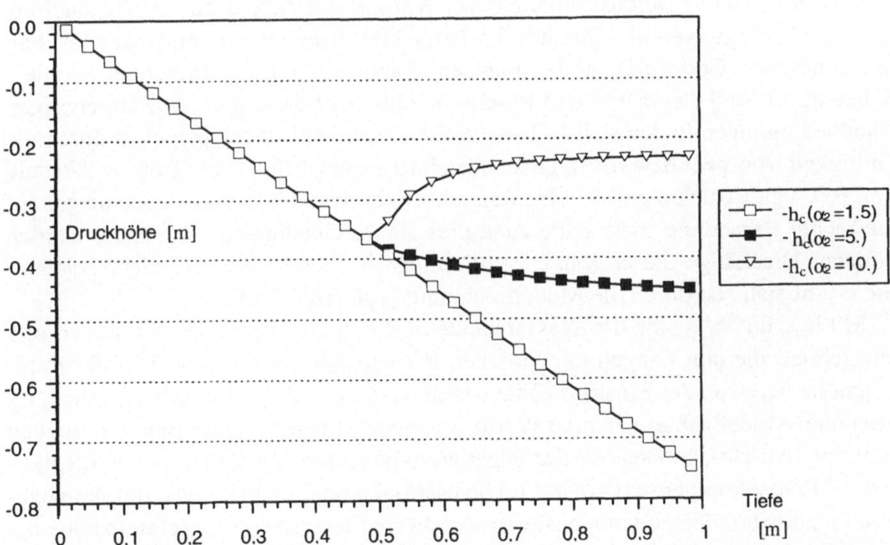

Abb. 5.11 : Druckhöhen bei stationärer Infiltration durch ein 2-Schicht-System

Abb. 5.10 zeigt die Durchlässigkeiten in demselben Zweischichtsystem, Abb. 5.11 die Druckhöhen. Es sei darauf hingewiesen, daß das diskutierte Verhalten typisch ist, wenn eine Schicht mit gröberer Textur oberhalb einer anderen mit feinerer Textur auftritt. Anders verlaufen die Kurven bei der umgekehrten

Schichtung. Dann treten die geringsten Sättigungswerte in der Schicht oberhalb des Grundwasserspiegels auf. An dieser Stelle soll dieses Testbeispiel nun abgeschlossen werden mit der Bemerkung, daß beliebige Schichtenfolgen sowohl mit der oben angegebenen analytischen Lösung als auch mit numerischen Codes behandelt werden können.

Treten zusätzlich Horizontalkomponenten auf, so ist die analytische Behandlung nicht mehr machbar. Die oben angegebene Lösung ist auf die Realität nur übertragbar, wenn dort - neben anderen Bedingungen betreffs der Parameter - tatsächlich eine 1D-Strömung in vertikaler Richtung vorliegt. Liegen Potentialdifferenzen und entsprechende Horizontalkomponenten der Geschwindigkeiten vor, so kann eine Nachbildung von Druckhöhen-, Sättigungs- oder Durchlässigkeitsverläufen nur noch numerisch erfolgen.

5.4 Wall-Durchströmung

Dies ist ein Beispiel für die Modellierung der stationären Strömung in einem 2D-Vertikalschnitt durch ein poröses Medium, das in Teilbereichen voll gesättigt und in Teilbereichen ungesättigt ist.

Das Beispiel der Durchströmung eines Walls wurde bereits bei der Behandlung der Randbedingungen in Abschnitt 3.5 betrachtet. Hier soll nun ein spezieller Fall mit einfacher Geometrie und einfachen Randbedingungen berechnet werden. Schematisch sind Geometrie und Ränder in Abb. 5.12 dargestellt. Die zugehörigen Randbedingungen finden sich in Tabelle 5.7. Der Grundwasserspiegel ist durch die Gültigkeit von p=0 bzw. h=-z gekennzeichnet (z bezeichnet die Tiefe = Abstand von BD, vgl. Beziehung (3.9)). Im Bereich EF, in dem der Grundwasserspiegel auf die rechte Berandung trifft, hätte auch dies als Randbedingung verwendet werden können. Die Länge dieser Kante ist allerdings in diesem Beispiel nicht bekannt. Sie ergibt sich erst durch die Modellrechnung (vgl. Abb. 5.13).

Mit h_{min} und h_{max} sind die Wasserstände in den beiden begrenzenden Reservoirs bezeichnet, die den Längen der Strecken FG und AB entsprechen. Um die Referenzhöhe $h_{ref}=0$ an der Einstromkante beizubehalten, muß die Piezometerhöhe h im gesamten Modellgebiet negative Werte annehmen. Im gesättigten Bereich ergeben sich positive Druckhöhen, da der negative h-Wert durch Addition der hydrostatischen Höhe z kompensiert wird. Im Ungesättigten reicht z nicht aus, um die negative Piezometerhöhe zu kompensieren. An dieser Stelle spielt die Referenzhöhe h_{ref} eine entscheidende Rolle, die als Verallgemeinerung von (3.9) die Umrechnung zwischen $p/\rho g$ und h determiniert:

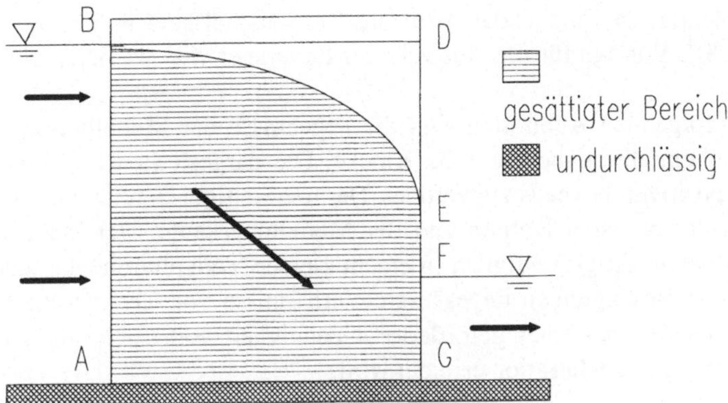

Abb. 5.12: Ränder bei der Behandlung der Wall-Durchströmung

Rand	Bedingung
AB	h=0
AG, BD	$\partial h/\partial z=0$
FG	$h=-(h_{max}-h_{min})$
DF	$\partial h/\partial x=0$

Tabelle 5.7: Randbedingung zur analytischen Lösung der Wall-Durchströmung

$$\frac{p}{\rho g} = z + h + h_{ref} \qquad (5.\,17)$$

Das Vorzeichen von p entscheidet darüber, ob man sich ober- oder unterhalb des Grundwasserspiegels befindet. Im Ungesättigten muß dann die Durchlässigkeit erneut ausgewertet werden, um einen weiteren Schritt in der inneren Iteration zu vollziehen. Deshalb ist die Angabe von h_{ref} an dieser Stelle entscheidend, denn durch die veränderliche Durchlässigkeit in der Aerationszone liegt eine Rückwirkung auf die Strömung vor. Befindet sich das Modellgebiet vollständig im Gesättigten, hat der Wert von h_{ref} nur einen Einfluß auf die Druckhöhen, beeinflußt aber die Strömung, die allein durch die Gradienten von Piezometerhöhen bestimmt ist, nicht.

Parameter	Wert
Länge u. Breite	.081, .161 [m]
Wasserstände	.161, .04 [m]
Durchlässigkeit	10^{-9} [m/s]
Sorptivität	1. [1/m]

Tabelle 5.8: Ausgewählte Eingabedaten zum Beispiel der Wall-Durchströmung
(hypothetisches Labormodell)

Die wichtigsten Eingabedaten für das Testbeispiel sind in Tabelle 5.8 zusammengestellt[4]. Vorlage für die Auswahl der Parameter war ein Beispiel von Muskat (1937).

In der folgenden Abbildung sind die Ergebnisse der Modellierung dargestellt. Das Gitter umfaßte dabei 16 x 32 Blöcke. Die dargestellten Druckisolinien sind sämtlich positiven Niveaus zugeordnet. Der ungesättigte Bereich befindet sich also zwischen der obersten Isolinie und der Modelloberkante. Der Wall ist also fast durchgehend gesättigt. Lediglich in einem kleinen Teilgebiet liegen unter den hier modellierten Bedingungen ungesättigte Verhältnisse vor. Das ist auch der Grund dafür, daß selbst bei einer geforderten Genauigkeit von $\varepsilon=10^{-5}$ die Lösung nach einer inneren Picard-Iteration erreicht wird.

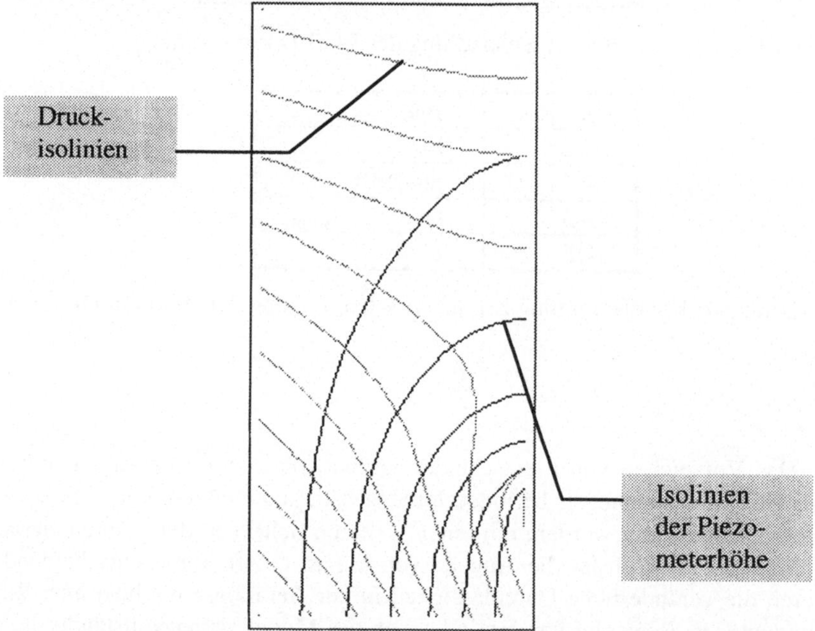

Abb. 5.13: Isolinien zu äquidistanten Niveaus für Druck und Piezometerhöhe bei der Wall-Durchströmung; Druckhöhenniveaus: .0050(.0166).1374, Piezometerhöhenniveaus -.0987(-.0163) -.0171

Analytische Lösungen, welche die Durchströmung eines porösen Erdwalls beschreiben, können mittels der Hodograph-Methode gewonnen werden. Es wird eine Transformation in den komplexen Zahlenraum durchgeführt (siehe z.B. Polubarinova-Kochina 1962, Muskat 1937), auf die hier im Einzelnen nicht eingegangen werden soll. Dabei spielen die Randbedingungen eine entscheidende Rolle. Insbesondere wird bei der Verwendung der Hodograph-Methode davon ausgegan-

---

[4] Den Eingabedatensatz zum Beispiel finden Sie auf der beiliegenden CD unter dem Namen DEMO4.WTA.

gen, daß über den Grundwasserspiegel keine Strömung stattfindet. Diese unrealistische Annahme geht in die hier vorgestellte Modellierung nicht ein. Aufgrund dieser unterschiedlichen Randbedingungen stimmen Einzelheiten der numerischen und der analytischen Lösung nicht überein (vgl. auch Holzbecher 1993).

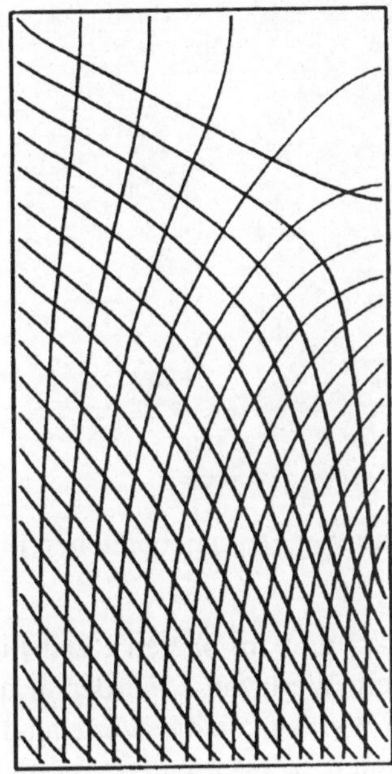

Abb. 5.14 : FAST-A Modellergebnis bei einer Variation der Randbedingung:

Vorgeschrieben war die Position des Punkts, an dem der Grundwasserspiegel die Ausstromkante trifft (E in Abb. 5.12)

5.5 Oberflächennahe Deponie

Dies ist ein Beispiel für die Modellierung der stationären Strömung in einem 2D-Vertikalschnitt durch wassergesättigte poröse Medien.

Dieses Beispiel wurde innerhalb des internationalen HYDROCOIN-Projekts definiert (HYDROCOIN 1988, level 1, case 7). Es handelt sich dabei um einen hypothetischen Fall, bei dem Abfälle in parallel verlaufende Streifen etwa 10 Meter unterhalb der Erdoberfläche verbracht werden. Das Lager befindet sich vollständig im gesättigten Bereich. Betreffs der Abfallform wurden zwei Varianten behandelt: einmal handelt sich um lose, das andere Mal um verfestigte Abfälle.

Der ursprüngliche Untergrund besteht aus einer horizontalen Schichtung von Material unterschiedlicher Durchlässigkeit. In unmittelbarer Oberflächennähe ist der Boden durchlässig ($K_f=10^{-6}$, 10^{-7}). Darunter findet man einige relativ undurchlässige Formationen ($K_f=10^{-8}$, 10^{-9}), die durch einen zweiten Aquifer unterlegt sind ($K_f=10^{-6}$). Die Deponie ist im mittleren Bereich geringerer Durchlässigkeit angelegt. Ein Schnitt durch das Modellgebiet, der die Bereiche unterschiedlicher hydraulischer Eigenschaften zeigt, wird in Abb. 5.15 dargestellt.

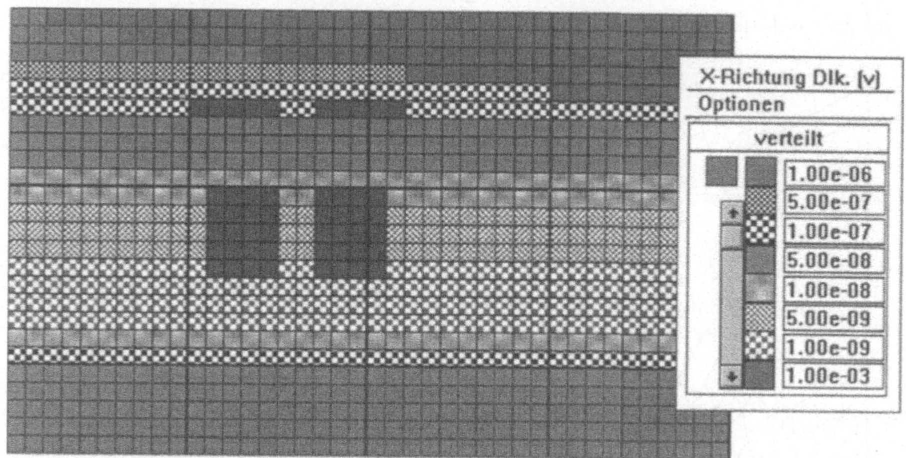

Abb. 5.15 : Vertikalschnitt durch das Modellgebiet mit vier Deponiebereichen in der Mitte

Als Randbedingungen sind am Einstromrand (links) und am oberen Rand Piezometerhöhen vorgeschrieben. Am linken Rand ist ein Wert von 25m, der in die Tiefe konstant beibehalten wird, gesetzt. Von diesem Wert sinken die Werte an der Oberkante bis auf h=20m kontinuierlich ab. Das Modell ist nach unten von einer zweiten, sehr undurchlässigen Schicht begrenzt. Der Ausstrom an der zweiten vertikalen Kante (rechts) findet in eine Grube statt. Dort ist also ein konstanter Druck vorgeschrieben. Dieser ist gleich dem Luftdruck und kann gegenüber den hydraulischen Drücken im Grundwasser vernachlässigt werden.

Das Modell von 200 m Länge und veränderlicher Tiefe (20-25m) ist in einem 2D-Vertikalschnitt im gesättigten Bereich angesiedelt[1]. Bis auf die untere Kante sind überall Dirichlet-Randbedingungen spezifiziert. An der Ausstromkante sinken die Piezometerhöhen linear mit der Tiefe ab, bis sie an der Modellunterkante den Wert 0.0 m erreichen. So kompensieren sich Piezometerhöhe h und Tiefe -z zum verlangten konstanten Druck. Der ungesättigte Bereich, der sich von links nach rechts bis zu einer Höhe von 5m im Modellgebiet erweitert, wurde hier durch einen Durchlässigkeitswert repräsentiert, der um einige Zehnerpotenzen über dem der permeabelsten Schicht des gesättigten Bereichs liegt. Damit sollten nicht reale Vorgänge im Ungesättigten nachgebildet werden; es ging nur darum, die an der Modelloberkante angegebenen Piezometerhöhen auf den unmittelbar darunterliegenden Punkt am Grundwasserspiegel zu übertragen. Die aktuelle Version von

---

[1] Den Eingabedatensatz zum Beispiel (mit 1000 Blöcken) finden Sie auf der beiliegenden CD unter dem Namen DEMO5.WTA.

FAST erlaubt das Entfernen von Blöcken, durch die dieses Problem natürlich eleganter gelöst werden kann.

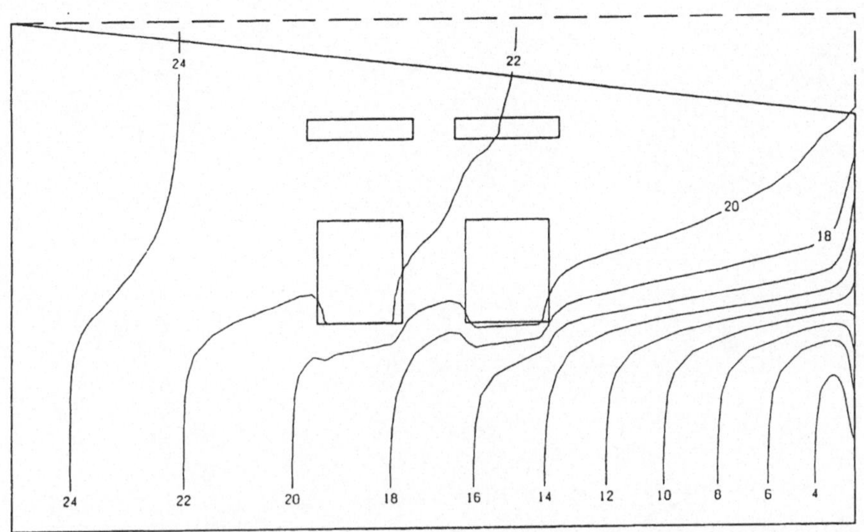

Abb. 5.16: Isolinien der Piezometerhöhe (Beschriftung in [m]) für Testbeispiel HYDROCOIN level 1 case 7

Das Ergebnis einer Simulation mit 1566 Blöcken ist in Abb. 5.16 dargestellt und zwar für die Variante des losen Abfalltyps. Es zeigt sich, daß die Randbedingung an der Modelloberkante unmittelbar bis zum Grundwasserspiegel durchschlägt. Ansonsten ist auffällig, daß die stärksten Gradienten in der Nähe der Ausstromkante auftreten. Die dortige Randbedingung des konstanten Drucks ist in der Tat die Gegebenheit, die bei der Modellierung die meisten Schwierigkeiten bereitet. Das Modellgitter wurde auf der rechten Seite mehrfach verfeinert, um schließlich zu einem Ergebnis zu kommen, das bei weiterer Verfeinerung nur noch marginale Änderungen aufweist.

Die dargestellten mit dem Programm FAST-A erzielten Ergebnisse befinden sich in Übereinstimmung mit denjenigen der überwiegenden Anzahl von Teilnehmern des HYDROCOIN-Workshops (HYDROCOIN 1988).

6   Ausbreitungsprozesse

Wie sich ein Inhaltsstoff im Wasser verteilt, wird durch die Natur und Stärke der einzelnen Ausbreitungsprozesse bestimmt. Vorgänge, die möglicherweise relevant sein können, werden in diesem Abschnitt qualitativ behandelt. Die Verteilung des Stoffs wird durch das Konzentrationsfeld im Modellgebiet beschrieben. Bei der Ausbreitung von Wärme, ist es zumeist das Temperaturfeld, das zur Darstellung der Wärmeverteilung verwandt wird. Im folgenden werden diese grundlegenden Variablen und die wichtigsten Prozesse kurz erläutert.

6.1 Konzentration

Mit c wird das Massenverhältnis der Konzentration eines Wasserinhaltsstoffs im Verhältnis zur Gesamtmenge des Wassers bezeichnet. Im Volumen der Größe V ist dann die folgende Stoffmenge enthalten:

$$M_f = \varphi S \rho c V \qquad (6.\,1)$$

Dabei bezeichnet ρ die Fluidmasse, φ die Porosität und S die Sättigung. Bezeichnet man mit C die auf das Fluidvolumen bezogene Masse des Stoffs, so kann man alternativ dazu auch schreiben:

$$M_f = \varphi S C V \qquad (6.\,2)$$

Nur in den wenigsten Fällen ist die Gesamtmasse des Inhaltsstoffs allein mit der wäßrigen Phase verbunden. In der Regel lagern sich Partikel an der Oberfläche des Festgesteins ab. Näheres zu dieser Wechselwirkung ist in Abschnitt 6.5 notiert. Die Konzentration c_s des am Festgestein angelagerten Stoffs wird auf die Masse des Festgesteins ρ_s bezogen. Also ergibt sich für die Gesamtmasse des adsorbierten Materials:

$$M_s = (1 - \varphi)\rho_s c_s V \qquad (6.\,3)$$

Ist im ungesättigten Fall nur ein Teil der Gesteinsoberfläche benetzt, so ist nur dieser für die Austauschprozesse zwischen flüssiger und fester Phase relevant. Es ergibt sich dann als Masse des sorbierten Materials die in Kontakt mit dem Fluid steht die Gleichung:

$$M_{sf} = (1-\varphi)f(S)\rho_s c_s V \tag{6.4}$$

Die Funktion f(S) ist durch die Größe der benetzten Oberfläche festgelegt. Da in Kontakt mit Luft Wasser stets die benetzende Phase im Porenraum ist, gilt in der Aerationszone sicherlich stets die Relation f(S)>S. Vergleiche dazu die schematische 2D-Darstellung in Abb. 6.1: die Länge der Linie F_g, an der Gas und Festgestein in Kontakt stehen, ist kleiner als die Strecke, die sich ergibt, wenn die Fläche des gasgefüllten Porenraums durch die Porenbreite geteilt wird (in 3D entspricht dem die Strecke, die sich bei Division des Volumen durch den Porenquerschnitt ergibt). Wird die Sättigung kleiner, verringert sich auch die benetzte Fläche und damit f(S). An dieser Fläche, an der flüssige und feste Phase sich berühren, findet auch der Komponentenaustausch zwischen diesen beiden Phasen statt. Es laufen dort Sorptionsprozesse statt, d.h. es lagern sich Teile am Festgestein an (*adsorption*), bzw. lösen sich vom Festgestein ab (*desorption*). So kann in der fast gesättigten Situation durchaus f≡1 angenommen werden. Für viele Anwendungsfälle ist aber die einfache Annahme f(S)=S durchaus zu rechtfertigen.

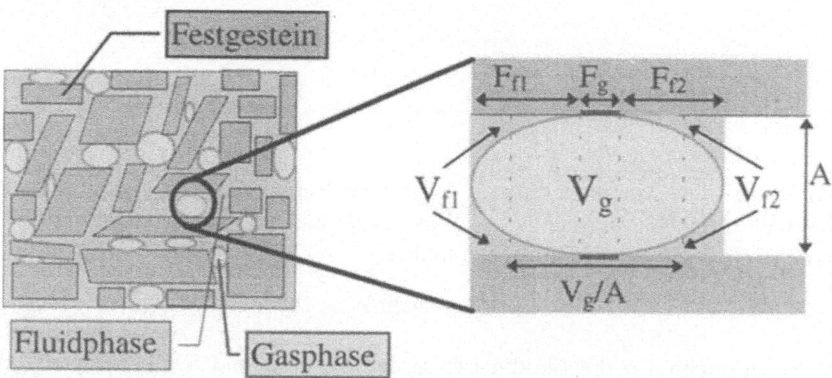

Abb. 6.1 : Benetzte Fläche und Sättigung - idealisierte Darstellung in 2D
(V_{f1}, V_{f2} Volumen des flüssigkeitsgefüllten Porenraums, V_g Volumen des gasgefüllten Porenraums,
F_{f1}, F_{f2} von Flüssigkeit benetzte Fläche, F_g Kontaktfläche zwischen Gas und Festgestein, A Porenquerschnitt)

Die Gesamtmasse des Stoffs, der an Ausbreitungsprozessen in einer Fluid-Phase beteiligt ist, ergibt sich durch Summation der Gleichungen (6.1) und (6.3):

$$M = (\varphi S \rho c + (1-\varphi)f(S)\rho_s c_s)V \tag{6.5}$$

oder:

$$M = \varphi S \rho c \left(1 + \frac{(1-\varphi)}{\varphi} \frac{f(S)}{S} \frac{\rho_s}{\rho} \frac{c_s}{c}\right)V \qquad (6.6)$$

Häufig wird die Annahme verwandt, daß zwischen flüssiger und fester Phase ein Gleichgewicht besteht, das in der folgenden Form beschrieben werden kann:

$$c_s = K_d C \qquad (6.7)$$

Die Annahme ist dann gerechtfertigt, wenn die Austauschprozesse zwischen fester und flüssiger Phase in Relation zu den eigentlichen Transportprozessen schnell ablaufen. Die charakteristische Zeit, in der sich die Gleichgewichtsbeziehung (6.7) einstellt, ist dann klein im Vergleich zu der Zeit, in der ein Partikel im Strömungsfeld eine nennenswerte Strecke zurücklegt. Da die Geschwindigkeiten im Erduntergrund zumeist sehr klein sind, ist diese Bedingung dort für die überwiegende Anzahl von Sorptionsprozessen erfüllt.

Im folgenden Kapitel werden weitere Gleichgewichtsbeziehungen genannt; hier soll zunächst nur der Fall der linearen Isotherme betrachtet werden. Der K_d-Wert oder Verteilungskoeffizient beschreibt das Massenverhältnis von adsorbiertem und nicht-adsorbiertem Material.

Für die Gesamtmasse ergibt sich aus Gleichung (6.6):

$$M = \varphi S \rho c \left(1 + \frac{(1-\varphi)}{\varphi} \frac{f(S)}{S} \rho_s K_d\right)V \qquad (6.8)$$

Der Term, der in Gleichung (6.10) in der Klammer auftaucht wird auch als Retardationsfaktor R bezeichnet. Die Bezeichnung wird im folgenden Kapitel anhand der Differentialgleichung einsichtig. Man kann also auch schreiben:

$$M = \varphi S C R V \qquad (6.9)$$

6.2 Advektion

Advektion bezeichnet den Transport mit einer Strömung, wenn dieser im engsten Sinne aufgefaßt wird. In einem gleichförmigen Geschwindigkeitsfeld verändert sich eine mitbewegte 'Wolke' eines Inhaltsstoffs nicht: sie wird lediglich in ihrer Position verschoben, und zwar in Strömungsrichtung mit Strömungsgeschwindigkeit. Ändern sich die Geschwindigkeiten, so wird die 'Wolke' gestaucht oder gedehnt; Maximal bzw. Minimalwerte ändern sich nicht, wenn ein rein advektiver Vorgang im konstanten 1D-Strömungsfeld vorliegt.

In natürlichen Systemen tritt dieser Zustand der reinen Advektion nicht auf. Er kann angenähert werden, wenn die Advektion der dominante Prozeß ist, d.h. wenn die dimensionslose Peclet-Zahl sehr viel größer als 1 ist.

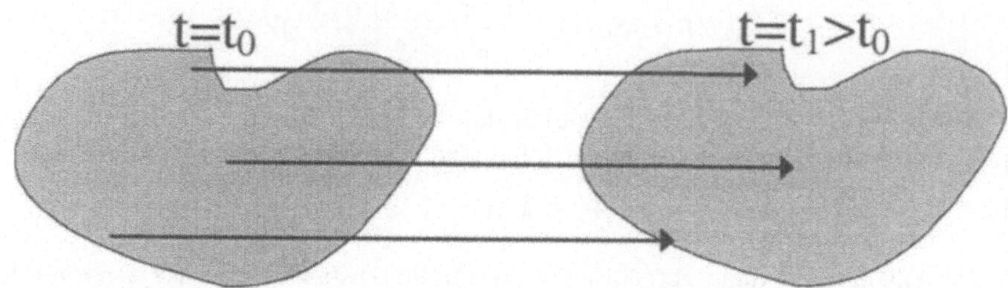

Abb. 6.2 : Schematische Darstellung der Advektion im konstanten 1D-
Strömungsfeld (Konzentrationsverteilungen zu den Zeiten t_0 und t_1)

Advektion und Konvektion werden in der Literatur oft synonym verwendet,
obwohl sie nicht dasselbe sind. Unter Konvektion soll im folgenden stets ein System verstanden werden, bei dem Strömung und Ausbreitung miteinander in
Wechselwirkung stehen. Dichte- und Viskositätsgradienten sind Ursache von
Konvektionsströmungen. Die Advektion spielt auch bei der Konvektion eine Rolle, während Advektion als originärer Prozeß unabhängig von Konvektion ist.

6.3 Diffusion

Diffusion ist ein Prozeß, der durch Unterschiede in der Verteilung einer Variablen hervorgerufen wird. Liegt beispielsweise an einer Stelle eine höhere Konzentration als an einer anderen vor, so entsteht ein diffusiver Fluß, der in der Tendenz
zur Nivellierung des Unterschieds führt. Ob der Endpunkt des gleichen Niveaus
tatsächlich erreicht wird, hängt natürlich von Randbedingungen und auch davon
ab, ob Quellen und Senken vorhanden sind. Ob durch ein Ein- bzw. Austräge von
Material oder als eine vorübergehende Erscheinung in einem instationären Prozeß
(oder beides) - in jedem Fall zeigen sich Übergangsbereiche zwischen höheren und
niedrigeren Werten. Diese inhomogenen Verteilungen nachzubilden oder voraus-
zusagen, ist der Beweggrund für die Erstellung von Modellen. Der wichtigere
dieser Prozesse der beschriebenen Art im porösen Medium ist die Dispersion, die
im folgenden Unterabschnitt behandelt wird.

Die Diffusion beschreibt einen Fluß der Variablen, in deren räumlicher Verteilung ein Gradient vorliegt. So existiert auch eine Wärmediffusion, die durch Unterschiede in der Wärmeverteilung - gemessen zumeist als Temperatur - hervorgerufen wird.

Die Stärke des Austauschprozesses hängt vom Stoff bzw. der Temperatur ab
und vom Fluid, in dem sich der Vorgang abspielt. Diffusion kann auch in freien
Fluiden beobachtet werden und hat nichts mit dem porösen Medium zu tun.

Bei der Wärmediffusion betrachtet man die mittlere Ausbreitung im Gesamtsystem, d.h. also einen Mittelwert über sämtliche beteiligten Phasen. Das ist dadurch

gerechtfertigt, daß Wärmeausbreitung als Phänomen in allen Phasen gleichartig auftritt. Bei der Diffusion von gelösten Stoffen ist das anders: hier findet der Austauschprozeß nicht in der festen Phase statt. Die Stoffpartikel dringen nicht in das Festgestein ein, sondern lagern sich höchstens an den Oberflächen ab. Dieser Unterschied führt zu leichten Variationen in der analytischen Beschreibung der Ausbreitung in beiden Fällen (siehe Abschnitt 7).

Im idealtypischen Fall der reinen Diffusion, im homogenen porösen Medium ohne Strömungen breitet sich Konzentration oder Wärme in allen Raumrichtungen mit gleicher Stärke aus. Um eine Quelle herum ergeben sich konzentrische Kreise (2D-Fall) bzw. Kugel (3D-Fall). Im Falle eines echten Strömungsfeldes findet der Austauschprozeß senkrecht und parallel zur Flußrichtung gleichermaßen statt. Fallstudien zeigen, daß dies in der Realität in der Regel nicht der Fall ist - die Erklärung dafür ist die Dispersion.

6.4 Dispersion

Wie die Diffusion ist auch die Dispersion ein Vorgang, der in der Tendenz Konzentrationsunterschiede nivelliert. Im Gegensatz zur Diffusion wird die Dispersion durch Geschwindigkeitsvariationen im porösen Medium hervorgerufen. Man spricht von drei Arten der mechanischen Dispersion (siehe z.B. Fried 1975). Diese sind in den Abb. 6.3, Abb. 6.4 und Abb. 6.5 dargestellt.

Geschwindigkeitsunterschiede sind im porösen Medium in unterschiedlichen Größenordnungen zu beobachten. Im Mikrobereich - die reale Größenordnung kann von Fall zu Fall unterschiedlich sein - ist innerhalb einer Pore bereits ein Geschwindigkeitsprofil gegeben: hohe Geschwindigkeiten findet man in der Mitte, die zu den berandenden Oberflächen des porösen Mediums bis auf Null herabsinken (Abb. 6.3).

Mit einer anderen - gröberen -Skala mißt man, wenn man die unterschiedliche Ausbreitung betrachtet, die sich aufgrund unterschiedlicher Beträge und unterschiedlicher Richtungen der Geschwindigkeit in den unterschiedlichen Porenkanälen ergibt (siehe Abb. 6.4 und 6.5). Diese drei Effekte erklären die Dispersion in begrenzten kleinräumigen Bereichen, beispielsweise in der Nähe eines Kontaminationsherds.

Modelle werden auch für großräumigere - regionale - Bereiche erstellt, in denen man so weit vom Maßstab der einzelnen Pore entfernt ist, daß die bisher gegebenen Erklärungsmodelle nicht greifen. Es kommt dann die Struktur der Inhomogenitäten des porösen Mediums zum Tragen: in Teilbereichen liegen hohe, in anderen niedrige Durchlässigkeiten vor. Daraus resultieren wiederum Geschwindigkeitsunterschiede, die Dispersionseffekte hervorrufen (Abb. 6.6). Man spricht in diesem Fall auch von *Makrodispersion*.

In einer anderen Größenordnung können die Geschwindigkeitsvariationen eine andere Struktur besitzen. Folglich ändert sich die Größenordnung der Dispersion. Genau diese Skalenabhängigkeit ist beobachtet, je größer der betrachtete Modellmaßstab, desto ausgebreiteter ist die Übergangszone. Eine genauere quantitative Beschreibung findet sich in Kapitel 7.

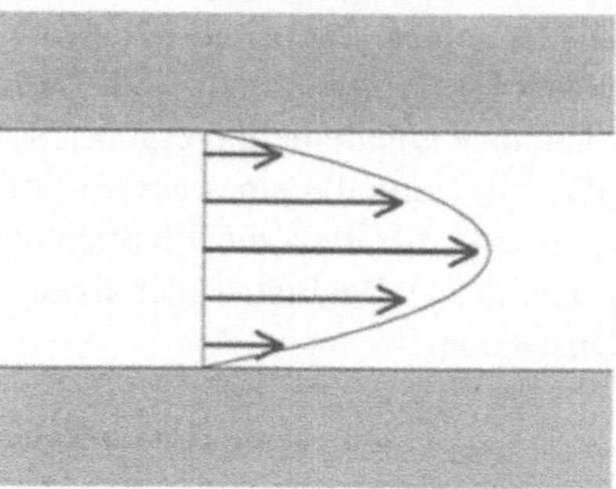

Abb. 6.3: Dispersion, hervorgerufen durch unterschiedliche Geschwindigkeiten in einzelnen Porenkanälen

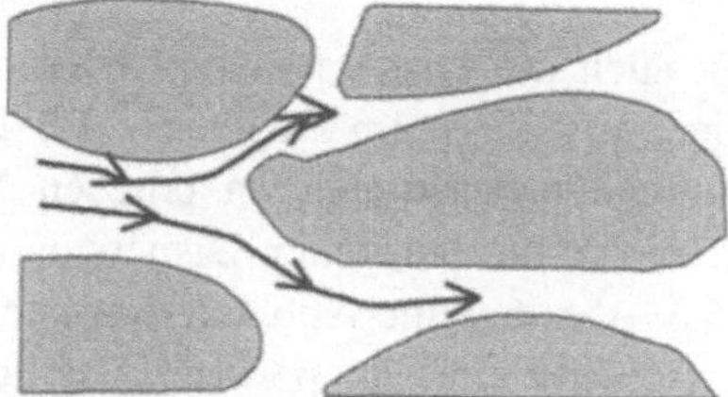

Abb. 6.4: Dispersion, hervorgerufen durch unterschiedliche Geschwindigkeiten in verschiedenen Porenkanälen

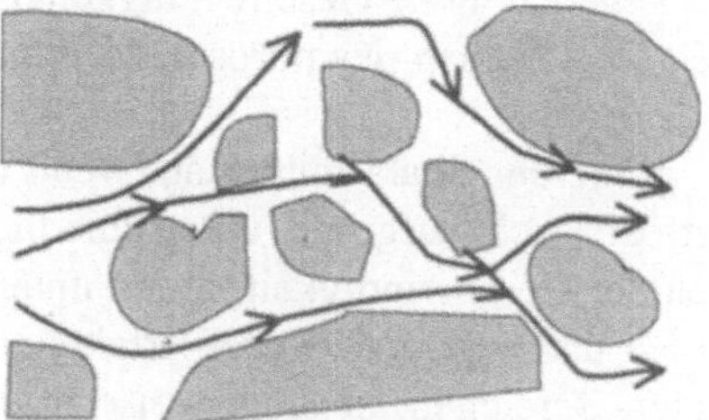

Abb. 6.5: Dispersion, hervorgerufen durch unterschiedliche Geschwindigkeitsrichtungen in den Porenkanälen

Dispersion ist in jedem Fall von der Geschwindigkeit abhängig. Wie im folgenden Kapitel genauer ausgeführt wird, ist es nicht nur der Betrag der Geschwindigkeit, sondern insbesondere die Richtung, die die Intensität der Austauschprozesse bestimmt. In der Hauptrichtung der Geschwindigkeit ist sie am stärksten: und zwar sogar überproportional in Relation zum Austausch in Querrichtung. So zeigen sich im stationären Strömungsfeld die typischen zigarrenförmigen Schadstoffwolken (s. Abb. 6.7).

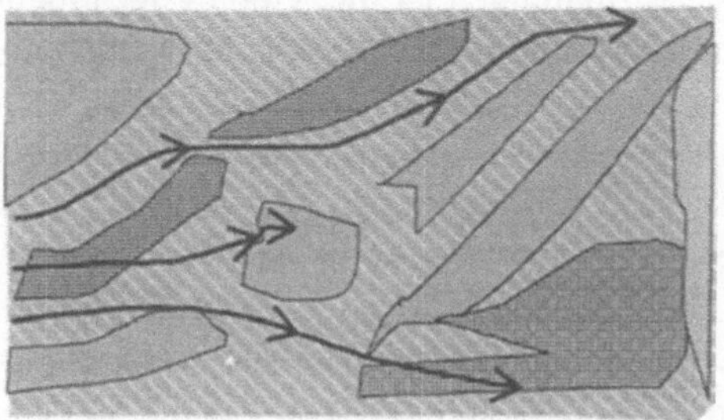

Abb. 6.6: Dispersion, hervorgerufen durch die inhomogene Struktur der geologischen Formation(en)

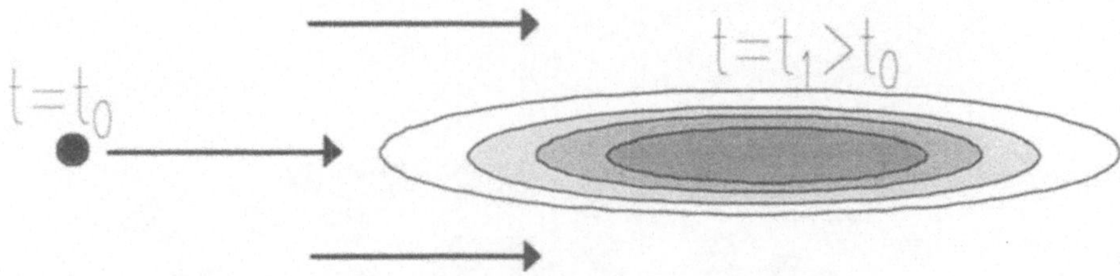

Abb. 6.7 : Schematische Darstellung der Dispersion in 2D
(Konzentrationsverteilungen zu den Zeiten t_0 und t_1)

Werden hohe Salzkonzentrationen betrachtet, so kann sich zudem eine Abhängigkeit der Dispersion von C ergeben. Experimentelle Untersuchungen an aufsteigenden Salzfronten weisen auf eine effektive Reduzierung der Dispersion hin (Moser 1995).

6.5 Sorption

Sorptionsprozesse für Inhaltsstoffe beschreiben die Wechselwirkung zwischen fester und flüssiger Phase. Partikel aus dem Fluid lagern sich an den Oberflächen des Festgesteins an (Adsorption). Gleichzeitig damit findet in der Regel der umgekehrte Prozeß der Abstoßung statt: die Desorption. Geschehen beide Vorgänge nicht in gleichem Ausmaß, ergibt sich eine Wanderung von einer in die andere Richtung. Als zusammenfassenden Begriff spricht man von 'Sorption'

Sorption ist ein Sammelbegriff für Prozesse unterschiedlichster Art. Es sind im wesentlichen Vorgänge physikalischer, chemischer oder elektrostatischer Natur. Die anziehenden oder abstoßenden Kräfte sind dabei mit Dipolmomenten, mit molekularen Bindungen bzw. mit elektrischen Ladungen verbunden (einen Überblick findet man beispielsweise bei Weber/McGinley/Katz 1991).

Bei den chemischen Bindungen ist die Vielfalt der möglichen Wechselwirkungen so groß, daß sie hier nicht einmal angedeutet werden können. So können sich z.B. Inhaltsstoffe an hydrophoben Molekülen anlagern, die selbst am Festgestein sorbieren. An den Oberflächen können sich dann chemische Komplexe bilden. Insbesondere in der Nähe der Erdoberfläche, wo große Teile des Porenraums mit Huminstoffen zugesetzt sind, spielen komplexe chemische Wechselwirkungen eine bedeutende Rolle. Durch Kolloide kann das Retardationsverhalten von Inhaltsstoffen völlig verändert werden, wenn man es mit einer Situation vergleicht, in der keine Kolloide vorliegen. Abb. 6.8 gibt also nur die einfachste Modellvorstellung zu Sorptionsvorgängen wieder.

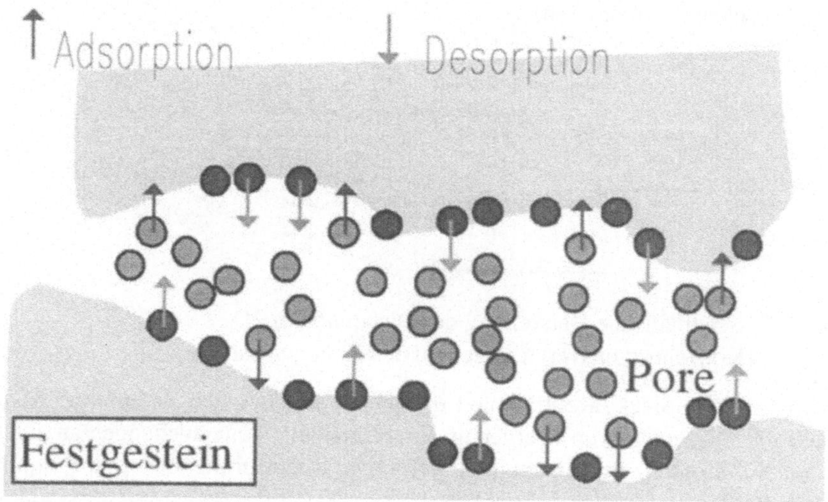

Abb. 6.8 : Schematische Darstellung von Ad- und Desorption auf Porenebene

Die Strömung im Grundwasser ist in den meisten Fällen so klein, daß sich überall das Gleichgewicht zwischen Ad- und Desorption einstellt. Man spricht dann von schneller oder Gleichgewichts-Sorption. In seltenen Fällen, z.B. bei hohen Geschwindigkeiten in unmittelbarer Brunnennähe, oder bei speziellen Austauschprozessen, ist das nicht erfüllt. Dann liegt langsame oder Nicht-Gleichgewichts-Sorption vor.

Im Falle der schnellen Sorption erhält man beim Fortschreiten einer Konzentrationsfront also stets höhere Konzentrationen in der Fluidphase. Um das Gleichgewicht zu jedem Zeitpunkt herzustellen, muß also eine Nettowanderung in Richtung der Adsorption stattfinden: auch in der festen Phase nehmen die Konzentrationen beständig zu. Unter umgekehrten Bedingungen - nämlich wenn die Konzentration im Fluid abnimmt, dreht sich die Wanderungsbewegung um: es werden mehr Partikel von den Oberflächen abgestoßen als angezogen.

6.6 Abbau, Zerfall, Degradation

Hier sind drei Prozesse zusammengefaßt, die sich zwar mathematisch in gleicher oder zumindest ähnlicher Weise fassen lassen, die aber von der Natur der beteiligten Prozesse sehr unterschiedlich sind. In allen drei Fällen reduziert sich die Masse eines Inhaltsstoffs, wenn sie nicht durch einen anderen Prozeß aufgefüllt wird. Man kann unterteilen in:

- chemischen Abbau
- biologische Degradation
- biochemischen Abbau
- radioaktiven Zerfall

Die ersten drei Kategorien sind vor allem bei der Betrachtung von organischen Stoffen von Bedeutung. Es ist dann entscheidend, ob der Massenverlust durch biologische, chemische oder Prozesse beiden Typus hervorgerufen wird. In vielen Fällen hängen allerdings chemische und biologische Vorgänge miteinander zusammen. Zusätzlich besteht eine oft eine starke Abhängigkeit von einzelnen weiteren Komponenten des umgebenden geochemischen Milieus. Man unterscheidet z.B. zwischen aerober und anaerober Degradation, jenachdem, ob die Reaktion nur in Gegenwart von Sauerstoff stattfindet oder nicht (Srivanasan/Mercer 1988).

Im aeroben Milieu wird der Sauerstoff von den Bakterien, die den Abbau einer organischen Substanz bewirken, konsumiert. Zu einer Beschreibung der Gesamtheit der Prozesse müssen dann evtl. Sauerstoffgehalt, Bakterienpopulation und Schadstoffgehalt als die drei bestimmende Variablen betrachtet werden (Sykes/Soyupak/ Farquhar 1982). Im anaeroben Fall genügt neben der Konzentration des betreffenden Stoffs die Berücksichtigung der Bakterienpopulation (Bouwer/McCarty 1984).

Radionuklide sind dem radioaktiven Zerfall unterworfen, der durch die charakteristische Halbwertszeit beschrieben wird. Bei anorganischen Stoffen gilt: einfache Ionen sind stabil und unterliegen keinem Abbau- bzw. Zerfallsgesetz. Man spricht auch von Persistenz. Nur manche zusammengesetzte Ionen können sich unter bestimmten Bedingungen abbauen, wie z.B. Nitrat, Nitrit oder Ammonium (Kerndorff/Schleyer/Dieter 1993).

6.7 Produktion

Als Phänomen ist Produktion das Gegenteil von Abbau oder Zerfall. Ohne den Einfluß anderer Momente nimmt bei diesem Vorgang die Konzentration zu. Produktion als Prozeß spielt in Anwendungsfällen seltener eine Rolle als der gegenteilige Vorgang des Massenverlusts. Zugabe von Masse in ein System erfolgt zumeist über Quellterme, über Rand- oder über Anfangsbedingungen - nicht über die Produktion. Im Gegensatz zu allen genannten Möglichkeiten, Masse in ein System hineinzubringen, bezeichnet die Produktion einen Vorgang, der unabhängig von der lokalen Position, evtl. aber unter bestimmten Bedingungen, auftritt.

Einige Beispiele für das Auftreten von Produktionsprozessen seine kurz genannt:

- Bei der Betrachtung von Zerfallsketten von Radionukliden wird durch den Zerfall des Mutternuklids die Konzentration des Tochternuklids erhöht
- Bakterienpopulationen, wie sie in Zusammenhang mit organischem Material evtl. berücksichtigt werden, können unter Umständen ein beträchtliches Wachstum aufweisen
- Diffuse Einträge, die nicht aus punktuellen Einträgen resultieren, können als Produktionsterme aufgefaßt werden
- Bei der expliziten Betrachtung chemischer Reaktionen ergibt sich in jedem Fall eine Produktion für das Reaktionsprodukt (s.u.)

6.8 Reaktion

Chemische Reaktionen spielen eigentlich immer eine Rolle bei der Betrachtung von Stoff-Ausbreitungsvorgängen in porösen Medien. In der Regel ist eine Vielzahl von Komponenten an solchen Prozessen beteiligt, wobei die Tatsache, daß Partikel in den verschiedenen Phasen vorliegen, die Situation noch komplizierter macht. In der Tat können Sorptions-, Abbau- und Produktionsprozesse als vereinfachte Beschreibung von komplexen Reaktionsmustern aufgefaßt werden.

Man findet oftmals zwei extreme Standpunkte bezüglich der Behandlung von Reaktionsprozessen vor. Der eine Standpunkt (1) vereinfacht die Reaktion so, daß man die Auswirkungen auf eine Komponente isoliert betrachten kann. Damit gelangt man zu einer Beschreibung von Einzelkomponenten, in die man Transportprozesse leicht mit einbeziehen kann. Der andere Standpunkt (2) betrachtet eine große Anzahl von Komponenten und deren Reaktionen, vernachlässigt dann nichtchemische Verteilungsprozesse. Die letztere Betrachtungsweise kann man als chemischen Reaktor bezeichnen.

Erst in jüngster Zeit findet man Publikationen, die an dieser Stelle einen Zwischenweg einschlagen, indem chemische und nicht-chemische (insbesondere Transport) Prozesse gleichgewichtig behandelt werden (Vogt 1991, Lensing/Herrling 1991, Simûnek/van Genuchten 1994, Simûnek/van Genuchten/Suarez 1995). In Anwendungsfällen bleibt dabei zumeist die Schwierigkeit, die dabei notwendige Vielzahl der Parameter zu beschaffen. Nicht nur aus diesem Grund beschränke ich mich in diesem Band auf den oben skizzierten Standpunkt (1).

7   Analytische Beschreibung von Ausbreitung

7.1 Einleitung

Der mathematischen Beschreibung der Strömung des Grundwassers bzw. der Ausbreitung von Inhaltsstoffen sowie von Wärme liegen fünf Gesetzmäßigkeiten zugrunde. Das sind die Prinzipien der Masse- und Energieerhaltung, sowie die Gesetze von Darcy, Fourier und Fick. Diese werden in differentieller Form für Variablen definiert, die, wie soeben beschrieben, über einen Mittelungsprozeß als Funktionen von Ort und Zeit definiert sind.

Die differentielle Formulierung aller Erhaltungssätze kann aus der allgemeinen Kontinuitätsgleichung abgeleitet werden:

$$-\nabla \cdot \mathbf{j} + q = \frac{\partial \theta}{\partial t} \tag{7.1}$$

Auf der linken Seite der Gleichung bezeichnet $\mathbf{j}$ den Vektor der Flußdichte. q steht für einen allgemeinen Quell-/Senkenterm. Θ auf der rechten Seite bezeichnet die Dichte der Variablen, deren Erhaltung in der Gleichung beschrieben wird. Wenn 'Einheit' die Einheit der Erhaltungsgröße ist, ergeben sich die physikalischen Einheiten wie folgt:

$$\mathbf{j} \ [\text{Einheit/Fläche/Zeit}] \qquad\qquad \theta \ [\text{Einheit/Volumen}]$$
$$q \ [\text{Einheit/Volumen/Zeit}]$$

Es muß bei der Formulierung von Erhaltungsgleichungen in porösen Medien stets beachtet werden, für welche Phase sie gültig sind. Generell müssen im Quellterm q Phasen-Austauschprozesse berücksichtigt werden. Durch Summation der Erhaltungsgleichungen für Einzelphasen ergeben sich Erhaltungsgleichungen für Mehr-Phasen-Systeme und das Gesamtsystem. Bei der Behandlung des Gesamtsystems heben sich die Phasen-Austauschterme gänzlich auf.

7.2 Energieerhaltung

Zur Beschreibung der Energieerhaltung im Gesamtsystem werden die Erhaltungsgleichungen für die Einzelphasen addiert. Die Variablen werden wie folgt gesetzt:

$$\mathbf{j} = e_f \mathbf{v}_f + e_g \mathbf{v}_g + \mathbf{j}_T \qquad \text{sowie} \qquad \theta = \varphi(S e_f + (1-S) e_g) + (1-\varphi) e_s \qquad (7.\,2)$$

e_f bezeichnet dabei die innere Energie in der Wasserphase, e_g die der Gasphase und e_s die des Gesteins. $\mathbf{j}_T$ ist die diffusive oder dispersive Energieflußdichte für das 3-phasige Gesamtsystem, ρ_s die Gesteinsdichte. Die Terme $\rho_f e_f \mathbf{v}_f$ bzw. $\rho_g e_g \mathbf{v}_g$ beschreiben den advektiven Teil der Energieflußdichte. Die Energie der festen Phasen ist mit e_s bezeichnet. Der Quellterm q enthält keine Phasen-Austausch-Terme, da diese sich bei der Summation aufheben. Befindet sich nur eine Phase im Porenraum, vereinfacht sich die Gleichung zu:

$$\mathbf{j} = e_f \mathbf{v} + \mathbf{j}_T \qquad \text{sowie} \qquad \theta = \varphi e_f + (1-\varphi) e_s \qquad (7.3)$$

Zumeist wird angenommen, daß die innere Energie proportional zur Temperatur ist:

$$e_f = \rho_f C_f T \qquad \text{sowie} \qquad e_s = \rho_s C_s T_s \qquad (7.4)$$

wobei T bzw. T_s die Temperaturen im Wasser bzw. im Gestein bezeichnen. C_f bzw. C_s stehen für die spezifischen Wärmekapazitäten in der Fluid- bzw. in der Festphase. Es geht an dieser Stelle implizit die Annahme ein, daß nicht-thermische Energien vernachlässigt werden können.
Der Temperaturausgleich zwischen den Phasen kann zumeist als ein schnell ablaufender Prozeß angesehen werden, da die Strömungsgeschwindigkeiten klein sind und die Oberflächen, über die der Austausch stattfindet, groß. Anders ausgedrückt: das thermische Gleichgewicht zwischen den Phasen wird zu allen Zeiten angenommen. Das bedeutet in der hier verwendeten mathematischen Formulierung: $T = T_s$. Das Energieerhaltungsgesetz kann nun wie folgt formuliert werden:

$$-\nabla(\rho C_f T \mathbf{v}) + \mathbf{j}_T + q_T = \frac{\partial}{\partial t}(\varphi \rho C_f + (1-\varphi) \rho_s C_s) T \qquad (7.5)$$

7.3 Massenerhaltung einer Komponente

Mit Komponente wird hier ein beliebiger Inhaltsstoff beliebiger Art bezeichnet. Dabei mag es sich um chemische Elemente, Verbindungen, Ionen oder Komplexe handeln, aber auch Spezies biologischer Art sind bei der folgenden Betrachtung nicht ausgeschlossen. Wenn eine Komponente im Untergrund, d.h. im System

Grundwasser-Gas-Festgestein betrachtet wird, kann ebenfalls das Prinzip der Massenerhaltung angewandt werden. Genauer: die Änderung der Gesamtmasse entspricht der Gesamtbilanz der Ein- und Austräge, die sich im einzelnen angeben lassen und summiert werden müssen:

$$\mathbf{j} = \rho_f c_f \mathbf{v}_f + \rho_g c_g \mathbf{v}_g + \mathbf{j}_c \quad \text{sowie} \quad \theta = \varphi(S\rho_f c_f + (1-S)\rho_g c_g) + (1-\varphi)\rho_s c_s$$

$$(7.6)$$

c_s ist die Konzentration am Festgestein (*solid phase*), während c_f die Konzentration im Wasser, in der flüssigen Phase und c_g die in der gasförmigen Phase bezeichnet. Liegt die Komponente lediglich in einer Phase, so läßt sich die Gleichung wiederum vereinfachen. Für Wasser-Inhaltsstoffe schreibt man dann:

$$\mathbf{j} = \rho_f c_f \mathbf{v}_f + \mathbf{j}_c \quad \text{sowie} \quad \theta = \varphi S \rho_f c_f + (1-\varphi)f(S)\rho_s c_s \qquad (7.7)$$

Die Funktion f(S) beschreibt dabei die Abhängigkeit der Fläche des benetzten Festgesteins von der Sättigung. Sie wurde bereits in Abschnitt 6 beschrieben. Der Massenstrom $\mathbf{j}$ ist wiederum in einen advektiven und einen diffusiven Anteil ($\mathbf{j}_c$) zerlegt. Für zeitlich konstante Dichte, Porosität und Sättigung vereinfacht sich die Massenerhaltungsgleichung zu:

$$-\nabla(c_f \mathbf{v}_f + \mathbf{v}_d) = \varphi S \frac{\partial c_f}{\partial t} + (1-\varphi)f(S)\frac{\rho_s}{\rho_f}\frac{\partial c_s}{\partial t} \qquad (7.8)$$

Der diffusive bzw. dispersive Austausch wird nun durch die Geschwindigkeit $\mathbf{v}_d$ beschrieben und wird in Abschnitt 7.5 quantifiziert (Gleichung (7.27)). Gilt eine Gleichgewichtsbeziehung der Form $c_s(c_f)$, so läßt sich die Differentialgleichung durch Einführung eines Retardationsfaktors R auf eine prägnantere Form bringen. Es gilt dann:

$$-\nabla(c_f \mathbf{v}_f + \mathbf{v}_d) = \varphi S R \frac{\partial c_f}{\partial t} \qquad (7.9)$$

mit

$$R = 1 + \frac{1-\varphi}{\varphi}\frac{\rho_s}{\rho_f}\frac{f(S)}{S}\frac{\partial c_s}{\partial c_f} \qquad (7.10)$$

Der Verzögerungs - oder Retardationsfaktor R ist stets größer als 1: es ergibt sich eine Verlängerung der Zeitskala. Im einfachsten Fall besteht im Gleichgewicht zwischen den beiden Phasen ein konstantes Konzentrationsverhältnis, das man wie folgt ausdrücken kann:

$$c_s = K_d C \qquad (7.11)$$

Betrachtet man beide Konzentrationswerte als Massenverhältnisse, so schreibt man anstelle von (7.11):

$$c_s = K_d \rho_f c_f \qquad (7.12)$$

Diese lineare Isotherme wird teilweise Henry'sches-Gesetz genannt, obwohl W. Henry im Jahre 1803 seine Versuche im 2-Phasen Gas-Flüssigkeitsgemisch durchführte. In der mathematischen Form besteht allerdings eine Analogie zwischen der von Henry gefundenen Beziehung und der *linearen Sorptionsisotherme*, die zumeist in der Form (7.11) ausgedrückt wird: die Konzentration in der festen Phase wird auf die Gesteinsmasse bezogen, während die im Fluid gelöste Konzentration C_f auf das Wasservolumen bezogen angegeben wird. Wenn sie gilt, ist der Retardationsfaktor konstant:

$$R = 1 + \frac{1-\varphi}{\varphi} K_d \rho_s \qquad (7.13)$$

Die Verwendbarkeit der Verteilungskoeffizienten wird in der chemischen Literatur diskutiert. Diese sind allerdings lediglich für spezielle Gesteine im Untergrund gültig, so daß Werte für ein spezielles poröses Medium durch Säulen- oder Schüttelversuche bestimmt werden müssen.

Häufig erfolgt die Sorption von Inhaltsstoffen nicht direkt am Festgestein, sondern an organischem Material, das selbst mit dem porösen Medium in Wechselwirkung steht. Vor allem in der Nähe der Erdoberfläche ist dieser Prozeß dominant, wo Huminstoffe allgegenwärtig sind. Als Maß für das Vorhandensein von organischem Material dient der Anteil des organischen Kohlenstoffs f_{oc}. Bezeichnet K_{oc} den Verteilungskoeffizient des organischen Kohlenstoffs, so gilt dann (vgl. Karickhoff 1984):

$$K_d = f_{oc} K_{oc} \qquad (7.14)$$

Alternativ dazu kann der Octanol-Wasser-Verteilungskoeffizient K_{ow} verwandt werden. Für K_{ow} werden für eine ganze Reihe von Stoffen experimentell ermittelte Beziehungen der Form $\log K_{oc} = \tilde{\alpha} \log K_{ow} + \tilde{\beta}$ angegeben. Die Größen $\tilde{\alpha}$ und $\tilde{\beta}$ sind empirische Konstanten, mit denen dann folgt:

$$K_d = \exp(\tilde{\beta}) f_{oc} (K_{ow})^{\tilde{\alpha}} \qquad (7.15)$$

Für andere Isothermen ergeben sich Retardationsfaktoren, die von der Konzentration c_f selbst abhängen. Die Freundlich-Isotherme (1926) (mit Konstanten α_{F1} und α_{F2}) ist eine Verallgemeinerung der linearen Beziehung:

$$c_s = \rho_f \alpha_{F1} (c_f)^{\alpha_{F2}} \qquad (7.16)$$

Äquivalent dazu läßt sich die Isotherme auch als Funktion der volumenbezogenen Konzentration im Fluid angeben. Die Koeffizienten müssen dann entsprechend umgerechnet werden. Im Gegensatz zur linearen Isotherme wird der Retardationsfaktor nun konzentrationsabhängig:

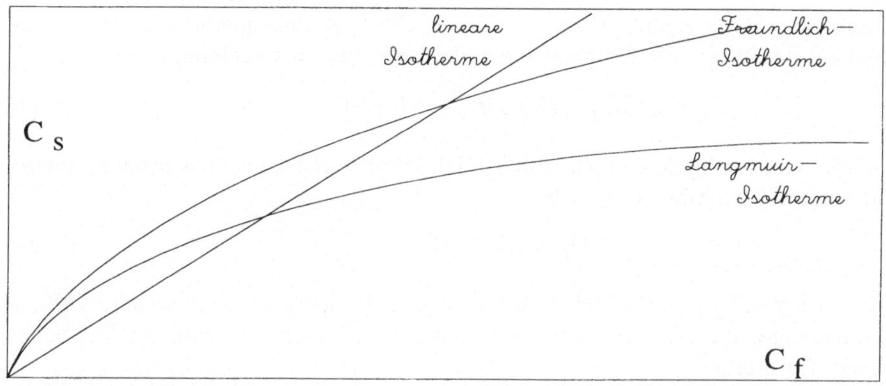

Abb. 7.1: Sorptionsisothermen

$$R = 1 + \frac{1-\varphi}{\varphi} \rho_s \alpha_{F1} \alpha_{F2} \left(c_f\right)^{\alpha_{F2}-1} \qquad (7.\,17)$$

Die Langmuir-Isotherme berücksichtigt die Beschränkung der Anzahl der Sorptionsplätze: da auf der Oberfläche des Festgesteins lediglich eine begrenzte Zahl von Plätzen zur Verfügung steht, an denen Inhaltsstoffe angelagert werden können, muß die Adsorption mit wachsender Konzentration abnehmen.

$$c_s = \rho_f \frac{\alpha_{L1} c_f}{\alpha_{L2} + c_f} \qquad (7.\,18)$$

Es ergibt sich für die Verzögerung wiederum eine konzentrationsabhängige Beziehung:

$$R = 1 + \frac{1-\varphi}{\varphi} \rho_s \frac{\alpha_{L1} \alpha_{L2}}{\left(c_f + \alpha_{L2}\right)^2} \qquad (7.\,19)$$

7.4 Fourier's Gesetz

Es lautet:

$$\mathbf{j}_T = -\lambda_T \nabla T \qquad (7.\,20)$$

Die diffusive Energieflußdichte $\mathbf{j}_T$ ist proportional zum negativen Gradienten der Temperatur, wie es in der Studie von J.B. Fourier aus dem Jahre 1822 zuerst formuliert wurde. Der Proportionalitätsfaktor ist λ_T, die Wärmeleitfähigkeit. Im porösen Medium ist λ_T eine Funktion aller beteiligten Phasen. λ_T ist die Wärmeleitfähigkeit des Gesamtsystems aus fester, flüssiger und gasförmiger Phase und kann aus den Wärmeleitfähigkeiten der einzelnen Phasen abgeleitet werden:

$$\lambda_T = \varphi(S\lambda_f + (1-S)\lambda_g) + (1-\varphi)\lambda_s \qquad (7.21)$$

Eine weitere abgeleitete Variable ist die thermische Diffusionskonstante. Im gesättigten Fall schreibt sie sich als:

$$D_T = \lambda_T / (\rho C)_f \qquad (7.22)$$

D_T ist abhängig von Fluid, Festgestein und Temperatur. Eine weitere Diffusionskonstante, die nur von der Fluid-Phase determiniert ist, wird im Fick'schen Gesetz definiert.

7.5 Fick'sches Gesetz

$$\mathbf{v}_d = -D\nabla c \qquad (7.23)$$

Der diffusive Austausch, hier angegeben durch eine Geschwindigkeit, ist proportional zum negativen Gradienten der Konzentration. Dieses Gesetz gilt in freien Fluiden und damit auch für die den Porenraum ausfüllenden Phasen. Die Diffusionskonstante D ist i.a. abhängig von dem Inhaltsstoff wie auch vom Fluid. Berücksichtigt man, daß im Mehrphasensystem der Austausch nicht im gesamten Volumen stattfindet, erhält man anstelle von (7.23):

$$\mathbf{v}_d = -\varphi S D\nabla c \qquad (7.24)$$

Für die flüssige und die gasförmige Phase im porösen Medium muß zumeist eine verallgemeinerte Form des Fick'schen Gesetzes benutzt werden. Dieses beschreibt die Prozesse der Dispersion und der Diffusion. Man erhält das verallgemeinerte Gesetz, wenn ein Dispersionstensor $\tilde{\mathbf{D}}$ die Diffusionskonstante ersetzt:

$$\tilde{D}_{ij} = (D + \alpha_T u)\delta_{ij} + (\alpha_L - \alpha_T)u_i u_j / u \qquad (7.25)$$

Die Konstanten α_L und α_T haben die Dimension einer Länge und werden daher als longitudinale und transversale Dispersionslängen bezeichnet. In Gleichung (7.25) ist mit δ_{ij} das Kronecker-δ angegeben; i und $j \in \{1,2,3\}$ - entsprechend $\{x, y, z\}$ - bezeichnen die Koordinatenrichtungen und u_i bzw. u_j sind die Komponenten des Geschwindigkeitsvektors. u bezeichnet den Geschwindigkeitsbetrag. Im 2D-Fall ergibt sich also der Dispersionstensor wie folgt:

$$\tilde{\mathbf{D}} = \begin{pmatrix} D + (\alpha_L u_x^2 + \alpha_T u_y^2)/u & (\alpha_L - \alpha_T)u_x u_y / u \\ (\alpha_L - \alpha_T)u_x u_y / u & D + (\alpha_T u_x^2 + \alpha_L u_y^2)/u \end{pmatrix} \qquad (7.26)$$

Im 1D-Fall erhält man für den dispersiven Anteil am Dispersionstensor einfach $\alpha_L u$. In der Tat ist die Proportionalität zwischen Geschwindigkeit und Dispersivität in zahlreichen Versuchen bestätigt und in vielen Feldsituationen beobachtet worden.

Für die Dispersionslängen gilt eine Maßstabsabhängigkeit, die in folgendem Diagramm dargestellt ist.

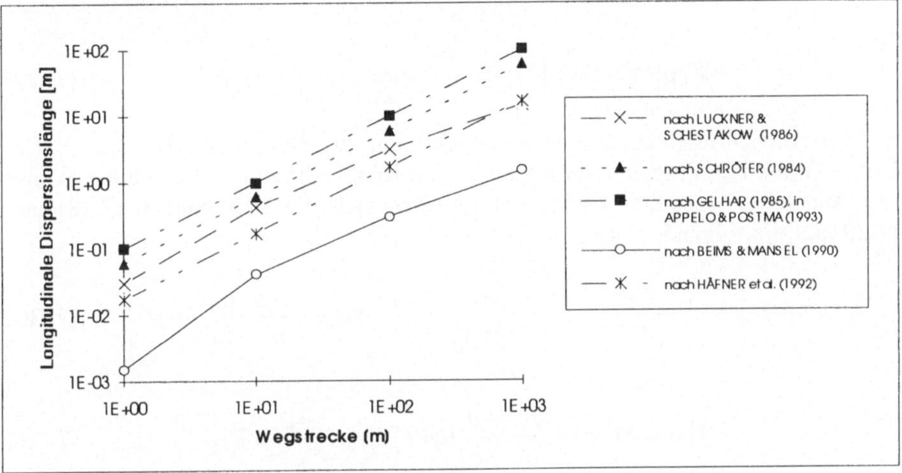

Abb. 7.2 : Maßstabsabhängigkeit der Dispersion

Die dispersive/diffusive Massenflußdichte in porösen Medien ergibt sich aus der oben definierten Geschwindigkeit durch:

$$\mathbf{j}_c = \rho \mathbf{v}_d \tag{7.27}$$

Als Gesetz für die Massenstromdichte wurde diese Gesetzmäßigkeit von A. Fick aufgestellt. In speziellen Anwendungen kann die Diffusionskonstante, wie auch der Dispersionstensor, parameterabhängig sein. Werden z.B. Salze in hoher Konzentration betrachtet, führt dies zu einer Nichtlinearität in der Differentialgleichung.

In der Literatur findet man auch den Dispersionstensor in der Form (7.25), aber nicht als Funktion der Abstandsgeschwindigkeiten, sondern als Funktion der Darcy-Geschwindigkeiten definiert. Der sich daraus ergebende Tensor $\mathbf{D}$ unterscheidet sich um den Faktor φS von $\tilde{\mathbf{D}}$, was in den Transportgleichungen, wie sie im folgenden Unterabschnitt behandelt werden, berücksichtigt werden muß.

7.6 Differentialgleichungen

Die vorgestellten Prinzipien lassen sich in zwei Differentialgleichungen zusammenfassen. Diese ergeben sich, indem in den Erhaltungsgleichungen die Fluß-

terme ersetzt werden: in der Massenerhaltungsgleichung (7.9) durch die Verallgemeinerung des Fick'schen Gesetzes (7.23) , in der Energiegleichung (7.5) durch
das Fourier'sche Gesetz (7.20).

Im Falle des 2-Phasen-Systems Festgestein-Fluid lauten sie:

$$-\nabla \cdot \left[(\rho C)_f\, T\mathbf{v} - \lambda_T \nabla T\right] + q_T = \frac{\partial}{\partial t}(\varphi(\rho C)_f + (1-\varphi)\rho_s C_s)T \qquad (7.28)$$

$$-\nabla \cdot \rho\left[c\mathbf{v} - \mathbf{D}\nabla c\right] + q_c = \frac{\partial}{\partial t}\varphi\rho Rc \qquad (7.29)$$

Dies sind Differentialgleichungen 2. Ordnung, welche die unbekannten Variablen T und c bei Vorgabe von Anfangs- und Randbedingungen bestimmen. Unter
der Annahme konstanter Dichte vereinfachen sich die Gleichungen (7.28) und
(7.29) auf die folgende Form:

$$-\nabla \cdot \left[T\mathbf{v} - \frac{\lambda_T}{(\rho C)_f}\nabla T\right] + \frac{q_T}{(\rho C)_f} = \frac{\partial}{\partial t}\left[\varphi(1 + \frac{1-\varphi}{\varphi}\frac{\rho_s C_s}{(\rho C)_f})T\right] \qquad (7.30)$$

$$-\nabla\left[c\mathbf{v} - \mathbf{D}\nabla c\right] + \frac{q_c}{\rho} = \frac{\partial}{\partial t}(\varphi Rc) \qquad (7.31)$$

Sind Porosität, Retardation und das Verhältnis der spezifischen Wärmen konstant, so ergibt sich das System:

$$-T\nabla \cdot \mathbf{v} - \mathbf{v} \cdot \nabla T + \nabla D_T \nabla T + \frac{q_T}{(\rho C)_f} = \varphi(1 + \frac{1-\varphi}{\varphi}\frac{\rho_s C_s}{(\rho C)_f})\frac{\partial T}{\partial t}$$

$$(7.32)$$

$$-c\nabla \cdot \mathbf{v} - \mathbf{v} \cdot \nabla c + \nabla \mathbf{D}\nabla c + \frac{q_c}{\rho} = \varphi R\frac{\partial c}{\partial t} \qquad (7.33)$$

Dabei wurden zugleich die Advektionsterme auf der linken Seite der Gleichungen in zwei Summanden aufgelöst. Der jeweils erste dieser Summanden entfällt,
wenn $\nabla \cdot \mathbf{v} = 0$ gilt, d.h. wenn die Strömung divergenzfrei ist. Im stationären Fall
ist das erfüllt (vergleiche Bemerkung im Anschluß zu Gleichung (3.22)). Im instationären Fall gilt es aber nicht und es müssen i.a. beide Terme berücksichtigt werden. Wenn die Änderungen des Strömungsfeldes, wie sie im ersten Summanden
von (7.33) beschrieben werden, vernachlässigt werden können, dann ergibt sich:

$$-\mathbf{v} \cdot \nabla T + \nabla D_T \nabla T + \frac{q_T}{(\rho C)_f} = \varphi(1 + \frac{1-\varphi}{\varphi}\frac{\rho_s C_s}{(\rho C)_f})\frac{\partial T}{\partial t} \qquad (7.34)$$

$$-\mathbf{v} \cdot \nabla c + \nabla \mathbf{D} \nabla c + \frac{q_c}{\rho} = \varphi R \frac{\partial c}{\partial t} \tag{7.35}$$

Eine alternative Formulierung erhält man bei Division durch φ. Dann tritt in den Advektionstermen die Abstandsgeschwindigkeit an die Stelle der Darcy-Geschwindigkeit:

$$-\mathbf{u} \cdot \nabla T + \frac{1}{\varphi} \nabla D_T \nabla T + \frac{q_T}{\varphi(\rho C)_f} = (1 + \frac{1-\varphi}{\varphi} \frac{\rho_s C_s}{(\rho C)_f}) \frac{\partial T}{\partial t} \tag{7.36}$$

Gleichung (7.35) kann durch die Einführung des Dispersionstensors als Funktion der Abstandsgeschwindigkeiten in die folgende Form umgewandelt werden:

$$-\mathbf{u} \cdot \nabla c + \nabla \tilde{\mathbf{D}} \nabla c + \frac{q_c}{\varphi\rho} = R \frac{\partial c}{\partial t} \tag{7.37}$$

Schließlich sei noch der Stofftransport im Ungesättigten behandelt. Für die Ausbreitung in der Wasserphase des 3-Phasen-Systems Wasser-Gas-Festgestein ergibt sich anstelle von (7.35):

$$-\mathbf{v} \cdot \nabla c + \nabla \mathbf{D} \nabla c + \frac{q_c}{\rho} = \varphi S R \frac{\partial c}{\partial t} \tag{7.38}$$

7.7 Allgemeine Quell- bzw. Senkenterme

Die Quellterme in den Erhaltungsgleichungen können unterschiedlichster Art sein. Die Bezeichnung rührt allerdings von ihrer physikalischen Bedeutung in der Fluid-Massenerhaltungsgleichung her. In diesen Termen können allgemein In-Output-Bilanzen jeder Art summiert werden. Die einzelnen Prozesse unterscheiden sich in ihrer physikalischen/chemischen/biologischen Bedeutung wie auch in ihrer mathematischen Form.

Nach ihrer Verteilung im Untergrund kann man zwischen Punkt- und Flächenquellen unterscheiden. Problemen durch lokale Kontaminationen (*point-pollution*) stehen flächenhafte Einträge bzw. diffuse Quellen (*non-point pollution*) gegenüber. Als Stoffquelle können z.B. Terme der folgenden Form mit Parametern α_{c1} und α_{c2} auftreten:

$$Q_c = \alpha_{c1}(c_f)^{\alpha_{c2}} \tag{7.39}$$

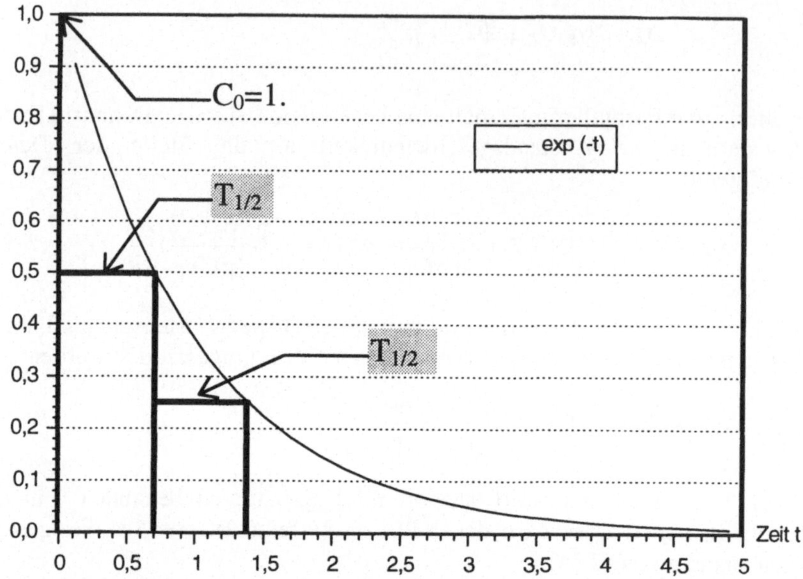

Abb. 7.3 : Zerfall erster Ordnung, Konzentration als Funktion der Zeit

Ist α_{c1} positiv, so bezeichnet man Q_c als Produktionsterm der Ordnung α_{c2}. Ist α_{c1} negativ, so ist Q_c demgegenüber ein Konsumptionsterm der Ordnung α_{c2}. Wenn bei der Betrachtung von Inhaltsstoffen von Zerfall, Abbau oder Degradation die Rede ist, so hat zumeist ein Konsumptionsterm 1. Ordnung Gültigkeit. Für radioaktiven Zerfall mit der Halbwertszeit $T_{1/2}$ gilt beispielsweise:

$$Q_c = -\lambda_c c_f \qquad \text{mit} \qquad \lambda_c = \ln(2) / T_{1/2} \tag{7.40}$$

Die daraus resultierende Abnahme der Konzentration ist in Abb. 7.3 dargestellt. Für Radionuklide einer Zerfallsreihe müssen im allgemeinen zwei Zusatzterme eingesetzt werden. Einer beschreibt den Zerfall des Nuklids selbst (Zerfall 1. Ordnung), während der zweite den Zerfall des Mutternuklids berücksichtigt (Produktion 1. Ordnung):

$$Q_c = -\lambda_c c_f + \lambda_c^M c_f^M \tag{7.41}$$

Werden chemische Reaktionen betrachtet, so kann der Quell-/Senkenterm je nach Anzahl der beteiligten Komponenten noch weit mehr Summanden enthalten. Die einzelnen Terme können dann von allgemeiner Ordnung sein. Terme 0. Ordnung stehen auch für diffuse Ein- bzw. Austräge aus dem betrachteten Gebiet.

Werden mikrobielle Prozesse im Untergrund betrachtet, so ist die Konsumption eines Inhaltsstoffs durch die Mikroorganismen zu berücksichtigen. Der Monod-Abbauterm ist daher proportional zur Bakterienkonzentration X:

$$Q_c = -\frac{\alpha_{m1} X c_f}{c_f + \alpha_{m2}} \tag{7.42}$$

In Abb. 7.4 ist die Veränderung des Proportionalitätsfaktors zwischen $\partial c_f / \partial t$ und X graphisch dargestellt.

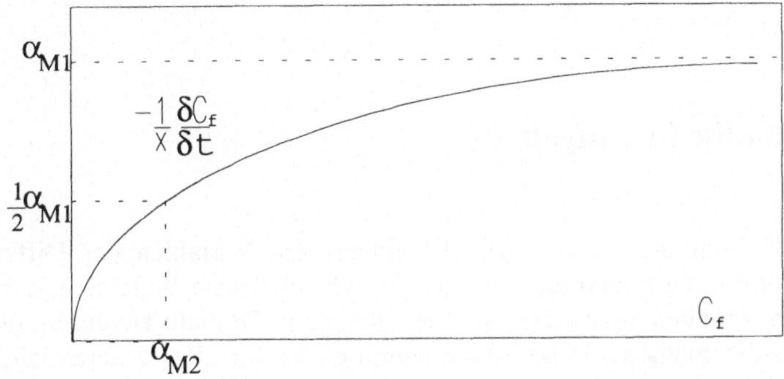

Abb. 7.4.: Monod-Proportionalitätsfaktor für mikrobiellen Abbau
(nach Criddle u.a. 1991)

Der gezeigte Verlauf ergibt sich für den Fall, daß alle anderen Prozesse vernachlässigt werden können. Im Bereich niedriger Konzentrationen ist dieser Faktor proportional zu c_f:

$$-\frac{\partial c_f}{\partial t} = \frac{\alpha_{M1}c_f}{\alpha_{M2}} X \qquad \text{für } c_f \prec\prec \alpha_{M2} \qquad (7.43)$$

Bei hohen Konzentrationen nähert sich dieser Faktor einem konstanten Wert:

$$-\frac{\partial c_f}{\partial t} = \alpha_{M1} X \qquad \text{für } c_f \succ\succ \alpha_{M2} \qquad (7.44)$$

α_{M1} beschreibt den Maximalwert der Proportionalitätskonstante, während der Wert von α_{M2} der Konzentration entspricht, bei der die Hälfte des Maximalwerts erreicht ist. Es zeigt sich, daß die Annahme einer konstanten Abbaurate nur bei niedrigen Konzentrationen und konstanter Bakterienpopulation gültig ist. Bei dieser Betrachtungsweise kommt die Bakterienkonzentration X als weitere Unbekannte hinzu, deren zeitliche Veränderung ebenfalls durch eine Differentialgleichung beschrieben werden kann:

$$\frac{\partial X}{\partial t} = \left(\frac{\beta_{M1}c_f}{\beta_{M2}+c_f} - \lambda \right) X \qquad (7.45)$$

Das Wachstum der Bakterien wird durch den eigentlichen Monod-term - den ersten Summanden in der Klammer - beschrieben. Der nachfolgende Term für den Rückgang der Bakterienpopulation enthält die Abbaukonstante λ.

Bei der Modellierung von chemischen Abbauvorgängen ist die Verfügbarkeit von Sauerstoff im Untergrund entscheidend und muß entsprechend berücksichtigt werden.

7.8 Randbedingungen

Randbedingungen werden für die abhängigen Variablen der Differentialgleichungen formuliert, also für T und C. Die physikalische Bedeutung der Formulierung von Randbedingungen ist problemabhängig. Deshalb erfolgt an dieser Stelle lediglich die mathematische Klassifizierung, die für alle Differentialgleichungen gültig ist. Mit θ sei, wie in Abschnitt 7.1, die abhängige Variable bezeichnet. Man unterscheidet die folgenden Typen von Randbedingungen:

- Dirichlet-Randbedingung: θ vorgeschrieben
- Neumann-Randbedingung: $\dfrac{\partial \theta}{\partial n}$ vorgeschrieben
- Cauchy-Randbedingung: lineare Kombination von θ und $\dfrac{\partial \theta}{\partial n}$ vorgeschrieben

Der Rand eines Bereichs, in dem eine Gleichung oder ein System von Gleichungen gelöst wird, kann in Teile eingeteilt werden, wobei die Bedingung ihren Typ oder ihren Wert von einem Teilbereich zum anderen ändern kann.

Von besonderer Bedeutung für Ausbreitungsprobleme ist die spezielle Neumann-Randbedingung $\dfrac{\partial \theta}{\partial n}=0$. Physikalisch bedeutet sie, daß sich Temperatur oder Konzentration beim Überschreiten des Randes nicht ändern. Insbesondere heißt das, daß über den Rand kein diffusiver oder dispersiver Massen- oder Wärmefluß stattfindet (vgl. Fick'sches Gesetz bzw. Fourier'sches Gesetz). Wenn die Normal-Geschwindigkeit an einem Randpunkt mit dieser Randbedingung auch 0 wird, so findet dort überhaupt kein Massen- oder Wärmefluß statt. Die Bedeutung der Randbedingung $\dfrac{\partial \theta}{\partial n}=0$ liegt vor allem darin, daß sie an Rändern verwandt wird, die von Konzentrationsherden oder Wärmequellen weit entfernt liegen, auch wenn dort im strengen Sinne der Gradient nicht verschwindet. Der Fehler, der dabei gemacht wird, kann zumeist als klein angesehen werden, da der dispersive/diffusive Fluß an den betreffenden Randblöcken relativ klein ist.

7.9 Anfangsbedingungen

Neben den Randbedingungen und den Quelltermen sind es die Anfangsbedingungen, durch die Schadstoffmasse bzw. Wärme in ein Modellgebiet eingebracht werden. Es hängt aber schon von der Wahl der Modellkonzeption ab, ob diese Vorgehensweise sinnvoll ist oder nicht. Oftmals ist allein die Tatsache entscheidend, ob Daten für einen potentiellen Anfangszeitpunkt zur Verfügung stehen.

Wurde beispielsweise am Standort einer entdeckten Kontamination ein flächendeckendes Meßprogramm durchgeführt, kann der dadurch definierte Status als Anfangsbedingung für eine Simulation der weiteren Ausbreitung dienen. Zumeist ist eine dermaßen günstige Datenlage nicht anzutreffen. Dann kann ein hypothetischer Anfangszustand angenommen werden, zu dem noch keine Kontamination vorlag. Als Anfangsbedingung liegt in dem Fall ein örtlich nicht veränderlicher Wert vor. Diese Vorgehensweise ist im Prinzip daran gebunden, daß der Anfangszeitpunkt und die Kontaminationsrate bekannt sind.

8 Numerische Verfahren für Ausbreitungsprozesse

Wie in Abschnitt 7 erläutert wurde, führt die Betrachtung von Ausbreitungsprozessen in einem Strömungsfeld stets zu Differentialgleichungen der folgenden Form:

$$R\varphi S \frac{\partial \theta}{\partial t} = \nabla \mathbf{D} \nabla \theta - \mathbf{v} \nabla \theta + q \qquad (8.1)$$

Dies ist die sogenannte *Advektions-Dispersions-Gleichung* für die Variable θ. Die Unbekannte θ steht für die Konzentration eines Wasserinhaltsstoff, für die Temperatur oder für die Populationsdichte von Mikroorganismen. Im allgemeinsten Fall können die Parameter R, φ, $\mathbf{D}$, $\mathbf{v}$ und q örtlich und zeitlich variabel sein und auch von θ abhängen; S ist allgemein von Ort und Zeit abhängig.

In den meisten Modellen werden nur wenige dieser Abhängigkeiten berücksichtigt. Im gesättigten porösen Medium kann man S=1 setzen. Bei der Behandlung von Ausbreitungsvorgängen in freien Fluiden wird der Faktor φ zusätzlich obsolet.

Für die sogenannten *Tracer* gilt: R=1, d.h. es findet keine Retardation statt. Der Faktor R entfällt auch, wenn der Transport nur in einer Phase betrachtet wird. Im Falle von Austauschprozessen zwischen den Phasen kommt dann allerdings eine weitere Gleichung für die Konzentration in der zweiten Phase dazu. Liegt innerhalb der zweiten Phase ebenfalls ein Strömungsfeld vor, so ist die hinzukommende Gleichung ebenfalls eine vom Advektions-Dispersions-Typ.

Es ist zumeist der verallgemeinerte Quell-/Senkenterm q, in dem die Kopplung mit anderen Komponenten beschrieben wird. Als weiteres Beispiel seien Zerfallsketten genannt, bei denen die Gleichung für eine Tochterkomponente eine 'Quelle' enthält, die den Abbau der Mutterkomponente beschreibt. Im einfachen Fall von Radionukliden bleibt das Gesamtsystem linear, während die Beschreibung chemischer Reaktionsprozesse zu nichtlinearen Systemen von partiellen Differentialgleichungen führen kann.

Die Differentialgleichung ist von 2. Ordnung. Vergleicht man sie mit den partiellen Differentialgleichungen, die bei der Modellierung von Strömungen entstehen, wie sie in Abschnitt 3 behandelt wurden, so fallen zwei Unterschiede sofort ins Auge:

- es treten zusätzlich gemischte Terme 2. Ordnung auf:

$$\frac{\partial}{\partial x} D_{xy} \frac{\partial \theta}{\partial y}, \quad \frac{\partial}{\partial y} D_{yx} \frac{\partial \theta}{\partial x}, \quad \frac{\partial}{\partial x} D_{xz} \frac{\partial \theta}{\partial z}, \quad \frac{\partial}{\partial z} D_{zx} \frac{\partial \theta}{\partial x}, \quad \frac{\partial}{\partial y} D_{yz} \frac{\partial \theta}{\partial z}, \quad \frac{\partial}{\partial z} D_{zy} \frac{\partial \theta}{\partial y}$$

- es treten zusätzlich Terme 1. Ordnung auf:

$$v_x \frac{\partial \theta}{\partial x}, \quad v_y \frac{\partial \theta}{\partial y}, \quad v_z \frac{\partial \theta}{\partial z}$$

Die Zusatzterme wurden gerade für den 3D-Fall vollständig notiert. Im 2D-Fall - mit den Koordinaten x und y - entfallen die letzten vier gemischten Terme 2. Ordnung und der letzte Term 1. Ordnung. Im 1D-Fall können keine gemischten Ableitungsterme auftreten. In der Notation wird im folgenden stets der 2D-Fall mit den unabhängigen Ortsvariablen x und y behandelt.

8.1 Diskretisierung des Raums

8.1.1   Finite Differenzen (FD)

8.1.1.1   Diskretisierung von Termen 2. Ordnung

Wie Terme zweiter Ordnung mit zwei gleichgerichteten Ableitungen nach dem Differenzenverfahren diskretisiert werden, wurde bereits in Abschnitt 4 beschrieben. An die Stelle der hydraulischen Leitfähigkeiten, die in Strömungsmodellen als Koeffizienten erscheinen, treten bei Ausbreitungsmodellierungen Dispersionsterme als verallgemeinerte Diffusivitäten bzw. Leitfähigkeiten.

Im mehrdimensionalen Fall unterscheidet sich aber die Form des Dispersionstensors von der des Tensors der Durchlässigkeiten. Im letzteren Fall wird nämlich zumeist eine Diagonalform verwandt, während der Dispersionstensor 'voll-besetzt' ist, d.h. auch in den Nebendiagonalen Terme ungleich Null enthält. Diese Elemente bewirken, daß in der Differentialgleichung zusätzlich Terme zweiter Ordnung mit gemischten Ableitungen auftauchen.

Bei der Definition der Differenzenapproximationen werden die folgenden Bezeichnungen benötigt:

$$\sigma_1(\theta) = \theta^{i+1,j+1} - \theta^{i,j+1} - \theta^{i+1,j} + \theta^{i,j}$$

$$\sigma_2(\theta) = \theta^{i,j+1} - \theta^{i-1,j+1} - \theta^{i,j} + \theta^{i-1,j}$$

$$\sigma_3(\theta) = \theta^{i,j} - \theta^{i-1,j} - \theta^{i,j-1} + \theta^{i-1,j-1} \tag{8.2}$$

$$\sigma_4(\theta) = \theta^{i+1,j} - \theta^{i+1,j} - \theta^{i+1,j-1} + \theta^{i,j-1}$$

Mit den hochgestellten Indizes sind in den Formeln benachbarte Gitterpunkte bezeichnet - ausgehend vom Gitterpunkt mit den Indizes (i,j). Die Numerierung der Gitterpunkte ist in Koordinatenrichtung aufsteigend. Die σ_i sind somit Differenzenoperatoren in den 4 Quadranten um den Ursprung im Knoten (i,j). Damit lassen sich die folgenden Differenzenapproximationen schreiben:

$$\frac{\partial^2 \theta}{\partial x \partial y} \approx \begin{cases} \dfrac{1}{2\Delta x \Delta y}(\sigma_1 + \sigma_3) \\[2ex] \dfrac{1}{2\Delta x \Delta y}(\sigma_2 + \sigma_4) \\[2ex] \dfrac{1}{4\Delta x \Delta y}(\sigma_1 + \sigma_2 + \sigma_3 + \sigma_4) \end{cases} \tag{8.3}$$

Bei den ersten beiden Ansätzen ist eine Diagonalenrichtung ausgewählt. Diese unbegründete Auszeichnung einer Diagonalen gegenüber der dazu senkrechten Richtung wird im dritten Ansatz vermieden, der sich als Vorschrift für die Unbekannten wie folgt schreibt:

$$\frac{\partial^2 \theta}{\partial x \partial y} \approx \frac{1}{4\Delta x \Delta y}(\theta^{i+1,j+1} - \theta^{i+1,j-1} - \theta^{i-1,j+1} + \theta^{i-1,j-1}) \tag{8.4}$$

Einen anderen Weg beschreiten Douglas/Gunn (1964), die eine Kombination aus den ersten beiden Diskretisierungen wählen, wobei das Vorzeichen des Koeffizienten am Knoten bzw. Blockmittelpunkt (i,j) die Entscheidung über die lokale Anwendung der Methode fällt:

$$\frac{\partial^2 \theta}{\partial x \partial y} \approx \begin{cases} \dfrac{1}{2\Delta x \Delta y}(\sigma_1 + \sigma_3) & \text{falls } D_{xy}^{i,j} \geq 0 \\[2ex] \dfrac{1}{2\Delta x \Delta y}(\sigma_2 + \sigma_4) & \text{falls } D_{xy}^{i,j} \prec 0 \end{cases} \tag{8.5}$$

Ändert sich das Vorzeichen des Koeffizienten nicht, so wird im gesamten Modellgebiet stets dieselbe Diskretisierung verwandt. Ändert sich allerdings das Vorzeichen - und das ist der Normalfall bei der Modellierung von Transportvorgängen in komplexen Strömungsfeldern - so werden in Teilbereichen unterschiedliche Ansätze verwandt. Eine ähnliche Situation findet man bei der oft verwendeten 'upwind'-Methode zur Behandlung der Terme 1. Ordnung (siehe unten).

Im implementierten Algorithmus findet man dann im Inneren der Schleife über die Blöcke bzw. Elemente eine Abfrage über das Vorzeichen der Parameterfunktion, mittels der über die Alternative bei der Diskretisierung entschieden wird. Zur Entscheidung werden die Werte der gemischten Terme des Dispersionstensors an Blockmittelpunkten bzw. Knoten benötigt. Man erkennt, daß sich das Verfahren (8.5) besonders für den Fall eignet, in dem der Tensor selbst auch an Blockmittelpunkten (im block-zentrierten Gitter) bzw. an Knoten (im knoten-zentrierten Gitter) gegeben ist. Das ist in der Regel nicht der Fall - wie schon in Abschnitt 4 angemerkt wurde.

Der Nachteil der Fallunterscheidung entfällt bei folgendem Vorschlag. Für veränderliche Koeffizienten gibt Kinzelbach (1986) im Falle von äquidistanten blockzentrierten Gittern die folgende Differenzenapproximation an:

$$\frac{\partial}{\partial x} D_{xy} \frac{\partial \theta}{\partial y} = \frac{1}{\Delta x} \left\{ D_{xy}^{i+,j} \frac{1}{2} \left[\frac{\theta^{i+1,j+1} - \theta^{i+1,j-1}}{2\Delta y} + \frac{\theta^{i,j+1} - \theta^{i,j-1}}{2\Delta y} \right] - \right.$$
$$\left. - D_{xy}^{i-,j} \frac{1}{2} \left[\frac{\theta^{i-1,j+1} - \theta^{i-1,j-1}}{2\Delta y} + \frac{\theta^{i,j+1} - \theta^{i,j-1}}{2\Delta y} \right] \right\} \tag{8.6}$$

$$\frac{\partial}{\partial y} D_{yx} \frac{\partial \theta}{\partial x} = \frac{1}{\Delta y} \left\{ D_{yx}^{i,j+} \frac{1}{2} \left[\frac{\theta^{i+1,j} - \theta^{i-1,j}}{2\Delta x} + \frac{\theta^{+1i,j+1} - \theta^{i-1,j+1}}{2\Delta x} \right] - \right.$$
$$\left. - D_{yx}^{i,j-} \frac{1}{2} \left[\frac{\theta^{i+1,j-1} - \theta^{i-1,j-1}}{2\Delta x} + \frac{\theta^{+1i,j} - \theta^{i-1,j}}{2\Delta x} \right] \right\} \tag{8.7}$$

Der wesentliche Unterschied zum vorgenannten Ansatz besteht allerdings in der Tatsache, daß nun die Koeffizientenfunktionen nicht in den Blockmittelpunkten, sondern an den Blockkanten bekannt sein müssen. Als Beispiel: $D_{xy}^{i+1,j}$ bezeichnet den Wert der gemischten Ableitung an der Blockkante, die vom Mittelpunkt in positiver x-Richtung liegt. Es sei daran erinnert, daß im block-zentrierten Gitter auch die gleichgerichteten 2. Ableitungen an Blockkanten ausgewertet werden. Die Vorgehensweise wird damit einheitlicher; ganz abgesehen von der Tatsache, daß beim Übergang von einem (block-zentrierten) Strömungsmodell zu einem Transportmodell Geschwindigkeitskomponenten sowieso an Blockkanten gegeben sind. Somit wird keine Umrechnung erforderlich, die - u.a. durch die Ungenauigkeit von Mittelungsoperationen - neue Fehler in das numerische Verfahren einführt.

Abb. 8.1 veranschaulicht die angegebenen Vorschriften. Man beachte, daß im ersten gemischten Term der dispersive Fluß in x-Richtung aufgrund von Konzentrationsgradienten in y-Richtung beschrieben wird. Im zweiten Term handelt es sich dagegen um den dispersiven Fluß in y-Richtung aufgrund von Gradienten in x-Richtung.

Es ist leicht nachzurechnen, daß im Falle konstanter Koeffizienten die Ansätze (8.6) und (8.7) mit (8.4) identisch sind. Dann steht auf der linken Seite der beiden genannten Gleichungen der gleiche Term, da der Dispersionstensor symmetrisch ist. Man beachte, daß unter denselben Bedingungen die diskreten Formen auf den rechten Seiten nicht übereinstimmen und beide separat implementiert werden müssen. Die Übereinstimmung kommt lediglich im Grenzübergang $\Delta x \to 0$, $\Delta y \to 0$ zustande.

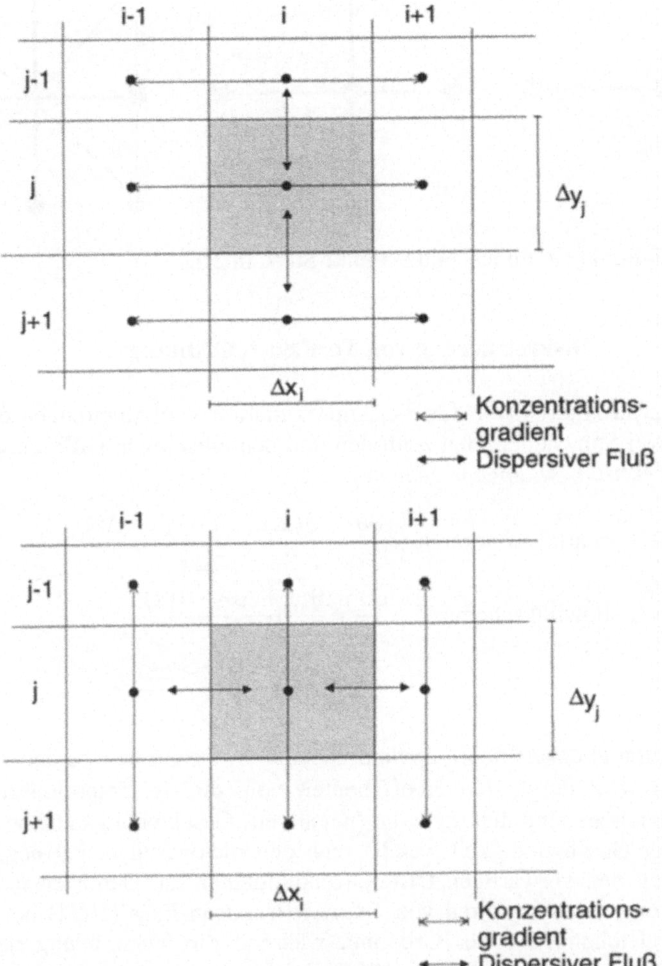

Abb. 8.1: Diskretisierung gemischter Terme 2.Ordnung im 2-D Gitter   (oben: D_{xy}, unten: D_{yx}, nach Kinzelbach 1986)

Im unregelmäßigen Gitter verallgemeinern sich die Gleichungen (8.6) und (8.7) auf triviale Art und Weise, indem man die auftretenden doppelten Blocklängen $2\Delta x$ bzw. $2\Delta y$ durch die entsprechenden Distanzen, die nun von einem Gitterpunkt zum anderen unterschiedlich sein können, ersetzt.

Bei der Berücksichtigung von gemischten Ableitungstermen 2. Ordnung im 2D-Fall kommt man mit der Diskretisierung in einem 5-Punkte-Stern nicht mehr aus. Mit den genannten Beziehungen ergibt sich offenbar ein 9-Punkte-Stern. Im 3D-Fall gilt analog: der 7-Punkte-Stern muß auf einen 19-Punkte-Stern verallgemeinert werden, um sämtliche gemischte Ableitungen der Advektions-Dispersions-Gleichung zu erfassen (Abb. 8.2).

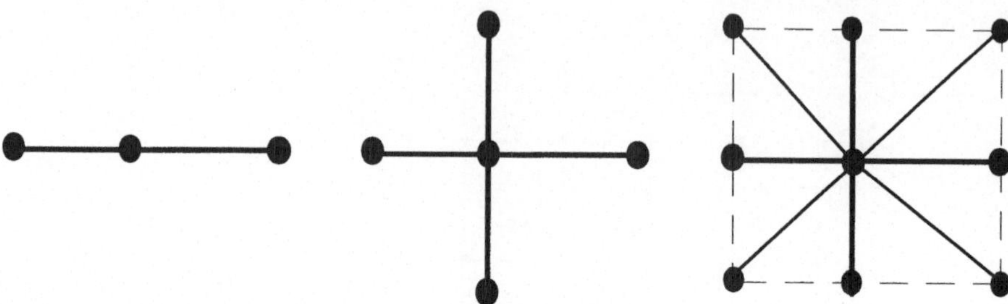

Abb. 8.2 : 3-Punkt-, 5-Punkt- und 9-Punkt-Stern in 2-D

8.1.1.2   Diskretisierung von Termen 1. Ordnung

Es gibt zwei Alternativen für die Approximation von Ableitungen erster Ordnung mit zwei Stützstellen: den zentralen und den einseitigen Differenzenquotienten (engl.: *central* bzw. *upwind scheme*):

$$\text{central scheme:} \qquad \frac{\partial \theta}{\partial x} \approx \frac{\theta(x + \Delta x) - \theta(x - \Delta x)}{2\Delta x}$$

$$\text{upwind scheme:} \qquad \frac{\partial \theta}{\partial x} \approx \frac{\theta(x + \Delta x) - \theta(x)}{\Delta x} \tag{8.8}$$

$$\textit{oder} \qquad \frac{\partial \theta}{\partial x} \approx \frac{\theta(x) - \theta(x - \Delta x)}{\Delta x}$$

Die Wahlmöglichkeit beim 'upwind scheme' zwischen den beiden einseitigen Näherungen wird durch den Koeffizienten von $\partial\theta / \partial x$ determiniert. Bei der Transportgleichung sind dies stets die (negativen) Geschwindigkeitskomponenten. Bei positiver Geschwindigkeit wendet man den rückwärtigen, bei negativer Geschwindigkeit den vorwärtigen Differenzenquotienten an. Damit entspricht diese Diskretisierung dem Verfahren von *Courant-Isaacson-Rees* (1952) bei partiellen Differentialgleichungen erster Ordnung, während die Verwendung des 'central scheme' dem *Friedrichs*-Verfahren (1954) gleichkommt.

Die Konsistenzordnung für beide Ansätze ist unterschiedlich (siehe unten). Außerdem ist das Stabilitätsverhalten sehr verschieden. Die Diskretisierung der Terme 1. Ordnung ist bei vielen Modellierungen ein Problem: es ist um so größer, je gewichtiger der Advektionsterm und je gröber das Gitter ist. Ansätze höherer Ordnung mit mehr Stützstellen können das Problem nicht lösen. Nur lokale Gitterverfeinerungen schaffen letztlich Abhilfe. Man spricht von *adaptiven Gittern*, wenn sich Gitterfeinheit lokal am Verhalten von θ orientiert.

Bei der upwind-Methode werden die rückwärtigen Differenzenapproximationen verwandt, wobei die Richtungsangabe 'rückwärtig' aus der Sicht des Geschwindigkeitsvektors übernommen ist. Man bezeichnet daher das Verfahren auch als BIS (*backward in space*). Demgegenüber findet man in der Literatur teilweise den FIS (*forward in space*) -Ansatz, bei dem die oben genannte Alternative genau umgekehrt getroffen wird (SWIFT 1982).

8.1.1.3   Diskretisierung sonstiger Terme

Terme 0. Ordnung werden in der Regel durch naheliegende 1-Punkt Diskretisierungen ersetzt. In Ausnahmefällen tauchen mehrere Stützstellen auf (vgl. Nofziger/Rajender/Nayudu/Su 1989):

$$\lambda\theta\left(x\right) \approx \frac{1}{12}\left[\begin{array}{l}(\lambda(x+\Delta x)+\lambda(x))\theta\ (x+\Delta x) \\[4pt] +(\lambda(x+\Delta x)+6\lambda(x)+\lambda(x-\Delta x))\theta\ (x) \\[4pt] +(\lambda(x)+\lambda(x-\Delta x))\theta\ (x-\Delta x)\end{array}\right] \tag{8.9}$$

Die Diskretisierung der Zerfalls- und Abbauterme in der einfachsten Form erweist sich als unzulänglich, wenn Grenzfälle betrachtet werden, bei denen die eigentlichen Transportprozesse eine untergeordnete Rolle spielen. Dazu werden im folgenden Fälle betrachtet, in denen Zerfalls- bzw. Abbauprozesse sowie Sorption die Veränderungen im Untergrund dominieren und sowohl Transport als auch Diffusion und Dispersion als relevante Prozesse wegfallen. Hat man es nur mit derart einfachen Systemen zu tun, empfiehlt sich die Auswertung der analytischen Lösungen, die dafür existieren. Trotzdem verlangt man natürlich, daß ein Simulationsprogramm auch in den Grenzfällen möglichst genau rechnet. Es ist häufig so, daß solche Situationen nur in Teilen des Modellgebiets vorliegen, z.B. in undurchlässigen Bereichen mit niedrigen Potentialgradienten.

Es zeigt sich, daß die Diskretisierung der allgemeinen Quell-/Senkenterme (für die Stoffkomponenten) unter Berücksichtigung der Diskretisierung der Zeit erfolgen muß. Es sollen ja im Grenzfall die Lösungen der gewöhnlichen Differentialgleichungen, die lediglich die Zeitableitungs- und die allgemeinen Quell/Senkenterme enthalten, approximiert werden. Dieser Punkt wird in Abschnitt 8.2.1 behandelt.

Liegen in einem stationären Strömungsfeld Senken (z.B. Brunnen) vor, so muß dies im Transportmodell berücksichtigt werden. Andernfalls geht die Massenbilanz nicht auf. Normalerweise ist davon auszugehen, daß die Konzentration des ausströmenden Wassers identisch ist mit der Konzentration im Ausstromblock. Ist also die Ausstromrate mit q bezeichnet, so ist die im Zeitintervall Δt ausströmende Masse gegeben durch $q\theta\Delta t$. Dabei ist die Konzentration im Senkenblock θ a priori unbekannt. Der Term muß folglich in das Gleichungssystem für die Unbekannten eingehen.

Bei Quellen im Strömungsfeld kann im Gegensatz dazu nicht vorausgesetzt werden, daß die Konzentration im einströmenden Wasser θ_0 gleich der Konzentration im Einstromblock ist. Die Zusammensetzung des Quellwassers ist durch Einflüsse bestimmt, die außerhalb des Modellgebiets liegen. Die Gesamtmasse der mitgelieferten Komponente $q\theta_0\Delta t$ kann, umgerechnet in eine Quellrate, als Quellterm des Inhaltsstoffs bei der Diskretisierung der Transportgleichung berücksichtigt werden.

8.1.2   Finite Volumen (FV)

An dieser Stelle beschränke ich mich auf die Darstellung der Behandlung der Advektion. Die gemischten Ableitungsterme 2. Ordnung werden in derselben Weise diskretisiert, wie sie in Abschnitt 8.1.1.1 in den Gleichungen (8.6) und (8.7) bereits beschrieben wurde. Abb. 8.1 veranschaulicht in der Tat, wie Flußterme und die Konzentrationsgradienten in den Differenzenapproximationen zugeordnet sind. Im Innern des Modellgebiets ergeben sich damit konservative Schemata, wie sie im folgenden für den advektiven Transport definiert werden.

Wie in Abschnitt 4.1.2 beschrieben, wird zunächst die integrale Formulierung der Massenerhaltungsgleichung betrachtet. Die Volumenintegrale ersetzt man durch Flächenintegrale, für die wiederum diskrete Ausdrücke eingesetzt werden. In einem Kontrollvolumen wird beispielsweise das Kurvenintegral an einem Rand approximiert durch das Produkt aus Flächenmaß und Wert an einem Randpunkt:

$$\oint v_x \theta \, dydz \approx (v_x \theta)(\mathbf{r} - \frac{\Delta x}{2}) \cdot \Delta y \Delta z \tag{8.10}$$

Die Idee der Finiten Volumen besteht darin, die Flußterme zur Grundlage eines numerischen Algorithmus zu machen. Alle Flußterme sind ja über die Massenbilanzgleichung miteinander gekoppelt. Das Verfahren, das sich auf diese Weise ergibt, ist dann automatisch 'massenerhaltend', was man auch als *konservativ* bezeichnet.

Die Verfahrensweise soll zunächst am Beispiel der Methode des *flux splitting* in Rechteckgittern erläutert werden (vgl. Wesseling 1987). Neben den Werten der unbekannten Variablen θ_i und θ_{i-1} gehen die Geschwindigkeitskomponenten v_i und v_{i-1} in den angrenzenden beiden Volumina ein:

$$(v_x \theta)(\mathbf{r} - \frac{\Delta x}{2}) \approx (v_x \theta)^+_{i-1} + (v_x \theta)^-_i \tag{8.11}$$

mit: $(v_x \theta)^+_i = 0.5 \cdot (v_i + |v_i|)\theta_i$ bzw. $(v_x \theta)^-_i = 0.5 \cdot (v_i - |v_i|)\theta_i$

Diese Definition kann dann verwendet werden, wenn die Geschwindigkeiten in den Mittelpunkten der Volumina gegeben sind. Die Aufspaltung der Flußterme (8.11) läßt sich für jeden Block und für jede Koordinatenrichtung vornehmen. Wesentlich ist dabei, daß die (aufgespaltenen) Flüsse, die auf der rechten Seite der Gleichung auftreten, den Kanten zugeordnet sind. Summiert man über alle Volumina, so heben sich alle Terme für das Modellinnere weg, denn jeder *splitted flux* Term taucht doppelt auf. An jeder Kante treffen zwei Volumina zusammen, aber die Flüsse besitzen unterschiedliche Vorzeichen: ein Ausstrom aus einem Volumen ist ein Einstrom für das anschließende Nachbarvolumen. Bei der Summation bleiben lediglich Quellen bzw. Senken sowie Flüsse über die äußeren Ränder des Modellgebiets übrig. Das genau ist die mathematische Formulierung der Bedingung für ein *konservatives* Verfahren (Wesseling 1987).

Die Eigenschaft der Konservativität eines Verfahrens ergibt sich im Grunde aus der Zuordnung zwischen Flüssen und Kanten. Auf diese Art und Weise lassen sich konservative Algorithmen für unregelmäßige Volumina mit einer beliebigen Anzahl von Kanten erzeugen. Dies ist der eigentliche Kern der Einführung eines

Begriffs der Finiten Volumina. In Rechteckgittern ergeben sich konservative Schemata, die auch mit der Methode der Finiten Differenzen hergeleitet werden können.

In den Programmen FAST und SWIFT (1982) sind die Geschwindigkeitskomponenten an den Kanten der Volumina gegeben, zu denen sie senkrecht stehen. Bezeichnet man mit $v_{i-1/2}$ die x-Komponente an der betrachteten Kante, so ist in FAST_B(2D) die Diskretisierung wie folgt implementiert:

$$(v_x\theta)(\mathbf{r} - \frac{\Delta x}{2}) \approx \begin{cases} v_{i-1/2}\theta_{i-1} & \text{für } v_{i-1/2} \succ 0 \\ v_{i-1/2}\theta_i & \text{für } v_{i-1/2} \leq 0 \end{cases} \qquad (8.12)$$

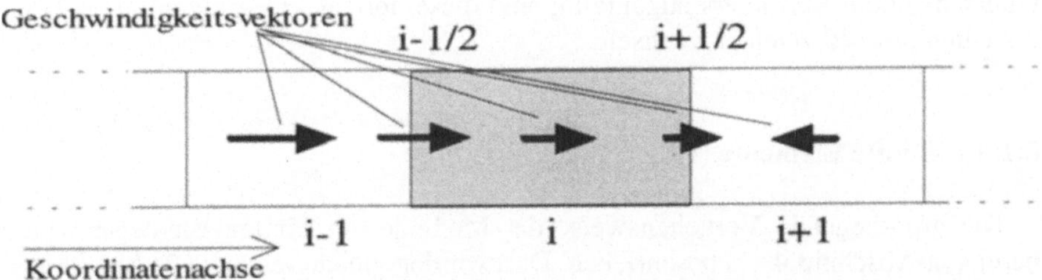

Abb. 8.3: Volumina im Rechteckgitter und Positionen der Geschwindigkeitskomponenten (dargestellt ist lediglich eine Raumrichtung)

Methode	Diskretisierung des Advektionsterms in einer Koordinatenrichtung			
FAST_B(2D) (zentral)	$\underline{++}$ $\frac{1}{2}[v_{i-1/2}(\theta_{i-1}-\theta_i)+ v_{i+1/2}(\theta_i-\theta_{i+1})]$			
FAST_B(2D) (upwind)	++ $v_{i-1/2}\theta_{i-1}- v_{i+1/2}\theta_i$	+- $v_{i-1/2}\theta_{i-1}- v_{i+1/2}\theta_{i+1}$	-+ $v_{i-1/2}\theta_i-v_{i+1/2}\theta_i$	-- $v_{i-1/2}\theta_i- v_{i+1/2}\theta_{i+1}$
flux splitting	+++ $v_{i-1}\theta_{i-1}-v_i\theta_i$	++- $v_{i-1}\theta_{i-1}-v_i\theta_i- v_{i+1}\theta_{i+1}$	+-- $v_{i-1}\theta_{i-1}+v_i\theta_i- v_{i+1}\theta_{i+1}$	--- $v_i\theta_i-v_{i+1}\theta_{i+1}$
"	-++ $-v_i\theta_i$	-+- $-v_i\theta_i-v_{i+1}\theta_{i+1}$	+-+ $v_{i-1}\theta_{i-1}+v_i\theta_i$	--+ $v_i\theta_i$

+- bzw. +-+ Reihen in Feldern bezeichnen Vorzeichen zu berücksichtigender Geschwindigkeitsterme: von $v_{i-1/2}$ und $v_{i+1/2}$ für FAST_B(2D), von v_{i-1}, v_i und v_{i+1} für flux-splitting

Tabelle 8.1: Konservative Diskretisierungen eines Advektionsterms

Zum Vergleich der Diskretisierungen der Advektion wird in folgender Tabelle die Summe der Terme zusammengestellt, die sich für zwei parallel verlaufende Kanten ergibt. Verglichen werden die rückwärtige und die zentrale Diskretisierung der in FAST_B(2D) implementierten Methode und der oben genannte flux-splitting-Ansatz.

Bei FAST_B(2D) ergibt sich eine Unterscheidung nach dem Vorzeichen der Flüsse an den beiden Kanten (4 Fälle); beim 'flux splitting' muß nach den Vorzeichen von drei Geschwindigkeitsvektoren unterschieden werden (8 Fälle). Für konstantes $v = v_i = v_{i+1} = v_{i-1} = v_{i-1/2} = v_{i+1/2}$ ergeben sich, wie man aus obiger Tabelle leicht entnehmen kann, gleiche Diskretisierungen beim 'flux splitting' und beim 'upwind scheme' (insbesondere sind in diesem Falle sämtliche Vorzeichen gleich). In nicht-konstanten Strömungsfeldern sind die Diskretisierungen offenbar unterschiedlich. Besonders augenfällig sind diese dort, wo Geschwindigkeitskomponenten ihre Vorzeichen wechseln.

8.1.3   Finite Elemente (FE)

Die grundlegende Vorgehensweise der Methode der Finiten Elemente wurde bereits in Abschnitt 4.1.3 beschrieben. Dort wurden gleichgerichtete 2. Ableitungsterme der Differentialgleichung behandelt. Nach der Methode von Galerkin wird aus der Differentialgleichung eine Integralbedingung (4.34) hergeleitet. Hat man die Gewichtsfunktionen $\{\mu_i, i = 1, N\}$ und die Basisfunktionen $\{\varphi_i, i = 1, N\}$ ausgewählt, erhält man damit N Bedingungen für N Unbekannte (N= Gesamtanzahl der Knoten).

Term in Differentialgleichung	Integrand im Gebietsintegral
$\dfrac{\partial}{\partial x} D_{xx} \dfrac{\partial}{\partial x} \theta$	$-D_{xx} \dfrac{\partial}{\partial x} \varphi_i \dfrac{\partial}{\partial x} \mu_j$
$\dfrac{\partial}{\partial x} D_{xy} \dfrac{\partial}{\partial y} \theta$	$-D_{xy} \dfrac{\partial}{\partial x} \varphi_i \dfrac{\partial}{\partial y} \mu_j$
$v_x \dfrac{\partial}{\partial x} \theta$	$v_x \mu_j \dfrac{\partial}{\partial x} \varphi_i$ oder $-v_x \varphi_i \dfrac{\partial}{\partial x} \mu_j$
$\lambda \theta$	$\lambda \varphi_i \mu_j$
q	$q \varphi_i$

Tabelle 8.2: Integranden in Gebietsintegralen bei der FE-Methode

Kommen in einer Differentialgleichung nicht nur Terme zweiter (gleichgerichteter) Ableitung vor, so geht man ebenfalls in der oben beschriebenen Form vor. Für jeden Term der Differentialgleichung erhält man in den Integralen einen neuen Summanden. Unterschiede in der Herleitung ergeben sich bei der Anwendung der Green'schen Formel. Neben den Randintegralen ändern sich die Integranden, die für die Formfunktionen auszuwerten sind. In Tabelle 8.2 ist für unterschiedliche Terme der Differentialgleichung der Integrand angegeben, der sich nach Anwendung der 1. Green'schen Formel im Gebietsintegral ergibt.

Für die gemischten Ableitungen 2. Ordnung wurde die angegebene Integration erstmalig von Nalluswami/Longenbaugh/Sunada (1972) veröffentlicht. Die Alternative bei den Termen 1. Ordnung erhält man durch unterschiedliche Anwendung der Green'schen Formel (vgl. Gambolati/Galeati 1987). Man beachte dabei das umgekehrte Vorzeichen. Für die beiden möglichen Fälle erhält man unterschiedliche Randintegrale: sie erstrecken sich in der ersten Version lediglich über die Dispersionsterme, in der zweiten Version zusätzlich über Advektionsterme. Im letzteren Fall läßt sich eine Cauchy-Randbedingung leicht berücksichtigen. Die Praxis zeigt, daß die erste Version bzgl. der numerischen Stabilität erhebliche Vorteile aufweist.

8.1.4   Finite Zellen

In dieser Klasse von Verfahren möchte ich eine ganze Reihe von Ansätzen zusammenfassen, die in unterschiedlicher Weise auf Bilanzgleichungen für Teilgebiete (hier: Zellen) aufbauen. Im folgenden werden auch einige Ansätze vorgestellt, deren Urheber den Begriff der Zelle (*cell*) nicht verwenden.

Gemeinsam ist allen in diese Kategorie fallenden Verfahren, daß sie für einzelne vorgegebene Zellen die Zu- bzw. Abnahme der Konzentration in einem vorgegebenen Zeitintervall nach einer gewissen Vorschrift definieren. Dabei gehen die Konzentrationen zum Zeitpunkt t in den Zellen in die Vorschrift ein. Alle Parameter werden innerhalb der Zellen als konstant vorausgesetzt. Zumeist wird angenommen, daß in jeder Zelle in relativ kurzer Zeit eine Vermischung stattfindet, die deshalb im einzelnen nicht modelliert zu werden braucht.

Insgesamt ergeben sich auf diese Weise explizite Verfahren. Die Gesamtheit dieser Verfahren überschneidet sich natürlich mit den expliziten Verfahren, die von FD-, FV- oder FE-Ansätzen hergeleitet werden. Der Begriff der Finiten Zellen ist also nicht streng zu trennen von den zuvor vorgestellten Ansätzen. Die Einführung der Bezeichnung erscheint mir trotzdem sinnvoll, da sich sehr viele unterschiedliche in der Literatur vorgeschlagene Wege hierdurch einordnen lassen.

Die Vorschriften, die die Konzentrations- oder Dichteveränderung in den Zellen bestimmen, werden sehr unterschiedlich hergeleitet. NEFTRAN II (Olague/Longsine/Campbell/Leigh 1991) verwendet die Green'sche Funktion im Geschwindigkeitsraum, um dann zu einer Gauß-Verteilung im realen Raum zu gelangen. Zu einer ebensolchen Verteilung gelangen Schulz/Reardon (1983) unter Verwendung der analytischen Lösung. Um auf Zellen angewandt zu werden, muß die Verteilung diskret dargestellt werden, wodurch man im Falle einer gleichen Regel für alle Zellen zur Binominalverteilung gelangt (Holzbecher 1989). Dann hat man es mit einem Spezialfall der *Zellulären Automaten* zu tun.

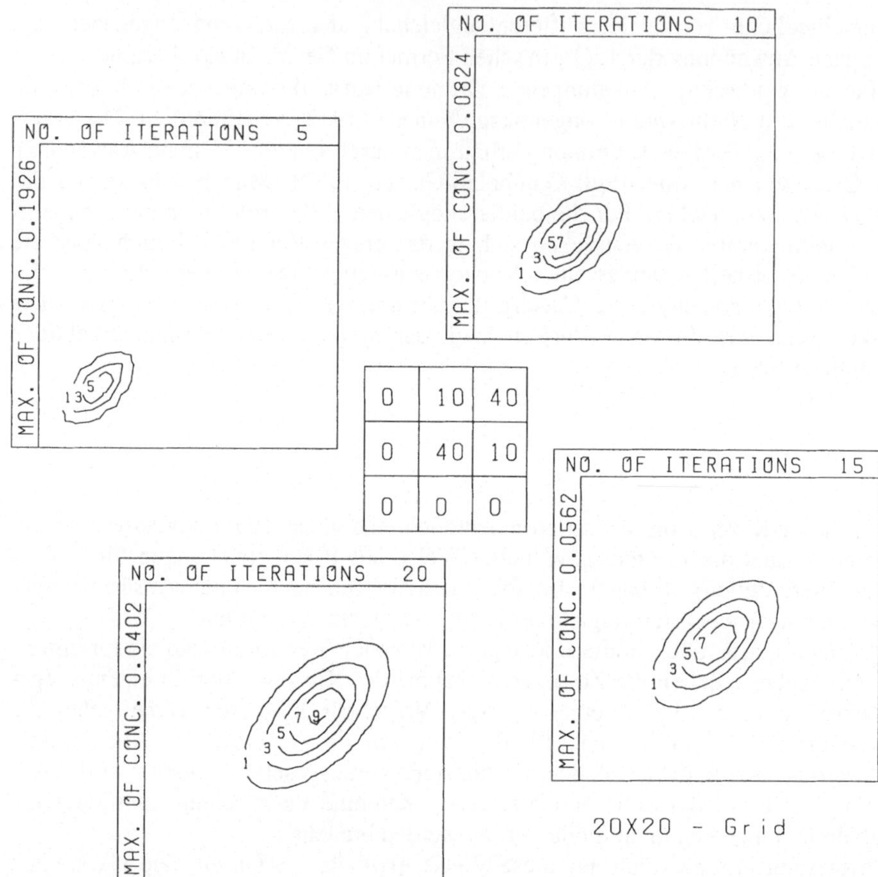

Abb. 8.4: Beispiel eines Zellulären Automaten (Verteilung von θ nach jeweils fünf
weiteren Iterationen)

Abb. 8.4 veranschaulicht ein Ausbreitungsmodell, das nach einer einfachen
Vorschrift funktioniert. In einem kleinen Gitter von 20×20 Zellen wird die Entwicklung verfolgt, wenn zum Startzeitpunkt lediglich eine Zelle kontaminiert ist
(mit θ=1.0). Die Vorschrift, nach der sich in jedem Iterationsschritt eine neue
Verteilung ergibt, ist durch das 9-Zellen Schema in der Mitte der Abbildung dargestellt: 40% der Komponentenmasse verbleiben in der Zelle, 40% wandern in die
diagonal rechts oben angrenzende Zelle, je 10% werden in die Nachbarzellen oben
und rechts versetzt. Mit allen anderen Zellen besteht keinerlei Wechselwirkung.
Die Prozentwerte lassen sich auch als Übergangswahrscheinlichkeiten interpretieren.

Es wird die aktuelle Verteilung in vier Bildern nach jeweils 5 weiteren Iterationsschritten gezeigt. Man erhält durch die einfache Vorschrift einen 2D-
Ausbreitungsvorgang, wie man ihn experimentell oder im Feld beobachten könnte:
die kontaminierte Fläche verbreitert sich in charakteristischer Weise. Andererseits

werden die Maximalwerte im Innersten der Wolke kleiner (der Maximalwert ist im jeweiligen Teilbild am linken Rand angegeben).

Ein Problem dieser Methode ist die Ableitung der Ausbreitungsvorschrift.

Aus der Simulation von Ausbreitungsvorgängen in Flüssen kann das CIS (*Cells in Series*) Verfahren übernommen werden (Stefan/Demetracopoulos 1981). Von den Autoren wird für den 1-D Fall ein Verfahren aus den analytischen Lösungen der gewöhnlichen Differentialgleichung

$$\frac{\partial \theta}{\partial t} = -\alpha\theta - \lambda\theta + q(t) \tag{8. 13}$$

gewonnen, wobei α die Übergangsrate einer Zelle in die nächste bezeichnet. λ steht für die Zerfallskonstante und q für einen zeitlich veränderlichen Quellterm. Ein Dispersionsterm darf in der Gleichung fehlen, da der dispersive Austausch im Modell durch das numerische Verfahren eingeführt wird. Dieses wird nun dadurch gewonnen, daß die Anzahl der Zellen N mit der (physikalischen) Peclet-Zahl verknüpft wird:

$$\frac{1}{N} = 2 \cdot Pe + 8 \cdot Pe^2 \qquad \text{mit} \quad Pe = \frac{uL}{D} \tag{8. 14}$$

Im Vergleich zu klassischen Lösungen der Transportgleichung liefert dieser Ansatz für die Ausbreitung eines δ-Peaks größere Asymmetrien in den zeitlichen Verteilungen, den sogenannten *Breakthrough-curves*. Es spricht für die Anwendung der CIS-Methode in Oberflächengewässern, daß derartige Asymmetrien in Flußläufen oft beobachtet werden. Allerdings kann die sog. *skewness*, die die Asymmetrie beschreibt, nicht durch einen zusätzlichen Parameter im Modell beeinflußt werden.

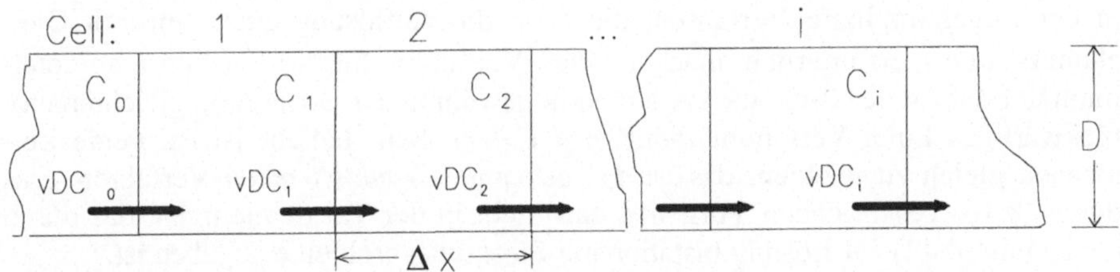

Abb. 8.5: CIS-Methode nach Banks (1974)

Auch die sogenannten *Kompartimentmodelle* können in die hier behandelte Kategorie von Verfahren eingeordnet werden. Übergangsvorschriften zwischen den Kompartimenten können sehr allgemeiner Art sein. Insbesondere können sie örtlich oder zeitlich variabel sein - was von der Art und der Änderung der beschriebenen hydrologischen oder physikalischen Prozesse abhängt.

Die Prozesse der Sorption, des Zerfalls oder auch Reaktionsprozesse können von manchen Ansätzen behandelt werden. Darauf kann hier im Einzelnen nicht eingegangen werden. Einige Verfahren sind speziell zur Berücksichtigung von wenigen Prozessen konzipiert worden.

8.2 Diskretisierung der Zeit

8.2.1   Verfahren der Simulation

Zur Darstellung der Diskretisierung der Zeit wird, wie schon bei der Modellierung von Strömungsvorgängen, für die örtliche Diskretisierung die Operatorschreibweise eingeführt. Es bezeichne also $\Omega(\theta)$ die lokale Diskretisierung für die räumlichen Ableitungsterme von θ und alle anderen Terme, die auf der rechten Seite der Transportgleichung (8.1) auftreten. Ist die räumliche Diskretisierung erfolgt, so ist das Problem der zeitlichen Diskretisierung identisch mit demjenigen der Lösung der gewöhnlichen Differentialgleichung:

$$R\varphi S\,\frac{\partial\theta}{\partial t}=\Omega(\theta) \tag{8. 15}$$

Die einfachsten Lösungsansätze ergeben sich, wie in Abschnitt 4 beschrieben, durch Verwendung des einfachsten Differenzenquotienten auf der linken Seite der Gleichung und einer gewichteten Summation auf der rechten Seite:

$$R\varphi S\,\frac{\theta(t+\Delta t)-\theta(t)}{\Delta t}=(1-\kappa)\Omega(\theta(t+\Delta t))+\kappa\Omega(\theta(t)) \tag{8. 16}$$

Der Faktor κ, der die Auswertung von θ zu den beiden Zeitschichten wichtet, liegt im Intervall [0,1]. Für $\kappa=1$ ergibt sich ein explizites Verfahren: die Berechnung von $\theta(t+\Delta t)$ kann direkt erfolgen. Für alle anderen Werte von κ ergeben sich in der Regel implizite Verfahren, die dann die Auflösung eines linearen Gleichungssystems erforderlich machen. Das Verfahren für $\kappa=0$ nennt man totalimplizit oder (in der Literatur zur Numerik gewöhnlicher Differentialgleichungen): rückwärtiges Euler-Verfahren (*backward Euler*). Sehr beliebt ist es, beide Zeitebenen gleich zu wichten: das ist das bekannte *Crank-Nicolson*-Verfahren. Das durch (8.16) beschriebene Vorgehen entspricht in der Tat demjenigen, das durch Gleichung (4.42) zur Lösung instationärer Strömungsprobleme gegeben ist.

Im Prinzip können zur Simulation von Ausbreitungsvorgängen alle die Verfahren eingesetzt werden, die schon in Abschnitt 4.2.1 zur Lösung instationärer Strömungsprobleme beschrieben wurden: verbesserte Polygonzugmethode, Heun-Verfahren und andere Algorithmen vom Runge-Kutta-Typ. Als Verallgemeinerung findet man die Mehrschrittverfahren. Alle diese Ansätze findet man seltener, je komplexer die örtliche Diskretisierung ist. Codes zur Behandlung von Transportprozessen in unstrukturierten 3D-Gittern sind bzgl. der zeitlichen Diskretisierung zumeist einfach gehalten und erlauben allenfalls die Auswahl eines Wichtungsfaktors κ, wie in Gleichung (8.16).

Es bezeichne im folgenden Ω: $\Re^N\rightarrow\Re^N$ den vektorwertigen Operator, der sämtliche lokalen Diskretisierungsvorschriften Ω: $\Re^N\rightarrow\Re$ auf dem Gitter mit N Unbekannten zusammenfaßt, und $\mathbf{I}$: $\Re^N\rightarrow\Re^N$ den Einheitsoperator (der sich als

Einheitsmatrix schreiben läßt), so daß sich Gleichung (8.16) wie folgt umschreiben läßt:

$$\left(\frac{R\varphi S}{(1-\kappa)\Delta t}\mathbf{I} - \Omega\right)(\theta(t+\Delta t)) = \left(\frac{R\varphi S}{(1-\kappa)\Delta t}\mathbf{I} + \frac{\kappa}{1-\kappa}\Omega\right)(\theta(t)) \qquad (8.17)$$

Im Gegensatz zur Strömungsgleichung können bei der Differentialgleichung, mit der Ausbreitungsvorgänge beschrieben werden, auf der rechten Seite von (8.16) mehrere Terme unterschiedlicher Art auftauchen. Wie in Abschnitt 7 beschrieben, wird das davon bestimmt, welche Prozesse bei der Modellierung berücksichtigt werden sollen: Advektion, Diffusion, Dispersion, Sorption, Zerfall etc. Auch die Art des Prozesses bestimmt die Form der Terme in der Differentialgleichung und damit die Form des Operators Ω.

Geht man in der eben beschriebenen Weise vor, so erhalten alle Terme auf der rechten Seite den gleichen Zeitschichtwichtungsfaktor. In der Modellierungspraxis erweist es sich nun als günstig, für die einzelnen Terme unterschiedliche Wichtungsterme zu verwenden. Mit dieser einfachen Unterscheidung gelangt man zu einer Vielzahl von Algorithmen, die in der Literatur vorgeschlagen und in Programmen implementiert sind.

Zunächst erfolgt die allgemeine Formulierung, bei der der Operator Ω in Teiloperatoren aufgespalten wird:

$$\Omega = \sum_{k=1,2\dots}\Omega_\mathbf{k} \qquad (8.18)$$

Damit erhält man eine Verallgemeinerung des Ansatzes (8.16) durch:

$$R\varphi S\frac{\theta(t+\Delta t)-\theta(t)}{\Delta t} = \sum_{k=1,2\dots}(1-\kappa_k)\Omega_k(\theta(t+\Delta t)) + \kappa_k\Omega_k(\theta(t)) \qquad (8.19)$$

Das sich ergebende numerische Verfahren wird nur dann explizit, wenn sämtliche κ_k zu Null gewählt werden. Der Vorteil der Verallgemeinerung ist der, daß die einzelnen Wichtungsfaktoren nach gewissen gewünschten Kriterien ausgewählt werden können. Dafür werden im folgenden einige Beispiele angegeben.

Eine weitere Verallgemeinerung besteht in der Aufspaltung (engl.: splitting) in mehrere Teilschritte, wie das unter dem Stichwort ADI schon in Abschnitt 4 angemerkt wurde. In jedem einzelnen Teilschritt wird dabei lediglich ein Teil der Summe auf der rechten Seite berücksichtigt:

$$R\varphi S\frac{\theta_l-\theta_{l-1}}{\Delta t} = \sum_{k=k_{l1},k_{l2}\dots}(1-\kappa_{kl})\Omega_k(\theta_l) + \kappa_{kl}\Omega_k(\theta_{l-1}) \qquad (8.20)$$

für $\quad l=1,\dots.\ell \quad$ und $\quad \theta_0=\theta(t) \quad$ sowie $\quad \theta_\ell=\theta(t+\Delta t)$

Im folgenden werden einige der Terme der Differentialgleichung im Einzelnen behandelt, wobei es zunächst um die gemischten zweiten Ableitungen gehen soll. Da die größere Anzahl von Stützstellen im Differenzenstern Gleichungslöser vor größere Aufgaben stellt, behandeln die meisten Autoren diese Terme 'explizit'. Richtmyer/Morton (1967) verwenden das explizite Verfahren in der einfachsten

Form (8.16) mit $\kappa=1$ und der räumlichen Diskretisierung (8.4) für die gemischten Ableitungsterme 2.Ordnung. Douglas/Gunn (1964) favorisieren das total-implizite Verfahren, allerdings mit der Näherung (8.5).

Diesen direkten Methoden wurden - hauptsächlich von sowjetischen Autoren - eine Reihe von Mehrschritt-Algorithmen gegenübergestellt. Einen Überblick verschaffen McKee/Mitchell (1970). Z.B. werden zwei Schritte vorgeschlagen, in denen die gemischten Terme beide Male den Wichtungsfaktor Null erhalten. Samarski (1964) verwendet eine explizite Form nur in seinem zweiten und letzten Schritt. Im 3-Schritt-Verfahren von Sofronov (1963) diskretisiert der dritte Teil die fraglichen Terme.

Die Idee, die einzelnen Prozesse in unterschiedlicher Weise zu behandeln, soll für die direkte Lösung an einem Beispiel betrachtet werden. Dabei geht es um den Fall, bei dem Abbau 1.Ordnung mit anderen Prozessen wie Advektion, Dispersion oder Diffusion auftritt. Als Testbeispiel für Programme, mit denen diese Situation behandlet werden kann, dient eine Situation, in der lediglich Abbau 1. Ordnung vorliegt. In diesem Fall gibt es eine analytische Lösung, mit der numerische Ergebnisse verglichen werden können. In dergleichen Weise analysiert Broc (1994) Algorithmen zur Modellierung von Advektion und radioaktivem Zerfall.

In der folgenden Tabelle sind Ausgaben der Programme SWIFT (1982) und SUTRA (Voss 1984) zum genannten Testbeispiel nebeneinandergestellt. Die Halbwertszeit des hypothetischen Stoffs wurde mit 1. (mit beliebiger Einheit) festgelegt. Es wurde in beiden Programmen mit Zeitschritten der Länge 0.1 total implizit gerechnet ($\kappa=0$).

Zeit	Analytische. Lösung	Num. Lösung SWIFT	Num. Lösung SUTRA	Rel. Fehler der num. Lösung
0.0	4.0			
1.0	2.0	2.046		0.023
2.0	1.0	1.046	1.047	0.047
3.0	0.5	0.5351	0.5357	0.071
4.0	0.25	0.2737	0.2741	0.096
5.0	0.125	0.1399	0.1402	0.122
6.0	0.0625	0.0716	0.0717	0.148
7.0	0.03125	0.0366	0.0367	0.174
8.0	0.015625	0.0187	0.0188	0.202

Tabelle 8.3: Numerischer Fehler im Grenzfall eines reinen Abbauvorgangs

Offenbar sind die numerischen Ergebnisse der beiden Programme fast identisch. Die beträchtlichen Unterschiede zwischen der FE-Software SUTRA und SWIFT, das nach dem Differenzenverfahren diskretisiert, spielen hier keine Rolle. Beide Programme arbeiten für die Zeitdiskretisierung mit demselben Ansatz. SUTRA bietet keine Alternative zum rückwärtigen Euler-Verfahren an, während in SWIFT auch das Crank-Nicolson-Verfahren oder der explizite Ansatz verwendet werden können.

Holzbecher (1994) optimiert den Wichtungsfaktor des Quellterms derart, daß sich beim numerischen Verfahren im statischen Grenzfall die analytische Lösung exakt ergibt (bis auf Rundungsfehler und deren Fortpflanzung). Leismann/Frind (1989) geben eine Gleichung für die Wichtungsfaktoren (und Dispersionskorrekturen) an, bei deren Anwendung sich eine symmetrische Matrix ergibt.

Von Bedeutung ist auch die Frage, wie die Koeffizienten R, φ und S ausgewertet werden, wenn sie zeitlich veränderlich sind. Zumeist wird auf die allgemeinere Form der Differentialgleichung und die daraus abgeleitete Diskretisierung zurückgegriffen:

$$\frac{\partial}{\partial t}(R\varphi S\theta) \approx \frac{R(t + \Delta t)\cdot...\theta(t + \Delta t) - R(t)\cdot...\theta(t)}{\Delta t} \tag{8.21}$$

(z.B. Nofziger/Rajender/Nayudu/Su 1989). S ist als Lösung eines Strömungsproblems gegeben. Die Zeitabhängigkeit der Variablen R und φ ist allerdings, wenn überhaupt, über eine Konzentration θ gegeben, z.B. bei nichtlinearen Sorptionsisothermen. Dann wird die zu lösende Gleichung nichtlinear und es müssen evtl. spezielle Verfahren für nichtlineare Gleichungen angewandt werden.

8.2.2   Diskretisierungsfehler und numerische Dispersion

Bei der Approximation der infinitesimalen bzw. kontinuierlichen Größen durch die Diskretisierung entstehen Fehler. Damit die Lösung des diskreten Problems die Lösung der analytischen Aufgabenstellung erfüllt, muß der Diskretisierungsfehler klein genug sein. Wird der Fehler mit feiner werdender Diskretisierung kleiner, so bezeichnet man das numerische Verfahren als *konsistent*. Die Fehler quantitativ zu erfassen, ist für die meisten Ansätze nicht einfach. Bei dem Verfahren der Finiten Differenzen lassen sich die Fehler durch Taylor-Entwicklung bestimmen. Betrachtet man den Term höchster Ordnung in den Diskretisierungsgrößen Δx oder Δt, so erhält man für den sogenannten Abschneidefehler (*truncation error*):

für den zentralen Differenzenquotienten 2. Ordnung (im Raum)

$$\frac{\partial^2\theta}{\partial x^2} = \frac{\theta(x + \Delta x) - 2\theta(x) + \theta(x + \Delta x)}{(\Delta x)^2} +...(\Delta x)^2 \tag{8.22}$$

für den zentralen Differenzenquotienten 1. Ordnung (im Raum)

$$\frac{\partial\theta}{\partial x} = \frac{\theta(x + \Delta x) - \theta(x - \Delta x)}{2\Delta x} + \frac{1}{3}(\Delta x)^2\frac{\partial^3\theta}{\partial x^3} +...(\Delta x)^3 \tag{8.23}$$

für den rückwärtigen Differenzenquotienten 1. Ordnung (im Raum)

$$\frac{\partial\theta}{\partial x} = \frac{\theta(x) - \theta(x - \Delta x)}{\Delta x} + \frac{1}{2}\Delta x\frac{\partial^2\theta}{\partial x^2} +...(\Delta x)^2 \tag{8.24}$$

für den vorwärtigen Differenzenquotienten 1. Ordnung (in der Zeit)

$$\frac{\partial \theta}{\partial t} = \frac{\theta(t + \Delta t) - \theta(t)}{\Delta t} - \frac{1}{2}\Delta t\frac{\partial^2\theta}{\partial t^2} + ...(\Delta t)^2 \qquad (8.\,25)$$

oder:

$$\frac{\partial \theta}{\partial t} = \frac{\theta(t + \Delta t) - \theta(t)}{\Delta t} - \frac{1}{2}v^2\Delta t\frac{\partial^2\theta}{\partial x^2} + ...(\Delta t)^2 \qquad (8.\,26)$$

Die zentralen Differenzenquotienten approximieren die Differentialquotienten offenbar mit einem Fehler 2. Ordnung (in der 2. Potenz der Diskretisierungsgröße Δx), während die einseitigen Approximationen von 1. Ordnung sind. Verwendet man in der Zeitdiskretisierung die verbesserte Polygonzugmethode, so verbessert sich der Fehlerterm um eine Ordnung. Man beachte noch, daß die Fehlerordnung für $\theta(t)$ jeweils um 1 höher liegt, als für die erste Ableitung.

Die letzte angegebene Gleichung kann aus der vorhergehenden unter Ausnutzung der Differentialgleichung abgeleitet werden (Bear/Verruijt 1987). Sie besagt, daß beim expliziten Verfahren durch die Zeitdiskretisierung eine Antidiffusion vom Betrag $v^2\Delta t/2$ eingeführt wird. Van Genuchten/Gray (1978) zeigen, daß beim total impliziten Verfahren eine numerische Diffusion des gleichen Betrags eingeführt wird. Beim Crank-Nicolson-Verfahren hat man eine Antidiffusion auf der $t+\Delta t$-Schicht und eine Diffusion auf der t-Schicht; beide sind vom Betrag $v^2\Delta t/6$.

Die Fehlerterme erster Ordnung mit positivem Vorzeichen lassen sich als zusätzliche Dispersion deuten, die durch die Diskretisierung eingeführt werden: man spricht von numerischer Dispersion. Aus Gleichung (8.24) und (8.1) ergibt sich, daß beim sog. 'upwind-scheme' der wesentliche Term der numerischen Dispersion wie folgt gegeben ist (Lantz 1971):

$$D_{num} = v\frac{\Delta x}{2} \qquad (8.\,27)$$

Zum Ausgleich dieses numerischen Effekts kann man den Wert der 'realen' Dispersion entsprechend reduzieren. Genauer spricht man von der Korrektur des Abschneidefehlers. Um negative Diffusionen zu vermeiden, müssen die Gitter-*Peclet*-Zahl-Kriterien erfüllt sein:

$$\frac{v_x\Delta x}{D_{xx}} \leq 2 \qquad \frac{v_y\Delta y}{D_{yy}} \leq 2 \qquad \frac{v_z\Delta z}{D_{zz}} \leq 2 \qquad (8.\,28)$$

Durch die Einführung eines Koordinatensystems wird ein zusätzlicher numerischer Effekt erzeugt: denn das reale System kennt im allgemeinen keine ausgezeichneten Richtungen. Die Fehler, die dadurch entstehen, bezeichnet man auch als Gitter-Orientierungs-Effekte. Für Diagonalströmungen im Winkel α zur x-Achse in zwei Ortsdimensionen läßt sich der Gittereffekt in erster Ordnung als eine *falsche Diffusion* proportional zu den Geschwindigkeitskomponenten beschreiben. Nach deVahl Davis/Mallinson (1972) gilt für die zugehörige Dispersionslänge:

$$\alpha_f = \frac{\Delta x \Delta y \cdot \sin(2\alpha)}{4(\Delta x \cdot \cos^3(\alpha) + \Delta y \cdot \sin^3(\alpha))} \tag{8.29}$$

Ebenso wie der Abschneidefehler kann der Gitter-Orientierungs-Effekt durch die Verminderung der Dispersionslängen um α_f abgeschwächt werden.

Weitere Diskretisierungsfehler entstehen bei der Behandlung von Nichtlinearitäten.

8.2.3 Stabilität und Diskretisierungskriterien

Nicht nur die Konsistenz eines numerischen Verfahrens muß gegeben sein. Für die Konvergenz eines Algorithmus ist zusätzlich die numerische Stabilität notwendig. Ein Verfahren bezeichnet man als stabil, wenn kleine Fehler - die am Computer schon allein durch das Abschneiden von Stellen auftreten - sich nicht in Größenordnungen aufschaukeln, die die Lösung verfälschen.

Bei Finiten Differenzen gelten folgende Kriterien für die Stabilität der Verfahren.

$$\text{\textit{Courant}-Kriterien:}\qquad \frac{v_x \Delta t}{\Delta x} \le 1 \qquad \frac{v_y \Delta t}{\Delta y} \le 1 \qquad \frac{v_z \Delta t}{\Delta z} \le 1 \tag{8.30}$$

$$\text{\textit{Neumann}-Kriterium:}\qquad \left(\frac{D_{xx}}{(\Delta x)^2} + \frac{D_{yy}}{(\Delta y)^2} + \frac{D_{zz}}{(\Delta z)^2} \right) \Delta t \le 1 \tag{8.31}$$

Courant- und Neumann-Kriterium gelten im strengen Sinn für Zeitschichtwichtungen $\kappa \succ 1/2$ (Meis/Marcowitz 1978). In der Praxis zeigt sich aber, daß der Modellierer bei der Wahl des Zeitschritts sich in jedem Fall an ihnen orientieren sollte. Das gilt nicht nur für FD-Programme, sondern gleichermaßen für FE-Programme, wie Kinzelbach/Frind (1986) ausführen. Vergleiche dazu auch die Testbeispiele in Abschnitt 9.

Die Gitter-Peclet-Kriterien (8.28) bestimmen nur die örtliche Diskretisierung und sind daher vorrangig zu behandeln. Courant- bzw. Neumann-Kriterium können dann durch die Wahl einer genügend kleinen Zeitschrittweite erfüllt werden. Im Programm FAST-C besteht die Option einer Zeitschrittautomatik, die an eines der beiden oder an beide Kriterien gekoppelt ist. Es wird dabei ein Zeitschritt verwendet, der über einen festen Faktor (der ebenfalls vom Modellierer gewählt werden kann) mit dem maximal möglichen Δt verknüpft ist.

Aber auch für die Fälle, in denen die theoretische Ableitung keine Stabilitätsbedingung vorschreibt, sollte man sich bei der Wahl der diskreten Größen an den genannten Kriterien orientieren. Das gilt insbesondere für die FV- und FE-Ansätze. In der Praxis testet man die Abhängigkeit von der Diskretisierung am besten durch Änderung von Δx und Δt. Für die zeitliche Diskretisierung ist die Durchführung dieses Tests in der Regel unproblematisch: eine Verminderung der Zeitschrittweiten führt allerdings zu einer entsprechenden Erhöhung der Rechenzeit. Eine Halbierung sämtlicher Gitterabstände ist mit einer Vervierfachung der Zahl der Unbekannten verbunden (im 2D Fall), womit man für komplexe Modelle leicht die Grenze der Rechnerressourcen erreicht.

Es wurde oben erwähnt, daß die Methoden der Finiten Zellen auch die expliziten Verfahren der oben behandelten Ansätze beinhalten. Man würde daher erwarten, daß für die Anwendbarkeit der Methoden ebensolche einschränkenden Bedingungen gelten, wie sie oben für die expliziten FD-Verfahren formuliert wurden. Manche Verfahren besitzen in der Tat Bedingungen, die vorschreiben, daß das Gitter genügend fein und der Zeitschritt genügend klein sein muß, um brauchbare Ergebnisse zu liefern.

Erstaunlicherweise besitzen einige der Verfahren bzgl. des Zeitschritts eine Bedingung umgekehrter Richtung: erforderlich ist eine Mindestgröße von Δt, nicht eine Maximalgröße wie beim Courant- oder beim Neumann-Kriterium. Campbell/Longsine/Reeves (1981) stellen ein Verfahren vor, das auf Darstellungen analytischer Lösungen mittels Green'scher Funktionen aufbaut, und für Peclet-Zahlen zwischen 0.2 und 4000 sowie Courant-Zahlen zwischen 0.025 und 40 anwendbar ist. Die Erklärung dieser umkehrten Bedingung liegt darin, daß diskrete Näherungen der Gauß-Funktionen bzw. der Green'schen Funktionen als analytische Lösungen dann genauer sind, wenn die Anzahl der beteiligten Zellen genügend groß ist. Für die praktische Modellierung setzt das voraus, daß sich eine Kontamination bereits in einem größeren Teilbereich, der eine Vielzahl von Zellen enthält, ausgebreitet hat. Genau das kann aber erst nach einer genügend langen Zeit erfüllt sein.

8.3 Particle Tracking

Durch die Verfolgung von Partikelbahnen oder Strompfaden kann ein Strömungsfeld visualisiert werden. Das gilt vor allem für stationäre Strömungen. Im 2D-Fall läßt sich das gesamte Strömungsbild in einem einzigen Bild mit Stromlinien präsentieren. Abb. 8.6 zeigt die Anströmung eines Brunnens in einem horizontalen Strömungsfeld und weist recht deutlich nach, daß die Hälfte des am rechten Rand einströmenden Wassers vom Brunnen abgepumpt wird (5 von 10 Stromlinien führen zum Brunnen, die anderen daran vorbei).

In Abb. 8.7 wurde unter denselben Bedingungen zusätzlich ein zweiter Brunnen mit geringerer Förderrate in Betrieb genommen, um schadstoffbelastetes Wasser, das über den rechten Rand einströmt, abzuwehren. Deutlich erkennt man den begrenzten Einflußbereich des Abwehrbrunnens in diesem Beispiel. Er wäre nur dann effektiv, wenn die Kontamination in einem schmalen Bereich zwischen den beiden mittleren Stromlinien begrenzt aufzufinden wäre (A). Es wird im ersten Brunnen nun sogar verstärkt Wasser von der abgewandten Seite des zweiten Brunnens gefördert (von 10 Stromlinien enden nun nur noch 4 an der Ausstromkante links). Wenn die Kontamination noch in diesen, vom Frischwasserbrunnen entfernteren Bereich, hineinragt (B), könnte die Installation der Schutzmaßnahme sogar den gegenteiligen Effekt einer Verschlechterung der Qualität des geförderten Wassers haben.

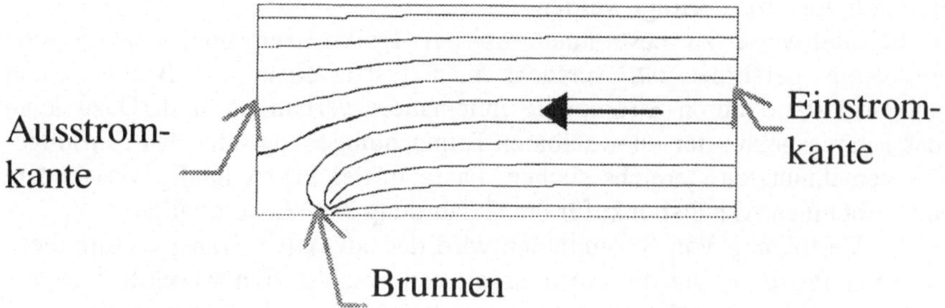

Abb. 8.6: Visualisierung durch Strompfade: Anströmung eines Brunnens bei horizontaler Grundströmung

Weitere Probleme ergeben sich im 3D-Fall, die von Cordes/Kinzelbach (1995) angesprochen werden.

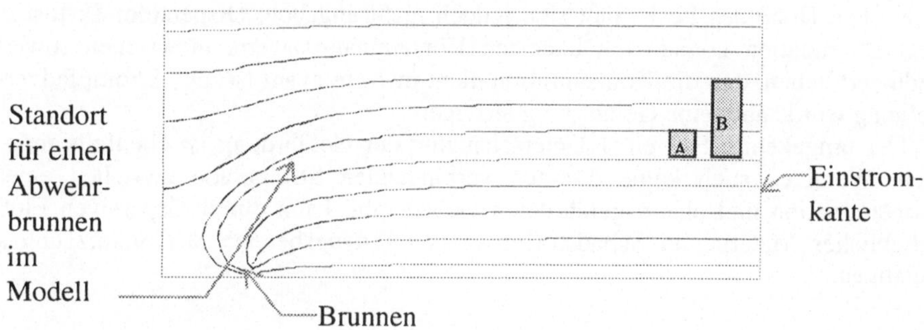

Abb. 8.7 : Visualisierung durch Strompfade: Anströmung zweier Brunnen in horizontaler Grundströmung

In der Praxis des Einsatzes von Computermodellen wird die Methode des Particle Tracking für zwei wesentliche Aufgabenstellungen angewandt: zur Laufzeitberechnung und zur Ermittlung von Einzugs- bzw. Einflußgebieten. Laufzeiten ergeben sich durch die Summation von Zeitschritten oder Zeitabschnitten, in denen eine Teilchenbahn verfolgt wird. Im stationären Strömungsfeld wird zusätzlich die Porosität und (im ungesättigten Bereich) die Sättigung benötigt. Unsicherheiten in diesen Eingabegrößen resultieren in entsprechenden Unsicherheiten in der Laufzeitbestimmung. Liegen in einem Modell Bereiche weit unterschiedlicher Durchlässigkeit vor, deren Begrenzungen nicht genau bekannt sind (was der Regelfall bei Modellierungen von Feldsituationen ist), so ergeben sich große Unterschiede in den Laufzeiten von Pfaden, die in diesem unsicheren Grenzbereich verlaufen, wenn man unterschiedliche diskrete Darstellungen der Gesteinsformationen wählt.

Bei der Bestimmung von Einzugsgebieten ermittelt man zu einem Zielbereich die Herkunft der Strompfade. Damit erhält man einen Teil des Modellgebiets, welches das Zielgebiet beeinflußt. Umgekehrt kann man zu einem Startbereich von

Strompfaden den Bereich ermitteln, der von diesen Bahnen erreicht wird. Der Unterschied liegt darin, daß im ersteren Fall die Pfade in der Zeit rückwärts, im letzteren Fall vorwärts verfolgt werden.

Um beispielsweise zu bestimmen, ob ein Trinkwasserbrunnen durch eine Kontamination gefährdet ist, versucht man festzustellen, ob Brunnen und Kontaminationsherd durch Strompfade miteinander verbunden sind. Dazu kann man das Einzugsgebiet der unmittelbaren Brunnenumgebung oder das Einflußgebiet des verschmutzten Bereichs suchen. Diese in der Praxis häufig verwendete Methode gibt einen Anhaltspunkt für die Gefährdung der Wasserqualität.

Mit der Verfolgung von Strompfaden wird der advektive Transport simuliert. Alle anderen Prozesse, die die Ausbreitung von Schadstoffen wesentlich mitbestimmen, gehen in diese Verfahrensweise nicht ein. Einfache Sorptionsprozesse, die sich lediglich in einer verzögernden Wirkung auf die Ausbreitung äußern, können prinzipiell mitberücksichtigt werden: Laufzeiten erhöhen sich um den Retardationsfaktor, Einzugs- bzw. Einflußgebiete ändern sich nicht.

Ein Konzentrationspeak bewegt sich längs der Strompfade. Sind die entsprechenden Annahmen bzw. Anfangsbedingungen etc. erfüllt, läßt sich damit eine Aussage über den Zeitpunkt des Eintreffens eines Konzentrationsmaximums machen. Die Höhe des Peaks läßt sich jedoch nicht angeben; Dispersion, Diffusion und Degradation können die höchsten Kontaminationswerte inzwischen soweit reduziert haben, daß die Konzentration nicht mehr relevant ist. Die Strompfadverfolgung würde aber eine Gefährdung anzeigen.

Der umgekehrte Fall einer Unterschätzung der Gefährdung ist ebenfalls möglich. Wenn es auch keine direkten verbindenden Strompfade zwischen einer Kontamination und einem gefährdeten Gebiet gibt, kann durch dispersiven Fluß erhebliches Material an Schadstoffen in den Einzugsbereich des Schutzgebiets gelangen.

8.3.1   Euler-Verfahren

Zur Modellierung des advektiven Transports in einem Strömungsfeld werden sogenannte 'Particle Tracking' Algorithmen verwendet. Ausgehend von einem Startpunkt wird der Pfad eines Fluid-Teilchens verfolgt, bis der Modellrand oder eine Senke erreicht wird.

Die einzelnen Programme unterscheiden sich zunächst nach der Form, in der das Geschwindigkeitsfeld gegeben ist. Bear/Verruijt (1987) stellen Fälle vor, in denen die Geschwindigkeiten durch analytische Lösungsformeln gegeben sind. Nach Wahl eines Zeitschritts Δt wird der Strompfad mittels des *Euler*-Verfahrens verfolgt:

$$\Delta x = u_x \Delta t \qquad\qquad \Delta y = u_y \Delta t \qquad\qquad \Delta z = u_z \Delta t \qquad\qquad (8.32)$$

oder:

$$\mathbf{r} = \mathbf{r}_0 + \Delta t \cdot \mathbf{u}(\mathbf{r}_0, t_0) \qquad\qquad (8.33)$$

Dabei werden die Geschwindigkeitskomponenten an dem Ort ausgewertet, an dem sich das Teilchen zum Anfang des Zeitschritts befand. Das setzt voraus, daß die u-Werte an jeder Stelle des gesamten Modellgebiets bekannt sind.

Tracking-Algorithmen, die im Anschluß an eine numerische Berechnung eines Strömungsfeldes angewandt werden, müssen - im Gegensatz zu dem zuvor vorgestellten Verfahren - die diskrete Form des Feldes berücksichtigen. Geschwindigkeitswerte sind lediglich an bestimmten Gitterstellen gegeben; je nach numerischem Ansatz sind das Blockmittel-, Kantenmittel- oder Knotenpunkte.

Beim Programm STLINE (Ward/Harrover/Vincent/Lester 1993) wird angenommen, daß die Geschwindigkeiten (hier in den Blockmittelpunkten eines Rechteckgitters gegeben) sich im Zwischenbereich linear verändern. Für einen vorgegebenen Zeitschritt kann dann die zurückgelegte Strecke ($\Delta x,\Delta y$) wie oben berechnet werden unter der Bedingung, daß die Geschwindigkeit am Mittelpunkt der Strecke ausgewertet wird. Exemplarisch wird die x-Richtung mit der Näherung $u_x = a + bx$ betrachtet. Dabei bezeichnet x die lokale Koordinate im Block und die Koeffizienten lassen sich mit den Gleichungen

$$a = u_{x1} \qquad\qquad b = (u_{x2} - u_{x1}) / \Delta x \qquad\qquad (8.\,34)$$

berechnen, wenn u_{x1} bzw. u_{x2} die Komponentengeschwindigkeiten an den Blockkanten bezeichnen. Dann ergibt sich:

$$\Delta x = \frac{(a + bx)\Delta t}{1 - b\Delta t / 2} \qquad\qquad (8.\,35)$$

Der Endpunkt der Strecke sollte dabei nicht in benachbarte Blockbereiche fallen, in denen andere Geschwindigkeiten zur Mittelung herangezogen werden müssen. Da das aber prinzipiell nicht vermieden werden kann, ist genau dies der Nachteil des Verfahrens. Bei Verwendung von STLINE wird die Geschwindigkeit vom Startblock des Schritts aus extrapoliert. Der auftretende Fehler kann nur durch die Wahl von kleinen Zeitschritten reduziert werden. Das erhöht allerdings den Rechenaufwand erheblich.

Die Geschwindigkeitsfelder, die sich durch lineare Interpolation der Geschwindigkeitskomponenten ergeben, sind mit der Differentialgleichung konsistent. Da nach Konstruktion u_x eine Funktion von x und u_y eine Funktion von y ist, ist das Feld rotationsfrei. Macht man für die y-Komponente ebenso die lineare Entwicklung, so ergibt sich als Divergenz an jedem Punkt innerhalb des Blocks (in 2D):

$$\operatorname{div} \mathbf{u} = \frac{\partial u_x}{\partial x} + \frac{\partial u_y}{\partial y} = \frac{u_{x2} - u_{x1}}{\Delta x} + \frac{u_{y2} - u_{y1}}{\Delta y} =$$

$$= \frac{1}{\varphi S \Delta x \Delta y} (v_{x2}\Delta y - v_{x1}\Delta y + v_{y2}\Delta x - v_{y1}\Delta x) = 0 \qquad\qquad (8.\,36)$$

Das letzte Gleichheitszeichen gilt für Geschwindigkeitsfelder, die gemäß den FD- oder FV-Verfahren in Rechteckgittern erzeugt wurden. An den Blockkanten liegen im allgemeinen Sprünge der Ableitungen von u_x bzw. u_y vor. Weiterhin ist klar, daß an den Kanten mit konstantem y die u_x-Komponente und an Rändern mit konstantem x die u_y-Komponente selbst unstetig ist. Zur Behebung dieser Inkonsistenz schlägt Goode (1990) die Verwendung bilinearer Interpolationsschemata vor, die allerdings die Differentialgleichung im Innern nicht erfüllen.

In FE-Gittern ergeben sich bei linearen oder bilinearen Ansatzfunktionen für die Piezometerhöhe Unstetigkeiten in der Normalkomponente der Darcy-Geschwindigkeit. Müssen unterschiedliche Porositäts- bzw. Feuchtewerte berücksichtigt werden, so ergeben sich auch beim Differenzenverfahren an Rechteckgitterkanten Sprünge in der Abstandsgeschwindigkeit.

8.3.2   Verfahren höherer Ordnung

Bei der Integration des Geschwindigkeitsfelds zur Simulation der Bewegung von Partikeln steht prinzipiell eine ganze Reihe von Verfahren zur Auswahl. In Kapitel 4 wurden die verschiedensten expliziten Methoden zur Diskretisierung der Zeit angegeben. Diese können zur Berechnung von Strompfaden anstelle des Euler-Verfahrens eingesetzt werden.

Sauter u.a. (1994) verwenden das Heun-Verfahren (2. Ordnung) zur Zeitintegration. Im Algorithmus wird im ersten Schritt die Position $\mathbf{r}$ des Teilchens nach dem Euler-Verfahren berechnet. Im zweiten Schritt geht der Geschwindigkeitsvektor an der Stelle $\mathbf{r}$ in die endgültige Berechnung der Partikelposition am Ende des Zeitschritts ein:

$$\tilde{\mathbf{r}} = \mathbf{r}_0 + \Delta t \cdot \mathbf{u}(\mathbf{r}_0)$$

$$\mathbf{r} = \mathbf{r}_0 + \frac{\Delta t}{2} \cdot (\mathbf{u}(\mathbf{r}_0) + \mathbf{u}(\tilde{\mathbf{r}})) \tag{8.37}$$

Von den weiteren Ansätzen nach *Runge-Kutta*, die alternativ verwendet werden können, soll hier nur ein Beispiel beschrieben werden. In einem Zwischenschritt wird dazu zunächst ein Euler-Schritt zur Zeitschrittweite $\Delta t/2$ gemacht. Der damit ermittelte Ort dient zur Auswertung der Geschwindigkeiten, die dann für die Bestimmung des neuen Ortes nach den oben gegebenen Gleichungen verwendet werden.

$$\tilde{\mathbf{r}} = \mathbf{r}_0 + \frac{\Delta t}{2} \cdot \mathbf{u}(\mathbf{r}_0)$$

$$\mathbf{r} = \mathbf{r}_0 + \Delta t \cdot \mathbf{u}(\tilde{\mathbf{r}}) \tag{8.38}$$

Diese Ansätze lassen sich für das 'Particle Tracking' in instationären Strömungsfeldern verallgemeinern.

8.3.3   FASTpath

Wie oben schon angemerkt wurde, treten bei den bisher erwähnten Verfahren an Blockgrenzen Fehler auf. Die Ursache dafür liegt darin, daß die Verfolgung der

Pfade über eine zeitliche Simulation erfolgt, die in Zeitschritten fortschreitet. Eine Verkleinerung der Zeitschritte führt zwar zu einer Reduzierung des Fehlers; der Aufwand, der zu diesem Zweck getrieben werden muß, ist aber relativ hoch. Meist muß der Modellierer mehrere Testläufe mit unterschiedlicher Zeitschrittwahl starten, um dahin zu gelangen, daß sich Strompfadverlauf und Laufzeit nur noch um vernachlässigbare Größen verändern.

Dieser Nachteil wird im Programm FASTpath dadurch vermieden, daß die Pfade von einem Blockrand zum anderen nach der analytischen Lösung verfolgt werden. Wie in anderen Programmen auch, wird von der Voraussetzung ausgegangen, daß Geschwindigkeitskomponenten sich in Zwischenbereichen (das sind hier Blöcke eines Rechteckgitters, da die Geschwindigkeitskomponenten an den jeweiligen Kantenmittelpunkten gegeben sind) allenfalls linear ändern. Die Länge des Zeitraums, der bis zum Erreichen der nächsten Blockkante vergeht, läßt sich analytisch bestimmen.

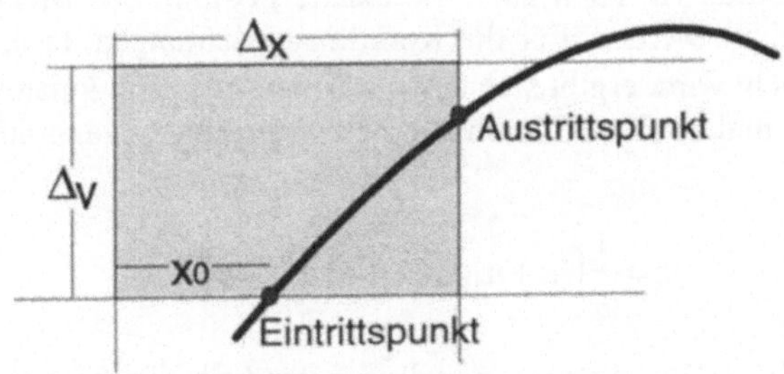

Abb. 8.8: Zur Beschreibung des FASTpath Verfahrens

Bezeichnet x die lokale Ortsvariable in x-Richtung im Block, so ergeben sich die Parameter für die linear veränderliche Geschwindigkeitskomponente $u_x = a + bx$ durch:

$$a = u_x^- \qquad\qquad b = \frac{u_x^+ - u_x^-}{\Delta x} \qquad\qquad (8.\,39)$$

Damit errechnet man für die Laufzeit zwischen den Punkten x_0 und x:

$$\Delta t_x = \int\limits_0^{\Delta t_x} dt = \int\limits_{x_0}^{x} \frac{ds}{u_x(s)} = \int\limits_{x_0}^{x} \frac{ds}{a + bs} = \frac{1}{b} \ln(a + bs) \Big|_{x_0}^{x}$$
$$= \frac{1}{b}\big[\ln(a + bx) - \ln(a + bx_0)\big] = \frac{1}{b}\ln\!\left(\frac{a + bx}{a + bx_0}\right) \qquad (8.\,40)$$

Exemplarisch ist die Situation in Abb. 8.8 dargestellt. x_0 ist der Wert der lokalen Variablen am Eintrittsort des Strompfads in den Block. Die Gleichung gilt für alle x-Werte, die innerhalb des Blocks liegen. Insbesondere erhält man die maximale Laufzeit innerhalb des Blocks in x-Richtung, wenn man für x den Maximalwert ($\Delta x - x_0$ bei Strömung in positiver x-Richtung, 0 bei Strömung in negativer Richtung) einsetzt:

$$\Delta t_x^{max} = \begin{cases} \dfrac{1}{b}\ln\left(\dfrac{a+b(\Delta x - x_0)}{a+bx_0}\right) & \text{für positive Geschwindigkeit} \\[3ex] \dfrac{1}{b}\ln\left(\dfrac{a}{a+bx_0}\right) & \text{für negative Geschwindigkeit} \end{cases} \tag{8.41}$$

Diese Laufzeit gilt für den Strompfad exakt, wenn er tatsächlich eine der beiden Kanten erreicht. In analoger Weise müssen nun die anderen Koordinatenrichtungen behandelt werden. Die tatsächliche Laufzeit des Pfads im Block ist die kleinste der Maximallaufzeiten; für 3D-Geschwindigkeitsfelder:

$$\Delta t = \min\left\{\Delta t_x^{max}, \Delta t_y^{max}, \Delta t_z^{max}\right\} \tag{8.42}$$

Nach dieser Zeitspanne erreicht der Strompfad den nächsten Rand. Nachdem die Laufzeit ermittelt ist, kann auch die exakte Position des Blockaustrittspunkts analytisch berechnet werden. Für die Koordinatenrichtungen, in denen die Blockkante nicht erreicht wird, ergibt sich der Positionswert, indem man $*t$ in Gleichung (8. 40) einsetzt und nach der durchlaufenen Koordinatenlänge auflöst. Es ergibt sich:

$$x = \frac{1}{b}\left[(a+bx_0)\exp(-b\Delta t) - a\right] \tag{8.43}$$

Dabei steht die x-Koordinate nur stellvertretend für alle betroffenen Koordinaten in der Gleichung.

Die Umformungen, die zu Gleichung (8. 43) führen, sind erlaubt, wenn $b*0$ ist und a und x_0 nicht gleichzeitig Null werden. Ist $b=0$ dann liegt in x-Richtung eine konstante Geschwindigkeit vor und die maximale Laufzeit ergibt sich aus der einfachen Formel:

$$\Delta t_x = \frac{1}{a}(x - x_0) \tag{8.44}$$

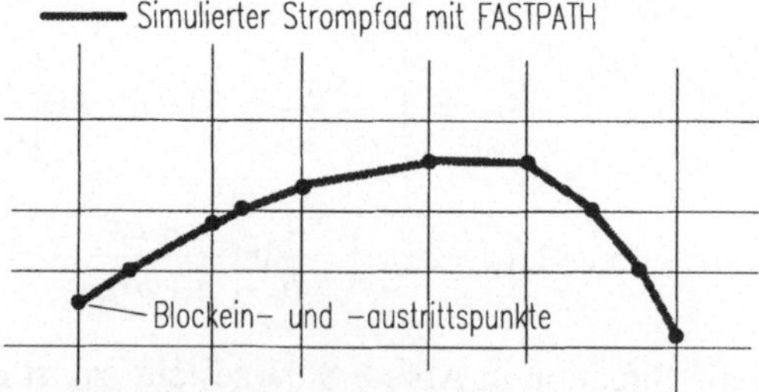

Abb. 8.9 : Simulierter Strompfad in einem unregelmäßigen Rechteckgitter

Gilt $a=0$, so liegt an der zugehörigen Blockkante bzgl. der Bewegung in die entsprechende Richtung ein Stagnationspunkt vor. Wird mit $x_0=0$ der Block an dieser Kante erreicht, so läuft der Pfad nicht weiter in das Innere des Blocks hinein. Im

Algorithmus kann die maximale Laufzeit auf ∞ gesetzt werden und die Position auf x=0.

Das Minimum der Δt's für die einzelnen Koordinatenrichtungen ist demnach bestimmend für das Erreichen einer Blockkante und damit kann der Block-Austrittspunkt direkt berechnet werden. Senkenblöcke erfordern eine gesonderte Behandlung, auf die hier nicht näher eingegangen werden soll.

Eine äquivalente Formulierung zu dem in FASTpath implementierten Algorithmus wurde von Pollock (1988) angegeben. Eine Verallgemeinerung für Nicht-Rechteckgitter findet man in Cordes/Kinzelbach (1992). Die letztgenannten Autoren weisen auch darauf hin, daß beim Postprozessing für Ergebnisse von FE-Programmen an den Elementrändern Unstetigkeiten im Geschwindigkeitsfeld entstehen. Diese können zu erheblichen Fehlern führen; eine Problematik, die bei der FD-Methode so nicht auftritt (vgl. aber Bemerkung in 8.3.1).

8.3.4   Verwendung der Stromfunktion

Bei stationären Geschwindigkeitsfeldern in zwei Dimensionen kann das Verfolgen von Stromlinien auch (besser) mittels der Stromfunktion erfolgen. Die Stromfunktion Ψ, die durch die beiden Gleichungen

$$\frac{\partial \Psi}{\partial x} = v_y \qquad\qquad \frac{\partial \Psi}{\partial y} = -v_x \qquad\qquad (8.\,45)$$

definiert ist, erfüllt in quellenfreien Gebieten die Differentialgleichung:

$$\frac{\partial}{\partial x} \frac{1}{K_y} \frac{\partial \Psi}{\partial x} + \frac{\partial}{\partial y} \frac{1}{K_x} \frac{\partial \Psi}{\partial y} = 0 \qquad\qquad (8.\,46)$$

Eine weitere Bedingung für die Gültigkeit dieser Differentialgleichung ist die Konstanz der Fluiddichte. Ändert sich ρ im betrachteten Gebiet (Dichteströmungen), so muß in der Gleichung ein zusätzlicher Term addiert werden (Holzbecher 1991). Die Differentialgleichung kann mit dem Ansatz der Finiten Differenzen oder der Finiten Elemente gelöst werden. Die Isolinien der Stromfunktion sind dann die gesuchten Stromlinien.

Der Stromfunktionsansatz ist von der Seite der numerischen Genauigkeit sicherlich der beste Ansatz, da hier eine Fehlerfortpflanzung, wie sie bei den eigentlichen *Tracking*-Algorithmen auftritt, vermieden wird. Der Nachteil liegt darin, daß Quellen und Senken nicht im Gebietsinnern auftreten dürfen. Allerdings lassen sich an Rändern Zu- und Ausflüsse leicht modellieren: die Stromfunktion macht an den entsprechenden Punkten einen Sprung. Durch eine geeignete (kompliziertere) Wahl der Ränder können daher auch Probleme mit Quellen in der Stromfunktionsdarstellung gelöst werden.

Der Stromfunktionsansatz wird für stationäre und instationäre Dichteströmungen verwandt. Im letzteren Fall wird die zeitliche Änderung im wesentlichen von der Transportgleichung bestimmt. (Wooding 1957, Elder 1967a,b, Holzbecher 1991). Ein Beispiel für die direkte Lösung eines Strömungsfeldes mit der Stromfunktion ist in Abb. 5.6 dargestellt: dort sind Isolinien von Ψ zu äquidistanten Niveaus gezeigt. Zwischen den Linien strömt dieselbe Menge an Wasser. Wo die Isolinien weit auseinanderliegen, sind die Geschwindigkeiten klein; wo sie nahe zusammenkommen, sind die Geschwindigkeiten relativ groß.

Der Ansatz ist im Prinzip auch auf den 3D-Fall übertragbar. Die analytische Behandlung ist dort wiederum komplexer: statt der skalaren Funktion muß ein Stromfunktionsvektor Ψ berechnet werden.

8.4 Charakteristikenverfahren und Lagrange-Ansatz

Wie im vorherigen Kapitel angemerkt wurde, ist es der Nachteil der Strompfadverfolgung, daß Diffusion und Dispersion, sowie Abbau und Zerfall als bestimmende Prozesse der Ausbreitung vernachlässigt werden. Durch verschiedenartige Erweiterungen des Verfahrens wird versucht, die unberücksichtigten Vorgänge doch mit einzubeziehen. Einige Ansätze fügen einen zweiten Schritt hinzu, in dem alle zusätzlichen Prozesse behandelt werden. Diese Verfahren werden, je nach der Herleitung, die der Autor bevorzugt, Charakteristiken- oder Euler-Lagrange-Verfahren genannt oder unter der Kategorie 'splitting methods' eingeordnet. Eine andersartige Erweiterung, die unter der Bezeichnung 'random walk' firmiert, wird im folgenden Kapitel dargestellt.

Charakteristiken sind die Kurven der Form $\mathbf{r}(t)$, für die gilt (vgl. Erwe/Peschl 1973):

$$\frac{\partial}{\partial t}\mathbf{r} = \mathbf{u}(\mathbf{r},t) \tag{8.47}$$

Auf den Charakteristiken erfüllt die Lösung $\theta(t)$ einer partiellen Differentialgleichung 1.Ordnung

$$\frac{\partial \theta}{\partial t} = \mathbf{u}(\mathbf{r},\theta,t)\cdot\nabla\theta + q \tag{8.48}$$

die gewöhnliche Differentialgleichung $\partial\theta\,/\,\partial t = q$. Man kann die Lösung einer Advektionsgleichung also aufspalten in zwei Teilschritte: einen ersten, in dem die Charakteristiken bestimmt werden und einen zweiten, in dem eine gewöhnliche Differentialgleichung gelöst wird. Bei reiner Advektion gilt q=0 und der zweite Teilschritt reduziert sich auf die Aussage, daß θ längs der Charakteristiken konstant ist. Genau das ist es, was man sich unter der Advektion vorzustellen hat: eine Konzentration wird vom Strömungsfeld, das durch die Charakteristiken beschrieben ist, weitertransportiert; darüber hinaus ändert sich nichts.

Diese Vorgehensweise überträgt man auf partielle Differentialgleichungen zweiter Ordnung, wobei anstelle von $\partial\theta\,/\,\partial t = q$ eine Differentialgleichung zweiter Ordnung zu lösen ist, in der der Advektionsterm fehlt. Anstelle von (8.1) bleibt folgende Gleichung zu lösen:

$$R \varphi S \, \frac{\partial \theta}{\partial t} = \nabla \mathbf{D} \nabla \theta + q \qquad\qquad (8.\,49)$$

Die Lösung der Diffusions/Dispersionsgleichung ist in der Regel einfacher als die Lösung der vollständigen Differentialgleichung. Das ist am besten daran zu erkennen, daß das einschränkende Gitter-Peclet-Kriterium entfällt. Lediglich das Neumann-Kriterium muß weiterhin erfüllt sein, wenn man die Gleichung (8.49) explizit löst.

Mit der Lösung der gewöhnlichen Differentialgleichungen (8.47) werden die Charakteristiken bestimmt, die offenbar genau mit den Strompfaden, wie sie im vorherigen Kapitel behandelt wurden, übereinstimmen. Die Diskretisierung mit dem einfachen Euler-Verfahren führt genau zu Gleichung (8.32). Alle in Abschnitt 8.3 vorgeschlagenen Verfahren können im Prinzip zur Bestimmung des Charakteristikenfeldes herangezogen werden. Ob und wie der Zeitschritt begrenzt werden muß, hängt vom gewählten 'Tracking'-Verfahren ab.

Die Differentialgleichung (8.49) ergibt sich als Beschreibung von Ausbreitungsprozessen direkt, wenn man der Lagrange-Anschauung folgt. Dabei wird ein typisches Kontrollvolumen mit der Strömung transportiert. Im Gegensatz dazu werden bei der Euler-Anschauung ortsfeste Kontrollvolumen betrachtet, durch die die Strömung hindurchläuft (vgl. Abschnitt 3.2). Beide Vorstellungen haben ihre Berechtigung. Die Differentialgleichungen, die man nach den beiden Methoden erhält, unterscheiden sich gerade im Advektionsterm (der nach der Euler'schen Auffassung auftritt, nach der Lagrange'schen fehlt). Es ist deutlich, warum das oben beschriebene zweigeteilte Vorgehen auch Euler-Lagrange-Verfahren genannt wird: die Behandlung der Advektion erfolgt nach Euler, die Behandlung der anderen Prozesse nach Lagrange).

Bei der Umsetzung der beschriebenen Idee der Aufspaltung des Algorithmus zur Nachbildung der einzelnen Prozesse stößt man auf Probleme der Verknüpfung der unterschiedlichen Methoden. Das ortsfeste Gitter des Euler-Schritts stimmt nicht mit dem dazu bewegten Gitter des Lagrange-Schritts überein - von speziellen Ausnahmen abgesehen. Wie diese Anpassung in der Praxis vollzogen werden kann, dazu findet man in der Literatur unterschiedliche Ansätze.

Die am meisten verbreitete Implementierung erfolgte unter der Bezeichnung *Charakteristiken*-Verfahren von Konikow/Bredehoeft (1978). Sie verwenden pro Block alternativ 4, 5, 8 bzw. 9 Startpunkte, von denen ausgehend Strompfade verfolgt werden (siehe Abb. 8.10 , in einer erweiterten Version von Sanford/Konikow (1985) besteht die zusätzliche Option zur Wahl von 16 Punkten). Danach werden 'intermediäre' Konzentrationswerte an den Endpunkten der simulierten Strompfadabschnitte festgelegt: durch Advektion ändert sich die Konzentration längs des Pfads nicht. Die Anfangskonzentration zur Lösung der Lagrange-Gleichung (8.49) ergibt sich dann einfach durch Mittelung aller Konzentrationswerte, die nach dem vorhergehenden Schritt im Innern des Blocks vorliegen.

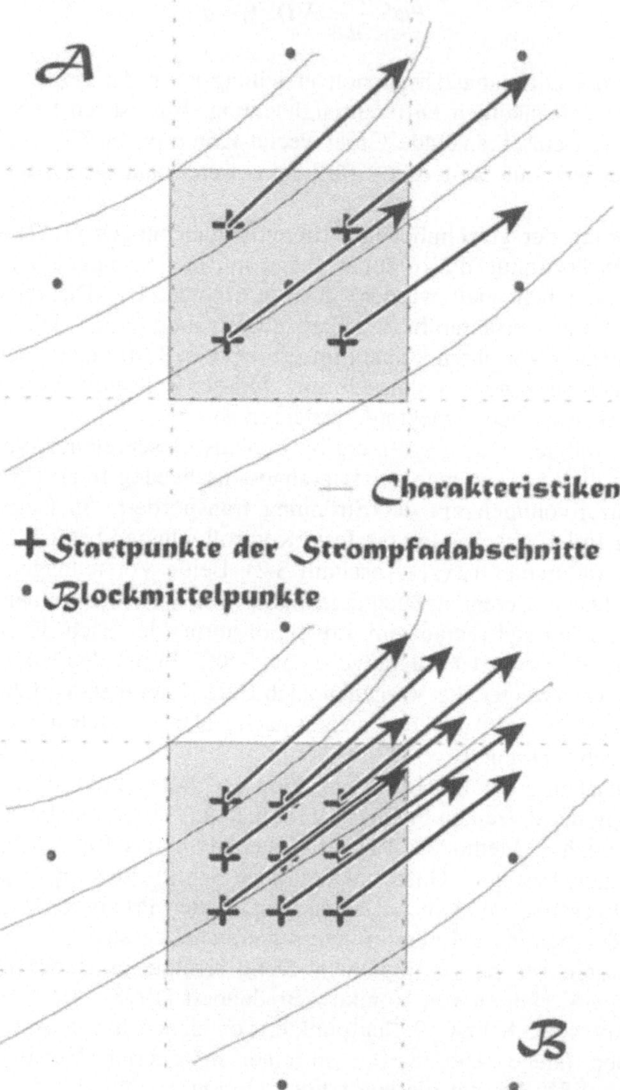

Abb. 8.10 : Charakteristiken und Strompfadabschnitte beim Charakteristikenverfahren nach Konikow/Bredehoeft (1978) ($\mathcal{A}$: 4 Startpunkte, $\mathcal{B}$: 9 Startpunkte der Charakteristikenabschnitte)

Konikow/Bredehoeft (1978) benutzen in der Implementierung ihres Verfahrens einen expliziten Algorithmus zur Lösung der Diffusions/Dispersionsgleichung. Die Größe des Zeitschritts ist daher durch das Neumann-Kriterium (vgl. Abschnitt 4.2.2) beschränkt. Auch bei der Verfolgung der Charakteristiken tritt ein Fehler auf. Das Euler-Verfahren versetzt ein Teilchen in Richtung der lokalen Geschwindigkeit am Startpunkt. Wenn sich die Richtung von **u** ändert, verläßt der simulierte Pfad den Strompfad. Der auftretende Fehler ist proportional zum Zeitschritt. Für die praktische Anwendung läßt sich ein verschärftes Courant-Kriterium ableiten:

$$\frac{u_x \Delta t}{\Delta x} \leq v \qquad \text{und} \qquad \frac{u_y \Delta t}{\Delta y} \leq v \qquad \text{mit} \quad v \leq 1 \qquad (8.50)$$

Auf weitere Einzelheiten der Umsetzung des Algorithmus soll hier nicht eingegangen werden. Es sei erwähnt, daß einzelne Anpassungen zur Erhaltung scharfer Fronten, zur Berücksichtigung von undurchlässigen Rändern, von Ein- bzw. Ausstromrändern usw. vorgenommen werden. Neben der Originalliteratur wird eine gute Beschreibung dieses Verfahrens von Kinzelbach (1987) gegeben.

Hinkelmann/Zielke (1995) verwenden die angesprochene Methode zur Lösung der Transportgleichung in flachen Oberflächengewässern. Der zweite Schritt - die Lösung der Lagrange-Gleichung - wird mittels eines FE-Verfahrens in allgemeinen 2D-Gittern durchgeführt. Im ersten Schritt verwenden sie, ausgehend von den Knotenpunkten des FE-Gitters, einen Rückwärtsschritt und bestimmen die Konzentration am Ausgangspunkt durch Interpolation. Soweit findet man dieselbe Vorgehensweise bei Hong/Akiyama/Ura (1993). Letztere Autoren diskutieren unterschiedliche Interpolationsansätze. Indem sie einen quadratischen Ansatz verwenden, gelangen sie durch die Fehleranalyse zur Einführung spezieller monotoner Interpolationsfunktionen.

Der Vorschlag der rückwärtigen Verfolgung von Strompfaden wurde bereits von Neumann/Sorek (1982) gemacht. In ihrer Veröffentlichung gehen die Autoren weiter: die Strompfade werden bis zum Modellrand oder zum Anfangszeitpunkt zurückverfolgt. Zu jedem Gitterpunkt ergibt sich eine Reihe von Punkten im Anstrombereich, von denen aus der Knoten nach einer Anzahl Zeitschritten erreicht wird. Der advektive Transport läßt sich so durch die Anfangs- und Randbedingungen beschreiben. Interpolationen zur Umrechnung zwischen Gitterpunkten und Punkten auf Strompfaden entfallen.

Sorek (1987) verwendet veränderte Geschwindigkeitskomponenten, um örtliche Änderungen der Dispersion mit berücksichtigen zu können. Diese finden auch beim Random Walk eine Anwendung.

8.5 Random Walk

Es wurde bereits angemerkt, daß die Vernachlässigung von Konzentrationsausgleichsprozessen einen wesentlichen Nachteil der Strompfadbetrachtung darstellen. Das *Random Walk* Verfahren kann als Verallgemeinerung der Tracking-Algorithmen werden angesehen werden. Im Gegensatz zu ersteren werden neben der Advektion die Diffusion bzw. die Dispersion berücksichtigt.

Bei der Verfolgung der Advektion ist es sinnvoll, das Schicksal einzelner Partikel zu betrachten. Nicht so bei der Dispersion: ein Teilchen wird aufgrund des Prozesses in eine Richtung versetzt, während ein anderes in die entgegengesetzte

Richtung wandert und ein weiteres nahezu am Ort festhaftet. Das Fick'sche Gesetz beschreibt einen Fluß, der sich im Mittel ergibt, wenn man die Bewegungen eines ganzen Ensembles von Partikeln betrachtet. Zusätzlich zum eindeutig determinierten Transport im (globalen) Strömungsfeld muß die dispersive Ausbreitung aufgrund der im Detail unbekannten Variation der (lokalen) Strömung mittels einer Zufallskomponente einbezogen werden. Das ist die Grundidee des Random-Walk-Verfahrens.

Die Verteilung von Bewegungen aufgrund der Diffusion läßt sich in einer Gauß'schen Glockenkurve angeben. Wenn Z eine normalverteilte Zufallsvariable ist (Mittelwert 0), gilt für die zurückgelegten Weglängen:

$$x = Z\sqrt{2Dt} \qquad (8.51)$$

Im 1D-Strömungsfeld läßt sich die gesamte Bewegung innerhalb eines Zeitschritts Δt also durch die Gleichung beschreiben:

$$x = u\Delta t + Z\sqrt{2D\Delta t} \qquad (8.52)$$

Die Einzelheiten werden im folgenden für den 2-D-Tracer-Fall angegeben. Für zwei Zufallszahlen Z_1 und Z_2 wird die Position eines Partikels zum Zeitpunkt $t+\Delta t$ ausgehend von der Position zum Zeitpunkt t durch Addition von Δx und Δy berechnet:

$$\Delta x = v'_x\Delta t + Z_1\sqrt{2\alpha_L v\Delta t}\,\frac{v_x}{v} - Z_2\sqrt{2\alpha_T v\Delta t}\,\frac{v_y}{v}$$
$$\Delta y = v'_y\Delta t + Z_1\sqrt{2\alpha_L v\Delta t}\,\frac{v_y}{v} - Z_2\sqrt{2\alpha_T v\Delta t}\,\frac{v_x}{v} \qquad (8.53)$$

mit

$$v'_x = v_x + \frac{\partial}{\partial x}D_{xx} + \frac{\partial}{\partial y}D_{xy} \qquad v'_y = v_y + \frac{\partial}{\partial x}D_{yx} + \frac{\partial}{\partial y}D_{yy} \qquad (8.54)$$

(vgl. Kinzelbach 1988). In 2 Raumrichtungen müssen zwei Zufallszahlen zur Simulation der dispersiven Ausbreitung eingeführt werden. Die Einführung geänderter Geschwindigkeitsgrößen wird notwendig, um der örtlichen Änderung der Elemente des Dispersionstensors Rechnung zu tragen. Im 2D-Fall ändern sie sich proportional zur Geschwindigkeit (siehe Abschnitt 7.5).

Werden ausreichend viele Teilchen simuliert, lassen sich aus den Endpunkten aller Partikel Konzentrationswerte θ bestimmen. Dazu wird das Gebiet ebenfalls mit einem Gitter überlegt, durch das das Gebiet in Zellen eingeteilt wird. Die Anzahl der Partikel in einer Zelle, in Relation gesetzt zur Zellgröße, ergibt einen Konzentrationswert. Um eine sinnvolle Konzentrationsskala zu erhalten, sollten mindestens 20 Partikel in jeder Zelle enthalten sein. Auch sollten die Zeitschrittweiten nicht zu groß gewählt sein. Es reicht, das Courant-Kriterium (s.o.) zu erfüllen. In der Praxis erzielt man einigermaßen glatte Ergebnisse, wenn eine Zelle in 5-10 Schritten durchmessen wird.

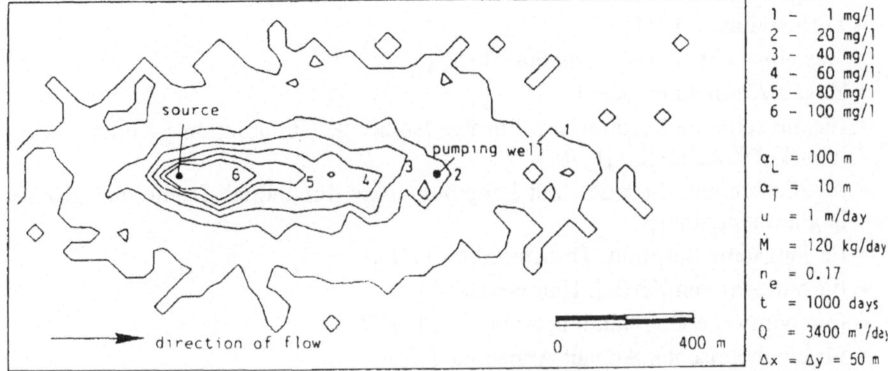

Abb. 8.11 : Isolinien zu einer Konzentrationsverteilung, Ausgabe einer Random-
Walk Simulation (Kinzelbach 1988). (Reprinted by permission of
Kluwer Academic Publishers)

8.6 FAST-B(2D)

Das Programm *FAST-B(2D)*, das auf der CD mitgeliefert wird, modelliert instationäre Ausbreitungsprozesse in Strömungsfeldern unter Berücksichtigung von
Sorptions- und Abbauprozessen. Die Eingabedaten werden mit der Benutzeroberfläche *GeoShell-B* vorbereitet und gespeichert. Die Benutzeroberfläche dient auch
der Überprüfung bzw. Kontrolle und zur Änderung bzw. Variation der Eingabewerte. Alternativ dazu kann FAST-B(2D) unter DOS auch direkt aufgerufen werden. Wenn nicht von der Standardeingabedatei *FLOAT.WTB* gelesen werden soll,
muß der Name der Datei mit den Inputwerten als Parameter beim Aufruf übergeben werden.

An dieser Stelle sollen die Möglichkeiten und Grenzen von FAST-B(2D) vor
dem Hintergrund der Einführung aus den Kapiteln 7 und 8 beschrieben werden. Es
wird dabei nicht auf die Einzelheiten der Bedienung eingegangen - diese finden
sich im Handbuch zu *GeoShell-B* und in der Beschreibung der Standardeingabedatei zu FAST-B(2D).

Es können folgende Prozesse simuliert werden: Advektion, Dispersion incl. Diffusion, Sorption, Zerfall bzw. Abbau (1. Ordnung). Es gibt die Option zur Behandlung unterschiedlicher Sorptions- und Abbaucharakteristika. Darüber hinaus können Quellen- und Senkenterme für die Komponentenmassenbilanz spezifiziert
werden.

Es werden dabei die folgenden Parameter benötigt (Einheiten: Länge L, Masse
M, Zeit T):

- Darcy-Geschwindigkeiten (zwei Komponenten: x-, y-) [L/T]
- Volumetrische Feuchte [-]

- Longitudinale und transversale Dispersionslängen [L]
- Diffusivitäten $[L^2/T]$
- Gesteinsdichte (Trockendichte) $[M/L^3]$
- Zugabe/Entnahme [M/T]
- für die schnelle Sorption mit linearer Isotherme: Retardation [-] oder Verteilungskoeffizient (K_d) $[L^3/M]$
- für die schnelle Sorption mit Langmuir- bzw. Freundlich-Isotherme: je zwei Isothermenparameter
- für langsame Sorption: Transferfaktor [1/T]
- für radioaktiven Zerfall: Halbwertszeit [T]
- für chemische Degradation: Abbaurate [%/T]
- für biochemischen Abbau: Abbaurate [%/T]
- Anfangswerte für die Konzentration in der flüssigen Phase$[M/L^3]$
- im Falle der langsamen Sorption: Anfangswerte für die Konzentration in der festen Phase [M/M]

FAST-B(2D) simuliert die zeitliche Entwicklung von Konzentrationsverteilungen in einem zweidimensionalen stationären Strömungsfeld. Die Diskretisierung erfolgt mittels eines regelmäßigen oder unregelmäßigen Rechteckgitters, wie auch bei FAST-A (vgl. Abschnitt 4.3). Der implementierte Algorithmus kann nach der Methode der Finiten Differenzen (block-zentriert) oder der Finiten Volumen hergeleitet werden. Gleichgerichtete Ableitungen 2. Ordnung werden gemäß Gleichung (4.9) behandelt (wobei Komponenten des Dispersionstensors an die Stelle der Komponenten des Durchlässigkeitstensors treten). Gemischte Ableitungen approximiert das Programm nach der Verallgemeinerung der Gleichungen (8.6) und (8.7) für unregelmäßige Gitter. Betreffs der Ableitungen 1. Ordnung entscheidet der Nutzer, ob der rückwärtige oder der zentrale Differenzenquotient verwandt wird (vgl. Abschnitt 8.1.1). Zusätzlich bestehen Optionen zur Vermeidung von numerischer Dispersion und Fehlern durch die Gitterorientierung. Dazu kann die Korrektur des Abschneidefehlers bei den Ableitungen 1. Ordnung vorgenommen werden (vgl. Formel (8.27)). Außerdem können die Dispersionslängen nach Gleichung (8.29) korrigiert werden.

Die Simulation der Vorgänge erfolgt in Zeitschritten. Dabei wird eine innere und eine äußere Zeitschleife verwendet. Die äußere Schleife läuft über maximal 6 Zeitperioden. Während jeder Zeitperiode ändern sich keine Parameter, weder die numerischen noch diejenigen, die die real ablaufenden Prozesse beschreiben. Insbesondere ändert sich der Zeitschritt Δt während der Zeitperiode nicht. In der inneren Zeitschleife wird die Zeit in einer festen Anzahl von Zeitschritten durchlaufen.

Der einzelne Zeitschritt kann mit dem verallgemeinerten Ansatz von *Crank-Nicolson* behandelt werden, wobei der Modellierer durch die Auswahl des Zeitschichtwichtungsfaktors (siehe Abschnitte 4.2.1 bzw. 8.2.1) das verwendete Verfahren für den gesamten Simulationslauf festlegt.

Das implementierte Verfahren ergibt sich aus Gleichung (8.19), indem man für Ω die einzelnen Terme einsetzt. Ω_0 bezeichne im folgenden den Teiloperator, der die Vorgänge der Diffusion, der Dispersion und der Advektion sowie Quell- und

Senkenterme beschreibt. Bei der Behandlung der Zerfallsterme ergeben sich Unterschiede zwischen FV- und FD-Ansätzen, wie in Kapitel 8... dargestellt wurde: die Diskretisierung von FAST-B(2D) folgt dabei der Grundidee der Finiten Volumen. Dabei erhält die Diskretisierung des Zerfallsterms einen zusätzlichen Zeitschichtwichtungsfaktor κ_0. Der Zerfall des Mutternuklids geht stets mit dem Wert der alten Zeitschicht ein. Es ergibt sich dann:

$$\left(\frac{R\varphi S}{(1-\kappa)\Delta t}\left(1-(1-\kappa_0)(1-\exp(\lambda\Delta t))\mathbf{I}-\Omega_0\right)(\theta(t+\Delta t)) = \right.$$

$$= \left(\frac{R\varphi S}{(1-\kappa)\Delta t}(1-\kappa_0(1-\exp(-\lambda\Delta t))\mathbf{I}+\frac{\kappa}{1-\kappa}\Omega_0\right)(\theta(t)) \qquad (8.55)$$

$$+ \frac{R^-\varphi S}{(1-\kappa)\Delta t}\frac{\exp(-\lambda\Delta t)-\exp(-\lambda^-\Delta t)}{\lambda^- -\lambda}\lambda^-\mathbf{I}(\theta^-(t))+\frac{\mathbf{q}}{(1-\kappa)\Delta t}$$

Die mit einem hochgestellten Minuszeichen bezeichneten Größen beziehen sich dabei stets auf das Mutternuklid. Gleichung (8.55) läßt sich leicht umformen in:

$$\left(\frac{R\varphi S}{(1-\kappa)\Delta t}f_{\kappa_0}\mathbf{I}-\Omega_0\right)(\theta(t+\Delta t)) =$$

$$\left(\frac{R\varphi S}{(1-\kappa)\Delta t}f_{\kappa_0}\exp(-\lambda\Delta t)\mathbf{I}+\frac{\kappa}{1-\kappa}\Omega_0\right)(\theta(t))+\frac{\mathbf{q}^- +\mathbf{q}}{(1-\kappa)\Delta t} \qquad (8.56)$$

mit $\qquad f_{\kappa_0}=\kappa_0+(1-\kappa_0)\exp(-\lambda\Delta t)$

$$\mathbf{q}^- = R^-\varphi S\frac{\exp(-\lambda\Delta t)-\exp(-\lambda^-\Delta t)}{\lambda^- -\lambda}\lambda^-\mathbf{I}(\theta^-(t))$$

Dabei wurden die beiden Identitäten verwandt:

$$1-(1-\kappa_0)(1-\exp(\lambda\Delta t))=\kappa_0+(1-\kappa_0)\exp(\lambda\Delta t)$$

$$= \exp(\lambda\Delta t)\left(1-\kappa_0(1-\exp(-\lambda\Delta t))\right)$$

Man beachte, daß der Term $\dfrac{R\varphi S}{(1-\kappa)\Delta t}f_{\kappa_0}$, der auf beiden Seiten der Gleichung (8.56) erscheint, vom Programm lediglich bei einer Änderung des Zeitschritts neu berechnet werden muß. Dazu brauchen nicht sämtliche eingehenden Parameter neu ausgewertet werden: der neue Zahlenwert ergibt sich einfach, indem man den alten mit dem Zeitschrittverhältnis $\Delta t_{neu}/\Delta t_{alt}$ multipliziert. Diese Tatsache wirkt sich auch günstig auf den benötigten Speicherplatz aus, da nicht alle verteilten Variablen weiterhin verfügbar sein müssen und daher überschrieben werden können.

Diese vereinfachte Vorgehensweise, wie sie in FAST-B(2D) implementiert ist, kann lediglich für zeitlich konstante Werte der Retardation und der Feuchte angewandt werden. Eine Änderung der Zeitschichtwichtungsfaktoren κ und κ_0 ist gleichfalls nicht vorgesehen, obwohl sich dafür das Verfahren (8.55) leicht umschreiben ließe, ohne Mehraufwand an Speicherplatz erforderlich zu machen.

Um eine zeitliche Änderung der Parameter doch in vereinfachter Weise berücksichtigen zu können, ist in allen FAST-Codes die RESTART-Option implementiert (vgl. Abschnitt 4). Diese wird in FAST-B(2D) in gleicher Weise wie in FAST-A verwendet. Zusätzlich mußte allerdings eine spezielle Erweiterung zur Berücksichtigung zeitlich veränderter Retardationen eingeführt werden.

Die Gesamtmasse eines Wasserinhaltstoffes im Einheitsvolumen im Falle einer linearen Sorptionsisotherme ist nach Gleichung (6.8) durch $\varphi S \rho R c$ gegeben. Wird ein Transportprogramm in einem neuen Zeitschritt mit geändertem R-Wert angewandt, so liegt zum Anfangszeitpunkt t des Zeitschritts ein Sprung in der Massenbilanz vor, der nicht der Realität entspricht. Um die Massenbilanz auszugleichen, müssen die Konzentrationswerte vor Start des Zeitschritts geändert werden gemäß der Gleichung (vgl. Bütow/Holzbecher/Koss 1995):

$$c_{neu}(t) = \frac{R(t)}{R(t + \Delta t)} c(t) \tag{8.57}$$

Im Grunde entspricht diese Vorgehensweise einem *2-Schritt-Verfahren*, bei dem die chemischen Prozesse, die die Veränderung des Retardationsfaktors bewirken, in der Formel (8.57) zusammengezogen sind. Die Ausbreitungsprozesse werden unter der Annahme simuliert, daß die Gleichgewichtssorption zeitlich konstant ist. Existiert eine prägnante Kinetik der angesprochenen chemischen Prozesse, so kann das skizzierte einfache 2-Schritt-Verfahren zu fehlerhaften Ergebnissen führen. In praktischen Anwendungsfällen ist über die Kinetik meistens jedoch nichts bekannt.

9 Beispiele von Ausbreitungsmodellen

9.1 Zerfall und schnelle Sorption

Im folgenden wird als Beispiel der radioaktive Zerfall von Thorium und Radium behandelt. Zum Anfangszeitpunkt der Simulation sei nur Thorium (Th-230) im Fluid gelöst vorhanden. Das Tochternuklid Radium (Ra-226) entsteht durch Zerfall von Thorium. Zusätzlich sind beide Nuklide Sorptionsprozessen unterworfen, die im Vergleich zu den Zerfallsprozessen langsam ablaufen. Dabei ist die Wechselwirkung des Thoriums mit dem Festgestein weit größer als die des Radiums. Das Verhältnis zwischen den Retardationen wurde mit etwa 50 angenommen. Das ist ein Wert, der in vielen Böden noch überschritten wird (vergleiche Bütow u.a. 1995). Alle Eingabewerte sind in Tabelle 9.1 zusammengestellt[1].

Nuklid	Halbwertszeit [Jahre]	K_d [m³/kg]	Retardation R	Anfangs- konzentration c_{f0}
Th-230	77000	.98	9801.	1.0
Ra-226	1600	.02	201.	0.0

Tabelle 9.1 : Eingabewerte für Thorium und Radium

Als analytische Lösung ergibt sich für das Thorium:

$$c_f^{Th} = c_{f0}^{Th} \exp(-\lambda_{Th} t) \qquad (9.1)$$

und für das Radium :

$$c_f^{Ra} = \frac{\lambda_{Th} R_{Th}}{(\lambda_{Ra} - \lambda_{Th}) R_{Ra}} c_f^{Th} \left(1 - \exp(-(\lambda_{Ra} - \lambda_{Th}) t)\right) \qquad (9.2)$$

---

[1] Den Eingabedatensatz zum Beispiel finden Sie auf der beiliegenden CD unter dem Namen DEMO1.WTB.

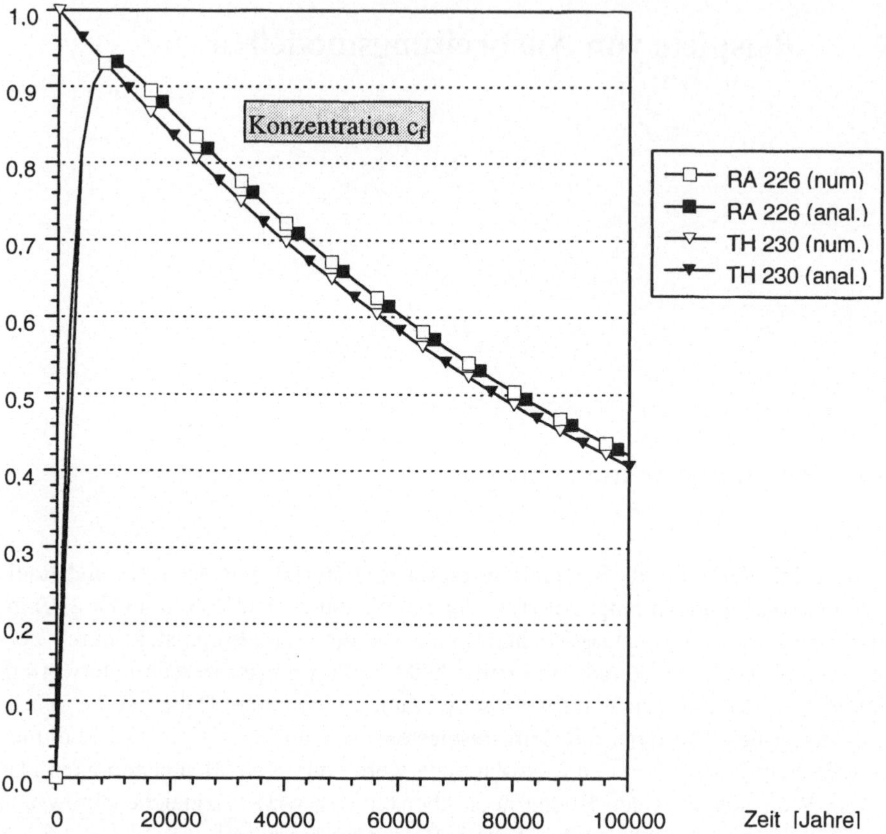

Abb. 9.1: Radioaktiver Zerfall und schnelle Sorption für Thorium und Radium

Während die Konzentrationswerte für die beiden Nuklide am Anfang der Simulation noch sehr weit voneinander entfernt liegen, nähern sie sich allmählich einem Gleichgewicht. Dies ist charakterisiert durch:

$$\frac{c_f^{Ra}}{c_f^{Th}} = \frac{\lambda^{Th} R^{Th}}{\lambda^{Ra} R^{Ra}} = \frac{R^{Th} \tau^{Ra}}{R^{Ra} \tau^{Th}} \tag{9.3}$$

Für die im Beispiel gewählten Eingabewerte stellt sich das säkulare Gleichgewicht (vgl. Lieser 1980) mit dem Wert 1.013 ein. Im folgenden Bild ist dies typische Verhalten deutlich zu erkennen, das charakteristisch ist für den Fall, daß die Halbwertszeit des Mutternuklids sehr viel länger ist als die des Tochternuklids.. Die Konzentrationen erreichen nach genügend langer Zeit, hier sind es Jahrtausende, einen Zustand, in dem sie sich gleichermaßen verringern. In diesem Zustand steht die Masse Thorium, die sich in Radium umwandelt, im Gleichgewicht mit dem Zerfall des Tochternuklids.

In Abb. 9.1 sind analytische und numerische Ergebnisse dargestellt. Die Modellierung wurde mit FAST_B(2D) durchgeführt. Dabei wurde der hydrostatische

Fall betrachtet und die Anfangskonzentrationen auf einen konstanten Hintergrundwert gesetzt. Dadurch erhält man ein System, in dem Advektion, Diffusion und Dispersion nicht auftreten. Die numerische Lösung ist (bis auf Fehler, die durch die endliche Darstellung von Gleitkommazahlen hervorgerufen werden) identisch mit der analytischen Lösung. Die Wahl des Algorithmus bedingt, daß sie unabhängig ist von der Wahl des Zeitschritts und des Zeitschichtwichtungsfaktors (siehe auch Abschnitt 8.7).

9.2 Advektion und Dispersion (1D)

In wenigen Situationen kann die 1D-Transportgleichung zur Beschreibung von Ausbreitungsprozessen herangezogen werden. Vor allem bei Experimenten im Labor, z.B. bei Säulenversuchen, ist die Idealisierung als eindimensionaler Prozeß gerechtfertigt. Im Feld müssen Transportprozesse zumeist in 2D oder in 3D betrachtet werden, auch wenn das Strömungsfeld selbst eindimensional ist. Die Differentialgleichung zur Modellierung von 1D-Ausbreitungsprozessen lautet:

$$R\frac{\partial c}{\partial t} = \frac{\partial}{\partial x} D\frac{\partial c}{\partial x} - u\frac{\partial c}{\partial x} + q \tag{9.4}$$

Bei Säulenversuchen besitzt die einströmende Flüssigkeit eine Konzentration c_1, die verschieden ist von der des zuvor im Versuchsbehälter enthaltenen Fluids c_0. Die Anfangs- und Randbedingungen lauten demnach:

$$\begin{aligned} c(x, t = 0) &= c_0 \\ c(x = 0, t > 0) &= c_1 \end{aligned} \tag{9.5}$$

Neben der Verdrängung des ursprünglich vorhandenen Materials findet eine Mischung der Flüssigkeiten statt. Für die unendlich lange Säule mit der zusätzlichen Randbedingung

$$\frac{\partial c}{\partial x}(x = \infty, t) = 0 \tag{9.6}$$

läßt sich eine analytische Lösung angeben. Für den Tracer lautet sie nach Ogata/Banks (1961):

$$c = c_0 + \frac{c_1 - c_0}{2}\left[\operatorname{erfc}(\frac{x - ut}{2\sqrt{Dt}}) + \exp(\frac{xu}{D})\operatorname{erfc}(\frac{x + ut}{2\sqrt{Dt}})\right] \tag{9.7}$$

Als Verallgemeinerung der Originalangabe wurde hier eine Anfangskonzentration $c_0 \neq 0$ angenommen. Weiterhin bezeichnet erfc die komplementäre Fehlerfunktion, die wie folgt definiert ist:

$$\mathrm{erfc}(\xi) = 1 - \frac{2}{\sqrt{\pi}} \int_0^\xi \exp(-x^2)\,dx \tag{9.8}$$

Einige weitere Verallgemeinerungen führen auf komplexere Formeln für die analytischen Lösungen. Van Genuchten (1981) gibt explizite Gleichungen für die Fälle von Randbedingungen 1. Ordnung (Dirichlet-Typ) an. Sie lautet:

$$
\begin{aligned}
c = c_0 &+ \frac{c_1 - c_0}{2}\left[\mathrm{erfc}(\frac{Rx - ut}{2\sqrt{DRt}}) + \exp(\frac{xu}{D})\mathrm{erfc}(\frac{Rx + ut}{2\sqrt{DRt}}) \right] \\
&+ \frac{q}{R}\left[t + \frac{Rx - ut}{2u}\mathrm{erfc}(\frac{Rx - ut}{2\sqrt{DRt}}) - \frac{Rx + ut}{2u}\exp(\frac{xu}{D})\mathrm{erfc}(\frac{Rx + ut}{2\sqrt{DRt}}) \right]
\end{aligned}
\tag{9.9}
$$

Auch wenn am Einstromrand eine Randbedingung 3. Ordnung (Cauchy-Typ) vorliegt, wie:

$$\left(-D\frac{\partial c}{\partial x} + uc \right)(x = 0, t > 0) = uc_1 \tag{9.10}$$

läßt sich eine analytische Lösung angeben:

$$
\begin{aligned}
c = c_0 &+ \frac{c_1 - c_0}{2}\left[
\begin{aligned}
&\mathrm{erfc}(\frac{Rx - ut}{2\sqrt{DRt}}) - (1 + \frac{xu}{D} + \frac{u^2 t}{DR})\exp(\frac{xu}{D})\mathrm{erfc}(\frac{Rx + ut}{2\sqrt{DRt}}) \\
&+ 2\sqrt{\frac{u^2 t}{\pi DR}}\,\exp(-\frac{(Rx - ut)^2}{4DRt})
\end{aligned}
\right] \\
&+ \frac{q}{R}\left[
\begin{aligned}
&-(\frac{t}{2} - \frac{Rx}{2u} - \frac{DR}{2u^2})\mathrm{erfc}(\frac{Rx - ut}{2\sqrt{DRt}}) - \sqrt{\frac{t}{4\pi DR}}(Rx + ut + \frac{2DR}{u})\exp(-\frac{(Rx - ut)^2}{4DR}) \\
&+ t + (\frac{t}{2} - \frac{DR}{2u^2}\frac{(Rx - ut)^2}{4DR})\exp(\frac{xu}{D})\mathrm{erfc}(\frac{Rx + ut}{2\sqrt{DRt}})
\end{aligned}
\right]
\end{aligned}
\tag{9.11}
$$

Die Eingabedaten des Testbeispiel sind in Tabelle 9.2 zusammengestellt. In Abb. 9.2 sind die Ergebnisse der numerischen Simulation[2] und einer Auswertung des führenden (ersten) Terms der analytischen Lösung (9.7) gegenübergestellt. Dabei wurden drei Zeitpunkte ausgewählt, zu denen der Mittelpunkt der Konzentrationsfront über 20, 40 bzw. 60 Blöcke hinweggewandert ist. Die Neigungen der Konzentrationskurven von analytischer und numerischer Lösung sind in der hier gewählten Darstellung fast identisch.

---

[2] Den Eingabedatensatz zum Beispiel finden Sie auf der beiliegenden CD unter dem Namen DEMO2.WTB.

	Variable	Wert
L	Länge des Modells	100
R	Retardation	1
u	Abstandsgeschwindigkeit	1
D	Dispersion/Diffusion	1
c_1	Einstromkonzentration	2
c_0	Anfangskonzentration	1
Δx	Blocklänge	1

Tabelle 9.2: Eingabedaten für das Beispiel zur Lösung der 1D-Transportgleichung (Verdrängungsexperiment)

Bei der (numerischen) Berechnung der analytischen Lösung wurde hier auf den zweiten -unwesentlicheren - Term in Gleichung (9.7) verzichtet. Die komplementäre Fehlerfunktion wurde mittels einer speziellen Reihenentwicklung ausgewertet (vgl. Kinzelbach 1986).

Zur numerischen Modellierung wurde das Programm FAST-B(2D) angewandt. In der Simulation wurde ein konstanter Quellterm im ersten Block am Einstromrand gewählt:

$$q = uAc_1 \qquad\qquad (9.12)$$

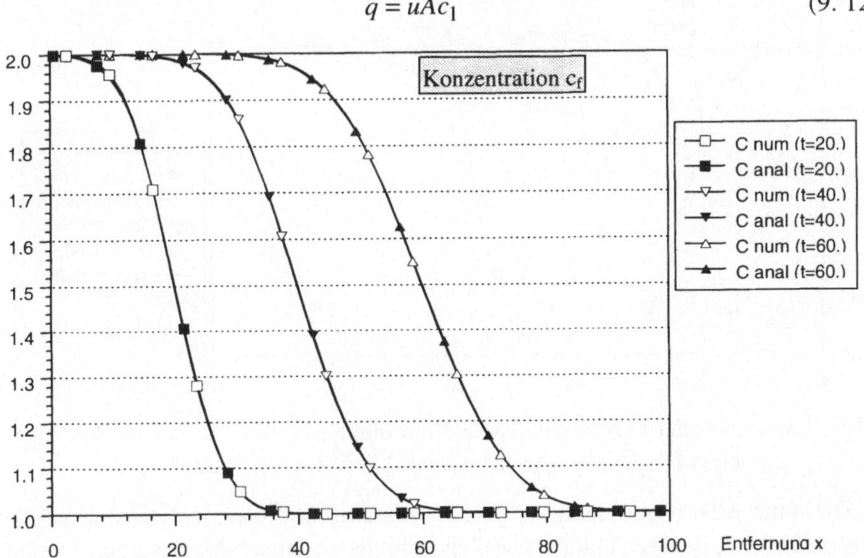

Abb. 9.2: Analytische und numerische Lösung der 1D-Transportgleichung zum Verdrängungsexperiment

In allen anderen Blöcke wurde die Quellrate auf Null gesetzt. Um einen zusätzlichen Einstrom über den Rand zu verhindern, mußte in diesem Block die (Strömungs-) Randbedingung auf 'geschlossen' gesetzt werden. Dies ist eine Alternative zur Verwendung der Randbedingung 3. Art für die Variable des Trans-

ports. Die Lösung erfüllt in diesem Fall auch die Randbedingung 1. Art (9.5); die
führenden Terme in den analytischen Lösungen (9.9) und (9.11) sind identisch.

Die oben gezeigten Ergebnisse ergaben sich mit FAST_B(2D) bei Verwendung
des Zeitschichtwichtungsfaktors $\kappa=1/2$ (Crank-Nicolson-Verfahren) und des konstanten Zeitschritts $\Delta t=0.5$. Mit dieser Wahl ist das Gitter-Peclet-Kriterium erfüllt.
Zur Diskretisierung der 1.Ableitungsterme wurde der rückwärtige Differenzenquotient verwandt und die numerische Dispersion wurde durch die Korrektur des
Abschneidefehlers reduziert. Der Gleichungslöser (BI-CGstab) erreichte die erfor-
derliche Genauigkeit (relative Änderung $\varepsilon<10^{-5}$) in der Regel nach 2 Iterationen.
Lediglich am Beginn des Simulationszeitraums, bei relativ steiler Konzentrations-
kurve, wurden mehr - maximal 5 - Iterationen zur Lösung benötigt.

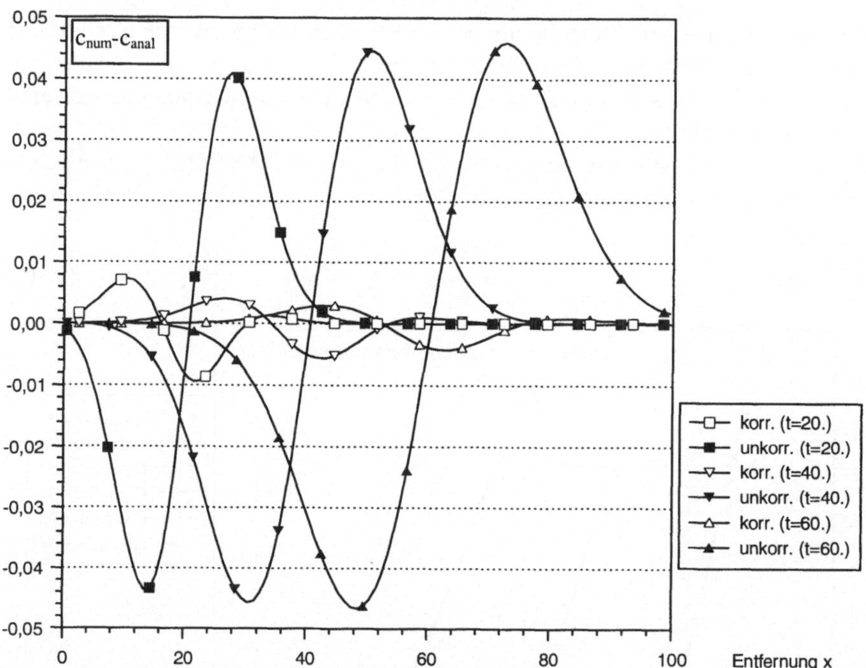

Abb. 9.3 : Fehler der numerischen Modellierungen mit/ohne Korrektur der numerischen Dispersion ($\kappa=1/2$, Crank-Nicolson-Verfahren)

Die gute Übereinstimmung zwischen numerischer und analytischer Lösung
zeigt nicht nur, daß der numerische Algorithmus geringe Fehler erzeugt. Darüber
hinaus wirkt sich offenbar der Unterschied in der Randbedingung kaum aus: im
numerischen Modell wurde an der Ausstromkante eine Neumann-Bedingung
($\partial c/\partial x=0$) vorausgesetzt. Ein Blick auf die Lösungen in Abb. 9.2 zeigt, daß dies
für die betrachteten Zeiträume erfüllt ist. Allerdings würde sich das bei einer Annäherung der Front an den rechten Rand grundsätzlich ändern. Die verwendete
Randbedingung ist dann nicht mehr gültig.

In vielen Fällen hat man bei der Transportmodellierung keine Alternative zu dieser Bedingung, da ja weder die Konzentration noch deren Steigung bekannt sind. Man verwendet sie daher an den meisten Rändern und setzt voraus, daß das Modellgebiet so groß gewählt wurde, daß wesentlich erhöhte Schadstoffkonzentrationen den Rand nicht erreichen. An Einstromrändern, wie im obigen Beispiel, wird diese Komplikation vermieden, da dort während des simulierten Zeitraums die Bedingung $\partial c/\partial x=0$ erfüllt ist.

Zum Test der Diskretisierung wurde ein Vergleichslauf ohne Korrektur der numerischen Dispersion durchgeführt. Alle anderen Modellparameter blieben dieselben. Abb. 9.3 zeigt den absoluten Fehler $c_{num}\text{-}c_{anal}$ zu den drei ausgewählten Zeitpunkten. Wie zu erwarten sind die Fehler im Bereich der Front am größten, während sie in den Bereichen mit quasi konstantem c-Niveau demgegenüber vernachlässigbar sind.

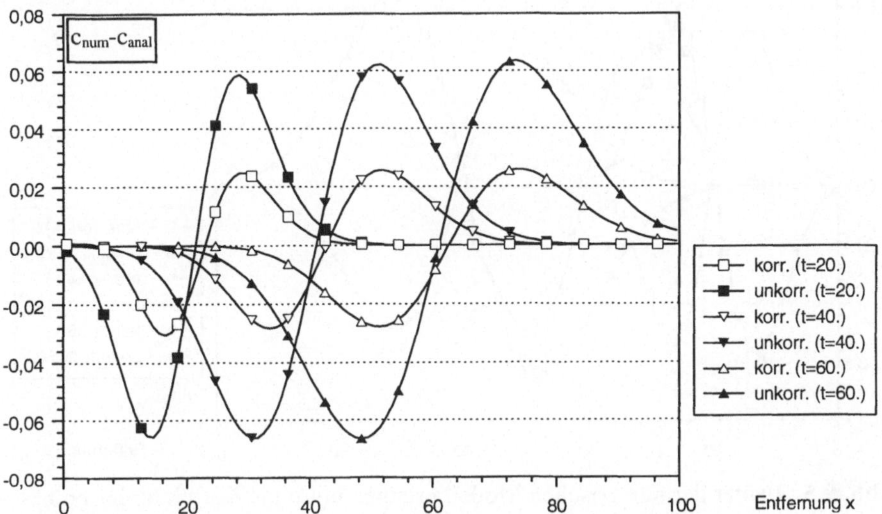

Abb. 9.4 : Fehler der numerischen Modellierungen mit/ohne Korrektur der numerischen Dispersion ($\kappa=0$, total implizit)

Im unkorrigierten Fall ist der Fehler offenbar symmetrisch. Vor dem Frontmittelpunkt liegen die mit dem Modell ermittelten Konzentrationen niedriger als die der analytischen Lösung, hinter dem Frontmittelpunkt liegen sie zu hoch. Insgesamt ist also die Diffusion bzw. Dispersion im Modell zu hoch. Die Korrektur des Abschneidefehlers reduziert gerade die Dispersion um einen numerischen Anteil. Wie Abb. 9.3 zeigt, wird der Fehler wirksam reduziert und der verbleibende Fehler läßt sich nicht als eine überschätzte Dispersion auffassen. Im Bereich der Einstromkonzentration sind die Werte eher überschätzt, während sie im Bereich der stärksten Konzentrationsgradienten zu niedrig liegen. In absoluten Zahlen wird der Fehler durch die Korrektur merklich reduziert. Darüberhinaus wird der Fehler mit fortschreitender Front kleiner; im Verfahren ohne Korrektur ist dagegen ein leichter Anstieg des Fehlers zu beobachten.

In Abb. 9.4 ist der Fehler der numerischen Lösung für das total implizite Verfahren zu denselben drei Zeitpunkten in Abhängigkeit von der Entfernung vom Startpunkt der Front aufgetragen. Wiederum ist der Fehler ohne die Korrektur der numerischen Dispersion symmetrisch zum Mittelpunkt der Front. Die Absolutwerte der Fehler liegen höher (etwa 20%) als beim Crank-Nicolson-Verfahren. Die Fehler der Simulation mit Korrektur des Abschneidefehlers liegen beim total impliziten Verfahren sogar um mehr als 100% über denen des Crank-Nicolson-Verfahrens. Allerdings ist die einseitige Verschiebung der Fehler vom Massenmittelpunkt aus gesehen weniger stark. Der Durchgang der Fehlerkurve durch die Abszisse geschieht hier auf der anderen Seite des Mittelpunkts - im Bereich der niedrigen Konzentrationen.

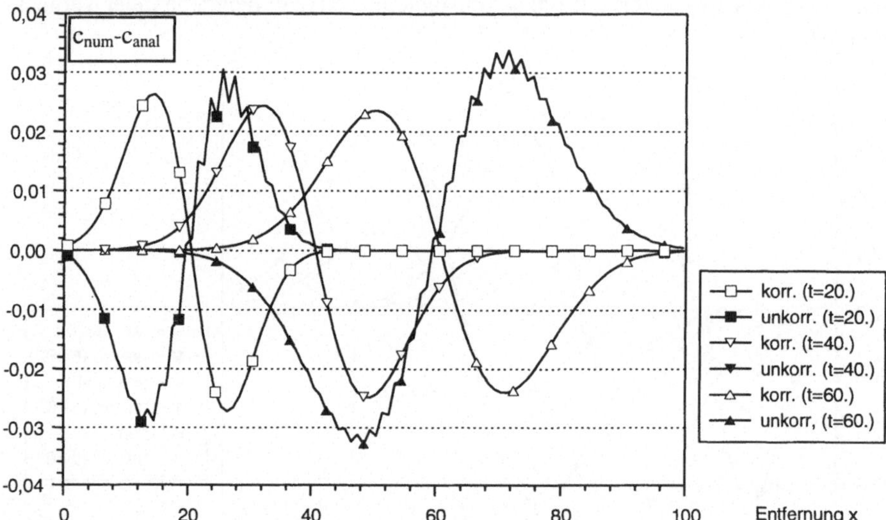

Abb. 9.5 : Fehler der numerischen Modellierungen mit/ohne Korrektur der numerischen Dispersion (κ=1, explizit)

Das explizite Verfahren ist an das Gitter-Peclet-Kriterium gebunden, das hier theoretisch eine Obergrenze von Δt=1 für den Zeitschritt fordert. In diesem Testbeispiel erwies sich allerdings, daß der Algorithmus erst für Zeitschritte Δt<1/3 stabil ist, wenn keine Korrektur der numerischen Dispersion erfolgt. Selbst dann weist das Ergebnis leichte Oszillationen auf (siehe Abb. 9.5). Die Korrektur des Abschneidefehlers erweist sich als äußerst stabilisierend. Die Abweichungen von der analytischen Lösung haben fast durchweg das umgekehrte Vorzeichen wie diejenigen des unkorrigierten Algorithmus. Zu bemerken ist auch, daß das korrigierte Verfahren für größere Zeitschritte (als den angesprochenen 1/3-Wert) gute Resultate erzielt.

Insgesamt demonstriert das Testbeispiel sehr deutlich,
- daß implizite Verfahren bessere Ergebnisse liefern als explizite
- daß die Korrektur des Abscheidefehlers (bzw. der numerischen Dispersion) den Fehler reduziert

- daß theoretische Stabilitätskriterien im Einzelfall in verschärfter Form gelten

9.3 Advektion, Diffusion und Zerfall

Das Testbeispiel ist eine Erweiterung des Beispiels aus Abschnitt 9.2. Zusätzlich wird der Zerfall als relevanter Prozeß mitberücksichtigt. Für die Differentialgleichung

$$R\frac{\partial c}{\partial t} = \frac{\partial}{\partial x}D\frac{\partial c}{\partial x} - u\frac{\partial c}{\partial x} + q \qquad (9.13)$$

findet man eine Reihe von Lösungen bei Wexler (1992).

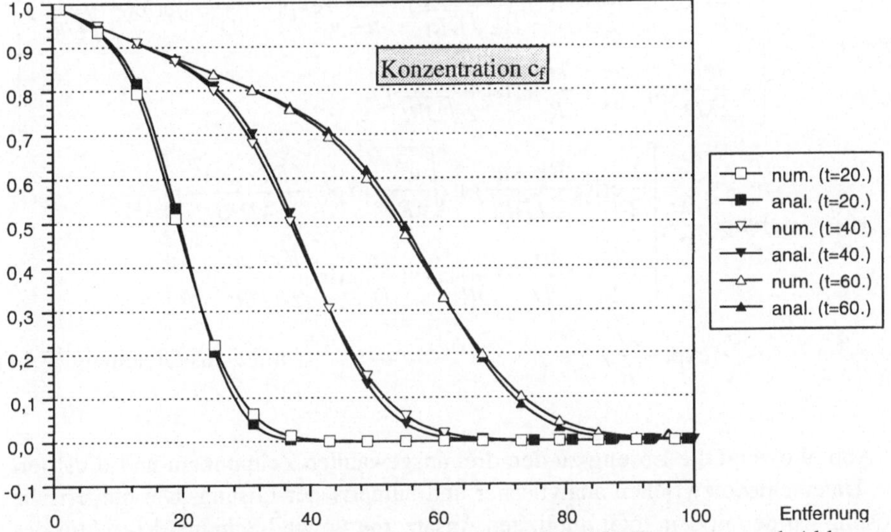

Abb. 9.6 : Analytische und numerische Lösung für 1D-Transport und Abbau zu drei Zeitpunkten

Die analytischen Lösungen für den Fall ohne Abbau, Gleichungen (9.9) bzw. (9.11) ergeben sich nicht als Spezialfälle von (9.14) bzw. (9.15). Auch sind die Lösungen für die beiden oben betrachteten Fälle von Randbedingungen sehr unterschiedlich. Im folgenden werden Ergebnisse für eine Erweiterung des vorhergehenden Testbeispiels diskutiert, bei dem zusätzlich Abbau mit Halbwertszeit T=100 vorliegt. Alle Rand- und Anfangsbedingungen, sowie die Parameterwerte wurden aus dem vorherigen Beispiel übernommen[3].

---

[3] Den Eingabedatensatz zum Beispiel finden Sie auf der beiliegenden CD unter dem Namen DEMO3.WTB.

Verwendet man dieselben Rand- bzw. Anfangsbedingungen wie im vorherigen Testbeispiel, so werden die allgemeinen Lösungen wiederum von van Genuchten (1981) angegeben. Sie lauten für die Randbedingung 1. Art (Dirichlet-Typ):

$$c = \frac{(c_1 - \frac{q}{\lambda})}{2}\left[\exp(\frac{(u-v)x}{2D}\,\mathrm{erfc}(\frac{Rx-ut}{2\sqrt{DRt}}) + \exp(\frac{(u+v)x}{D})\mathrm{erfc}(\frac{Rx+ut}{2\sqrt{DRt}})\right] +$$

$$\frac{(\frac{q}{\lambda}-c_0)}{2}\exp(\frac{-\lambda t}{R})\left[\mathrm{erfc}(\frac{Rx-ut}{2\sqrt{DRt}}) + \exp(\frac{ux}{D})\mathrm{erfc}(\frac{Rx+ut}{2\sqrt{DRt}})\right] + \frac{q}{\lambda} + (c_0 - \frac{q}{\lambda})\exp(-\frac{\lambda t}{R})$$

$$\text{mit} \qquad v = \sqrt{u^2 + 4\lambda D} \tag{9.14}$$

und für die Randbedingung 3. Art (Cauchy-Typ):

$$c = (c_1 - \frac{q}{\lambda})\left[\begin{array}{l}\frac{u}{u+v}\exp(\frac{(u-v)x}{2D}\,\mathrm{erfc}(\frac{Rx-ut}{2\sqrt{DRt}}) + \frac{u}{u-v}\exp(\frac{(u+v)x}{D})\mathrm{erfc}(\frac{Rx+ut}{2\sqrt{DRt}}) \\[2ex] +\frac{u^2}{2\lambda D}\exp(\frac{ux}{D}-\frac{\lambda t}{R})\mathrm{erfc}(\frac{Rx+ut}{2\sqrt{DRt}})\end{array}\right]$$

$$+(\frac{q}{\lambda}-c_0)\exp(\frac{-\lambda t}{R})\left[\begin{array}{l}\frac{1}{2}\mathrm{erfc}(\frac{Rx-ut}{2\sqrt{DRt}}) + \sqrt{\frac{u^2 t}{\pi RD}}\exp(-\frac{(Rx-ut)^2}{4DRt}) \\[2ex] -\frac{1}{2}(1+\frac{ux}{D}+\frac{u^2}{DR})\exp(\frac{ux}{D})\mathrm{erfc}(\frac{Rx+ut}{2\sqrt{DRt}})\end{array}\right]$$

$$+\frac{q}{\lambda} + (c_0 - \frac{q}{\lambda})\exp(-\frac{\lambda t}{R}) \qquad\qquad \text{mit } v \text{ aus Gleichung (9.14)}$$

$$\tag{9.15}$$

Abb. 9.6 zeigt die Lösung zu den drei ausgewählten Zeitpunkten und illustriert die Unterschiede zwischen analytischer und numerischer Lösung. Die numerische Lösung wurde mit dem total impliziten Ansatz, mit upwind-Schema, Korrektur des Abschneidefehlers und $\Delta t=1/2$ erzeugt. Der Zeitschichtwichtungsfaktor für den Zerfallsterm war mit ½ angegeben. Eine detaillierte Beschreibung der separaten Behandlung des Abbaus im numerischen Verfahren findet sich in den Abschnitten 8.2 und 8.6.

Es soll nun der Fehler in Abhängigkeit vom Wichtungsfaktor des Zerfallsterms untersucht werden. Abb. 9.7 zeigt den numerischen Fehler, wenn der Transport mit dem rückwärtigen Euler-Verfahren, der Abbau aber mit unterschiedlichen Wichtungstermen (hier $\kappa = 0$, ½, 1) versehen wird. Offenbar verringert sich der Fehler, der sich hier in einer erhöhten numerischen Dispersion äußert, kaum. Das Verfahren mit $\kappa=0$ liefert die beste Näherung: der Zerfall wird aufgrund des Konzentrationswerts am Ende des Zeitschritts berechnet und ist daher, was den Gesamtzeitraum angeht, überschätzt. Das hebt den Effekt der numerischen Dispersion allerdings nur in geringem Maße auf. Was den absoluten Betrag des Fehlers angeht, so ist dieser in diesem Beispiel geringer als beim reinen Transportprozeß (vgl. Abb. 9.4).

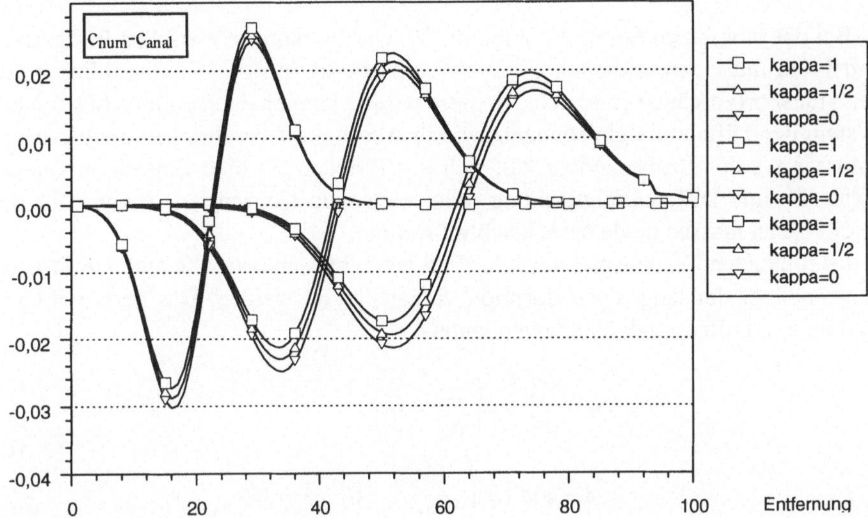

Abb. 9.7 : Abweichung des numerischen Fehlers zu drei Zeitpunkten für das total implizite Verfahren, sowie drei unterschiedlichen Wichtungen des Abbauterms (mit kappa (κ)).

Die folgende Abbildung zeigt die numerischen Fehler, wenn das Crank-Nicolson-Verfahren für den Transport mit unterschiedlichen Wichtungen des Zerfalls kombiniert wird.

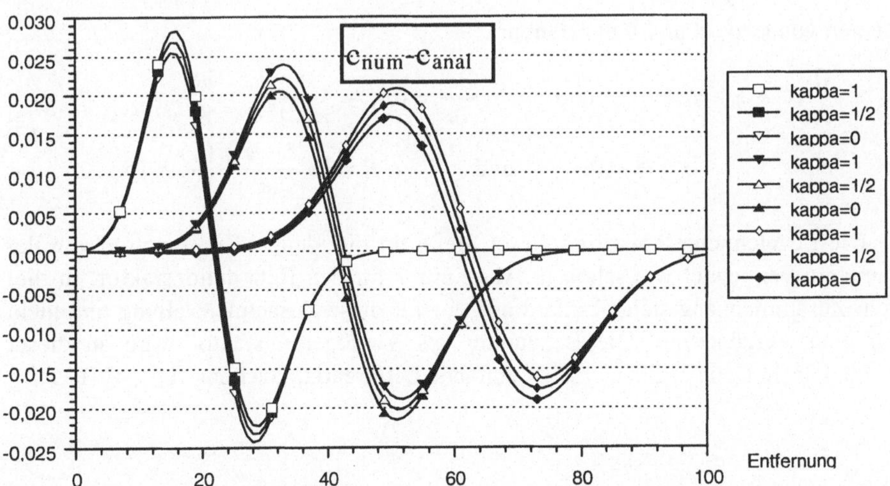

Abb. 9.8 : Abweichung zwischen numerischer und analytischer Lösung für $\kappa=1/2$ (Crank-Nicolson-Verfahren) sowie drei unterschiedlichen Wichtungen des Abbauterms (mit kappa (κ)).

9.4 Langsame Sorption

Bei der langsamen Sorption laufen die Wechselwirkungen zwischen Festgestein und Fluid mit einer zeitlichen Charakteristik ab, die in ihrer Größenordnung der der Transportvorgänge entspricht. In diesem Falle können die Vereinfachungen am System der Differentialgleichungen, wie in Abschnitt 7 beschrieben, nicht vorgenommen werden. Insbesondere läßt sich das Problem für eine Einzelkomponente nicht auf eine Differentialgleichung reduzieren. Die Konzentrationswerte für die zwei Phasen müssen beide berücksichtigt werden.

Im folgenden Testbeispiel wird der Fall betrachtet, in dem alle anderen Prozesse gegenüber der langsamen Sorption vernachlässigt werden. Das beschreibende System von Differentialgleichungen lautet:

$$\varphi S \frac{\partial C}{\partial t} = \alpha \left(\frac{c_s}{K_d} - C \right)$$

$$(1 - \varphi) f(S) \rho_s \frac{\partial c_s}{\partial t} = -\alpha \left(\frac{c_s}{K_d} - C \right)$$

$$(9.\,16)$$

Hier wird der Verteilungskoeffizient K_d, der für den Fall der linearen Gleichgewichtssorption definiert ist, weiterverwendet. Das Gleichgewicht ist offenbar gekennzeichnet durch das Verschwinden des Austauschterms auf der rechten Seite der Gleichungen (9.16), d.h. es gilt die bekannte Isotherme $c_s = K_d C$. Schreibt man $E = \dfrac{(1 - \varphi) f(S)}{\varphi S} \rho_s c_s$ [4], so gilt unter Vernachlässigung der zeitlichen Ableitungen von φ, ρ_s, S und f(S) offenbar:

$$\frac{\partial}{\partial t}(C + E) = 0 \qquad \text{und} \qquad \frac{\partial E}{\partial t} = \tilde{\alpha}\left(C - \frac{E}{R - 1}\right) = -\frac{\partial C}{\partial t}$$

$$\text{mit} \qquad \tilde{\alpha} = \alpha / \varphi S \qquad \text{und} \qquad R = 1 + \frac{1 - \varphi}{\varphi} \frac{f(S)}{S} K_d \rho_s$$

$$(9.\,17)$$

Die Bezeichnung R wird an dieser Stelle für die gleiche Kombination von Parametern verwendet wie schon in Abschnitt 7 für den Retardationsfaktor. In diesem Zusammenhang steht R allerdings nur für diese Zusammenstellung und nicht für eine Verzögerung. Die Benennung als Verzögerungsfaktor wäre an dieser Stelle falsch. Dann ergibt sich eine einfache Differentialgleichung für C-E/(R-1):

---

[4] Im Programm FAST-B(2D) wird E als Äquivalent für die Konzentration in der festen Phase in Ein- und Ausgabe verwendet.

$$\frac{\partial}{\partial t}(C - \frac{E}{R-1}) = \frac{\partial}{\partial t}\left(C + E - (1 + \frac{1}{R-1})E\right) =$$

$$= -(1 + \frac{1}{R-1})\frac{\partial E}{\partial t} = -(1 + \frac{1}{R-1})\tilde{\alpha}(C - \frac{E}{R-1}) \qquad (9.\,18)$$

die eine analytische Lösung besitzt, nämlich:

$$C - \frac{E}{R-1} = (C_0 - \frac{E_0}{R-1})\exp\left(-\frac{R}{R-1}\tilde{\alpha}t\right) \qquad (9.\,19)$$

Daraus kann man eine Gleichung für E/(R-1) ableiten, die wiederum ebenfalls direkt integrierbar ist:

$$\frac{\partial}{\partial t}\frac{E}{R-1} = \tilde{\alpha}(C - \frac{E}{R-1}) = \tilde{\alpha}(C_0 - \frac{E_0}{R-1})\exp\left(-\frac{R}{R-1}\tilde{\alpha}t\right) \qquad (9.\,20)$$

Die Lösung lautet:

$$E = E_0^* - \frac{(C_0(R-1) - E_0)}{R}(R-1)\exp\left(-\frac{R}{R-1}\tilde{\alpha}t\right) \qquad (9.\,21)$$

Analog kann man nun für C vorgehen und erhält dann:

$$C = C_0^* + \frac{(C_0(R-1) - E_0)}{R}\exp\left(-\frac{R}{R-1}\tilde{\alpha}t\right) \qquad (9.\,22)$$

Nutzt man die Anfangsbedingung in dieser Gleichung aus, so kann man die beiden Integrationskonstanten E_0^* und C_0^* eliminieren :

$$\left.\begin{array}{l} C = \dfrac{1}{R}(C_0 + E_0) \\[2mm] \dfrac{E}{R-1} = \dfrac{1}{R}(C_0(R-1)) + E_0\dfrac{1}{R-1} \end{array}\right\} \pm \frac{1}{R}(C_0(R-1) - E_0)\exp\left(-\frac{R}{R-1}\tilde{\alpha}t\right) \quad (9.\,23)$$

Damit ergeben sich für die Änderungen von C und E explizite Formeln:

$$C - C_0 = \frac{1}{R}(E_0 - C_0(R-1))\left[1 - \exp\left(-\frac{R}{R-1}\tilde{\alpha}t\right)\right] \qquad (9.\,24)$$

$$E - E_0 = -(R-1)(C - C_0)$$

Wie beim Zerfall wird in FAST-B(2D) dieser Quellterm auf der rechten Seite des Algorithmus addiert - und nicht mit einem Zeitschichtwichtungsfaktor multipliziert. Das hat den Vorteil, daß man bei der Modellierung des reinen Sorptionsfalls die analytische Lösung erhält - unabhängig von der Wahl der Zeitschichtwichtung. Würde man den Austauschterm mit einem Wichtungsfaktor κ versehen, so ergäben sich zusätzliche Fehler, die auf diese Art und Weise vermieden werden.

In der Abb. 9.9 ist der Fehler illustriert, der sich bei der Anwendung eines Ansatzes mit Zeitschichtwichtung ergibt (ein solcher Ansatz ist durch Gleichung (4.42) beschrieben). Für das Testbeispiel wurden die Parameter wie folgt gewählt[5]:

$$R = 2 \qquad \tilde{\alpha} = 1. \qquad C_0 = 1. \qquad E_0 = 1. \qquad \Delta t = .3333$$

Die durchgezogene Linie verbindet Werte der analytischen Lösung

$$\left.\begin{array}{c} C \\ E \end{array}\right\} = \frac{C_0 + E_0}{2} \pm \frac{C_0 - E_0}{2} \exp(-2\tilde{\alpha}t) \tag{9.25}$$

die genau einen Zeitschritt entfernt liegen, während die Symbole Lösungen der numerischen Verfahren anzeigen. Offenbar wird der Sorptionsprozess vom expliziten Ansatz überschätzt, beim total impliziten unterschätzt. Von den drei Alternativen liefert das Crank-Nicolson-Verfahren eindeutig die besten Ergebnisse. Was die Größe des Fehlers angeht, so nimmt dieser allerdings mit Annäherung an den Gleichgewichtszustand, der im Beispiel durch E=C=0.5 charakterisiert ist, stark ab. Dieser Zustand wird von allen drei Ansätzen getroffen.

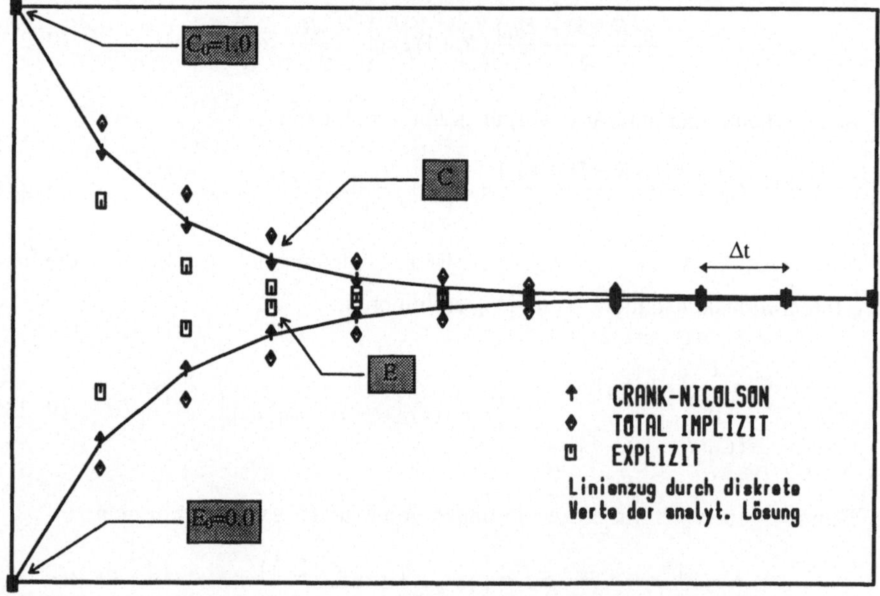

Abb. 9.9: Analytische und numerische Lösungen für den Fall der reinen langsamen Sorption

Fehler treten also im Wesentlichen auf, wenn das Gleichgewicht nicht erreicht ist. Das kann je nach Rand- bzw. Anfangsbedingungen und Zugaben bzw. Entnahmen ein permanenter Zustand sein - im gezeigten trivialen Testbeispiel ist er es nicht. Er kann allerdings auch durch die Größe des Zeitschritts reduziert werden.

---

[5] Den Eingabedatensatz zum Beispiel finden Sie auf der beiliegenden CD unter dem Namen DEMO4.WTB.

9.5 Zweidimensionale Ausbreitung im 1D-Strömungsfeld

Zur Untersuchung der numerischen Dispersion betrachtet Holzbecher (1988) die Ausbreitung einer Kontamination in 2D in einem 1D-Strömungsfeld. Insbesondere geht es dabei um die Veranschaulichung des Fehlers, der dadurch entsteht, daß die Geschwindigkeit nicht in einer Richtung des Koordinatensystems verläuft. In einer Anwendungsmodellierung in einem 1D-Geschwindigkeitsfeld ist es naheliegend, eine Koordinatenrichtung parallel und die andere senkrecht zur Strömung zu wählen. In der Tat ist bei dieser Wahl die numerische Dispersion am geringsten. Zusätzliche Fehler entstehen als 'Gitter-Orientierungs-Effekt' (de Vahl Davis/Mallinson 1972).

Für das Testbeispiel wurde die Ausbreitung eines Konzentrationspeaks als Anfangsbedingung. In der numerische Simulation ist die Anfangssituation dadurch gegeben, daß in einem Block die Norm-Konzentration 1.0 vorliegt und in allen anderen die Hintergrund-Konzentration 0.0. Vergleichbar ist die sich daraus ergebende Ausbreitung mit derjenigen, die sich aus einer in einem Punkt zusammengezogenen Konzentration, zu einem δ-Peak also, ergibt. Diese lautet (vgl. Kinzelbach 1986):

$$\theta(x,y,t) = \frac{M}{4\pi\varphi Smut\sqrt{\alpha_L\alpha_T}}\exp\left(-\frac{x-x_0-u_xt/R}{4\alpha_Lu_xt/R}-\frac{y-y_0-u_yt/R}{4\alpha_Lu_yt/R}-\lambda t\right)$$

$$(9.26)$$

Diese Lösung wird unter der Bedingung abgeleitet, daß die Konzentration im Unendlichen gleich 0 ist. Auch diese zweite Bedingung kann in einem numerischen Modell nicht exakt nachgebildet werden. Die Randbedingung am Ausstromrand, der eine endliche Länge vom Startpunkt entfernt liegt, ist die sogenannte 'noflow' Bedingung $\partial\theta/\partial n=0$.

Für das betrachtete Testbeispiel wurden die Parameter wie in Tabelle 9.3 angezeigt gewählt[6]:

---

[6] Den Eingabedatensatz zum Beispiel (mit reduzierter Blockanzahl) finden Sie auf der beiliegenden CD unter dem Namen DEMO5.WTB.

Symbol	Parameter	Wert	Einheit
M	Gesamtmasse	120	kg
φS	vol. Feuchte	0.17	1
m	Mächtigkeit	25	m
α_L	longitudinale Dispersion	100	m
α_T	transversale Dispersion	10 oder 1	m
D	molekulare Diffusion	0	m^2/Tag
u	Geschwindigkeit	1	m/Tag
T	Laufzeit	1000	Tage
R	Retardation	1	1
L_x, L_y	Länge, Breite des Modellgebiets	2000	m
$\Delta x, \Delta y$	Gitterkonstante	25	m

Tabelle 9.3 : Eingabedaten für die 2D-Ausbreitung im 1D-Strömungsfeld

Abb. 9.10: Analytische und numerische Lösung (ohne Korrektur) für α_L/α_T=10 (dünne Linien: analyt., fette Linien: num., Beschriftung 10^{-9} kg/kg)

In den folgenden Abbildungen sind die Ergebnisse einiger Simulationsläufe mit FAST-B(2D) dargestellt. Abb. 9.10 zeigt numerische und analytische Lösungen, wenn das Verhältnis der Dispersionslängen 10 beträgt. Deutlich ist die numerische Dispersion zu erkennen. Vor allem quer zur Strömungsrichtung erstreckt sich die Schadstoffwolke deutlich zu weit. Im Bereich hoher Konzentrationen wird die Ausdehnung der Kontamination unterschätzt. Auch das ist eine Folge der numerischen Dispersion: das Maximum der analytischen Lösung von $71 \cdot 10^{-9}$ kg/kg erreicht die numerische Lösung bei weitem nicht. Die Computerergebnisse weisen einen Maximalwert von $39 \cdot 10^{-9}$ kg /kg auf.

Lösung für unterschiedl. Koordinatensysteme	Konzentrationsmaxima [10^{-9} kg/kg]	
	$\alpha_L/\alpha_T=10$	$\alpha_L/\alpha_T=100$
$\Theta=0°$	67	223
$\Theta=15°$	57	96
$\Theta=30°$	51	73
$\Theta=45°$	39	67
analytische Lösung	71	225

Tabelle 9.4 : Zum Effekt der Gitterorientierung - Konzentrationsmaxima für die analytische Lösung und numerischen Lösungen für unterschiedliche Gitter

Die Auswirkung der Gitter-Orientierung auf die Qualität der numerischen Ergebnisse wird in Tabelle 9.4 deutlich. Der Winkel Θ zwischen x-Achse und Strömungsrichtung wurde in einer Serie von Modellläufen variiert. Als Indikator für die Dispersion im numerischen Modell wurde das Konzentrationsmaximum im Gitter gewählt. Die numerische Dispersion zeigt sich dadurch, daß dieser Maximalwert im Vergleich zur analytischen Lösung unterschritten wird. Mit wachsendem Winkel nimmt die numerische Dispersion offenbar drastisch zu.

Alle in den Abbildungen 9.10-9.13 gezeigten Ergebnisse wurden mit dem Crank-Nicolson Verfahren erzeugt. Nach theoretischen Ableitungen ist diese Methode in jedem Fall stabil. Da sich die Ergebnisse bei großen Zeitschritten erheblich verschlechterten, wurden die Zeitschritte schließlich so gewählt, daß das Courant- sowie das Neumann-Kriterium erfüllt wurden.

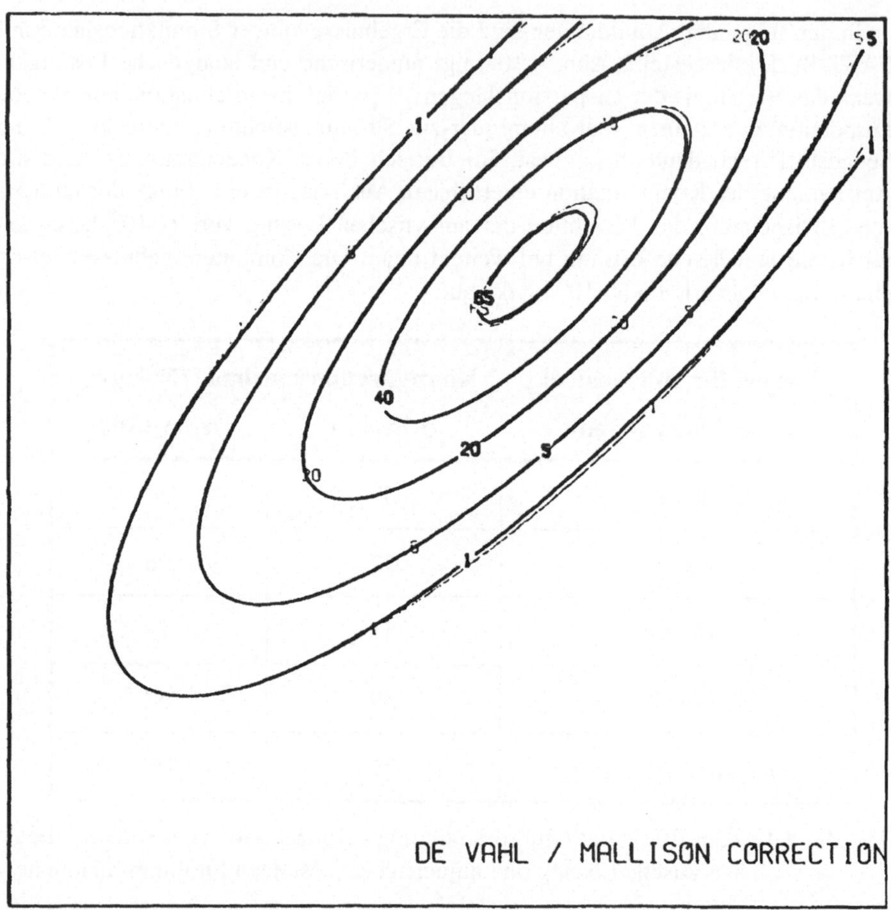

Abb. 9.11: Analytische u. numerische Lösung (Korrektur nach Gleichung (8.27)) für $\alpha_L/\alpha_T=10$ (dünne Linien: analyt., fette Linien: num., Beschriftung 10^{-9} kg/kg)

Die Resultate der Modellierung werden erheblich besser, wenn eine Korrektur der numerischen Dispersion bei der Diskretisierung berücksichtigt wird. Das ist in Abb. 9.11 illustriert, wo analytische und numerische Ergebnisse beinahe überein stimmen. Dabei wurde die Korrektur nach deVahl Davis/Mallinson, wie in Gleichung (8.27) angegeben, verwandt. Nicht gezeigt ist das Ergebnis eines Laufs mit Korrektur des Abschneidefehlers, das beinahe identisch ist mit Abb. 9.11.

Wenn das Verhältnis der Dispersionslängen auf 100 erhöht wird, wirkt die numerische Dispersion noch weitaus verfälschender auf das Ergebnis. Während die analytische Lösung einen Maximalwert von 225 10^{-9} kg/kg vorschreibt, liefert die numerische Rechnung lediglich 47 10^{-9} kg/kg. Auch die Ausdehnung des kontaminierten Bereich ist deutlich anders bei beiden Lösungen, wie Abb. 9.12 illustriert.

Abb. 9.12: Analytische und numerische Lösung (ohne Korrektur) für $\alpha_L/\alpha_T=100$
(dünne Linien: analyt., fette Linien: num., Beschriftung 10^{-9} kg/kg)

Bei Verwendung von Diskretisierungen, die eine Korrektur der numerischen Dispersion durchführen, läßt sich der Fehler erheblich vermindern. Trotz Korrektur des Abschneidefehlers (8.27) bleibt weiterhin ein erhebliche Unterschätzung der Konzentratiosmaxima bestehen: erreicht werden 142 10^{-9} kg/kg von den 225 10^{-9} kg/kg, die nach der analytischen Lösung auftreten müßten (vgl dazu Abb. 9.13). Nicht getestet wurde für das Testbeispiel die Kombination der beiden Korrekturen, wie sie mit FAST-B(2D) möglich ist.

Die Resultate dieses Testbeispiels zeigen, daß genügend genaue numerische Ergebnisse erzielt werden können, wenn das Verhältnis der Dispersionslängen nicht zu groß ist und die Diskretisierungskriterien eingehalten werden. Das Problem der numerischen Dispersion bleibt auch bei Verwendung von Korrekturen akut. Es tritt allerdings erst unter weiter verschärften Bedingungen auf - in Abhängigkeit vom Dispersionslängenverhältnis, von der Gitterfeinheit und der Orinetierung des Koordinatensystems.

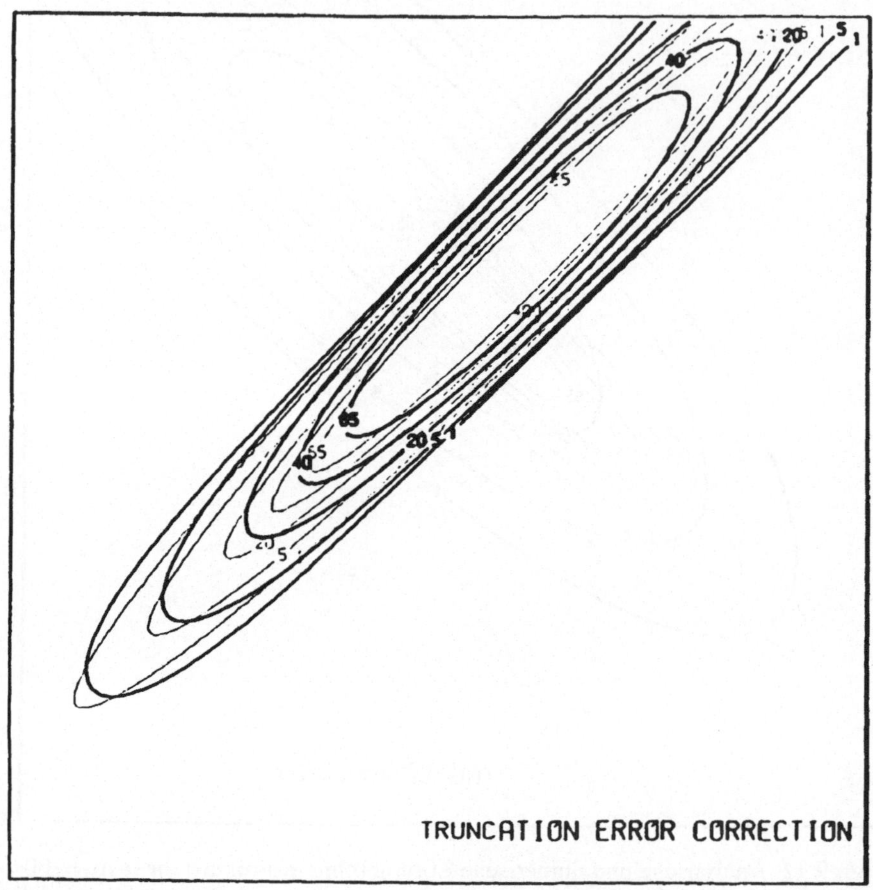

Abb. 9.13: Analytische u. numerische Lösung (Korrektur des Abschneidefehlers) für $\alpha_L/\alpha_T=100$ (dünne Linien: analyt., fette Linien: num., Beschriftung 10^{-9} kg/kg)

Kinzelbach/Frind (1986) untersuchen die numerische Dispersion von FE-Codes an einem ähnlichen Testbeispiel. Sie gelangen dabei zu denselben Ergebnissen bzgl. der Gültigkeit von Courant- und Peclet-Kriterien und der Abhängigkeit von der Gitterorientierung.

10 Numerische Lösung von Gleichungssystemen

10.1 Lineare Gleichungssysteme

10.1.1 Überblick

Unabhängig von der gewählten Diskretisierungsmethode - seinen es Finite Elemente, Finite Differenzen oder Finite Volumen - gibt es eine gemeinsame Eigenschaft der Gleichungen, die sich für die Unbekannten θ_i ergeben. Jede Gleichung repräsentiert eine lokale Darstellung der Differentialgleichung und stellt daher eine Beziehung eines Punktes mit Nachbarpunkten dar -seien die Punkte nun Knoten, wie bei Finiten Elementen - oder Blöcke, wie bei Finiten Volumen.

Schreibt man das System aller N Gleichungen für N Unbekannte in der Matrix-Vektor-Form

$$\begin{pmatrix} a_{11} & a_{12} & \ldots & a_{1N} \\ a_{21} & a_{22} & \ldots & a_{2N} \\ \ldots & \ldots & \ldots & \ldots \\ a_{N1} & a_{N2} & \ldots & a_{NN} \end{pmatrix} \cdot \begin{pmatrix} x_1 \\ x_2 \\ \ldots \\ x_N \end{pmatrix} = \begin{pmatrix} b_1 \\ b_2 \\ \ldots \\ b_N \end{pmatrix} \qquad (10.\,1)$$

so erkennt man, daß in jeder Matrixzeile die meisten Einträge Null sind. Man sagt: die Matrizen sind schwach besetzt, d.h. in den Zeilen und Spalten befinden sich nur wenige von Null verschiedene Elemente. Zur Lösung derartiger Gleichungssysteme wurden spezielle numerische Methoden entwickelt. Beim Vergleich der Methoden spielt neben der Lösungsgeschwindigkeit die Frage eine Rolle, inwieweit während des Ablaufs des Algorithmus die schwach besetzte Struktur der Matrizen erhalten bleibt - das verhindert nämlich das Ausufern des zur Lösung benötigten Rechnerspeicherplatzes.

Bei unstrukturierten Gittern ist die Form der Matrix unregelmäßig. Welche Elemente mit Nullen belegt sind und welche nicht, hängt vom Aufbau des speziellen Modellgitters ab. Zudem ergeben unterschiedliche Knotennummerierungen im selben Gitter Matrizen mit unterschiedlicher schwacher Besetzung. Insbesondere von Anwendern der Methode der Finiten Elemente wurden daher Algorithmen zur Bestimmung der optimalen Knotennummerierung entwickelt, die in der Literatur unter der 'Bandbreitenreduktion' diskutiert werden.

In strukturierten Gittern ergeben sich bei kanonischer Numerierung der Blöcke bzw. Knoten Bandmatrizen, d.h. Elemente ungleich Null tauchen ausschließlich in diagonal verlaufenden Bändern in der Matrix auf. Die Hauptdiagonale, die die linke obere mit der rechten unteren Ecke der Matrix verbindet ist das wichtigste dieser Bänder. Links und rechts davon verlaufen weitere Bänder in unregelmäßigen Abständen. Die auf beiden Seiten der Hauptdiagonale verlaufenden (ersten) Nebendiagonalen enthalten in der Regel nicht-verschwindende Elemente, da der um 1 erhöhte oder verminderte Index stets einen Nachbarblock bezeichnet.

Bei der Verwendung von Rechteckgittern erhält man im 1D-Fall eine Matrix mit einer Haupt-diagonalen und zwei - unmittelbar anschließenden - Nebendiagonalen. Im 2D-Fall kommen zwei weitere Nebendiagonalen im Abstand n_x von der Hauptdiagonalen hinzu. n_x bezeichnet dabei die Anzahl der Blöcke in Vorrangrichtung der Nummerierung (das gilt für das block-zentierte Finite-Differenzen bzw. für Finite-Volumen; beim knoten-zentrierten Ansatz ist der Abstand n_x-1). Im 3D-Fall entstehen zwei zusätzliche Nebendiagonalen im Abstand $n_x \cdot n_y$ vom mittleren Band (für block-zentrierte Ansätze).

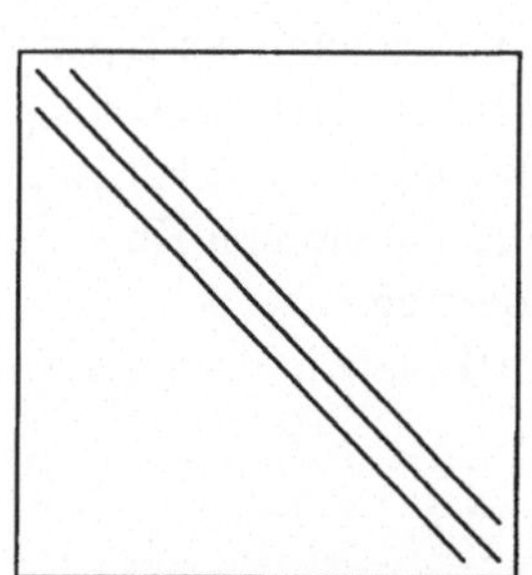
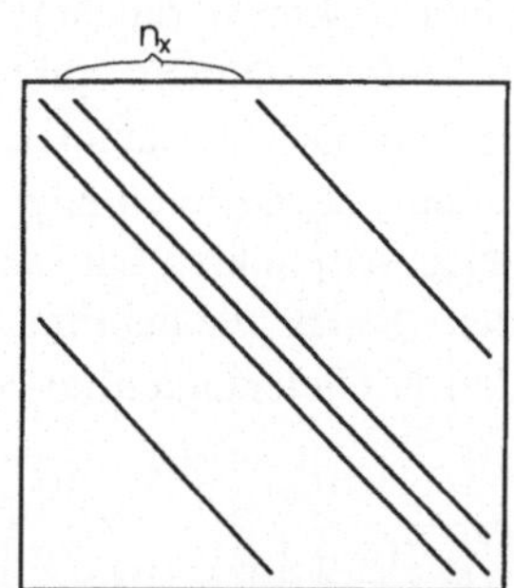

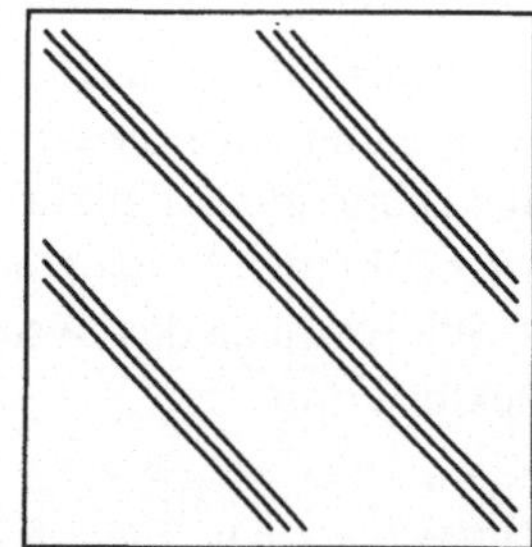

Abb. 10.1: Bandmatrix-Struktur für 3-Stern-, 5-Stern- und 9-Stern-Diskretisierungen in 2D (von Null verschiedene Elemente tauchen nur in den Linien überzogenen Plätzen auf)

Es ist leicht erkennbar, daß jede Diagonale einem Punkt im Diskretisierungsstern entspricht. Bei der Verwendung des 9er-Sterns zur Behandlung des allgemeinen Dispersionstensors in der Transportgleichung gelangt man zu einer 9-Band-Matrix. In den Bändern müßen nicht sämtliche Elemente ungleich Null sein. In Ausnahmefällen kann es sogar geschehen, daß einzelne Bänder ganz Null werden.

Wesentlich bei der Bezeichnung ist, daß die Stellen der Matrix an denen bei der Diskretisierung irgendeines Problems Elemente ungleich Null auftreten können, hier einfach und eindeutig charakterisiert sind. Das ist auch für den Lösungsalgorithmus von Vorteil, da nicht zusätzlich der Ort einer Eintragung ungleich Null in der Matrix gespeichert und abgerufen werden muß.

Die Gleichungssysteme sind i.a. unsymmetrisch. Matrizen, die bei der Diskretisierung von Strömungsproblemen entstehen, lassen sich durch geeignete Transformation in symmetrische Matrizen überführen. Das gilt bei Diskretisierungen nach Finiten Differenzen und Finiten Elementen. Bei der Methode der Finiten Volumen ergeben sich direkt symmetrische Systeme. Diese Unterscheidung ist wichtig, da einige Lösungsverfahren für symmetrische Matrizen besser konvergieren. Andere sind sogar nur im symmetrischen Fall anwendbar.

Im allgemeinen sind die Matrizen, die bei der Diskretisierung der Transportgleichung entstehen unsymmetrisch. Insbesondere ist es der Advektionsterm in der Gleichung der eine Anti-Symmetrie erzeugt. Bei geeigneter Diskretisierung eines Problems im Feld $\mathbf{v}=0$ erhält man dagegen eine symmetrische Matrix. Leismann/Frind (1989) entwickelten einen speziellen Ansatz, der auch für das allgemeine Problem eine symmetrische Matrix erzeugt. Diese Vorgehensweise ist allerdings an strenge Stabilitätskriterien gebunden.

Wenn die Gitter-Peclet-Zahl Kriterien erfüllt sind, ergeben sich Matrizen, deren Hauptdiagonalelemente positiv sind, während alle Nebendiagonaleinträge nichtpositiv sind. Sind die Matrizen zusätzlich diagonaldominant, so nennt man sie K-Matrizen. Eine Matrix bezeichnet man als diagonaldominant, wenn alle Zeilensummen nicht-negativ sind. Über Konvergenzeigenschaften von K-Matrizen werden in der mathematischen Literatur Aussagen gemacht.

Man unterscheidet direkte und iterative Lösungsverfahren. Während bei Modellen mit wenigen Elementen noch direkte Algorithmen (*Gauß*-Verfahren) Vorteile bieten können, sind bei großen Modellen iterative Methoden eindeutig überlegen. Hauptgrund dafür ist die Tatsache, daß bei direkten Verfahren im Innern der Matrix zunehmend von Null verschiedene Elemente entstehen. Iterative Methoden der ersten Generation sind *Gauß-Seidel-* und *Jacobi*-Verfahren. Heutzutage erhalten die Methode der konjugierten Gradienten oder Mehrgitterverfahren zumeist den Vorzug.

Bei den iterativen Verfahren wird eine gegebene Näherung $\mathbf{x_0}$ in Iterationsschritten verbessert. In einem Iterationschritt wird $\mathbf{x_i}$ in eine neue Näherung $\mathbf{x_{i+1}}$ überführt. Das Verfahren endet mit einer sogenannten Abbruchbedingung, z.B.

$$\frac{\|\mathbf{x_{i+1}} - \mathbf{x_i}\|}{\|\mathbf{x_{i+1}}\|} \leq \varepsilon \qquad (10.\ 2)$$

Um im Falle der Nicht-Konvergenz in keine Endlosschleife zu geraten, wird in der Regel eine Maximalanzahl von Iterationen als zusätzliches Abbruchkriterium spezifiziert werden.

Wesentlich ist das Abbruchkriterium, nach dem der iterative Algorithmus stoppt. Ist das Kriterium erfüllt, wird die zuletzt erhaltene Näherung als Lösung akzeptiert und keine weitere Iteration durchgeführt.

Im Normalfall bricht das Verfahren ab, wenn die relative Änderung der Näherung im vorangegangenen Iterationsschritt eine gewisse Genauigkeit unterschreitet.

Diese Schranke wird vom Modellierer definiert. Ein weiterer Parameter, der unter Iterationen vom Benutzer eingestellt wird, verhindert, daß keine Endlosschleife entsteht, wenn das Verfahren nicht konvergiert.

Liefert das CG-Verfahren eine Näherungslösung mit der maximalen Anzahl von Iteration, so kann es dafür verschiedene Gründe geben. Im ungünstigsten Fall divergiert der Algorithmus, d.h. er entfernt sich von der tatsächlichen Lösung. Zumeist liegen andere Gründe vor, die im weiteren beschrieben werden. In jedem Fall sollte der Modellierer unter den genannten Bedingungen das Ergebnis über-prüfen. Dazu kann er die Genauigkeit und/oder die maximale Anzahl der Iteratio-nen erhöhen.

Ist die Genauigkeit zu groß eingestellt, ist die Näherung, die der iterative Löser zurückgibt, noch weit von der tatsächlichen Lösung entfernt. Man beachte, daß der spezifizierte Wert für Genauigkeit nicht den Abstand der numerischen von der tatsächlichen Lösung angibt, sondern nur den Abstand zwischen zwei Näherungen. Die Genauigkeit kann allerdings auch zu klein eingestellt sein. Das kann u.a. der Grund dafür sein, daß das Verfahren auch im Falle der Konvergenz erst Maxi-malzahl der Iterationen abbricht.

Im Abbruchkriterium wird desweiteren eine Abstandsdefinition verwendet, um die Entfernung zwischen zwei Näherungen zu quantifizieren. Die FAST-Programme bieten hier die Möglichkeit der Auswahl zwischen 2-Norm und Maxi-mumnorm:

$$\|\mathbf{x}\|_{\max} = \max\left\{|x_i|, i = 1, \ldots N\right\} \qquad \|\mathbf{x}\|_2 = \sqrt{\sum_{i=1}^{N} x_i} \qquad (10.\,3)$$

10.1.2 Verfahren der Konjugierten Gradienten (CG)

Das Verfahren der Konjugierten Gradienten ist ein schnelles Lösungsverfahren zur Lösung großer linearer schwach-besetzter Gleichungssysteme:

$$\mathbf{A} \cdot \mathbf{x} = \mathbf{b} \qquad (10.\,4)$$

Die Länge der Vektoren $\mathbf{x}$ und $\mathbf{b}$ ist gleich der Anzahl der Unbekannten N; $\mathbf{A}$ ist eine N×N Matrix. Bei den Verfahren der Konjugierten Richtungen wird eine Ver-besserung der (alten) Näherung $\mathbf{x_i}$ in einer bestimmten Richtung $\mathbf{p_i}$ gesucht, der sogenannten Suchrichtung. Es gilt also:

$$\mathbf{x_{i+1}} = \mathbf{x_i} + \alpha_i \mathbf{p_i} \qquad (10.\,5)$$

Der Skalar α_i wird dabei so bestimmt, daß das Funktional

$$F(\mathbf{y}) \equiv \frac{1}{2}\mathbf{y}^\mathbf{T}\mathbf{A}\mathbf{y} - \mathbf{y}^\mathbf{T}\mathbf{b} \qquad (10.\,6)$$

für alle Vektoren in Suchrichtung minimiert wird. Das Minimum des Funktio-nals im N-dimensionalen Raum ist zugleich die gesuchte Lösung des linearen

Gleichungssystems. Als Suchrichtungen werden konjugierte Richtungen (daher der Name) wie folgt gewählt:

$$\mathbf{p_{i+1}} = \mathbf{b} - \mathbf{Ax_{i+1}} + \beta_i \mathbf{p_i} \tag{10.7}$$

Es kann gezeigt werden, daß $\mathbf{x_i}$ das Funktional auf dem Unterraum $\left\{ \mathbf{r_0} = \mathbf{Ax_0} - \mathbf{b}, \mathbf{Ar_0}, ..., \mathbf{A}^{i-1}\mathbf{r_0} \right\}$, dem sogenannten *Krylov*-Unterraum exakt minimiert (daraus leitet sich auch die Bezeichnung '*Krylov subspace methods*' ab, die man teilweise in der Literatur findet). Nach N Schritten ist dann theoretisch das Minimum im Lösungsraum erreicht und damit auch die Lösung des Gleichungssystems (in der Theorie handelt es sich also um ein direktes Verfahren). Durch Rundungsfehler und deren Fortpflanzung wird der Computeralgorithmus diesen Punkt i. a. nicht erreichen. Eine sinnvoll geforderte Genauigkeit ε liefert der CG-Algorithmus zumeist in sehr viel weniger Iterationen. In PASCAL-Notation läßt sich das klassische Verfahren wie folgt schreiben:

$$\mathbf{r_0} := \mathbf{Ax_0} - \mathbf{b}; \quad \mathbf{p_{-1}} := \mathbf{0}; \quad \varsigma_{-1} := 1; \quad i = 0;$$

while *residuum > toleranz* do

begin

$$\varsigma_i := \mathbf{r_i}^T \mathbf{r_i}; \quad \beta_i := \varsigma_i / \varsigma_{i-1};$$
$$\mathbf{p_i} := \mathbf{r_i} + \beta_i \mathbf{p_{i-1}};$$
$$\mathbf{z_i} := \mathbf{Ap_i};$$
$$\sigma_i := \mathbf{p_i}^T \mathbf{z_i}; \quad \alpha_i := \varsigma_i / \sigma_i; \tag{10.8}$$
$$\mathbf{r_{i+1}} := \mathbf{r_i} - \alpha_i \mathbf{z_i};$$
$$\mathbf{x_{i+1}} := \mathbf{x_i} - \alpha_i \mathbf{p_i};$$
$$i := i + 1$$

end;

Damit das Verfahren der Konjugierten Gradienten stets konvergiert, müssen Bedingungen an die Koeffizientenmatrix $\mathbf{A}$ gestellt werden: sie muß symmetrisch und positiv definit sein. Das ist bei der Modellierung von Transportproblemen nur im statischen Grenzfall ($\mathbf{v=0}$) gültig. Auch wenn die Konvergenz nicht garantiert ist, wird das CG-Verfahren in der klassischen Form, wie soeben beschrieben, auch für nicht-symmetrische und in-definite Matrizen angewandt: in vielen Fällen konvergiert das Verfahren.

Es können allerdings auch Varianten des CG-Verfahrens angewandt werden, die speziell für nicht-symmetrische Matrizen konstruiert wurden: BI-CG (Fletcher 1976), CGS (Sonneveld 1984) und BI-CGstab (van der Vorst 1990). Auch das ORTHOMIN-Verfahren (Vinsome 1976) wird für nicht-symmetrische Systeme verwandt.

Zur Verbesserung der Konvergenzgeschwindigkeit werden sogenannte Vorkonditionierungen benutzt: zumeist das unvollständige *Cholesky*-Verfahren

(Schwarz 1984) oder das Überrelaxationsverfahren (Evans 1967). Auch Mehrgitterverfahren (MG) werden zur Vorkonditionierung verwandt. Der Erfolg aller dieser Methoden hängt auch vom Rechnertyp (bzw. Rechnerarchitektur) ab.

Bei Skalierung und Vorkonditionierung wird die Matrix des Gleichungssystems in geeigneter Weise geändert. Bei der Skalierung werden Zeilen und Spalten so multipliziert, daß in der Hauptdiagonale alle Elemente den Wert 1. erhalten. Sodann wird der normale CG-Algorithmus gestartet. In der einzelnen Iteration sind dann etwas weniger Rechenoperationen durchzuführen.

Bei der Vorkonditionierung wird die Ausgangsmatrix durch eine Transformation der folgenden Form verändert:

$$\mathbf{A} \to \mathbf{P}_L \mathbf{A} \mathbf{P}_R \qquad\qquad (10.\,9)$$

Dabei werden die Matrizen $\mathbf{P}_L$ und $\mathbf{P}_R$ geeignet gewählt. Es erhöht sich die Rechenzeit pro Iterationsschritt. Ein Gewinn liegt allerdings in vielen Fällen trotzdem vor, da weniger Iterationen zum Erreichen einer vorgegebeben Genauigkeit nötig werden. Darin liegt der Vorteil von Vorkonditionierung und/oder Skalierung.

Insgesamt stehen mit dem CG-Verfahren und seinen Varianten eine ganze Reihe von robusten schnellen Gleichungslösern zur Verfügung. Gegenüber älteren Verfahren bestechen die CG-Algorithmen durch ihre Schnelligkeit. Gegenüber anderen schnellen Lösern (z.B. MG) besitzen sie den Vorteil, daß sie auf eine große Klasse von Problemen in fast unveränderter Form angewandt mit Erfolg werden können.

Zur Beschleunigung der Konvergenz der Lösung der linearen Gleichungssyteme kann der Modellierer von FAST

- die Skalierungsoption verwenden
- die Vorkonditionierungsoption verwenden
- zwischen verschiedenen CG-Varianten wählen
  (letzteres nur bei FAST-B)

Die Vorkondionierung wird mit einem Relaxationsparameter gesteuert. Dieser nimmt in aller Regel im Intervall zwischen 1 und 2 seinen optimalen Wert an, für den man niedrigste Anzahl von Iterationen erhält. Unterhalb des optimalen Werts ist das Verfahren zumeist nicht viel langsamer (Holzbecher 1991). Dahingegen verschlechtert es sich bei knappem Überschreiten oft dramatisch. Bei 1D-Problemen liegt der optimale Wert meist bei 1.2, bei 2D-Problemen um 1.5 und kann bei 3D-Modellierungen auch 1.8 und höhere Werte erreichen.

Neben der Anzahl der Ortsdimensionen entscheiden auch Randbedingungen, Inhomogenitäten, Modellgröße u.a. mit, welches Verfahren besonders gut oder schlecht konvergiert. In Testbeispielen erweist sich oft die Vorkonditionierung als effektive Methode der Reduzierung der Rechenzeit, wohingegen die Skalierung zumeist keinen Vorteil bringt. Die Wahl eines besseren Startvektors, den man bei stationären Modellen ja vorgeben kann, führt in der Regel zu unbedeutenden Gewinnen. Für den Einzelfall einer speziellen Anwendung besagt diese allgemeine Beobachtung nichts.

10.2 Nichtlineare Gleichungen

10.2.1 Überblick

Nichtlinearitäten in den zugrundeliegenden Differentialgleichungen führen auch nach der Diskretisierung auf Systeme von nichtlinearen Gleichungen. Zur numerischen Lösung dieser großen nichtlinearen Systeme werden im wesentlichen zwei Wege beschritten: Picard Iterationen und Newton-Verfahren. Beide führen auf iterative Algorithmen, bei denen eine vorläufige Lösung in jedem *Iterationsschritt* verbessert wird.

Das Newton-Verfahren besitzt die Eigenschaft der quadratischen Konvergenz und ist approximiert die gewünschte Lösung daher besser als alle anderen hier vorgestellten Verfahren. Die gute Konvergenz-Eigenschaft wird allerdings durch einige Nachteile relativiert:

- •- der numerische Rechenaufwand pro Iteration ist relativ groß
- •- das Verfahren konvergiert nur für relativ (gute) Anfangsnäherungen, ansonsten divergiert es
- •- das Verfahren ist aufwendig zu programmieren
- •- es werden Ableitungen der Parametergrößen benötigt

Die Picard-Iterationen schneiden bzgl. der genannten Punkte besser ab: eine Iteration kostet relativ wenig; das Verfahren verhält sich auch bei schlechten Startwerten stabil; es ist relativ einfach zu programmieren, ohne daß Ableitungen von Parametern benötigt werden.

Insgesamt zeigt die Erfahrung, daß in vielen Anwendungsfällen das Newton-Verfahren schneller konvergiert, wenn es konvergiert. Den Nachteil der Sensibilität gegenüber ungünstigen Anfangswerten versucht man durch eine Kombination beider Algorithmen aufzufangen: erst werden einige Piccard-Iterationen durchgeführt, um dann erst das Newton-Verfahren zu starten. Andere Varianten sind entwickelt worden, die unter bestimmten Voraussetzungen Vorteile von beiden übernehmen: Quasi-Newton-Verfahren, unvollständiges Newton-Verfahren, Slope-Chord-Methode.

Im folgenden werden die Methoden für den Fall zweier gekoppelter Differentialgleichungen kurz erläutert:

$$\left[\ell_1\frac{\partial}{\partial t} - L_1(c_1,c_2)\right](c_1) = 0 \qquad \left[\ell_2\frac{\partial}{\partial t} - L_2(c_1,c_2)\right](c_2) = 0 \qquad (10.\,10)$$

Die Diskretisierung in einem Gitter mit n Unbekannten führt dann auf ein System von 2n Gleichungen, bzw. 2 Systeme mit n Gleichungen:

$$f_1(c_1, c_2) = \left(\frac{I_1}{\Delta t} - D_1 \right)(c_1) - d_1 = 0$$

$$f_2(c_1, c_2) = \left(\frac{I_2}{\Delta t} - D_2 \right)(c_2) - d_2 = 0$$

(10. 11)

10.2.2 Picard Iterationen

Bei den Picard-Iterationen wird die erste Gleichung nach c_1, die zweite nach c_2 aufgelöst. Die Koeffizienten werden dabei stets mit dem vorherigen Iterationswert ausgewertet. Es gilt also:

$$\left(\frac{I_1(c_1^+, c_2^+)}{\Delta t} - D_1(c_1^+, c_2^+) \right)(c_1^{++}) - d_1(c_1^+, c_2^+) = 0$$

$$\left(\frac{I_2(c_1^{++}, c_2^+)}{\Delta t} - D_2(c_1^{++}, c_2^+) \right)(c_2^{++}) - d_2(c_1^{++}, c_2^+) = 0$$

(10. 12)

10.2.3 Newton Verfahren

Beim Newton-Verfahren wird die Taylor-Entwicklung der Funktionen f_1 bzw. f_2 um den Punkt (c_1^+, c_2^+) für das Iterationsverfahren verwandt:

$$\begin{pmatrix} \dfrac{\partial f_1}{\partial c_1} & \dfrac{\partial f_1}{\partial c_2} \\ \dfrac{\partial f_2}{\partial c_1} & \dfrac{\partial f_2}{\partial c_2} \end{pmatrix} \begin{pmatrix} c_1^{++} - c_1^+ \\ c_2^{++} - c_2^+ \end{pmatrix} = - \begin{pmatrix} f_1(c_1^+, c_2^+) \\ f_2(c_1^{++}, c_2^+) \end{pmatrix}$$

(10. 13)

Bei diesem Verfahren entsteht ein Gleichungssystem mit 2N Unbekannten. Werden in der Jacobi-Matrix auf der linken Seite der Gleichung lediglich die Terme der Hauptdiagonale berücksichtigt, so erhält man das unvollständige Newton-Verfahren (Paniconi/Putti 1993). Der sich ergebende Algorithmus konvergiert schlechter als die vollständige Variante. Es ist trotzdem einfacher zu implementieren, da auch hier in jedem Iterationsschritt 2 Systeme mit n Gleichungen gelöst werden brauchen und damit die einfache Struktur der Piccard-Iterationen erreicht wird.

Man beachte, daß beim unvollständigen Newton-Verfahren lediglich die Nichtlinearitäten der einzelnen Gleichungen f_1 bzw. f_2 im Algorithmus berücksichtigt werden, die Nichtlinearität in der Kopplung der Gleichungen aber nicht. Sind die beiden ursprünglichen linear, so liefert das unvollständige Newton-Verfahren dasselbe Ergebnis wie die Picard-Iteration. Eine weitere Variante läßt sich vorstellen, wenn nur ein Nebendiagonalterm in der Jacobi-Matrix vernachlässigt wird.

Beim Newton-Verfahren und den vorgestellten Varianten wird die rechte Seite stets für die aktuellsten Werte der Unbekannten der neuen Zeitpunkt ausgewertet. Entwickelt man nicht um (c_1^+, c_2^+), sondern um die Werte der alten Zeitschicht (c_1, c_2), so ergibt sich die *Chord-Slope*-(Sehnensteigung) Methode:

$$
\begin{pmatrix}
\dfrac{\partial f_1}{\partial c_1} & \dfrac{\partial f_1}{\partial c_2} \\[2ex]
\dfrac{\partial f_2}{\partial c_1} & \dfrac{\partial f_2}{\partial c_2}
\end{pmatrix}
\begin{pmatrix}
c_1^{++} - c_1 \\[1ex]
c_2^{++} - c_2
\end{pmatrix}
= -
\begin{pmatrix}
f_1(c_1, c_2) \\[1ex]
f_2(c_1, c_2)
\end{pmatrix}
\tag{10.14}
$$

Die rechte Seite wird mit Werten der alten Zeitschicht bestimmt. Sie braucht daher nicht in jedem Iterationsschritt neu bestimmt werden, was die Rechenzeit pro Iterationsschritt vermindert. Die Matrixelemente werden bei dieser Methode als Sehnensteigungen berechnet. Es muß daher lediglich die Auswertung der Funktionen f_1 und f_2 programmiert werden - und nicht die der Ableitungen. Der Vorzug liegt daher bei der Chord-Slope Methode, wenn die Ableitungen schwer zu berechnen sind (Pinder/Huyacorn 1983). Im Einzelfall müßen Testrechnungen zeigen, ob die Ersparnis pro Iterationsschritt nicht durch eine allzu große Erhöhung der Iterationszahl erkauft wird.

Literatur

Anderson M.P./ Woessner W.W., Applied groundwater modeling, Academic Press, San Diego, 381pp, 1991

Aziz K./ Settari A., Petroleum reservoir simulation, Applied Science Publishers, London, 476pp, 1979

Banks R.B., A Mixing Cell Model for Longitudinal Dispersion in Open Channels, Water Resources Research, Vol. 10, No. 2, 357-358, 1974

Bear J., Flow through porous media, Elsevier, New York, 764pp, 1972

Bear J., Hydraulics of Groundwater, McGraw Hill, New York, 569pp, 1976

Bear J/ Verruijt A.., Modeling groundwater flow and pollution, D. Reidel Publ., Dordrecht, 414pp, 1987

Blum E.K., A modification of the Runge-Kutta fourth-order method, Math. Comp., Vol.16, 176-187, 1962

Braester C., Moisture variation at the soil surface and the advance of the wetting front during infiltration at constant flux, Water Res. Res., Vol.9, 687-694, 1973

Broc D., Numerical analysis of the 1D diffusion equation: exact solution of semi-discretized equation, Comp. Meth. in Water Res. X, Peters A./ Wittum G./ Herrling B./ Meissner U./ Brebbia C.A/ Gray W.G./ Pinder G.F. (Hrsg.) Proc. Vol.2, Kluwer Publ., Dordrecht, 589-596, 1994

Brooks R.H./ Corey A.T., Hydraulic properties of porous media, Colorade State University, Hydraulic Papers No.3, Ford Collins, 27pp, 1964

Bouwer E.J./ McCarty P.L., Modeling of trace organics biotransformations in the subsurface, Groundwater, Vol.22, No.4, 433-440, 1984

Bütow E./ Brühl G./ Gülker M./ Heredia L./ Lütkemeier-Hosseinipour S./ Naff R./ Struck S., Modellrechnungen zur Ausbreitung von Radionukliden im Deckgebirge, Abschlußbericht 'Projekt Sicherheitsstudien Entsorgung', Fachband 18, Berlin, 1985

Bütow E./ Holzbecher E./ Koss V.: Modelling of the migration of radionuclids from the Ellweiler uranium mill tail, Intern. Conf. on 'Groundwater Quality: Remediation and Protection' (GQ'95), Prague , IAHS-Publication No.225, 321-328, 1995

Campbell G.S., A simple method for determining unsaturated conductivity from moisture retention data, Soil Sci., Vol.117, 311-314, 1974

Campbell J.E./ Longsine D.E./ Reeves M., Distributed velocity method of solving the convective-dispersion equation: 2. error analysis and comparison with other methods, Adv. in Water Res., Vol.4, 109-116, 1981

Canuto C./ Hussaini M.Y./ Quarteroni A./ Zang T.A., Spectral methods in fluid dynamics, Springer Verlag, New York, 557pp, 1987

Clebsch A., Analysis and critique of 'aquifers, ground-water bodies and hydrophers' by C.V. Theis, in: Clebsch A. (Ed.), Selected Contributions to Ground-water Hydrology by C.V. Theis and a Review of his Life and Work, U.S. Geol. Survey, Water-Supply Paper 2415, 39-43, 1994

Coats K.H./ Smith B.D., Dead end pore volume and dispersion in porous media, Soc. Pet. Eng. J., Vol.4, 73-88, 1964

Cordes C./ Kinzelbach W., Continuous velocity fields and pathlines in finite element groundwater flow models, in: Russell T.F./ Ewing R.E./ Brebbia C.A./ Gray W.G./ Pinder G.F. (Hrsg.), Comp. Meth. in Water Res. IX, Vol.1, 247-254, 1992

Cordes C./ Kinzelbach W., Can we compute exact pathlines in 3-D groundwater flow models?, in: , Peters A./ Wittum G./ Herrling B./ Meissner U./ Brebbia C.A./ Gray W.G./ Pinder G.F. (Hrsg.), Comp. Meth. in Water Res. X, Vol.1, 225-234, 1995

Courant L./ Isaacson E./ Rees M., On the solution of nonlinear hyperbolic differential equations by finite differences, Com. Pure Appl. Math., Vol. V, 243-255, 1952

Criddle C.S./ Alvarez L.M./ McCarty P.L., Microbial processes in porous media, in: Bear J./ Corapcioglu M.Y. (Hrsg.), Transport Processes in Porous Media, Kluwer Publ., Dordrecht, 639-692, 1991

Darcy H., Les fontaines publiques de la ville de Dijon, Libraire des corps impériaux des ponts et chaussées et des mines, Paris, 1856

Dorsey N.E., Properties of ordinary water substance, New York, 1940

Douglas J., Alternating direction methods for three space dimensions, Num. Math., Vol. 4, 41-63, 1962

Douglas J./ Gunn G.E., A general formulation of alternating direction methods, Num. Math., Vol. 6, 428-453, 1964

Elder J.W., Steady free convection in a porous medium heated from below, J.Fluid Mechanics 27, 29-48, 1967a

Elder J.W., Transient Convection in a porous medium, J.Fluid Mechanics 27, 609-623, 1967b

Erwe F./ Peschl E., Partielle Differentialgleichungen 1.Ordnung, B.I. Wissenschaftsverlag, Mannheim, 133pp, 1973

Evans D.J., The use of pre-conditioning in iterative methods for solving linear equations with symmetric positive definite matrices, J. Inst. Maths Applics, Vol. 4, 1967

Fletcher R., Conjugate gradient methods for indefinite systems, in: Lecture Notes in Mathematics, No. 506, Berlin 1976

Franke O.L./ Reilly T.E., The effects of boundary conditions on the steady-state response of three hypothetical ground-water systems - results and numerical experiments, U.S. Geol. Survey, Water-Supply Paper 2315, 1987

Fried J.J., Groundwater pollution, Elsevier, Amsterdam, 330pp, 1975

Friedrichs K.O., Symmetric hyperbolic linear differential equations, Comm. Appl. Math., Vol.7, 345-392, 1954

Gambolati/Galeati, On the Finite Element Integration of the Dispersion-Convection Equation, in: Groundwater contamination - Use of models in decision-making, Proceedings of the Intern. Conf. in Amsterdam, 231-241, 1987

Gardner W.R., Some steady-state solutions of the unsaturated moisture flow equation with application to evaporation from a water table, Soil Sci., Vol.35, No.4, 228-232, 1958

Gaudet J.P./ Jégat H./ Vachaud G./ Wierenga P.J., Solute transfer with exchange between mobile and stagnant water through unsaturated sand, Journal of the Soil Science Soc. of America, Vol.41, No.4, 665-671, 1977

van Genuchten M.Th., On the accuracy and efficiency of several numerical schemes for solving the convective dispersive equation, in: Gray W.G./ Pinder G.F./ Brebbia C.A. (eds), Finite Elements in Water Res., 1.Conf., Pentech. London, 1.71-1.102, 1977

van Genuchten M.Th., Predicting the hydraulic conductivity of unsaturated soils, Proc. Soil Science Soc. of America, Vol.44, No.5, 892-898,1980

van Genuchten M. Th., Analytical solutions for chemical transport with simultaneous adsorption, zero-order production and first-order decay, Journal of Hydrology, Vol.49, 213-233, 1981

van Genuchten M.Th./ Gray W.G., Analysis of some dispersion corrected schemes for solution of the transport equation, Int. J. Num. Meth. Eng., Vol.12, 387-404, 1978

van Genuchten M. Th./ Wierenga P.J., Mass transfer studies in sorbing porous media I. Analytical studies, Journal of the Soil Science Soc. of America, Vol.40, No.4, 473-480, 1976

GLOBAL 2000, Der Bericht an den Präsidenten, Zweitausendeins Verlag, Frankfurt a.M., 1438pp ,1980

Goode J., Particle interpolation in block-centered finite differences groundwater flow models, Water Res. Res., Vol.26, No.5, 925-940, 1992

Gourlay A.R./Mc Kee S., The construction of hopscotch methods for parabolic and elliptic equations in two space dimensions with a mixed derivative, J. Comp. Appl. Math., Vol. 3, 201-206, 1977

Grigorieff R.D., Numerik gewöhnlicher Differentialgleichungen 1, Teubner Studienbücher, Stuttgart, 202p, 1972

Grigorieff R.D., Numerik gewöhnlicher Differentialgleichungen 2, Teubner Studienbücher, Stuttgart, 411p, 1977

van der Heijde P./ Bachmat Y./ Bredehoeft J./ Andrews B./ Holtz D./ Sebastian S., Groundwater managent: the use of numerical models, AGU Water Res. Monogr., Vol.5, Washington D.C., 178pp, 1985

Hinkelmann R./ Zielke W., A parallel 2D Lagrangian-Eulerian model for the shallow water equations, in: Pahl P.J./ Werner H. (eds), Computing in Civil and Building Engineering, Balkema, Rotterdam, 537-543, 1995

Holzbecher E., Zur Modellierung von Ausbreitungsvorgängen im Grundwasser, VII. Tagung 'Mathematische Simulation der Grundwasserentnahmen' der TH Krakov, 1988

Holzbecher E., Modeling Convective-Dispersive Transport by Cellular Automata, XXIII. Kongreß IAHR, Ottawa, D83-90, 1989

Holzbecher E., Modellierung von Dichteströmungen im porösen Medium, Institut für Wasserbau und Wasserwirtschaft, Mitteilung 117, 160pp, 1991

Holzbecher E., Numerical modeling of seepage through a porous medium dam, in: Banasik K./ Zbikowski A. (eds), Proc. Int. Symp. 'Runoff and Sediment Yield Modelling', Warsaw, 311-316, 1993

Holzbecher E., Simultane Modellierung von Transport- und Abbauprozessen, in: Holtorff G. (Hrsg.), Modellierung von Strömungs- und Ausbreitungsprozessen, Institut für Wasserbau und Wasserwirtschaft, Mitteilung 126, 17-34, 1994

Holzbecher E., Flowpath tracing in potential hazard studies, eingereicht zu: ENVIRONSOFT 96

Hong L.D./ Akiyama J./ Ura M., A Eulerian-Lagrangian method with monotonic interpolation function for the transport equation, in: Proc. XXV. Congress IAHR, Tokyo, Section D, 47-54, 1993

Huyakorn P.S./ Pinder, Computational Methods in Subsurface Flow, New York 1983

HYDROCOIN, Level 1: code verification, OECD, Paris, 198pp, 1988

Istok, Groundwater Modeling by the Finite Element Method, Water Ressources Monograph 13, Washington 1989

JSME Steam Tables, Japan Society of Mechanical Engineers, Tokyo, 1968

Karickhoff S.W., Organic pollutant sorption in aquatic systems, ASCE, Journ. Hydr. Eng., Vol.110, 707-735, 1984

Kerndorff H./ Schleyer R./ Dieter H.H., Bewertung der Grundwassergefährdung von Altablagerungen, Inst. für Wasser-, Boden- und Lufthygiene des Bundesgesundheitsamtes, Heft 1/1993, Berlin, 145pp, 1993

Kinzelbach W., Groundwater modelling, Elsevier, Amsterdam, 333pp, 1986

Kinzelbach W., Numerische Methoden zur Modellierung des Transports von Schadstoffen im Grundwasser, Oldenbourg, München, 317pp, 1987

Kinzelbach W., The random walk method in pollutant transport simulation, in: Custodio E./ Gurgui A./ Lobo Ferreira J.P. (eds) Groundwater Flow and Quality Modeling, D. Reidel Publ., Dordrecht, 227-245, 1988

Kinzelbach W./ Frind E., Accuracy criteria for advection-dispersion models, in: Sá da Costa A./ Melo Baptiste A./ Gray W.G. / Brebbia C.A./ Pinder G.F. (eds), Proc. Finite Elem. in Water Res. VI, Springer Berlin, 489-501, 1986

Konikow L.F./ Bredehoeft J.D., Computer model of two-dimensional solute transport and dispersion in ground water, U.S. Geol. Survey, Techniques of Water-Ressources Invest., Book 7, Chapter C2, 37pp, 1978

Lantz R.B., Quantitative evaluation of numerical diffusion (truncation error), Soc. of Petr. Eng. J., 315-320, 1971

Leismann H.M./ Frind E.O., A symmetric-matrix time integration scheme for the efficient solution of advection-dispersion problems, Water Res. Res., Vol.25, No.6, 1133-1139, 1989

Lensing H.J./ Herrling B., Entwicklung eines Simulationsmodells zur Kopplung mikrobieller Umsetzungen und chemischer Gleichgewichtsreaktionen, in: Grambow B./ Koß V (eds) Geochemische Modellierung, Kernforschungszentrum Karlsruhe KfK 4976, 51-60, 1991

Lieser K.H., Einführung in die Kernchemie, Verlag Chemie, Weinheim, 771 pp., 1980

López-Baković I.L./ Nieber J.L., Analytic steady-state solution to one-dimensional unsaturated water flow in layered soils, in: Morel-Seytoux H.J. (Ed.), Unsaturated Flow in Hydrologic Modeling, Kluwer Publ., Dordrecht, 471-480, 1989

L'vovich M.I., World Water Resources and their Future, AGU, LithoCrafters, Chelsea, Michigan, 415pp, 1979

Marsal D., Numerische Lösung partieller Differentialgleichungen, Bibliographisches Institut, Zürich, 574pp, 1976

Mc Kee S./Mitchell A.R., Alternating direction methods for parabolic equations in two space dimensions with a mixed derivative, Computer Journal, Vol.13, No.1, 81-86, 1970

Meis Th./ Marcowitz U., Numerische Behandlung partieller Differentialgleichungen, Springer Verlag, Berlin, 452pp, 1978

Mitchell A.R./ Griffiths D.F., The Finite Difference method in partial differential equations, Wiley & Sons, 267pp,1980

Moser H., Einfluß der Salzkonzentration auf die hydrodynamische Dispersion im porösen Medium, TU Berlin, Inst. für Wasserbau und Wasserwirtschaft, Mitteilung 128, 95pp, 1995

Mualem Y., A new model for predicting the hydraulic conductivity of unsaturated porous media, Water Res. Res., Vol.12, No.3, 513-522, 1976

Muskat M., The flow of homogeneous fluids through porous media, McGraw-Hill, New York, 763pp, 1937

Nalluswami M./ Longenbaugh R.A./ Sunada K., Finite element method for the hydrodynamic dispersion equation with mixed partial derivatives, Water Res. Res., Vol.8, 1247-1250, 1972

Narasimhan/ Witherspoon, An Integrated Finite Difference Method for Analyzing Fluid Flow in Porous Media, Water Resources Research, Vol.12, No.1, 57-64, 1976

NEFTRAN II, User's Manual, Sandia National Laboratories, NUREG/CR-5618, Albuquerque 1991

Neumann S.P./ Sorek S., Eulerian-Lagrangian methods for advection-dispersion, in: Holz K.P./ Meissner U./ Zielke W./ Brebbia C.A./ Pinder G./ Gray W. (eds), Finite Elements in Water Ressources, Proc. 4th Intern. Conf., Springer-Verlag, Berlin, 14/41-14/68, 1982

Nofziger D.L./ Rajender K./ Nayudu S.K./ Su P.-Y., CHEMFLO: 1-D Water and Chemical Movement in Unsaturated Soils, United States Environmental Protection Agency, EPA/600/8-89/076, 106pp, 1989

Olague N.E./ Longsine D.E./ Campbell J.E./ Leigh C.D., NEFTRAN II: User's Manual, Sandia National Laboratories, NUREG/CR-5618, Albuquerque 1991

Oreskes N./ Shrader-Frechette K./ Belitz K., Verification validation and confirmation of numerical models in the earth sciences, Science, Vol. 263, 641-646, 1994

Pandit A./ Panigrahi B.K./ Peyton L./ Sayed S.M., Strengths and limitations of commonly used ground water models, in: Wang S. (Hrsg.), Adv. in Hydro-Science and Hydro-Eng., Proc. 1st Conf., Washington D.C., Vol.I, Part B, 1795-1800, 1993

Paniconi C./ Putti M., A modified Newton scheme for the solution of density dependent flow and transport equations, in: Wang S. (ed.) Proc. Adv. in Hydro-Science and - Engineering, Vol.1, 1837-1845, 1993

Panigrahi B.K./ Jensen J.H./ Amar A.C./ Sayed S.M., Selection of input parameters for ground water models, in: Wang S. (Hrsg.), Adv. in Hydro-Science and Hydro-Eng., Proc. 1st Conf., Washington D.C., Vol.I, Part B, 1801-1806, 1993

Peaceman D.W., Fundamentals of numerical reservoir simulation, Elsevier, Amsterdam, 176pp, 1977

Peaceman D.W./ Rachford H.H., The numerical solution of parabolic and elliptic differential equations, SIAM 3, No. 1, 29-41, 1955

Peyret R./Taylor T.D., Computational methods in fluid flow, Springer Verlag, New York, 258pp, 1985

Philip J.R., Theory of infiltration, Adv. Hydrosci. 5, 215-296, 1969

Philip J.R., Scattering functions and infiltration, Water Res. Res., Vol.21, No.12, 1889-1894, 1985

Pollock D.W., Semianalytical computation of path lines for finite difference models, Groundwater, Vol.26, No.6, 743-750, 1988

Polubarinova-Kochina P.Y., Theory of groundwater movement, Princeton Univ. Press, Princeton, 613pp, 1962

Rawls W.J./ Brakensiek D.L., Estimation of soil retention and hydraulic properties, in: Morel-Seytoux H.J. (Ed.), Unsaturated Flow in Hydrologic Modeling, Kluwer Publ., Dordrecht, 275-300, 1989

Richtmyer R.D./ Morton K.W., Difference methods for initial value problems, Wiley & Sons, New York, 399pp, 1967

Sachverständigenrat Umweltfragen, Umweltgutachten 1994, Verlag Metzler-Poeschel, Stuttgart, 375pp, 1994

Samarskii A.A., Economical difference schemes for parabolic equations with mixed derivatives, Zh. vych. mat. 4, No. 4, 182-191, 1964

Sanford W.E./ Konikow L.F., A two-constituent solute-transport model for ground water having variable density, U.S. Geol. Survey, Water Resources Invest. Rep. 85-4279, 88pp, 1985

Sauter F.J./ Beusen A.H.W., Streamline calculations using continuous and discontinuous velocity fields and several time integration methods, in: Kovar K./ Soveri J., Groundwater Quality Management, Proc. GQM 93 Tallinn, IAHS Publ., No.220, 347-355, 1994

Schulz H.D./ Reardon E.J., A Combined Mixing Cell/Analytical Model to Describe Two-Dimensional Reactive Solute Transport for Unidirectional Groundwater Flow, Water Resources Research, Vol.19, No.2, 493-502, 1983

Schwarz H.R., Methode der finiten Elemente, Teubner Studienbücher, Stuttgart, 346pp, 1984

Simunek J./ van Genuchten M.Th., The CHAIN_2D code for simulating the two-dimensional movement of water, heat and multiple solutes in variably-saturated porous media, U.S. Salinity Lab., Research Rep. No. 136, 194pp, 1994

Simunek J./ van Genuchten M.Th./ Suarez D.L., Modelling multiple solute transport in variably saturated soils, in: Kovar K./ Krásný (eds), Groundwater Quality: Remediation and Protection, IAHS Publ. No.225, 311-318, 1995

de Smedt F./ Wierenga P.J., A generalized Solution for the solute flow in soils with mobile and immobile water, Water Res. Res., Vol.15, No.5, 1137-1141, 1979

Sofronov I.D., On the difference solution of the heat-flow equation in curvilinear coordinates, Zh. Vychisl. Mat. i Mat. Fiz., Vol.3, p786, 1962

Sonneveld P., CGS a fast Lancos-type solver for nonsymmetric linear systems, Report of the Dep. of Math. and Inf., No. 84-16, TU Delft, 1984

Sorek S., Eulerian Lagrangian method for solving transport in aquifers, NATO-Advanced Workshop 'Advances in analytical and numerical groundwater flow and transport modelling', Lisbon, 1987

Srivanasan P./ Mercer J.W., Simulation of biodegradation and sorption processes in ground water, Ground Water, Vo. 26, No.4, 475-487, 1988

Stefan H.G./ Demetracopoulos A.C., Cells-In-Series Simulation of Riverine Transport, Proc. ASCE, Vol. 107, No. HY6, 675-695, 1981

SWIFT - The Intera Simulator for Waste Injection, Flow and Transport, User's Manual, Houston, 145pp, 1982

Sykes J.F./ Soyupak S./ Farquhar G.J., Modeling of leachate organic migration and attenuation in ground waters beolw sanitary landfills, Water Res. Res., Vol.18, 135-145, 1982

Theis C.V., Aquifers ground-water bodies and hydrophers, in: Clebsch A. (Ed.), Selected Contributions to Ground-water Hydrology by C.V. Theis and a Review of his Life and Work, U.S. Geol. Survey, Water-Supply Paper 2415, 33-37, 1994

Thiem G., Hydrologische Methoden, J.M.Gebhardt, Leipzig, 1906

Tikhonnov A.N./ Samarski A.A., Homogeneous difference schemes, Z. Vycisl. Mat. i Mat. Fiz., Vol.1, 5-63, 1961

Tóth J., A theory of groundwater motion in small drainage basins in central Alberta, J. of Geophys. Res., Vol. 67, No.11, 4375-4387, 1962

Tóth J., A theoretical analysis of groundwater flow in small drainage basins, J. of Geophys. Res., Vol. 68, No.16, 4795-4812, 1963

de Vahl Davis G./Mallinson G.D., False diffusion in numerical fluid mechanics, School of Mech. and Ind. Eng. Univ. of New South Wales, Report FMT/1, 22pp, 1972

Verruijt A, Computational geomechanics, Kluwer Acad. Publ., Dordrecht, 379pp, 1995

Vinsome P.W., Orthomin an iterative method for solving sparse sets of simultaneous linear equations, Soc. of Petr. Eng. J., 1976

Vogt M., Ein vektorrechnerorientiertes Verfahren zur kombinierten Berechnung von geochemischen Prozessen und stofftransportvorgängen im Grundwasserleiter, in: Grambow B./ Koß V (eds) Geochemische Modellierung, Kernforschungszentrum Karlsruhe KfK 4976, 37-50, 1991

van der Vorst H., Iterative methods for the solution of large systems of equations on supercomputers, Adv. in Water Res., Vol.13, 137-146, 1990

Voss C., SUTRA: A FE simulation model for saturated-unsaturated, Fluid-Density-Dependant Groundwater Flow with Energy Transport or Chemically-Reactive Single-

Species Solute Transport, U.S. Geol. Survey, Water Resources Invest. Rep. 84-4369, 409pp, 1984

Waechter R.T./ Philip J.R., Steady two- and three-dimensional flows in unsaturated soil: the scattering analog, Water Res. Res., Vol.21, No.12, 1875-1887, 1985

Ward D.S./ Harrover A.L./ Vincent A.H./ Lester B.H., Data input guide for SWIFT/486: The SANDIA Waste-Isolation Flow and Transport Model for Fractured Media, GeoTrans, 1993

Weber W.J./ McGinley P.M./ Katz L.E., The nature ans effects of sorption processes in subsurface systems, in: Bear J./ Corapcioglu M.Y. (eds), Transport processes in porous media, Kluwer Acad. Publ., Dordrecht, 531-582, 1991

Wesseling P., Linear Multigrid Methods, in: McCormick S.F. (ed.), Multigrid Methods, SIAM, Philadelphia, 31-56, 1987

Wexler E.J., Analytical solutions for one-, two-, and three-dimensional solute transport in groundwater systems with uniform flow, Techniques of Water-Resources Investigations of the United States Geological Survey, Book 3, Chapter B7, 190 pp., 1992

Williamson J.H., Low-storage Runge-Kutta schemes, J. Comput. Phys., Vol.35, 48-56, 1980

Wooding R.A., Steady state free thermal convection of liquid in a saturated permeable medium, J. Fluid Mechanics, Vol.2, 273-285, 1957

Yusa Y./ Oishi I. Theoretical study of two-phase flow through porous medium (II) - Occurance of two-phase flow system inferred from analysis of one-dimensional (vertical) steady state model in the case of no net flow, Journal of the Geothermal Research Society of Japan, Vol.11, No.3, 217-237, 1989

Zienkiewicz O.C., The Finite-Element method, Mc.Graw-Hill, London, 1977

Sachverzeichnis

Anhang **H**: Handbücher

Handbuch für FAST-*A* und GeoShell*A*

erstellt von: Harald Holzbecher

1 Anwendung, Installation und Aufruf

1.1 Leistungsumfang von FAST-A

Mit **FAST-A** können Sie folgende Strömungen im porösen Medium modellieren:

- Strömungen im 3-dimensionalen Raum
- stationäre oder instationäre Strömungen
- Strömungen im gesättigten oder ungesättigten Medium

Dies gilt mit der Einschränkung, daß die Modellierung von instationären Strömungen in Kombination mit dem ungesättigten Medium derzeit leider noch nicht möglich ist.

1.2 GeoShell*A*

GeoShellA dient zur Erstellung und Bearbeitung von Eingabedatensätzen für FASTA.
GeoShell ist ein WINDOWS Programm, das Sie mittels Menüs, Eingabefenstern und einer speziellen Eingabe-Graphik steuern.

1.3   Systemanforderungen und Vorkenntnisse

Für die Benutzung der beiden Programme benötigen Sie mindestens einen 80386er Prozessor, 1MB RAM, DOS 5.0 oder aufwärts und WINDOWS 3.1.

Sie sollten über Erfahrung mit WINDOWS und über gute Kenntnisse aus den Fachgebieten Hydrologie und Geologie verfügen

1.4   Installation und Start

Richten Sie auf ihrer Festplatte ein Verzeichnis für FASTA und GeoShell ein, z.B. C:\FAST.
Kopieren Sie die Dateien der Programmdiskette in dieses Verzeichnis.

Erstellen Sie mit dem WINDOWS *Programm-Manager* eine neue Gruppe für FASTA. Gehen Sie dazu folgendermaßen vor:

1. Wählen Sie aus dem Menü *Datei* die Menüoption *Neu*. Es erscheint das Fenster *Neues Programmobjekt*.
2. Markieren Sie im Fenster *Neues Programmobjekt* den Schalter *Programmgruppe* und betätigen dann den *OK*-Schalter. Es erscheint das Fenster *Programmgruppeneigenschaften*.
3. Geben Sie in diesem Fenster eine Beschreibung für die Gruppe an, z. B. FASTA. In das Feld Gruppendatei brauchen Sie nichts einzutragen. Drücken Sie *OK*. Es erscheint ein leeres Fenster mit der Überschrift "FASTA".

Fügen Sie dann das Programm GeoShlA.EXE in die Gruppe FASTA ein.

1. Wiederholen Sie Punkt 1 wie oben beschrieben.
2. Setzen Sie im Fenster *Neues Programmobjekt* den Schalter *Programm* und betätigen dann den *OK*-Schalter. Es erscheint das Fenster *Programmeigenschaften*.
3. Geben Sie als Beschreibung *GeoShellA* ein.
4. Wählen Sie den Schalter *Durchsuchen*. Es erscheint ein Dateiauswahlfenster.
5. Wählen Sie in diesem das Programm GeoShlA.exe aus, das Sie auf ihre Festplatte kopiert haben. Der ausgewählte Dateiname wird im Feld *Befehlszeile* angezeigt.
6. Wählen Sie den Schalter *anderes Symbol*.
7. Wählen Sie im Fenster *Symbol auswählen* ein Symbol und drücken Sie *OK*.
8. Verlassen Sie das Fenster *Programmeigenschaften* mit *OK*. Im Fenster *FASTA* erscheint das Symbol für GeoShlA.EXE:

Starten Sie GeoShlA.EXE durch Doppelklick auf das Symbol, oder indem Sie das Symbol einmal anklicken und dann die Eingabetaste drücken.

2   Erstellen eines Modells

Um einen Datensatz für die Strömungsmodellierung zu erstellen, starten Sie das WINDOWS- Programm *GeoShlA.EXE*. Aus diesem Programm starten Sie auch die Modellierung. Für die Modellierung wird in den DOS-Modus umgeschaltet.

2.1   Schrittweises Vorgehen

Im folgenden sind Schritte beschrieben, wie Sie ein Modell erstellen können. Die Schritte müssen nicht unbedingt in der aufgeführten Reihenfolge durchgeführt werden. Wir empfehlen jedoch, die Reihenfolge bis Schritt 4 einzuhalten. Schritte, die nicht generell durchzuführen sind, sind als optional gekennzeichnet.

Die Liste soll Ihnen einen groben Überblick über die Schritte und die Komplexität der Modellerstellung bieten.

Schritte zur Erstellung eines Eingabedatensatzes für ein Strömungsmodell:

1. Legen Sie den Modelltyp fest (stationär/instationär, gesättigter/ungesättigter Aquifer)

2. Unterteilen Sie den Aquifer mit einem 1-,2- oder 3-dimensionalen Rechteckgitter in Blöcke. Hier legen Sie fest, ob Sie ein 1-,2- oder 3-dimensionales Modell, und ob Sie ein horizontales oder ein vertikales Modell erstellen.

   Diese Festlegung treffen Sie, indem Sie die Blockanzahlen für die 3 Modellachsen setzen.

3. Geben Sie für jede Modellachse die Länge der Blöcke an.

4. Bearbeiten Sie das Modellgebiet durch Entfernen und Hinzufügen von Blöcken (Optional).

5. Geben Sie an den Modellrändern die Piezometerhöhe bzw. einen Ein- oder Ausstrom an.

6. Setzen Sie Werte für die Eigenschaften des Aquifers, z.B. Durchlässigkeiten oder Quellen / Senken. Wieviele Parameter Sie benötigen, hängt auch vom Typ Ihres Modells ab.

7. Falls Sie instationäre Strömung modellieren, geben sie den Zeitraum der Modellierung an.

8. Wählen Sie Optionen zur Steuerung des Gleichungslösers (Optional).

9. Wählen Sie Optionen bzgl. Ausgabe von Ergebnis und Zwischenergebnissen (Optional).

10. Starten Sie die Modellierung.

2.2   Einheiten

Von Seiten der Programme FASTA und GeoShlA gibt es keine Vorgaben bzgl. der zu verwendenden Einheiten. Dies bedeutet, daß Sie frei wählen können, welche Einheiten Sie für die Modellparameter verwenden. Jedoch müssen Sie beachten, daß Sie alle Parameterwerte bzgl. denselben Einheiten angeben, z.B. ist es nicht möglich einen Parameterwert bzgl. Meter und einen anderen bzgl. Kilometer anzugeben.

Beachten Sie, daß die Standardwerte für Parameter bzgl. dem MKS-System (Meter, Kilogramm, Sekunden) angegeben sind. Wenn Sie andere Einheiten verwenden wollen, bedeutet dies, daß Sie die Standardwerte von dimensionsbehafteten Parametern bzgl. diesen Einheiten umrechnen müssen.

2.3   Für jedes Modell benötigte Daten

Welche Daten Sie benötigen, hängt auch vom Typ des Modells ab, das Sie erstellen wollen: stationär oder instationär, Modellierung von gesättigtem oder ungesättigtem Medium? (s.u.).

Hier an dieser Stelle sind Parameter aufgeführt, die Sie unabhängig vom Modelltyp festlegen:

- *Piezometerhöhe oder Ein-/Ausstrom an den Modellrändern*
- *X-Durchlässigkeit*
- *Y-Durchlässigkeit*
- *Z-Durchlässigkeit*
- *Quellen/Senken*

2.4   Festlegung des Modelltyps

Beim Modelltyp können Sie wählen zwischen der Modellierung von:

- stationärer oder instationärer Strömung
- gesättigtem oder ungesättigtem Medium

Die Modellierung von instationärer Strömung in Kombination mit ungesättigtem Medium ist derzeit leider noch nicht möglich.

Um den Modelltyp bei der Erstellung eines Modells festzulegen, wählen Sie den Befehl *Neu* im Menü *Datei*. Wählen Sie dann den Schalter *Modelltyp*. Im Anschluß können Sie die Modelldimension und die Modellgröße festlegen.

Wollen Sie den Modelltyp bei einem bereits bestehenden Modell ändern, wählen Sie den Befehl *Modelltyp* aus dem Menü *Modell*.

2.4.1   Stationäre oder instationäre Strömung?

Sie können zwischen der Modellierung *stationärer* und *instationärer* Strömung wählen.

Bei der Modellierung stationärer Strömung geben Sie an den Modellrändern die Piezometerhöhe oder den Ein-/Ausstrom vor. Berechnet werden dann die Piezometerhöhe bzw. die Geschwindigkeiten im Inneren des Modells.

Bei der Modellierung instationärer Strömung geben Sie sowohl die Randbedingungen, wie auch die Piezometerhöhe im Inneren des Modells für einen Anfangszeitpunkt an. Aus der Piezometerhöhe zum Anfangszeitpunkt werden die Piezometerhöhe bzw. die Geschwindigkeiten für Folgezeitpunkte berechnet.

Für die Modellierung instationärer Strömungen werden zusätzlich folgende Parameter benötigt:

* *Piezometerhöhe im Inneren des Modells*
* *Porosität*
* *Kompressibilität*

Beachten Sie:
Die Modellierung instationärer Strömung ist nur für gesättigtes Medium möglich.

2.4.2   Gesättigtes oder ungesättigtes Medium?

Sie können zwischen der Modellierung im gesättigten oder ungesättigten porösen Medium wählen.

Ein gesättigtes Medium liegt vor, wenn das gesamte Porenvolumen mit Fluid gefüllt ist. Im anderen Fall, wenn im Porenvolumen zusätzlich zum Fluid noch Gase enthalten sind, spricht man von ungesättigtem Medium.

Um Strömung im ungesättigten Medium zu modellieren, benötigen Sie die folgenden zusätzlichen Parameter:

* *Sorptivität:* beschreibt die Beziehung zwischen relativer Durchlässigkeit und Druckhöhe

- *Porengrößenindex:* beschreibt die Beziehung zwischen Sättigung und relativer Durchlässigkeit

Modellierung im gesättigten Medium wählen Sie, wenn das Medium im ganzen Modellgebiet gesättigt ist.

Hingegen wählen Sie Modellierung im ungesättigten Medium, auch wenn nur ein Teilbereich des Modellgebiets ungesättigt ist. Für diesen Fall ist es nicht nötig, daß das Medium im ganzen Modellgebiet ungesättigt ist.

Beachten Sie:

Die Modellierung von ungesättigten Medium ist nur bei stationärer Strömung möglich.

3   Modellgebiet festlegen

Sie legen das Modellgebiet fest, indem Sie den Aquifer mit einem 1-, 2-, 3-dimensionalen, regelmäßigen oder unregelmäßigen Rechteckgitter in Blöcke unterteilen.

Für die Erstellung des Modellgebiets führen Sie folgende Schritte aus:

1.   Setzen Sie die Blockanzahlen für die 3 Modellachsen.
2.   Legen Sie die Länge der Blöcke für die Modellachsen fest.
3.   Bearbeiten Sie das Modellgebiet durch Entfernen und Hinzufügen von Blöcken.

3.1   Blockanzahl der Modellachsen definieren

Durch die Festlegung der Blockanzahl für die drei Modellachsen bestimmen Sie, ob Sie ein 1-,2- oder 3-dimensionales Modell, und ob Sie ein horizontales oder ein vertikales Modell erstellen.
Die Koordinatenachsen sind mit X- Y- und Z-Achse bezeichnet.
Die X- und die Y-Achse sind waagerechte Achsen, parallel zur Erdoberfläche.
Die Z-Achse ist die senkrechte Achse in Richtung der Gravitation.
Diese Unterscheidung ist für die Betrachtung von Druckhöhen bzw. entsprechenden Saugspannungen von Bedeutung.

Die Dimension Ihres Modells ergibt sich aus der Blockanzahl der Achsen. Ist die Blockanzahl:

- für zwei der Modellachsen gleich eins, erstellen Sie ein 1-dimensionales Modell.
- für nur eine der Modellachsen gleich eins, erstellen Sie ein 2-dimensionales Modell.
- für keine der Modellachsen gleich eins, erstellen Sie ein 3-dimensionales Modell.

Wenn Sie ein 1- oder ein 2-dimensionales Modell erstellen, entscheidet die Wahl der Modellachsen darüber, ob Sie einen waagerechten oder einen senkrechten Schnitt durch den Aquifer modellieren. Wollen Sie ein Modell mit waagerechtem Schnitt durch den Aquifer modellieren, dann verwenden Sie die X- und die Y-Achse und setzen die Blockanzahl für die Z-Achse auf eins.

Für ein Modell, das einen vertikalen Schnitt durch den Aquifer darstellt, setzen Sie die Blockanzahl für die Z-Achse ungleich eins. Die obersten Modellblöcke, die sich am nächsten unter der Erdoberfläche befinden, sind dann die Blöcke [ix = 1..NX, iy = 1.. NY, iz = 1]. Die untersten, d.h. die am tiefsten liegenden Modellblöcke sind entsprechend die Blöcke: [ix = 1..NX, iy = 1.. NY, iz = NZ]

NX, NY, NZ sind die Blockanzahlen für die X-,Y- und Z-Achse. Diese werden auch im Titel des GeoShell-Fensters angezeigt.

ix, iy, iz sind variable Blocknummern. ix = 1..NX bedeutet, daß ix alle Blocknummern von 1 bis NX annimmt.

Darstellung der Blöcke auf dem Bildschirm

Auf dem Bildschirm wird immer nur eine zweidimensionale Schicht des Modellgebiets angezeigt, auch bei 3-dimensionalen Modellen. Der Ursprung (Block[1,1,1])liegt in der linken oberen Ecke des GeoShell-Fensters. Die Blöcke sind von links nach rechts und von oben nach unten in aufsteigender Reihenfolge nummeriert.

Auf dem Bildschirm wird zu Beginn die X-Achse horizontal und die Y-Achse vertikal angezeigt (siehe auch: 7. Darstellung).

Festlegung der Blockanzahl

Sie haben drei Möglichkeiten, die Blockanzahl eines Modell festzulegen:

1. Beim Erstellen eines neuen Modells.
2. Sie vervielfachen Blöcke, Spalten, Zeilen, Schichten.
3. Sie löschen Blöcke, Spalten, Zeilen, Schichten.

Beachten Sie bei der Festlegung der Blockanzahl, daß eine maximale Blockanzahl vorgegeben ist. Auch durch die Bereitstellung von mehr Speicherplatz läßt sich die maximale Modellgröße nicht verändern.

Erstellen eines neuen Modells

Wenn Sie ein neues Modell erstellen, geben Sie die Blockanzahl für alle drei Modellachsen direkt an. Das Modellgebiet wird dann komplett neu aufgebaut, alle Blocklängen auf einen Wert gesetzt, dementsprechend auch die Werte *verteilter Parameter*verteilte (s.u.) , die Randbedingungen werden alle auf geschlossenen Rand gesetzt..

Um ein neues Modell zu erstellen, wählen Sie **Neu** aus dem Menü **Datei**.

Vervielfachung Schichten

Sie haben die Möglichkeit, die Blockanzahl des Modells zu vergrößern, indem Sie Schichten vervielfachen, und dabei die Werte von *verteilten Parametern* und *Randbedingungen* weitgehend beibehalten.

Dies kann hilfreich sein, falls Sie die geologische Struktur des Aquifers detaillierter modellieren wollen.

Abhängig davon, ob Sie ein 1- 2- oder 3-dimensionales Modell bearbeiten, und für welche Schichten (X-Y-, X-Z- oder Y-Z-Schichten) Sie eine Vervielfachung durchführen, bestehen die hinzugefügten Schichten aus einem Block, aus 1*n Blöcken oder aus n*m Blöcken.

Um eine Vervielfachung durchzuführen, wählen Sie den Befehl *Schichten vervielfachen* aus dem Menü *Modell*. Es wird dann das Fenster *Schichten vervielfachen* geöffnet. In Tabelle 3.1-1 sind Elemente und Funktionen dieses Fensters aufgelistet.

Tabelle 3.1-1: Vervielfachung von Schichten

Element	Funktion
Schicht wird zu n Schichten	Mit dem Wert für n geben Sie an, ob Schichten verdoppelt, verdreifacht usw. werden
Schicht	Die Schicht, für die eine Vervielfachung stattfindet. Wählen Sie z.B. die X-Z-Schicht, erhöht sich die Blockanzahl der Y-Achse.
Schicht Nr: von, bis	Sie können mehrere Schichten aufeinmal vervielfachen. Sie bestimmen, die Schichten, die vervielfacht werden sollen, durch die Angabe der ersten und letzten Schicht. Wenn Sie nur eine Schicht vervielfachen wollen, geben Sie für beide Eingabefelder die gleiche Nummer an. Wenn Sie mehrere Schichten vervielfachen, wird jede Schicht einzeln vervielfacht, d.h. die neu hinzugefügten Schichten werden nicht als ein Block hinter den vervielfachten Schichten eingefügt, sondern die Kopien der ersten Schicht werden hinter dieser eingefügt, die Kopien der zweiten Schicht hinter der zweiten Schicht, usw. (siehe Beispiel).

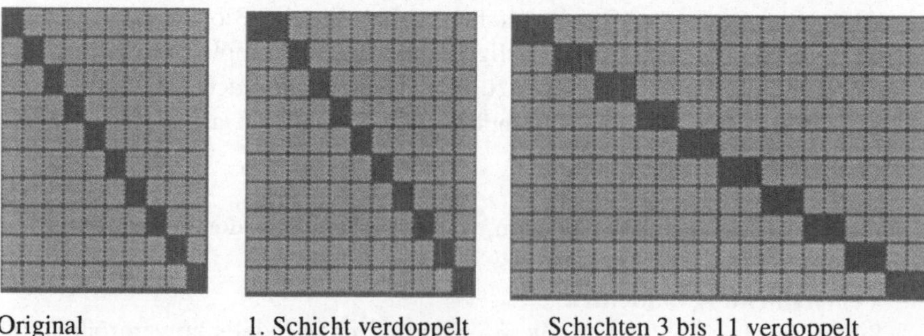

Original   1. Schicht verdoppelt   Schichten 3 bis 11 verdoppelt

Abb. 3.1-1: Beispiel für Vervielfachung von Schichten

Ein Beispiel zur Vervielfachung von Schichten:
Sie bearbeiten ein vertikales Modell mit den Blockanzahlen NX = 10, NY = 1, NZ = 10.

Sie setzen *n* auf 2, *Schicht* auf Y-Z und für *Schicht Nr.* die Felder *von* und *bis* auf 1.

Dann wird eine Schicht mit NX = 1, NY = 1, und NZ = 10 Blöcken neu erzeugt, mit derselben Werteverteilung wie die erste Y-Z-Schicht des Modells.

Setzen Sie nun das Feld *von* auf 3 und das Feld *bis* auf 11.

Dann werden die restlichen Schichten verdoppelt, die im ersten Schritt nicht verdoppelt wurden (siehe auch Abb. 3.1-1: Beispiel für Vervielfachung von Schichten).

Beachten Sie:

1. Durch die Vervielfachung von Schichten erhöht sich die Gesamtanzahl der Blöcke des Modells und damit auch die benötigte Rechenzeit für die Modellierung.
2. Wenn Sie die Blockanzahl einer Achse durch Vervielfachung vergrößern, ist die Länge der hinzugefügten Blöcke für diese Achse gleich der Länge der Originalblöcke, d.h. Ihr Modell ist für diejenige Modellachse, für die Blöcke hinzugefügt wurden, verlängert worden. Für das oben beschriebene Beispiel heißt dies: Die Anzahl der Modellblöcke für die X-Achse ist auf 20 Blöcke verdoppelt worden. Da alle Blöcke verdoppelt worden sind, ist somit auch die Länge des Modells für die X-Achse verdoppelt worden.

Löschen von Schichten
Sie haben die Möglichkeit, die Blockanzahl des Modells zu verkleinern, indem Sie Schichten löschen, und dabei die Werte von *verteilten Parametern* und Randbedingungen weitgehend beibehalten.

Abhängig davon, ob Sie ein 1- 2- oder 3-dimensionales Modell bearbeiten, und welche Schichten (X-Y-, X-Z- oder Y-Z-Schichten) gelöscht werden, werden pro Schicht einzelne Blöcke, 1*n Blöcke oder n*m Blöcken gelöscht .

Um Schichten zu löschen, wählen Sie den Befehl *Schichten löschen* aus dem Menü *Modell*. Es wird dann das Fenster *Schichten löschen* geöffnet. In Tabelle 3.1-2 sind Elemente und Funktionen dieses Fensters aufgelistet.

Tabelle 3.1-2: Löschen von Schichten

Element	Funktion
Schichten	Auswahl der Schichten die gelöscht werden. Wird z.B. X-Z gewählt, reduziert sich die Blockanzahl der Y-Achse.
Schichten: von, bis	Angabe des Bereichs, der gelöscht wird. Der Wert dieser Eingabefelder kann auch gleich sein; dann wird nur eine Schicht gelöscht. Wenn Sie mehrere Schichten angeben, wird ein zusammenhängender Bereich aus mehreren Schichten gelöscht.

Beachten Sie:

1. Wenn Sie die Blockanzahl einer Achse durch Löschen verkleinern, wird die Länge ihres Modells für diese Achse verkürzt. Wenn Sie z.B. X-Z-Schichten löschen, reduziert sich die Blockanzahl der Y-Achse und die Länge ihres Modells für die Y-Achse wird verkürzt.
2. Wenn Sie bei der Funktion *Schichten vervielfachen* in den Feldern *von* und *bis* unterschiedliche Werte angeben, läßt sich dies nicht durch eine einmalige Ausführung der Funktion *Löschen* rückgängig machen, d.h. die Funktionen *Schichten vervielfachen* und *Schichten löschen* sind nicht vollständig symmetrisch.

3.2   Länge der Blöcke setzen

Sie können ein regelmäßiges oder ein unregelmäßiges Rechteckgitter definieren. Wählen Sie dazu aus dem Menu *Modell* den Befehl *Länge Blöcke* und die Modellachse für die Sie Längen angeben wollen. Es wird dann das Fenster *Blocklängen* geöffnet. In Tabelle 3.2-1 sind Elemente und Funktionen dieses Fensters aufgelistet.

Tabelle 3.2-1: Blocklängen angeben

Element	Funktion
äquidistant	Alle Blöcke der Modellachse erhalten die gleiche Länge, wenn Sie dieses Feld markieren. Die Tasten '<', '>' und das Feld "Block Nr." werden nicht benötigt, wenn dieses Feld markiert ist.
Länge	Wenn das Feld "äquidistant" markiert ist, werden alle Blöcke der Modellachse auf diesen Wert gesetzt. Im anderen Fall nur der im Feld "Block Nr." angezeigte Block.
Block Nr.	Hier können Sie einen Block direkt angeben.
'<', '>'	Der im Feld "Block Nr." angezeigte Wert wird aufwärts und abwärts gezählt. Im Feld "Länge" wird der zugehörige Wert angezeigt.
OK	Wenn das Feld "äquidistant" markiert ist, wird das Eingabefenster verlassen; nachdem Sie ihre Eingabe nochmals bestätigt haben. Im anderen Fall wird die Länge dem angezeigten Block zugeordnet und der nächste Block angezeigt.
abbrechen	Die Länge des im Feld "Block Nr." angezeigten Blocks wird angezeigt.
schließen	Das Eingabefenster wird verlassen und das Gitter entsprechend den eingegebenen Blocklängen neu gezeichnet.

3.3   Entfernen und Hinzufügen von Blöcken

Im Unterschied zu den Funktionen *Schichten vervielfachen* und *Schichten löschen* wird beim *Entfernen-* und *Hinzufügen von Blöcken* die Anzahl der Blöcke für die Modellachsen nicht verändert. Stattdessen legen Sie fest, ob ein Block des Rechteckgitters zum Modellgebiet gehört, oder nicht.

Für Blöcke, die zum Modellgebiet gehören, können Sie Parameter bzgl. den Eigenschaften des Aquifers angeben. Für Blöcke, die nicht zum Modellgebiet gehören, können Sie das nicht.

Die wesentliche Funktion des *Entfernens* und *Hinzufügens* von Blöcken ist, die Form des Modellgebiets zu verändern, d.h. den Verlauf der Modellränder und somit auch, wo Sie *Randbedingungen* mittels Vorgaben von *Piezometerhöhe* oder *Ein-/Ausstrom* vorgeben.

So entfernen Sie Blöcke oder fügen Sie Blöcke hinzu

Sie können Blöcke unabhängig davon entfernen oder hinzufügen, welcher Parameter gerade dargestellt wird, ob ein verteilter Parameter oder die Randbedingungen (s.u.).

Sie entfernen einen Block, indem Sie die UMSCHALT-Taste drücken und mit der Maus auf den Block klicken.

Auf dieselbe Art fügen Sie einen entfernten Block dem Modell wieder hinzu, der Zustand eines Blocks wird durch Druck der UMSCHALT-Taste + Mausklick auf den Block umgeschaltet.

Wenn Sie einen Block hinzufügen, werden dem Block dann für alle verteilten Parameter (s.u.) Standardwerte zugeordnet. Falls Sie Blöcke entfernen und hinzufügen, sollten Sie daher die Werte dieser Blöcke bzgl. der verteilten Parameter kontrollieren.

Neu entstandene Kanten werden auf die Randbedingung *geschlossen* gesetzt, falls die Kante zu einer Modellseite mit unterschiedlichen Randbedingungen gehört; sonst auf den Standardwert der Modellseite. (s.u. Randbedingungen).

Blöcke, die nicht zum Modellgebiet gehören, sind weiß dargestellt.

4   Modellparameter

In diesem Kapitel sind ausführlich die Parameter beschrieben, die Sie für jeden Modelltyp benötigen. Parameter, die Sie nur für die Modellierung instationärer Strömung oder die Modellierung eines ungesättigten Mediums benötigen, sind in den entsprechenden Kapiteln beschrieben.

In Tabelle 4-1 ist eine Übersicht über Parameter und Wertebereiche gegeben.

Tabelle 4-1: Modellparameter mit Einheiten und Werten

Parameter verwendet	Einheit (MKS)	Standard	Wertebereich
bei jedem Modelltyp			
X-Durchlässigkeiten	(m/s)	0.01	[10E-20..+1.0]
Y-Durchlässigkeiten	(m/s)	0.01	[10E-20..+1.0]
Z-Durchlässigkeiten	(m/s)	0.01	[10E-20..+1.0]
Quellen / Senken	(kg/s/Block)	0	[-10E10..+10E10]
Referenzdruckhöhe	(m)	0	[-1.0E38, 1.0E38]
bei instationärem Modell			
Piezometerhöhe	(m)	0	[-10E10..+10E10]
Porosität	(-)	0.2	[0 ..1]
Kompressibilität	(1/Pascal)	10E-10	[0- +10E10]
bei ungesättigtem Aquifer			
Sorptivität	(1/m)	1	[1/5 .. 5]
Porengrößenindex	(-)	3	]0..+1.0E10]

Einige Parameter sind sogenannte *verteilte Parameter*. Für diese können Sie jedem Block des Modellgebiets einen speziellen Wert zuordnen. Wenn Sie sich dabei für einen Parameter auf 16 verschiedene Werte innerhalb des gesamten Modellgebiets beschränken, können Sie die Zuweisung dieser Werte zu den Modellblöcken mittels einer graphischen Darstellung vornehmen. Eine ausführliche Beschreibung hierzu finden Sie im Kapitel 8 'Verteilte Parameter'.

4.1   Piezometerhöhe

Die Bedeutung dieses Parameters ist davon abhängig, ob Sie *stationar* oder *instationär* modellieren instationär.

* Bei *stationärer* Modellierung werden die Eingabedaten für die *Piezometerhöhe* als Anfangswerte für den iterativen Löser verwendet. Sie können den Lösungsaufwand durch eine gute Wahl reduzieren.
* Bei instationärer Modellierung bedeutet dieser Parameter die Piezometerhöhe zum Anfangszeitpunkt der Modellierung.

Beachten Sie:
Zu den eingegebenen Werten wird die Referenzdruckhöhe addiert.
Wenn Sie für die Referenzdruckhöhe die Druckhöhe an der Modelloberkante angeben, brauchen Sie für die Piezometerhöhe lediglich die Differenz zum Druck der Modelloberkante angeben.

Ergebnisse als Eingabedaten verwenden
Sowohl für stationäre, wie auch für instationäre Modellierung können Sie die Ergebnisse einer ersten Modellierung als Eingabedaten für eine zweite Modellierung verwenden.
Bei stationärer Modellierung kann dies sinnvoll sein, wenn Sie eine zweite Modellierung, z.B. mit erhöhter Genauigkeit oder einer größeren Anzahl von Iterationen, durchführen wollen.
Bei *instationärer* Modellierung können Sie eine Modellierung fortsetzen. So ist es möglich den Zeitraum der Modellierung in zwei Intervalle aufzuteilen, und das erste Intervall nur einmal zu modellieren und nur für das zweite Intervall Modellvarianten zu rechnen.
Für beide Fälle muß am Ende der ersten Modellierung die berechnete Piezometerhöhe abgespeichert und bei Start der zweiten Modellierung eingelesen werden.
Verwenden Sie dazu die RESTART-Optionen *Restart-Datei lesen* und *Restart-Datei schreiben* in den Menüs *Verteilung* und *Ausgabe:* .

* Um die Piezometerhöhe am Ende der Rechnung abzuspeichern, setzen Sie die Option *RESTART_Datei schreiben* im Menü *Ausgabe*.
* Um die Piezometerhöhe bei Beginn der zweiten Rechnung einzulesen, setzen Sie die Option *RESTART_Datei lesen* im Menü *Verteilung*. Die Werte für die Piezometerhöhe können dann nicht bearbeitet werden und bereits eingegebene Werte werden gelöscht. Der Menüeintrag *Piezometerhöhe* im Menü *Verteilung* ist deaktiviert

Bei gesetzter Option ist ein Haken vor dem jeweiligen Menüeintrag.

4.2   Quellen / Senken

Negative Werte sind Entnahmestellen, z.B. Brunnen.
Positive Werte sind Zuflußstellen.

Um die Quellen / Senken anzuzeigen und zu bearbeiten, wählen Sie im Menü
Verteilung den Punkt *Quellen / Senken*.

Eingabe bei instationärem Modell:
Bei einem instationären Modell können Sie jedem *Muster* nicht nur einen
Wert zuordnen, sondern für jedes *Zeitintervall* eine spezielle *Quellrate* setzen
(siehe auch Abschnitt 5.3: Quellraten setzen).

4.3   Durchlässigkeiten

Die Durchlässigkeiten in X-, Y- und Z-Richtung bezeichnen die Verhältnisse
von Filtergeschwindigkeit zu hydraulischem Gradienten in der jeweiligen
Koordinatenrichtung. In Tabelle 4.3 sind Durchlässigkeitswerte für einige
Bodentypen aufgelistet.

Um die Durchlässigkeiten anzuzeigen und zu bearbeiten, wählen Sie im Menü
Verteilung den Untermenüpunkt **Durchlässigkeiten** und schließlich die Richtung
der Durchlässigkeit.

Isotropie
Für die Durchlässigkeiten können Sie zusätzlich die Isotropie festlegen:

- **Anisotrop**: Die Durchlässigkeiten sind in Richtung jeder Modellachse
  unterschiedlich. Alle Durchlässigkeiten im Menu *Verteilung* sind aktiv.

- **Horizontal isotrop**: Die Durchlässigkeiten in Richtung der X- und Y-Achse
  sind gleich. Die Eingabe der *Y-Durchlässigkeit* ist deaktiviert. X- und *Z-*
  Durchlässigkeiten können angegeben werden.

- **Horizontal und vertikal isotrop**: Die Durchlässigkeiten sind in Richtung
  aller drei Koordinatenachsen gleich. Nur die *X-Durchlässigkeit* kann
  eingegeben werden.

Standardeinstellung ist Aquifer mit horizontaler Isotropie.

In Tabelle 4.3-2 ist aufgeführt, welche Durchlässigkeiten Sie bei den
unterschiedlichen Isotropien eingeben können.

Tabelle 4.3-1: Durchlässigkeiten von Bodentypen

Bodentypen	Werte [m/s]	Klassifikation
Kies und Sand	1.0 .. 1.0e-4	durchlässig
Löß und Lehm	1.0E-5 ..1.0E-8	halbdurchlässig
Ton	1.0E-8 ..1.0E-13	undurchlässig

Tabelle 4.3-2: Isotropie von Durchlässigkeiten

| | | **Durchlässigkeiten** in | |
Isotropie	X-Richtung	Y-Richtung	Z-Richtung
anisotrop	Eingabe	Eingabe	Eingabe
horizontal	Eingabe	Werte wie X-Achse	Eingabe
horizontal+vertikal	Eingabe	Werte wie X-Achse	Werte wie X-Achse

Um die Isotropie festzulegen, wählen Sie im Menü *Verteilung* den Untermenüpunkt *Durchlässigkeiten* und im dann erscheinenden Untermenü den Befehl *Isotropie*.

Beachten Sie: Wenn Sie z.B. von einem anisotropen zu einem horizontal isotropem Modell wechseln, werden für die Y-Durchlässigkeit bereits eingegebene Werte gelöscht.

4.4   Referenzdruckhöhe

Mit der *Referenzdruckhöhe* bestimmen Sie die Druckhöhe an der Oberkante des Modells. Im Modellinnern ergibt sich die jeweilige hydrostatische Druckhöhe als Summe aus Referenzdruckhöhe und Tiefe (der Gesamtlänge der Modellblöcke in Richtung der Z-Achse).

Um die Referenzdruckhöhe einzugeben wählen Sie den Befehl *Druckhöhe* aus dem Menü *Konstant*.

4.5   Randbedingungen

Mit den Randbedingungen geben Sie für jede Seite des 3-dimensionalen Rechteckgitters an, ob der Rand offen oder geschlossen ist.

- *Offene Ränder* erfordern einen Wert für die Piezometerhöhe (Dirichlet-Randbedingung für den hydraulischen Druck).

> **Beachten Sie:**
> Zu den eingegebenen Werten wird die Referenzdruckhöhe addiert.
> Wenn Sie für die Referenzdruckhöhe die Druckhöhe an der Modelloberkante wählen, brauchen Sie für die Piezometerhöhe lediglich die Differenz zum Druck der Modelloberkante angeben.

- *Geschlossene Blockränder* bedeuten, daß sich die *Piezometerhöhe* über die Blockgrenzen hinweg nicht ändert (Neumann Randbedingung für den hydraulischen Druck).
  > Für Darstellung und Eingabe siehe Kap. 9.

Um die Randbedingungen anzuzeigen und zu bearbeiten, wählen Sie im Menü *Verteilung* den Befehl *Randbedingungen*.

5   Modellierung instationärer Strömung

Bei der Modellierung instationärer Strömung geben Sie sowohl die Randbedingungen, wie auch die Piezometerhöhe im Inneren des Modells für den Anfangszeitpunkt an. Aus der Piezometerhöhe zum Anfangszeitpunkt werden dann die Piezometerhöhe bzw. die Geschwindigkeiten für Folgezeitpunkte berechnet.

Beachten Sie:
Die Modellierung instationärer Strömung ist nur bei der Modellierung von gesättigtem Medium möglich.

5.1   Parameter bei instationärem Modell

Für die Modellierung instationärer Strömung benötigen Sie zusätzlich die in Tabelle 5.1-1 aufgeführten Parameter. Die Piezometerhöhe wird auch bei stationärer Modellierung verwendet, hat dann jedoch eine andere Funktion, s.o.

Tabelle 5.1-1: Für die Modellierung instationärer Strömung benötige Parameter

Parameter	Einheit	Standard	Wertebereich
Piezometerhöhe	(m)	0	
Porosität	(-)	0.2	[0 ..1]
Kompressibilität	1/Pascal	10E-10	[0- +10E10]

5.1.1   Kompressibilität

Die Kompressibilität ist die relative Dichteänderung des Fluids aufgrund von Druckveränderungen.

5.1.2   Effektive Porosität

Die effektive Porosität ist der Anteil des strömungswirksamen Porenraums am Gesamtvolumen.

5.2   Zeitraum der Modellierung

Bei der Modellierung instationärer Strömungen müssen Sie den Zeitraum der Modellierung festlegen.

Sie können die Zeit, für die modelliert werden soll, in bis zu sechs Zeitintervalle unterteilen. Für jedes Zeitintervall bestimmen Sie eine Anzahl von Zeitschritten.

Aus den Zeitintervallen und den Zeitschritten werden die Zeitpunkte berechnet, für die die Piezometerhöhen bzw. die Geschwindigkeiten berechnet werden.

Unter *Ende* wählen Sie, bis zu welchem Zeitintervall modelliert werden soll. So ist es möglich, für Testrechnungen nur das erste Intervall zu modellieren und dann wieder auf die Modellierung mehrere Intervalle umzuschalten, ohne die Werte für die Intervalle immer wieder neu eingeben zu müssen.

Um den Zeitraum der Modellierung anzugeben, wählen Sie den Befehl *Zeitschritte* aus dem Menü *Modell*.

5.3   Quellraten setzen

Bei *instationärer Modellierung* können Sie bei den *Quellen / Senken* (siehe auch Abschnitt 4.1) für jedes Zeitintervall eine spezifische Quellrate setzen. Jedem Füllmuster ist dann nicht nur ein Wert, sondern 6 Werte zugeordnet. Von diesen Werten können Sie nur diese bearbeiten, für die auch das Zeitintervall modelliert wird.

Wenn Sie also nur das erste Intervall modellieren, können Sie auch nur die Quellrate für das erste Intervall angeben.

Um die Quellraten der Zeitintervalle festzulegen, müssen die *Quellen/Senken* angezeigt werden. Wählen Sie dazu den Befehl *Quellen/Senken* aus dem Menü *Verteilung*.

Weiterhin muß für die *Quellen/Senken* die Eingabeoption *verteilt* gewählt sein. Wählen Sie dazu im Unterfenster mit dem Titel *Quellen/Senken* den Befehl *verteilt* aus dem Menü *Optionen*. In diesem Fenster werden dann Füllmuster eingeblendet, neben denen die Texte *'No 1'* usw. angezeigt werden.

Um nun für einzelne Muster die Quellraten zu setzen, klicken Sie auf den Text neben den Füllmustern. Daurch wird das Fenster *Quellraten für Zeitintervalle* geöffnet.

In Tabelle 5.3-1 sind die Steuerelemente dieses Fensters, sowie deren Funktion aufgelistet.

Tabelle 5.3-1: Steuerelemente des Fensters *Quellraten für Zeitintervalle*

Element	Funktion
Zeitintervall	Die Zeitintervalle, die Sie im Fenster *Zeitraum der Modellierung* gesetzt haben, werden angezeigt. .
Quellrate	Eingabe positiver oder negativer Werte für die Quellraten innerhalb eines Zeitintervalls. Wenn Sie einen Wert für eine Quellrate setzen, reicht es nicht, den Wert einzugeben, damit diese Quellrate modelliert wird. Die Quellrate muß zusätzlich auf *aktiv* gesetzt werden.
aktiv	Einstellen, ob die für das Fluid angegebene Quellrate wirksam bei der Modellierung berücksichtigt wird.

5.4   Umschaltung stationäres/instationäres Modell

Umschaltung von stationärer zu instationärer Modellierung

Angenommen Sie wechseln von der Modellierung stationärer Strömung zu der Modellierung instätionärer Strömung wechseln. Bei stationärem Modell ist jedem Muster nur eine Quellrate zugeordnet. Bei instationärem Modell hingegen kann für jedes modellierte Zeitintervall eine spezielle Quellrate gesetzt werden. Beim Wechsel wird automatisch die Quellrate, die Sie für ein Muster gesetzt haben, als Quellrate für alle sechs Zeitintervalle übernommen.

Umschaltung von instationärer zu stationärer Modellierung

Beim Wechsel von *instationärer* zu *stationärer Modellierung* können Daten bzgl. der Quellraten verloren gehen. Beim Wechsel zu einem stationären Modell, wird für die Quellrate eines Füllmusters nur die Quellrate des ersten Zeitintervalls übernommen. Falls in den anderen Zeitintervallen andere Quellraten angegeben waren, oder Quellraten nicht aktiv waren, entspricht die Quellrate bei stationärer Modellierung somit nicht dem durchschnittlichen Wert der Quellrate bei instationärer Modellierung.

In diesem Fall sollten Sie nach dem Umschalten die Quellraten kontrollieren.

Beachten Sie:
Werteverteilungen für *Porositäten* und *Kompressibilitäten* werden gelöscht.

6   Modellierung in ungesättigter Zone

Im ungesättigten porösen Medium sind im Porenraum auch Gase enthalten sind.

Für die Modellierung eines ungesättigten Mediums benötigen Sie folgende zusätzliche Parameter:

- Sorptivität
- Porengrößenindex

Die *Sorptivität* beschreibt die relative Abnahme der Durchlässigkeit bei Abnahme der Sättigung. Die Sorptivität ist der Koeffizient in der Funktion der Sättigung in Abhängigkeit von der Saugspannung.

Der *Porengrößenindex* beschreibt die Beziehung zwischen Sättigung und relativer Durchlässigkeit

In Tabelle 6-1 sind Standardwerte und Wertebereich für diese Parameter aufgelistet.

Tabelle 6-1: Für die Modellierung von ungesättigtem Medium benötige Parameter

Parameter	Einheit	Standardwert	Wertebereich
Sorptivität	(-)	1	[1/5 .. 5]
Porengrößenindex		3	]0..1.0E10]

Beachten Sie:
Die Modellierung von ungesättigtem Medium ist nur bei der Modellierung stationärer Strömung möglich.

7   Darstellung des Modells

Das Modellgebiet wird mittels eines Rechteckgitters dargestellt.

Es wird immer nur eine zweidimensionale Schicht des Modells angezeigt, auch bei dreidimensionalen Modellen. Letztere kann man nur bearbeiten, indem man nacheinander die einzelnen Modellschichten betrachtet.

Der Ursprung des Modells (Block [1, 1, 1] mit [Blocknr X-Achse = 1, - Y-Achse = 1, Z-Achse = 1]) , liegt in der linken oberen Ecke des GeoShell-Fensters. Die Blöcke sind vom Ursprung von links nach rechts und von oben nach unten in aufstegender Reihenfolge nummeriert.

Welche Modellachse horizontal und welche Modellachse vertikal am Bildschirm dargestellt ist, erkennen Sie im Fenster *Anzeige Blöcke* (s.u.). Zu Beginn wird die X-Achse horizontal und die Y-Achse vertikal angezeigt. Wenn Sie ein Modell laden, wird das Gitter so angezeigt wie beim letzten Speichern des Modells.

Beispiel für Positionen der Blöcke auf dem Bildschirm:

linke, obere Ecke des GeoShell-Fensters ix = 1 iy = 1 iz = 1	ix = 2 iy = 1 iz = 1	...	ix = NX iy = 1 iz = 1
ix = 1 iy = 2 iz = 1	ix = 2 iy = 2 iz = 1	...	ix = NX iy = 2 iz = 1
....	...	...	....
ix = 1 iy = NY iz = 1	ix = 2 iy = NY iz = 1	...	ix = NX iy = NY iz = 1

Auf dem Bildschirm wird die X-Achse horizontal und die Y-Achse vertikal angezeigt.

NX, NY, NZ sind die Blockanzahlen für die X-,Y- und Z-Achse.

ix, iy, iz sind variable Blocknummern.

7.1   Das Fenster Anzeige Blöcke

Das Fenster *Anzeige Blöcke* (siehe Abb. 7.1-1) dient zur Anzeige wie die Modellachsen auf dem Bildschirm angezeigt werden und welche Blöcke angezeigt werden. Dieses Fenster ist weiter untergliedert bzgl. der Anzeige für die horizontale (waagerechte) und die vertikale (senkrechte) Bildschirmachse, siehe Tabellen 7.1-1, 7.1-2.

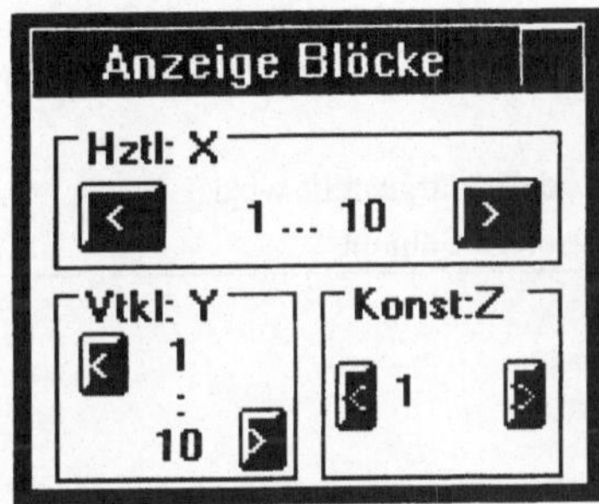

Abb. 7.1-1: Anzeige der dargestellten Blöcke

Tabelle 7.1-1: Anzeige horizontal dargestellter Blöcke

Anzeigeelemente	Funktion
Überschrift (Hztl: X.)	Anzeige, welche Modellachse am Bildschirm horizontal dargestellt wird (hier die X-Achse)
Zahlenwerte	Anzeige, welche Blöcke dargestellt werden.
Pfeiltasten	Rollen der dargestellten Blöcke um einen Block nach rechts oder links.

Tabelle 7.1-2: Anzeige vertikal dargestellter Blöcke

Anzeigeelemente	Funktion
Überschrift (Vtkl: Y)	Anzeige, welche Modellachse am Bildschirm vertikal dargestellt wird (hier die Y-Achse)
Zahlenwerte	Anzeige, welche Blöcke dargestellt werden.
Pfeiltasten	Rollen der dargestellten Blöcke um einen Block nach oben oder unten.

Bei dreidimensionalen Modellen wird immer nur eine Schicht des Modells dargestellt. Sie können die Schicht mittels der Pfeiltasten im Fenster *Anzeige_Blöcke* wechseln (siehe Tabelle 7.1-3), oder im Menü *Bearbeiten* mittels *Anzeige Achsen*.

Tabelle 7.1-3: Anzeige der dargestellten Schicht

Elemente	Funktion
Überschrift (Konst: Z)	Anzeige, welche Modellachse senkrecht zur Bildschirmfläche steht (hier die Z-Achse)
Zahlenwerte	Anzeige, welche Schicht des Modells dargestellt wird.
Pfeiltasten	Wechseln auf eine höhere oder tiefere Schicht.

7.2   Darstellung der Modellachsen

Sie können wählen, wie die Modellachsen auf dem Bildschirm angezeigt werden. Sie haben die Wahl zwischen drei Möglichkeiten, die in Tabelle 7.2-1 afgeführt sind.

Tabelle 7.2-1: Darstellung der Modellachsen

	X-Achse	**Y-Achse**	**Z-Achse**
1.	horizontal	vertikal	konstant
2.	horizontal	konstant	vertikal
3.	konstant	horizontal	vertikal

Um die Darstellung der Modellachsen zu setzen wählen Sie im Menü *Bearbeiten* den Befehl *Anzeige Achsen*.

7.3   Vergrößern und verkleinern

Sie können die Darstellung der horizontal oder der vertikal angezeigten Modellachse vergrößern oder verkleinern.

Im Eingabefenster *Zoom* geben Sie einen Zoomfaktor an und wählen eine Bildschirmachse. Bei einem Zoomfaktor von 0.5 werden die Blöcke halb so groß, bei einem Wert von 2.0 werden sie doppelt so groß wie vorher dargestellt.

Sie öffnen das Fenster im Menü *bearbeiten*.

Hinweis: Für die Darstellung der Blöcke ist eine minimale Länge festgelegt. Wenn bereits alle Blöcke diese minimale Länge haben, läßt sich die Darstellung nicht weiter verkleinern. Auch Blöcke unterschiedlicher Länge werden dann gleich groß angezeigt.

8   Verteilte Parameter

Für verteilte Parameter können Sie jedem Block des Modells einen speziellen Wert zuordnen.

Für jeden verteilten Parameter können Sie zwischen folgenden Eingabeoptionen wählen:

* konstant: alle Blöcke des Modells haben denselben Wert. Dies ist die Standardeinstellung.
* verteilt: Sie können 16 verschiedene Werte definieren und den Blöcken des Rechteckgitters zuordnen. Die Eingabe der Werte erfolgt in diesem Fall mittels einer Eingabegraphik (siehe Abschnitt 8.1.)
* aus Datei: beim Start der Modellierung wird der Parameter aus einer zusätzlichen Datei eingelesen (siehe Abschnitt 8.2).
* Zufallsverteilung: Sie geben einen Mittelwert, eine Streuung und einen Saatparameter an. Zu Beginn der Modellierung wird aus diesen Werten eine Normalverteilung der Parameterwerte erzeugt. Dazu wird intern der Zufallszahlengenerator aufgerufen, der mit einem Saatparameter gestartet wird. Bei gleichem Saatparameter wird auch die gleiche Zufallsverteilung erzeugt.
  Sie können zwischen Normalverteilung und logarithmischer Normalverteilung wählen.

Die genannten Optionen setzen Sie im Eingabefenster für die verteilten Parameter.Der Inhalt des Eingabefensters ist von der gewählten Option abhängig.

Bei verteilter Eingabe des Parameters werden Muster und Werte angezeigt, anhand derer Sie einzelnen Modellblöcken Werte zuweisen können.

Für die anderen Optionen werden Eingabefelder angezeigt, mit denen Sie die ensprechenden Parameter angeben können.

Welche Option für jeden Parameter gewählt ist, können Sie im Menü *Verteilung* an den Buchstaben hinter den Parameternamen erkennen:

* (k) = **k**onstant
* (v) = **v**erteilt
* (D) =aus **D**atei lesen
* (n) =**N**ormalverteilung

(l) =**l**ogarithmische Normalverteilung

8.1   Graphische Darstellung

Bei der Bearbeitung eines verteilten Parameters mittels der Eingabegraphik werden Parameterwerte durch Füllmuster bzw. Farben dargestellt, siehe Abb. 8.1-1. Das Modellgebiet wird durch ein Rechteckgitter angezeigt. Den einzelnen Blöcken des Modellgebiets können Sie Werte zuweisen, die durch Muster dargestellt sind. So ist es auf einfache Weise möglich, Werteverteilungen eines Parameters zu erkennen und die Verteilung von Werten im Modellgebiet zu bearbeiten.

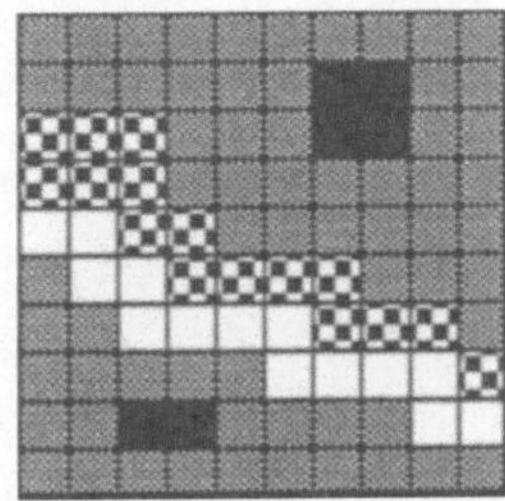

Abb. 8.1-1: Eingabegraphik für verteilte Parameter

Welcher verteilte Parameter dargestellt wird, setzen Sie im Menü *Verteilung*

Eingabe von Werten

Sie können für jeden verteilten Parameter 16 Werte definieren. Die Werte weisen Sie den Füllmustern zu, siehe Abb. 8.1-2. Mit einem Klick auf einenWert neben einem Füllmuster öffnen Sie ein Eingabefenster, über das Sie den Wert des Füllmusters ändern können.

Mittels der Füllmuster weisen Sie die Werte den Blöcken des Modellgebiets zu.

Verteilung von Mustern (Werten) im Rechteckgitter

Die Zuordnung eines Füllmusters zu einem Block erfolgt durch Mausklick. Es ist immer nur eines der Muster als das aktuelle Muster gewählt. Wenn Sie mit der linken Maustaste auf einen Block der Eingabegraphik klicken, wird dieser mit dem aktuellen Muster gefüllt.

Im Eingabefenster für verteilte Parameter werden nur sechs der 16 Muster gleichzeitig angezeigt. Mittels des Rollbalkens und der Pfeiltasten links an den Mustern rollen Sie durch die Muster.

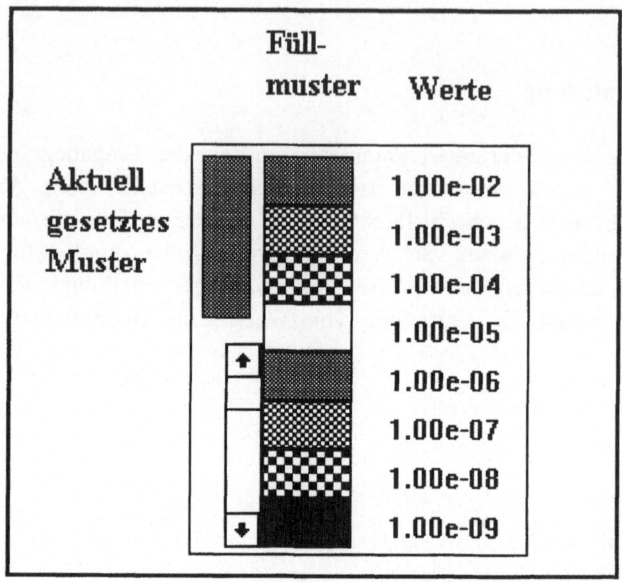

Abb. 8.1-2: Füllmuster und Werte

Anmerkung: Es sehen hier wegen der schwarz-weiß Darstellung einige Muster gleich aus, die auf dem Bildschirm unterschiedlich erscheinen.

Setzen des aktuellen Musters

Sie wählen das aktuelle Muster mittels Mausklick. Sie haben zwei Möglichkeiten:

- Klick mit der linken Maustaste auf ein Füllmuster im Musterfenster
- Klick mit der rechten Maustaste auf einen Block des Rechteckgitters. Aktuelles Muster wird dann das Muster dieses Blocks.

8.2   Einlesen aus einer Datei

Wenn Sie für einen verteilten Parameter mehr als 16 unterschiedliche Werte definieren wollen, müssen Sie eine Textdatei im ASCII-Format erstellen, die die Parameterwerte enthält. Bei Beginn der Modellierung werden die Werte dann aus dieser Datei gelesen. In GeoShell geben Sie nur den Namen der Datei an.

Die Datei mit den Parameterwerten muß folgendermaßen aufgebaut sein:

Wenn das Modell N Blöcke enthält (NX*NY*NZ) müssen auch N Zahlen eingegeben werden. Dies ist unabhängig davon, ob Sie Blöcke aus dem Modell entfernt haben (siehe 3.3).

Die Reihenfolge der Zahlen richtet sich nach der kanonischen Durchnummerierung der Blöcke. Zuerst wird in Richtung der X-Achse gezählt, dann der Y-Achse und zuletzt der Z-Achse.

Die Zahlen können in Gleitkommadarstellung (z.B. 123.456) oder im Exponentialformat (z.B. 1.23456e+02) angegeben werden. Die Zahlen müssen durch ein Leerzeichen voneinander getrennt sein.

Beispiel für ein Modell mit NX=2, NY=2, NZ=3 Blöcken:

Werte	**für Blöcke (X, Y, Z)**
1.0 1.1	(1, 1, 1) (2, 1, 1)
1.2 1.3	(1, 2, 1) (2, 2, 1)
1.4 1.5	(1, 1, 2) (2, 1, 2)
1.6 1.7	(1, 2, 2) (2, 2, 2)
1.8 1.9	(1, 1, 3) (2, 1, 3)
2.0 2.1	(1, 2, 3) (2, 2, 3)

Sie können auch mehrere Parameter aus derselben Textdatei einlesen. Dann müssen Sie jedoch folgende Reihenfolge der Modellparameter beachten:

- Porositäten
- Sorptivität
- Kompressibilitäten
- X-Durchlässigkeiten
- Z-Durchlässigkeiten
- Y-Durchlässigkeiten
- Quellen / Senken
- Piezometerhöhe

Hinweis

Falls Sie eine Zahl mehrmals hintereinander angeben, können Sie auch eine verkürzte Schreibweise wählen., z.B. können Sie statt *1.23 1.23 1.23* auch *3*1.23* angeben.

8.3   Kopieren und Einfügen

Mittels der Funktionen *Kopieren* und *Einfügen* können Sie Werteverteilungen von verteilten Parametern kopieren.

Sie haben folgende Möglichkeiten, Werteverteilungen zu kopieren:

- Für einen Parameter von einer Modellebene zu einer anderen Modellebene. Dabei ist es möglich, auch Werteverteilungen für mehrere Ebenen gleichzeitig zu kopieren.
- Von einem Parameter eines Modells zu einem anderen Parameter, z.B. für Strömungsmodelle (.WTA-Dateien) von der X-Durchlässigkeit zur Y-Durchlässigkeit, oder für Transportmodelle (.WTB-Dateien) von der longitudinalen zur transversalen Dispersivität.
- Von einem Strömungsmodell zu einem anderen Strömungsmodell, oder von Transportmodell zu Transportmodell.
- Von einem Strömungsmodell zu einem Transportmodell oder umgekehrt. Dies ist hilfreich, falls Sie ein Transportmodell auf einem Strömungsmodell aufbauen (siehe 10.3.4).

Das Kopieren von Daten erfordert zwei Schritte:
1. Mit *Kopieren* fügen Sie Daten in das WINDOWS Klemmbrett ein.
2. Mit *Einfügen* werden Daten vom Klemmbrett in Ihre Anwendung eingefügt.

8.3.1   Kopieren

Funktionsweise:

1. Bei zweidimensionalen Modellen:
Die Werteverteilung des angezeigten Parameters wird ins Klemmbrett kopiert.
2. Bei dreidimensionalen Modellen:
Das Eingabefenster "Ebenen Kopieren" wird angezeigt. Sie können wahlweise eine oder mehrere Ebenen ins Klemmbrett kopieren. Dadurch ist es möglich, Werteverteilungen eines Parameters für eine Modellebene zu einer anderen Ebene zu kopieren.

Hinweis: Bei zweidimensionalen Modellen ist es auch möglich, Daten "spalten"- oder "zeilenweise" zu kopieren. Ändern Sie dazu mittels dem Befehl *Anzeige* (siehe 7.2) die Darstellung der Modellachsen auf dem Bildschirm, so daß "Spalte" bzw. "Zeilen" angezeigt werden. Wenn Sie jetzt *kopieren* auswählen, können Sie einzelne "Spalte" bzw. "Zeilen" ins Klemmbrett einfügen. Wechseln Sie jetzt zu einer anderen "Spalte" bzw. "Zeile" und fügen Sie dort die Daten ein.

8.3.2   Einfügen

Die im Klemmbrett enthaltenen Daten werden ab der angezeigten Ebene in das bearbeitete Modell eingefügt.

Beachten Sie:
Die Blockanzahlen der horizontal und der vertikal angezeigten Achsen beim *Einfügen* müssen mit den Blockanzahlen beim *Kopieren* übereinstimmen. Nicht übereinstimmen müssen hingegen die Modellebenen.

Ein Beispiel: Beim *Kopieren* wird horizontal die X-Achse mit NX=4 Blöcken und vertikal die Y-Achse mit NY=3 Blöcken angezeigt. Es ist dann möglich, die Daten in ein Modell einzufügen, in dem horizontal die X-Achse mit NX=4 Blöcken und vertikal die Z-Achse mit NZ=3 Blöcken angzeigt wird.

Meldungen:

1. *Der aktuelle Parameter wird durch das Einfügen auf die Eingabeoption "verteilt" gesetzt.*
   Erklärung:
   Dies ist lediglich ein Hinweis. Die Daten werden korrekt eingefügt.
2. *Die Daten im Klemmbrett sind keine SHL-Daten und können nicht eingefügt werden.*
   Erklärung:
   Vermutlich haben Sie seit dem letzten *Kopieren* mit GeoShell eine Kopierfunktion ausgeführt. Beachten Sie, daß das Kopieren mit anderen Programmen ebenfalls den Inhalt des Klemmbretts verändert.

   Führen Sie mit GeoShell nochmals die Funktion *Kopieren* aus und dann die Funktion *Einfügen,* ohne zwischendurch andere Daten zu kopieren.
3. *Das Klemmbrett enthält n Ebenen. Dies sind mehr Ebenen, als ab der angezeigten Ebene eingefügt werden können.*
   Hinweis zur Lösung:
   Wechseln Sie auf eine niedrigere Ebene: z.B. mittels der Pfeiltasten im Fenster *Anzeige Blöcke* (siehe 7.1) oder durch Eingabe einer Schicht im Fenster *Anzeige* (siehe 7.2).
4. *Die Ebenen im Klemmbrett bestehen aus n*m Blöcken. Einfügen in die angezeigte Ebene ist wegen unterschiedlicher Blockanzahlen nicht möglich.*
   Hinweis zur Lösung:
   Versuchen Sie, mittels dem Fenster *Anzeige* die Darstellung Ihres Modells so zu verändern, daß für die horizontal angezeigte Achse die Blockanzahl gleich *n* Blöcke und für die vertikal angezeigte Achse *m* Blöcke ist.

   Sollte dies nicht möglich sein, können Sie versuchen, die Blockanzahl durch Vervielfachen und Löschen von Blöcken an die Anzahl der Blöcke im Klemmbrett anzupassen. Diese Methode empfiehlt sich nur, wenn Sie sich gut in der Benutzung mit GeoShell auskennen oder ein neues Modell aufbauen.

8.3.3   Beispiel für das Kopieren innerhalb eines Modells

Nachfolgend ist beschrieben, wie Sie die Werteverteilung der *X-Durchlässigkeit* auf die *Z-Durchlässigkeit* übertragen. Dies kann sinnvoll sein, weil bei *X-* und *Z-Durchlässigkeiten* die Werteverteilung gleich ist und sich nur die Werte unterscheiden.

Vorgehen:

1.Wählen Sie die *X-Durchlässigkeit* aus dem Menü Verteilung. Die *X-Durchlässigkeit* wird angezeigt.

2.Wählen Sie *kopieren...* aus dem Menü *Bearbeiten*. Die Werteverteilung der *X-Durchlässigkeit* wird ins Klemmbrett eingefügt

3.Wählen Sie die *Z-Durchlässigkeit* aus dem Menü *Verteilung*.

4.Wählen Sie *Einfügen* aus dem Menü *Bearbeiten*. Die Daten aus dem Klemmbrett werden eingefügt, und die Blockgraphik neugezeichnet.

8.3.4   Kopieren zwischen unterschiedlichen Modellen

Es ist möglich, Werteverteilungen von einem Modell zu einem anderen Modell zu kopieren. Das Vorgehen dabei ist unabhängig davon, ob Sie Daten zwischen Modellen gleichen Typs (z.B. von Strömungsmodell zu Strömungsmodell) oder zwischen Modellen unterschiedlichen Typs (z.B. von Strömungsmodell zu Transportmodell) kopieren.

Vorgehen:

1.   Führen Sie die Funktion *Kopieren* wie oben beschrieben aus.
2.   Je nachdem, in welches Modell Sie Daten einfügen wollen (Strömungs oder Transportmodell), starten Sie das Programm *GeoShellA* oder *GeoShellB* und laden Sie das Modell, in das Sie Daten übertragen wollen.
3.   Wählen Sie den verteilten Parameter, in den die Daten eingefügt werden sollen.
4.   Wählen Sie die Modelldarstellung so, daß die Blockanzahlen der horizontal und der vertikal dargestellten Achen den Blockanzahlen der Ebene(n) im Klemmbrett entspricht. Beachten Sie die Hinweise bei Abschnitt Einfügen zu Meldungen 3. und 4..
5.   Führen Sie die Funktion *Einfügen* aus.

9   Randbedingungen

Sie können für jede Modellkante eine Randbedingung angeben. Sie haben die Wahl zwischen drei Typen von Randbedingungen:

- Geschlossener Rand: die *Piezometerhöhe* über die Blockgrenzen hinweg ändert sich nicht. (Neumann-Randbedingung für den hydraulischen Druck).
- Piezometerhöhe: geben Sie einen Wert für die Piezometerhöhe an (Dirichlet-Randbedingung für den hydraulischen Druck).
- Ein- Ausstrom

Standardmäßig sind alle Ränder geschlossen.

Um die Randbedingungen anzuzeigen und zu bearbeiten, wählen Sie im Menü *Verteilung* den Befehl *Randbedingungen*.

9.1   Darstellung der Randbedingungen

In der Modelldarstellung sind die Ränder, für die Sie Randbedingungen angeben können, durch Kreise gekennzeichnet, siehe Abb. 9.1-1.

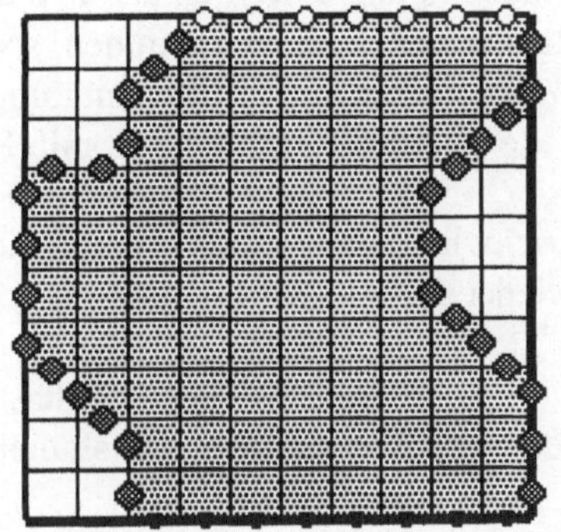

Abb. 9.1-1: Darstellung der Randbedingungen

Die Füllung eines Kreises zeigt den Typ der für den Rand gewählten Randbedingung an:

- schwarz: der Rand ist geschlossen.
- grau: für den Rand ist ein Potential gesetzt.
- weiß: über den Rand findet ein Ein- oder Ausstrom statt.

Bei dem Beispiel für die Darstellung der Randbedingungen in Abb. 9.1-1. findet über den oberen Rand ein Ein- oder Ausstrom statt.

An den linken und rechten Rändern sind Potentiale vorgegeben.

Der untere Rand ist geschlossen.

9.2   Bearbeitung der Randbedingungen

Mittels der Darstellung und dem Eingabefenster für die Randbedingungen (siehe Abb. 9.2-1) können Sie die Ränder bearbeiten.

Sie können für alle Ränder einer Modellseite *gleiche* oder *unterschiedliche* Randbedingungen festlegen. Welche Option für eine Modellseite gilt, erkennen Sie an der Überschrift des Eingabefensters. Wenn Sie das erste Mal ein Modell aufbauen, sind alle Modellseiten auf die Option *gleiche Randbedingungen* eingestellt.

Welche Option gilt, wählen Sie mittels des Menüs im Eingabefenster.

Um die Randbedingung für einen Modellrand zu verändern, klicken Sie auf den Kreis. Die akuelle Belegung wird dann im Eingabefenster angezeigt. Ändern Sie Typ oder Wert und bestätigen Sie die Änderungen mit dem Schalter *Wert übernehmen*.

Bei gleichen Randbedingungen werden der Typ und der Wert für alle Ränder der Seite übernommen, sonst nur für den im Eingabefenster mittels Blocknummern angezeigten Rand, der in der Grafik meist mit Rot markiert ist.

Mit *alter Wert* wird der neue Wert nicht übernommen und wieder der alte Wert angezeigt.

Mittels der Pfeiltasten neben den Blocknummern können Sie den aktuellen Rand wechseln.

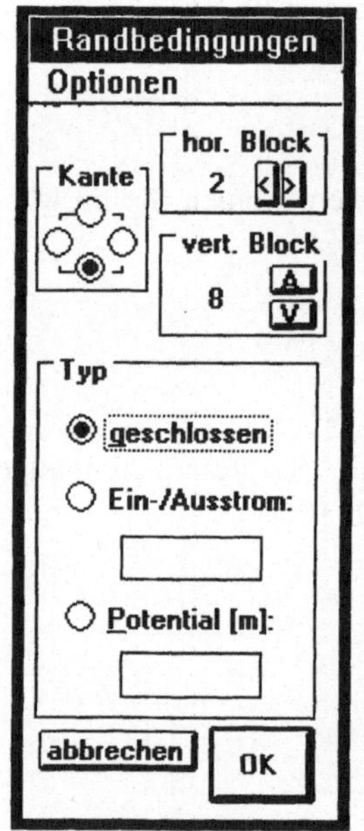

Abb. 9.1-1: Eingabefenster

für Randbedingungen

10   Modellierung

Wenn Sie die Modellierung starten, wird die Piezometerhöhe für die Blockmittelpunkte der Modellblöcke berechnet.

10.1   Starten

Sie starten die Modellierungen im Menü *Datei*. Dies ist nur möglich, wenn Sie ein schon vorhandenes Modell geladen, oder ein neues Modell erstellt haben.

Für die Modellierung wird zu MS-DOS gewechselt.

Auf dem Bildschirm erscheint die Meldung: *Monitor-Ausgabe?*.
Diese Meldung bezieht sich auf Ausgabe der Zwischenergebnisse zur Kontrolle der Rechnung.

Geben Sie ein:

- 'j' bei Ausgabe auf den Bildschirm.
- 'n' wenn die Daten in die Datei 'TAPE7' geschrieben werden sollen.

Nach Beendigung der Berechnung drücken Sie die 'ENTER'-Taste, um zu Windows zurückzugehen.

Fehlermeldungen

Meldung: *Fehler 2 beim Ausführen von FASTA.pif*

mögliche Ursache:
Diese Meldung erscheint vor dem Wechsel zu MS-DOS.
In diesem Fall wurde die PIF-Datei, über die das Programm FASTA.EXE, ausgeführt wird, nicht gefunden.

Korrektur
Stellen Sie sicher, daß FASTA.PIF sich im selben Verzeichnis wie GEOSHLA.EXE befindet.

Meldung:*Gesamtanzahl der Blöcke zu groß*

Ursache:
Diese Meldung erscheint nach dem Wechsel zu MS-DOS.
Die Blockanzahl Ihres Modells ist zu groß für Ihre 'FASTA.EXE'-Version.

Korrektur
Ändern Sie in GeoShell_A die Blockanzahl ihres Modells, siehe Kap. 3.1.

10.2   Steuerung des Gleichungslösers

Der Gleichungslöser arbeitet mit iterativen Lösungsverfahren der Methode der konjugierten Gradienten (CG).

CG-Verfahren sind Verfahren, bei denen eine Startnäherung in Iterationsschritten verbessert wird, bis ein oder mehrere Abbruchkriterien erfüllt sind. Die Abbruchkriterien des hier verwendeten Gleichungslösers sind im nächsten Abschnitt erläutert.

Für CG-Verfahren gibt es Methoden, durch die die Anzahl der benötigten Iterationsschritten verringert werden können. Die Ihnen verfügbaren Methoden werden in Abschnitt 10.2.2 *Verringerung der benötigten Iterationsschritte* erläutert.

Tabelle 10.2-1 gibt Ihnen eine Übersicht über Parameter und Optionen zur Steuerung des Lösers.

10.2.1   Stop des Gleichungslösers

Der Gleichungslöser iteriert, bis jeweils eins von zwei Abbruchkriterien erfüllt ist:

1.   Die gesetzte *Genauigkeit* ist erreicht.
2.   Die maximale Anzahl von *Iterationen* ist erreicht.

Erreichen der Genauigkeit
Das Abbruchkriterium der Genauigkeit bedeutet, daß die Differenz, zwischen der im letzten und im vorletzten Iterationsschritt erreichten Näherungslösung, unter der vom Anwender gesetzten Genauigkeit liegt. Diese Differenz wird zusätzlich in Relation zur Lösung selbst gesetzt.

Beachten Sie also, daß die Genauigkeit nicht die Differenz zur tatsächlichen Lösung angibt, sondern die Differenz zwischen den zwei letzten Näherungslösungen.

Wenn Sie die Genauigkeit auf einen hohen Wert setzen (z.B. 1.0e-4), ist die Näherungslösung, die die Modellierung liefert, möglicherweise noch weit von der tatsächlichen Lösung entfernt.

Beachten Sie jedoch, daß falls sie den Wert für die Genauigkeit auf einen sehr kleinen Wert (z.B. 1.0e-12) setzen, die Modellierung u.U. nach der Maximalzahl der Iterationen abbricht und die gelieferte Lösung nicht die gewünschte Genauigkeit hat (s.u.).

Tabelle 10.2-1: Parameter zur Steuerung des Lösers

Parameter	Standardwert	Wertebereich
Genauigkeit	1.0E-5	[1.0E-13 .. 1.0E-4]
Interne Rechengenauigkeit	einfach	einfach, doppelt
Norm	Maximum-Norm	Maximum-Norm, 2-Norm
Iterationen	100	[1-65535]
Vorkonditionierung		an, aus
Vorkonditionierungs-faktor	1.2	[1..2]
Skalierung	aus	an, aus
Zeitschichtwichtung	0.5	[0..1]

Differenz zwischen Näherungslösungen

Das Kriterium der Genauigkeit ist weiterhin davon abhängig, wie die Differenz zwischen zwei Näherungslösungen berechnet wird. Sie können zwischen zwei Möglichkeiten wählen:

- Maximum-Norm
- 2-Norm

Bei der Maximum-Norm bestimmt der Betrag der größten Differenz zwischen gleichpositionierten Elementen des Lösungsvektors die Differenz zwischen zwei Näherungslösungen. Im Gleichungslöser wird dann überprüft, ob sich die Näherungslösung an allen Punkten um einen Betrag geändert hat, der kleiner ist, als die gesetzte Genauigkeit.

Bei der 2-Norm dagegen wird die Wurzel aus der Quadratsumme aller Differenzen gebildet, in Relation zur Lösung gesetzt, und dieser Wert mit der Genauigkeit verglichen.

Normalerweise empfiehlt sich die Verwendung der Maximumnorm. Dies ist auch die Voreinstellung.

Um *Genauigkeiten* und *Norm* zu ändern, wählen Sie im Menü *Lösung* den Befehl *Genauigkeit*.

Die *Genauigkeit der inneren Iterationen* wird nur bei der Modellierung eines ungesättigten Aquifers verwendet.

Erreichen der max. Iterationsschritte

Durch das Kriterium der maximalen Iterationsschritte wird verhindert, daß eine Endlosschleife entsteht, falls der Lösungsalgorithmus nicht konvergiert, d.h. die Differenz zwischen den zwei letzten Näherungslösungen immer größer bleibt, als die gesetzte Genauigkeit.

Falls der Gleichungslöser stoppt, weil die maximale Anzahl der Iterationen erreicht wurde; kann dies mehrere Ursachen haben.

Im ungünstigsten Fall divergiert der Algorithmus, d.h. er entfernt sich von der tatsächlichen Lösung.

Möglich ist jedoch auch, daß die gewünschte Genauigkeit mit der gesetzten Anzahl von Iterationen noch nicht erreicht wird.

Sie sollten das Ergebnis in jedem Fall genau überprüfen und Kontrollrechnungen mit einem höheren Wert für die Genauigkeit, oder einer höheren Anzahl von Iterationen durchführen.

Um die Anzahl der max. Iterationen zu ändern, wählen Sie im Menü *Lösung* den Befehl *Iterationen*.

Die *Anzahl der inneren Iterationen* werden nur bei der Modellierung eines ungesättigten Aquifers verwendet.

10.2.2   Verringerung der benötigten Iterationsschritte

Sie haben mehrere Möglichkeiten, um die Anzahl der vom Gleichungslöser benötigten Iterationsschritte zu reduzieren:

- Skalierung des Gleichungssystems
- Vorkonditionierung des Gleichungssystems
- Bei stationärer Modellierung die Vorgabe der Anfangsnäherung.

Bei Skalierung und Vorkonditionierung wird das Gleichungssystems aufbereitet, bevor mit der eigentlichen Lösung begonnen wird.

Skalierung

Skalierung des Gleichungssystems heißt, daß Zeilen und Spalten so multipliziert werden, daß in der Hauptdiagonale des Gleichungssystems alle Elemente den Wert 1 erhalten. Danach wird der CG-Löser gestartet. In den einzelnen Iterationsschritten sind dann etwas weniger Rechenoperationen durchzuführen, als ohne Skalierung.

Vorkonditionierung

Bei der Vorkonditionierung ist die Aufbereitung des Gleichungssystems komplexer und wird hier nicht genauer beschrieben. Als Resultat von Vorkonditionierung werden weniger Iterationen zum Erreichen einer vorgegebenen Genauigkeit nötig. Dafür erhöht sich jedoch die Rechenzeit pro Iterationsschritt. Ein Zeitgewinn liegt allerdings trotzdem in vielen Fällen vor.

Wenn Sie die Lösung mit Vorkonditionierung wählen, geben Sie zusätzlich einen Faktor, den Relaxationsparameter, an. Dieser nimmt in aller Regel im Intervall zwischen 1 und 2 seinen optimalen Wert an, für den man niedrigste Anzahl von Iterationen erhält. Unterhalb des optimalen Werts ist das Verfahren zumeist nicht viel langsamer.

Hingegen verschlechtert es sich bei knappem Überschreiten oft dramatisch. Bei 1D-Problemen liegt der optimale Wert meist bei 1.2, bei 2D-Problemen um 1.5 und kann bei 3D-Modellierungen auch 1.8 und höhere Werte erreichen.

Vorgabe der Anfangsnäherung

Bei stationären Modellen können Sie eine Anfangsnäherung vorgeben. Falls diese nahe an der Lösung liegt, kann sich dadurch die Anzahl der benötigten Iterationen reduzieren.

Die Anfangsnäherung geben Sie ein, indem sie Werte für den Parameter *Piezometerhöhe* setzen (siehe auch 4.2.4 Piezometerhöhe).

Hinweise zum Setzen der Optionen

Ob diese Methoden greifen, hängt stark von der jeweiligen Problemstellung und der sich daraus ergebenden Matrix zusammen.

Neben der Dimension des Modells entscheiden auch Randbedingungen, Inhomogenitäten, Blockanzahlen u.a. mit, durch welche Optionen sich die benötigten Iterationsschritte reduzieren lassen. In Testbeispielen erweist sich oft die Vorkonditionierung als effektive Methode der Reduzierung der Rechenzeit, wohingegen die Skalierung zumeist keinen Vorteil bringt. Die Wahl eines besseren Startvektors, den man bei stationären Modellen ja vorgeben kann, führt in der Regel zu unbedeutenden Gewinnen.

Für den Einzelfall einer speziellen Anwendung besagt diese allgemeine Beobachtung nichts. Im Einzellfall ist es sogar möglich, daß sich das Lösungsverfahren verschlechtert.

10.2.3 Zeitschichtwichtung

Die Einstellung der Zeitschichtwichtung ist nur bei instationären Modellen nötig.

Die zeitliche Diskretisierung erfolgt mit Hilfe der Zeitschichtwichtung. Dieser Faktor gibt an, wie die Terme der räumlichen Diskretisierung zum alten und zum neuen Zeitpunkt gewichtet werden.

Es gibt folgende spezielle Verfahren:

1.0 = explizit, die Terme der räumlichen Diskretisierung werden nur zum alten
        Zeitpunkt ausgewertet.

0.5 = CRANK-NICOLSON-Verfahren.

0.0 = total implizit, die Terme der räumlichen Diskretisierung werden nur zum
neuen Zeitpunkt ausgewertet.

Falls der Zeitschicht-Wichtungs-Faktor größer als 0.5 gewählt wird (insbesondere bei 1.0, der expliziten Methode), muß das 'von Neumann'-Kriterium erfüllt sein.

Zur Eingabe des Zeitschicht-Wichtungs-Faktors wählen Sie den Befehl *Zeitschichtwichtung* aus dem Menu *Lösung*.

10.3   Ausgabe von Ergebnissen

Die Ergebnisse der Modellierung können Sie als Graphik und als Zahlenwerte ausgeben lassen.

10.3.1   Bildschirm- und Dateiausgabe

Sie können Ergebnisse als Zahlenwerte auf den Bildschirm oder in eine Datei ausgeben lassen.

Die Ausgabe auf den Bildschirm dient dazu, den Verlauf der Modellierung zu kontrollieren.

Die Ausgabe in eine Datei soll ihnen ermöglichen, die Ergebnisse mit anderen Programmen auszuwerten.

Folgende Werte können Sie in eine Datei schreiben:

* Die *Piezometerhöhe*
* Die Darcy-Geschwindigkeiten, komponentenweise für jede Koordinatenachse
* Sättigung (bei Modellierung von ungesättigtem Medium)

Für folgende Parameter werden Bilanzen ausgegeben:

* Für die Flüssigkeit werden Massenbilanzen ausgegeben. Zusätzlich erhalten Sie drei andere Werte, mit denen Sie die Massenbilanz der Lösung kontrollieren können:
* Bilanz der Quellen und Senken
* Zu- und Abfluß über die Ränder. Diese werden durch die Gradienten der Piezometerhöhe an offenen Rändern berechnet.

In den Eingabefenstern *Bildschirmausgabe* und *Dateiausgabe* setzen Sie, ob bzw. wie oft die Parameter ausgegeben werden:

- Bei stationärer Modellierung geben Sie nur an, ob der Parameter ausgegeben wird (Ausgabe=1, keine Ausgabe=0).
- Bei instationärer Modellierung wählen Sie, nach wieviel Zeitschritten der Parameter ausgegeben werden soll. Es hängt von der Anzahl der Zeitschritte ab, wie oft der Parameter ausgegeben wird.

Optionen für Dateiausgabe

Wenn Sie eine Datei mit Ergebnissen erzeugen, um diese mit einem Zusatzprogramm aufzubereiten und hochwertige Graphiken zu erstellen (z.B. Surfer), können Sie mittels *Optionen für die Dateiausgabe* den Inhalt der Datei an die Erfordernisse Ihres Programms anpassen. Mögliche Einstellungen sind in Tabelle 10.3.1-1 aufgeführt.

Tabelle 10.3.1-1: Optionen für Dateiausgabe

Ausgabeoption:	
• Blockanzahl	An den Anfang der Ausgabedatei wird die Blockanzahl geschrieben.
• Blocklängen	Es werden die Längen für die X-, Y- und Z-Achse in dieser Reihenfolge ausgegeben.
• X-, Y-, Z-Koordinate	Zu jedem Parameterwert wird die Koordinate ausgegeben
• Format	Hier geben Sie an, ob die Werte als Text (im ASCII-Format) oder binär codiert in die Ausgabedatei geschrieben werden.

Außerdem können Sie angeben, in welche Datei die Ergebnisse geschrieben werden sollen. Standardname der Datei ist *'TAPE8'*. Sie können direkt einen anderen Namen angeben, oder über ein Dateiauswahlfenster eine Datei auswählen.

10.3.2   Graphik-Ausgabe

Sie können eine Graphik erzeugen lassen, in der mittels Potential- bzw. Druckisolinien der Strömungsverlauf dargestellt wird.Die Ausgabe der Graphik steuern Sie mit dem Eingabefenster *Graphikausgabe auf den Bildschirm*. Entsprechend den gesetzten Optionen werden Zwischenergebnisse bzw. das Endergebnis am Bildschirm angezeigt.

Die erstellte Graphik können Sie durch Druck der 'ALT' und der 'Druck'-Taste in das WINDOWs Klemmbrett übertragen. Sie können die Graphik von dort in Graphikprogramme (z.B. WINDOWs Paintbrush) übertragen und dort bearbeiten.

Dazu starten Sie das Graphikprogramm (Paintbrush finden Sie in der Zubehör-Gruppe) und wählen aus dem Menü *Bearbeiten* den Eintrag *Einfügen*.
Einstellungen für die Graphikausgabe sind in Tabelle 10.3.2-1 aufgfeführt.

Tabelle 10.3.2-1: Einstellungen für die Graphikausgabe

Fenster-elemente	Funktion
Anzahl Isolinien	Mit der Anzahl der Isolinien geben Sie an, für wieviele unterschiedliche Konzentrationswerte Isolinien gezeichnet werden. Diese Werte werden nur verwendet, falls der Schalter *äquidistante Niveaus* aktiviert ist.
bei stationärem Modell: *zeichnen (ja/nein)*	Wenn Sie eine 0 angeben, wird keine Graphik erzeugt. Wenn Sie eine 1 angeben wird eine Graphik entsprechend den gesetzten Optionen erzeugt.
bei instationärem Modell: *zeichnen nach Zeitschritten*	Es wird nach der angegebenen Anzahl von Zeitschritten eine Graphik erzeugt. Es hängt dann von der Anzahl der Gesamt-Zeitschritte ab, wieviele Bilder gezeichnet werden.
Bildformat:	*Länge fest, Höhe proportional:* Sie setzen einen Wert für die Länge. Die Höhe wird so berechnet, daß die Graphik in den Proportionen dem Modell entspricht. *Höhe fest, Länge proportional:* s.o., mit vertauschten Rollen *Länge proportional, Höhe proportional:* *Länge fest, Höhe fest:* Das Format der Graphik wird lediglich an die vorgegebenen Werte (s.u.) angepaßt. Das Verhältnis der Länge und Höhe ist unabhängig von den Längenverhältnissen des Modells.

X-Y, X-Z   Falls Sie ein dreidimensionales Modell bearbeiten, können Sie die
und Y-Z   Darstellungsebene der Graphik festlegen.
Länge, Höhe   Die Werte beziehen sich auf die Bildschirmhöhe, d.h. bei einem Wert von
                  1.0 für die Höhe, wird die Graphik so hoch wie der Bildschirm
                  gezeichnet. Der Wert für die Länge bezieht sich ebenfalls auf die
                  Bildschirmhöhe. Bei einem Verhältnis der Bildschirmhöhe zur Länge von
                  1.0 zu 1.6 müssen Sie dann für die Länge 1.6 setzen, damit die Graphik
                  über die gesamte Länge gezeichnet wird.
Anzahl der   wählen, ob alle Modellschichten in ein Bild gezeichnet werden.
Bilder   Bei instationärer Modellierung ist die Anzahl der erzeugten Bilder auch
                  von der Anzahl der Zeitschritte abhängig, indem Sie angeben, nach
                  wieviel Zeitschritten ein Bild erzeugt werden soll.
Farbwechsel   Festlegung, ob in einem Bild unterschiedliche Farben für Isolinien
                  verwendet werden sollen.
äquidistante   • *an*: <u>automatische Berechnung.</u> Die Werte der Isolinien werden für
Niveaus   gleichmäßig verteilte Werte gezeichnet. Grundlage hierfür sind das
                    Minimum und Maximum der berechneten Piezometerhöhe, sowie die
                    vorgegebene *Anzahl von Isolinien.*
                  Wenn i Isolinien gezeichnet werden sollen, wird das Intervall zwischen
                  Minimum und Maximum in i+1 gleichgroße Intervalle geteilt. Die
                  Isolinienniveaus sind genau die i inneren Intervallgrenzen.
                  Beachten Sie, daß sich die Niveaus ändern, wenn sich Minimum und
                  Maximum von einer Modellierung zu einer andern ändern.

                  • *aus*: <u>manuelle Festlegung.</u> Minimum und Maximum des berechneten
                    hydraulischen Drucks werden nach der Modellierung angezeigt.
                  Dann setzen Sie die Werte, für die Isolinien berechnet werden sollen

Gitter   Zeichnen des Rechteckgitters

Stop nach jedem Bild	• *an*: Sie müssen die EINGABE-Taste nach jedem angezeigten Bild drücken, damit die Berechnung fortgesetzt wird. Sollen graphische Darstellungen der Zwischenergebnisse gespeichert, oder nachbearbeitet werden, muß diese Option eingeschaltet sein. • *aus*: die Berechnung wird automatisch fortgesetzt. Möchten Sie die Modellierung möglichst schnell ablaufen lassen und dient die graphische Ausgabe nur der Kontrolle des Rechenfortschritts, sollte diese Option ausgeschaltet sein.
Graphik-modus	Stellen Sie den Graphikmodus ein, dem Ihr Bildschirm entspricht. Entnehmen Sie den Graphikmodus der Tabelle am Ende von Anhang H.

10.3.3   Ausgabe Zwischenergebnisse

Sie können während des Rechenlaufs Zwischenergebnisse auf den Bildschirm ausgeben, um den Fortschritt der Berechnung zu kontrollieren. Zwischenergebnisse sind z.B. die Gleichungsmatrix, die rechte Seite der Gleichungssysteme etc...

Mittels des Ausgabe-Kontrollparameters steuern Sie die Menge der Ausgaben auf den Bildschirm.

0 = Maximale Ausgabe

9 = Minimale Ausgabe, es werden keine Zwischenergebnisse ausgegeben.

Wertebereich: [0 .. 9]

10.3.4   FAST*A*-Postprocessing

Wenn Sie die Option *FASTA*-Postprocessing aktivieren, werden die berechneten Geschwindigkeiten in der Datei TAPE2 abgespeichert.

Diese Datei dient als Eingabe für die zwei Programme *FASTpath.exe* und *FASTB-2D.EXE*.

Mit *FASTpath.exe* können Sie die Pfade von Teilchen im Strömungsfeld verfolgen.

Mit *FASTB-2D.EXE* können Sie Transportprozesse modellieren.

Menü: *Ausgabe*, bei gesetzter Option ist ein Haken vor dem Menüeintrag

Handbuch für FAST-B(2D) und GeoShellB

erstellt von: Harald Holzbecher

1 Anwendung, Installation und Aufruf

1.1 Leistungsumfang von FASTB_2D

Mit FASTB_2D können Sie eine 2-dimensionale Schadstoffausbreitung im Grundwasser modellieren .

Es können drei Prozesse modelliert werden:

1. Transportprozesse, die sich aus Advektion, Diffusion und Dispersion zusammensetzen.

2. Abbauprozesse erster Ordnung (z.B. radioaktive Zerfallsreihen)

3. Sorptionsprozesse   (Wechselwirkungen mit Sedimenten oder Festgestein)

Eingesetzt werden kann FASTB_2D:

- zur Gefährdungsabschätzung von Kontaminationen
- zur Bewertung und Unterstützung von Sanierungsmaßnahmen an kontaminierten Standorten
- als Hilfsmittel bei der Errichtung von Deponien
- für Sicherheitsanalysen

1.2   GeoShellB

Mit GeoShlB.EXE erstellen, laden und speichern sie Datensätze und starten die Modellierung. Die Datensätze enthalten die Modelldaten, Daten zur Ausgabesteuerung und für die Steuerung des Gleichungslösers.

GeoShell ist ein WINDOWS Programm, das Sie mittels Menüs, Eingabefenstern und einer speziellen Eingabe-Graphik steuern.

1.3   Systemanforderungen und Vorkenntnisse

Für die Benutzung der beiden Programme benötigen Sie mindestens einen 80386er Prozessor, 1MB RAM, DOS 5.0 oder aufwärts und WINDOWS 3.1.

Sie sollten über Erfahrung mit WINDOWS und über gute Kenntnisse aus den Fachgebieten Hydrologie und Geologie verfügen

1.4   Installation und Start

Erstellen Sie auf ihrer Festplatte ein Verzeichnis für FAST, sofern es noch nicht besteht; z.B. C:\FAST
Kopieren Sie die Dateien der Programmdiskette in dieses Verzeichnis.

Richten Sie mit dem WINDOWS *Programm-Manager* eine neue Gruppe für FASTB_2D ein. Gehen Sie dazu folgendermaßen vor:

1. Wählen Sie die Menüoption *Neu* im Menü *Datei*. Es erscheint das Fenster *Neues Programmobjekt.*
2. Markieren Sie im Fenster *Neues Programmobjekt* den Schalter *Programmgruppe* und betätigen dann den *OK*-Schalter. Es erscheint das Fenster *Programmgruppeneigenschaften.*
3. Geben Sie in diesem Fenster eine Beschreibung für die Gruppe an, z. B. FASTB_2D. In das Feld Gruppendatei brauchen Sie nichts einzutragen. Drücken Sie *OK*. Es erscheint ein leeres Fenster mit der Überschrift "FASTB_2D".

Fügen Sie dann das Programm GeoShlB.EXE in die Gruppe FASTB_2D ein.

1. Wiederholen Sie Punkt 1 wie oben beschrieben.
2. Aktivieren Sie im Fenster *Neues Programmobjekt* dioe Optiuon *Programm* und betätigen dann den *OK*-Schalter. Es erscheint das Fenster *Programmeigenschaften.*
3. Geben Sie als Beschreibung *GeoShellB* ein.
4. Aktivieren Sie die Schaltfläche *Durchsuchen.* Es erscheint ein Dateiauswahlfenster.
5. Wählen Sie in diesem das Programm GeoShlB.exe aus, das Sie auf ihre Festplatte kopiert haben. Der ausgewählte Dateiname wird im Feld *Befehlszeile* angezeigt.
6. Wählen Sie den Schalter *anderes Symbol.*
7. Wählen Sie im Fenster *Symbol auswählen* ein Symbol und drücken Sie *OK.*
8. Verlassen Sie das Fenster *Programmeigenschaften* mit *OK.* Im Fenster *FAST* erscheint das Symbol für GeoShlB.EXE:

Starten Sie GeoShlB.EXE durch Doppelklick auf das GeoShlB-Symbol, oder indem Sie das Symbol einmal anklicken und dann die Eingabetaste drücken.

2   Erstellen eines Modells

Um einen Datensatz für die Transportmodellierung zu erstellen, starten Sie das WINDOWS- Programm *GeoShlB.exe*. Aus diesem Programm starten Sie auch die Modellierung. Für die Modellierung wird in den DOS-Modus umgeschaltet.

2.1   Schrittweises Vorgehen

Im folgenden sind Schritte beschrieben, wie Sie ein Modell erstellen können. Die Schritte müssen nicht unbedingt in der aufgeführten Reihenfolge durchgeführt werden. Schritte, die nicht generell durchzuführen sind, sind als optional gekennzeichnet.

Die Liste soll Ihnen einen groben Überblick über die Schritte und die Komplexität der Modellerstellung bieten.

Schritte zur Erstellung eines Eingabedatensatzes für ein Transportmodell:

1. Wählen Sie die Zeit- Längen- und Gewichtseinheiten für Ihr Modell.
2. Unterteilen Sie den Aquifer mit einem 1-oder 2-dimensionalen Rechteckgitter in Blöcke. Damit legen Sie fest, ob Sie ein 1-oder 2- dimensionales Modell erstellen.
   Diese Festlegung treffen Sie, indem Sie die Blockanzahlen für die Modellachsen setzen.
3. Bestimmen Sie, für wieviele Stoffe der Transport modelliert werden soll.
4. Geben Sie Stoffeigenschaften an, wie Zerfallscharakteristik und Sorptionsverhalten. Bestimmen Sie die Stoffkonzentrationen zu Anfang der Modellierung, sowie Parameter mit denen Sie das Sorptionsverhalten beschreiben.

5. Geben Sie für die Modellachsen die Länge der Blöcke an.
6. Bearbeiten Sie das Modellgebiet durch Entfernen und Hinzufügen von Blöcken (Optional).

7. Geben Sie an, ob die Transportmodellierung auf einem Strömungsmodell basiert, das Sie mit FASTA erstellt haben.
8. Falls die Transportmodellierung nicht auf einem Strömungsmodell mit FASTA basiert, geben Sie an, ob die Modellränder offen oder geschlossen sind, sowie die Volumetrische Feuchte und Geschwindigkeiten in den Modellblöcken.

9.   Setzen Sie von Stoffen unabhängige Parameter, z.B. Dispersivitäten.

10. Geben sie den Zeitraum der Modellierung an.
11. Wählen Sie Optionen zur Steuerung des Gleichungslösers (Optional).
12. Wählen Sie Optionen bzgl. Ausgabe von Ergebnis und Zwischenergebnissen (Optional).
13. Starten Sie die Modellierung.

2.2   Einheiten

Bei FASTB geben Sie im Unterschied zu FASTA die verwendeten Einheiten explizit an.

Standardeinheiten sind: Meter, Kilogramm, Sekunden

Die Standardwerte für Parameter sind ebenfalls bzgl. diesen Einheiten angegeben.

Beachten Sie, daß wenn Sie die Einheiten ändern, keine Umrechnung von Parameterwerten vorgenommen wird. Dies bedeutet, daß Sie Parameterwerte selber an geänderte Einheiten anpassen müssen.

Beachten Sie weiterhin, daß Sie alle Parameterwerte bzgl. denselben Einheiten angeben müssen, z.B. ist es nicht möglich, einen Parameterwert bzgl. Meter und einen anderen bzgl. Kilometer anzugeben.

Eine Ausnahme betrifft die Zeiteinheit bei Zerfalls- bzw. Abbauprozessen. Hier ist es möglich, spezielle Einheiten festzulegen.

Sie können die Einheiten beim Erstellen eines neuen Modells festlegen, oder später über den Befehl *Einheiten* im Menü *Modell*.

2.3   Benötigte Daten

Die benötigten Daten werden danach unterschieden, ob sie von den Stoffen, deren Transport Sie modellieren wollen abhängig oder unabhängig sind.

Stoffabhängige Parameter geben Sie für jeden Stoff einer Zerfallsreihe getrennt an, d.h. bei drei Stoffen bestimmen Sie für jeden Stoff z.B. eine eigene Konzentrationsverteilungen (siehe auch Kap. 4). Welche Parameter Sie für einen Stoff benötigen, hängt auch von dem Sorptionsverhalten des Stoffes ab:

1.   für Gleichgewichts-Sorptions-Isotherme:

   •   lineare Sorption: KD-Wert oder Retardation

- Sorption nach Freundlich: Freundlich1 und Freundlich2
- Sorption nach Langmuir: Langmuir1 und Langmuir2

2. für nicht-Gleichgewichts Sorptions-Isotherme:

- KD-Wert, Transfer-Koeffizient und die Anfangskonzentration der festen Phase

Parameter, die Sie für jeden Stoff unabhängig vom Sorptionsverhalten benötigen, sind:

- Anfangskonzentration der flüssigen Phase
- Zugabe- und Entnahmeraten (siehe auch Kap. 9.4)

Stoffunabhängige Parameter hängen nicht von der Anzahl der Stoffe ab:

- Gesteinsdichte: Wird nur benötigt, wenn Sorptionsprozesse stattfinden
- longitudinale Dispersivität
- transversale Dispersivität
- Diffusivität

Die folgenden Parameter werden nur benötigt, falls die Transportmodellierung nicht auf einem mit FASTA erstellten Strömungsmodell basiert.

- Volumetrische Feuchte
- X-, Y- Geschwindigkeiten (Darcy-Geschwindigkeiten)
- Randbedingungen (gibt es einen advektiven Fluß über die Modellränder hinaus?)

3   Modellgebiet festlegen

Sie legen das Modellgebiet fest, indem Sie den Aquifer mit einem 1-oder 2-dimensionalen, regelmäßigen oder unregelmäßigen Rechteckgitter in Blöcke unterteilen.

Für die Erstellung des Modellgebiets führen Sie folgende Schritte aus:

1. Setzen Sie die Blockanzahlen für die Modellachsen.
2. Legen Sie die Länge der Blöcke für die Modellachsen fest.
3. Bearbeiten Sie das Modellgebiet durch Entfernen und Hinzufügen von Blöcken.

3.1   Blockanzahl der Modellachsen definieren

Durch die Festlegung der Blockanzahl für die drei Modellachsen bestimmen Sie, ob Sie ein 1-oder 2-dimensionales Modell erstellen.
Die Koordinatenachsen sind mit X- Y- und Z-Achse bezeichnet.

*   X-Achse: Diese liegt immer horizontal.
*   Y-Achse: Die Y-Achse kann sowohl eine horizontale als auch eine vertikale Achse sein. Die Richtung der Schwerkraft geht nur indirekt durch die Geschwindigkeiten in die Modellierung ein, d.h. Sie können sowohl horizontale als auch vertikale Schnitte modellieren.
*   Z-Achse: Die Blockanzahl der Z-Achse ist fest auf 1 gesetzt, da nur 2-dimensional modelliert werden kann.

Die Dimension Ihres Modells ergibt sich aus der Blockanzahl der Achsen. Ist die Blockanzahl:

*   für zwei der Modellachsen gleich eins, erstellen Sie ein 1-dimensionales Modell.
*   nur für die Z-Achse gleich eins, erstellen Sie ein 2-dimensionales Modell.

Darstellung der Blöcke auf dem Bildschirm
Auf dem Bildschirm wird das Modellgebiet als Blockraster angezeigt. Der Ursprung (Block[1,1,1])liegt in der linken oberen Ecke des GeoShell-Fensters. Die Blöcke sind von links nach rechts und von oben nach unten in aufsteigender Reihenfolge nummeriert.
Auf dem Bildschirm wird zu Beginn die X-Achse horizontal und die Y-Achse vertikal angezeigt (siehe auch: 7. Darstellung).

Festlegung der Blockanzahl
Sie haben drei Möglichkeiten, die Blockanzahl eines Modell festzulegen:

1. Beim Erstellen eines neuen Modells.
2. Sie vervielfachen Blöcke, Spalten, Zeilen, Schichten.
3. Sie löschen Blöcke, Spalten, Zeilen, Schichten.

Beachten Sie bei der Festlegung der Blockanzahl, daß eine maximale Blockanzahl vorgegeben ist. Diese wird angezeigt wenn Sie ein neues Modell erstellen.

Falls Sie eine zu hohe Blockanzahl angeben, werden Sie auf diese Beschränkung hingewiesen.

Erstellen eines neuen Modells
Wenn Sie ein neues Modell erstellen, geben Sie die Blockanzahl für die Modellachsen direkt an. Das Modellgebiet wird dann komplett neu aufgebaut, alle Blocklängen auf einen Wert gesetzt, dementsprechend auch die Werte *verteilter Parameter* (s.u.) , die Randbedingungen werden alle auf geschlossenen Rand gesetzt..

Um ein neues Modell zu erstellen, wählen Sie *Neu* aus dem Menü *Datei*.

Vervielfachung Schichten
Sie haben die Möglichkeit, die Blockanzahl des Modells zu vergrößern, indem Sie Schichten vervielfachen, und dabei die Werte von *verteilten Parametern* und Randbedingungen weitgehend beibehalten.

Dies kann hilfreich sein, falls Sie die geologische Struktur des Aquifers detaillierter modellieren wollen.

Abhängig davon, ob Sie ein 1- 2- oder 3-dimensionales Modell bearbeiten, und für welche Schichten (X-Y-, X-Z- oder Y-Z-Schichten) Sie eine Vervielfachung durchführen, bestehen die hinzugefügten Schichten aus einem Block, aus $1*n$ Blöcken oder aus $n*m$ Blöcken.

Um eine Vervielfachung durchzuführen, wählen Sie den Befehl *Schichten vervielfachen* aus dem Menü *Modell*. Es wird dann das Fenster *Schichten vervielfachen* geöffnet. In Tabelle 3.1-1 sind Elemente und Funktionen dieses Fensters aufgelistet.

Ein Beispiel:
Sie bearbeiten ein Modell mit den Blockanzahlen NX = 10, NY = 10, NZ = 1.

Sie setzen *n* auf 2, *Schicht* auf Y-Z und für *Schicht Nr.* die Felder *von* und *bis* auf 1.

Dann wird eine Schicht mit NX = 1, NY = 10, und NZ = 1 Blöcken neu erzeugt, mit derselben Werteverteilung wie die erste Y-Z-Schicht des Modells.

Setzen Sie nun das Feld *von* auf 3 und das Feld *bis* auf 11.

Dann werden die restlichen Schichten verdoppelt, die im ersten Schritt nicht verdoppelt wurden (siehe auch Abb. 3.1-1: Beispiel für Vervielfachung von Schichten).

Tabelle 3.1-1: Vervielfachung von Schichten

Element	Funktion
Schicht wird zu *n* Schichten	Mit dem Wert für *n* geben Sie an, ob Schichten verdoppelt, verdreifacht usw. werden
Schicht	Die Schicht, für die eine Vervielfachung stattfindet. Wählen Sie z.B. die X-Z-Schicht, erhöht sich die Blockanzahl der Y-Achse.
Schicht Nr: von, bis	Sie können mehrere Schichten aufeinmal vervielfachen. Sie bestimmen, die Schichten, die vervielfacht werden sollen, durch die Angabe der ersten und letzten Schicht. Wenn Sie nur eine Schicht vervielfachen wollen, geben Sie für beide Eingabefelder die gleiche Nummer an. Wenn Sie mehrere Schichten vervielfachen, wird jede Schicht einzeln vervielfacht, d.h. die neu hinzugefügten Schichten werden nicht als ein Block hinter den vervielfachten Schichten eingefügt, sondern die Kopien der ersten Schicht werden hinter dieser eingefügt, die Kopien der zweiten Schicht hinter der zweiten Schicht, usw. (siehe Beispiel).

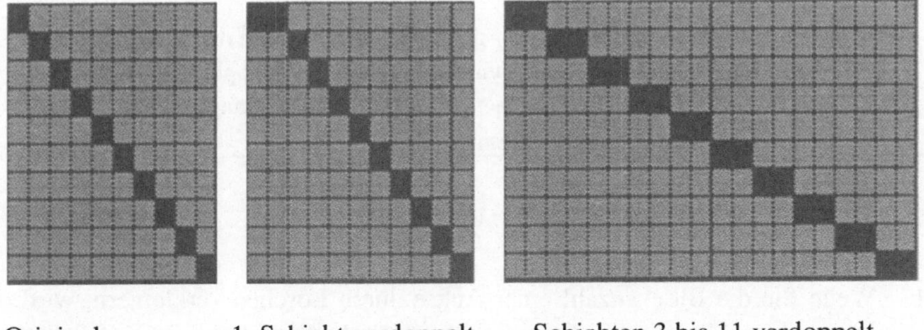

<table>
<tr><td>Original</td><td>1. Schicht verdoppelt</td><td>Schichten 3 bis 11 verdoppelt</td></tr>
</table>

Abb. 3.1-1: Beispiel für Vervielfachung von Schichten

Beachten Sie:

1. Durch die Vervielfachung von Schichten erhöht sich die Gesamtanzahl der Blöcke des Modells und damit auch die benötigte Rechenzeit für die Modellierung.
2. Wenn Sie die Blockanzahl einer Achse durch Vervielfachung vergrößern, ist die Länge der hinzugefügten Blöcke für diese Achse gleich der Länge der Originalblöcke, d.h. Ihr Modell ist für diejenige Modellachse, für die Blöcke hinzugefügt wurden, verlängert worden. Für das oben beschriebene Beispiel heißt dies: Die Anzahl der Modellblöcke für die X-Achse ist auf 20 Blöcke verdoppelt worden. Da alle Blöcke verdoppelt worden sind, ist somit auch die Länge des Modells für die X-Achse verdoppelt worden.

Löschen von Schichten

Sie haben die Möglichkeit, die Blockanzahl des Modells zu verkleinern, indem Sie Schichten löschen, und dabei die Werte von *verteilten Parametern* und Randbedingungen weitgehend beibehalten.

Abhängig davon, ob Sie ein 1-oder 2-dimensionales Modell bearbeiten, und welche Schichten (X-Z- oder Y-Z-Schichten) gelöscht werden, werden pro Schicht einzelne Blöcke, oder 1*n Blöcke gelöscht.

Um Schichten zu löschen, wählen Sie den Befehl *Schichten löschen* aus dem Menü *Modell*. Es wird dann das Fenster *Schichten löschen* geöffnet. In Tabelle 3.1-2 sind Elemente und Funktionen dieses Fensters aufgelistet.

Tabelle 3.1-2: Löschen von Schichten

Element	Funktion
Schichten	Auswahl der Schichten die gelöscht werden. Wird z.B. X-Z gewählt, reduziert sich die Blockanzahl der Y-Achse.
Schichten: von, bis	Angabe des Bereichs, der gelöscht wird. Der Wert dieser Eingabefelder kann auch gleich sein; dann wird nur eine Schicht gelöscht. Wenn Sie mehrere Schichten angeben, wird ein zusammenhängender Bereich aus mehreren Schichten gelöscht.

Beachten Sie:

1. Wenn Sie die Blockanzahl einer Achse durch Löschen verkleinern, wird die Länge ihres Modells für diese Achse verkürzt. Wenn Sie z.B. X-Z-Schichten löschen, reduziert sich die Blockanzahl der Y-Achse und die Länge ihres Modells für die Y-Achse wird verkürzt.
2. Wenn Sie bei der Funktion *Schichten vervielfachen* in den Feldern *von* und *bis* unterschiedliche Werte angeben, läßt sich dies nicht durch eine einmalige Ausführung der Funktion *Löschen* rückgängig machen, d.h. die Funktionen

Schichten vervielfachen und *Schichten löschen* sind nicht vollständig symmetrisch.

3.2   Länge der Blöcke setzen

Sie können ein regelmäßiges oder ein unregelmäßiges Rechteckgitter definieren. Wählen Sie dazu aus dem Menu *Modell* den Befehl *Länge Blöcke* und die Modellachse für die Sie Längen angeben wollen. Es wird dann das Fenster *Blocklängen* geöffnet. In Tabelle 3.2-1 sind Elemente und Funktionen dieses Fensters aufgelistet.

Tabelle 3.2-1: Blocklängen angeben

Element	Funktion
äquidistant	Alle Blöcke der Modellachse erhalten die gleiche Länge, wenn Sie dieses Feld markieren. Die Tasten '<', '>' und das Feld "Block Nr." werden nicht benötigt, wenn dieses Feld markiert ist.
Länge	Wenn das Feld "äquidistant" markiert ist, werden alle Blöcke der Modellachse auf diesen Wert gesetzt. Im anderen Fall nur der im Feld "Block Nr." angezeigte Block.
Block Nr.	Hier können Sie einen Block direkt angeben.
'<', '>'	Der im Feld "Block Nr." angezeigte Wert wird aufwärts und abwärts gezählt. Im Feld "Länge" wird der zugehörige Wert angezeigt.
OK	Wenn das Feld "äquidistant" markiert ist, wird das Eingabefenster verlassen; nachdem Sie ihre Eingabe nochmals bestätigt haben. Im anderen Fall wird die Länge dem angezeigten Block zugeordnet und der nächste Block angezeigt.
abbrechen	Die Länge des im Feld "Block Nr." angezeigten Blocks wird angezeigt.
schließen	Das Eingabefenster wird verlassen und das Gitter entsprechend den eingegebenen Blocklängen neu gezeichnet.

Die Längen sollten in Übereinstimmung mit den Gitter-Peclet-Kriterien gewählt werden:

$$\text{x-Peclet} := \frac{Vx * dx}{D + (alphaL * Vx * Vx + alphaT * Vy * Vy) / V} \leq 2$$

$$\text{y-Peclet} := \frac{Vy * dy}{D + (alphaL * Vy * Vy + alphaT * Vx * Vx) / V} \leq 2$$

Mit:

Vx, Vy:	Komponenten des Geschwindigkeitsvektors
V:	absoluter Wert des Geschwindigkeitsvektors
D:	Diffusivität
alphaT, alphaL:	Dispersionslängen
dx, dy:	Blocklängen

Die Erfüllung der Peclet-Kriterien ist keine notwendige Vorraussetzung für Konvergenz, d.h. auch wenn die Kriterien nicht erfüllt sind, kann trotzdem eine Lösung gefunden werden. Beachten Sie, daß mit steigender Peclet-Zahl auch die numerische Dispersion steigt (siehe auch Kap. 9.2).

Hinweis:

Für alle Blöcke werden die Maximalwerte der Peclet-Zahlen berechnet, wenn Sie die Modellierung starten. Die Werte werden dann ausgegeben, so daß Sie überprüfen können, ob die Kriterien verletzt sind.

3.3   Entfernen und Hinzufügen von Blöcken

Im Unterschied zu den Funktionen *Schichten vervielfachen* und *Schichten löschen* wird beim *Entfernen-* und *Hinzufügen von Blöcken* die Anzahl der Blöcke für die Modellachsen nicht verändert. Stattdessen legen Sie fest, ob ein Block des Rechteckgitters zum Modellgebiet gehört, oder nicht.

Für Blöcke, die zum Modellgebiet gehören, können Sie Parameter bzgl. den Eigenschaften des Aquifers angeben. Für Blöcke, die nicht zum Modellgebiet gehören, können Sie das nicht.

Die wesentliche Funktion des *Entfernens* und *Hinzufügens* von Blöcken ist, die Form des Modellgebiets zu verändern, d.h. den Verlauf der Modellränder und somit auch, wo Sie *Randbedingungen* vorgeben.

So entfernen Sie Blöcke oder fügen Sie Blöcke hinzu

Sie können Blöcke unabhängig davon entfernen oder hinzufügen, welcher Parameter gerade dargestellt wird, ob ein verteilter Parameter oder die Randbedingungen (s.u.).

Sie entfernen einen Block, indem Sie die UMSCHALT-Taste drücken und mit der Maus auf den Block klicken.

Auf dieselbe Art fügen Sie einen entfernten Block dem Modell wieder hinzu, der Zustand eines Blocks wird durch Druck der UMSCHALT-Taste + Mausklick auf den Block umgeschaltet.

Wenn Sie einen Block hinzufügen, werden dem Block dann für alle verteilten Parameter (s.u.) Standardwerte zugeordnet. Falls Sie Blöcke entfernen und hinzufügen, sollten Sie daher die Werte dieser Blöcke bzgl. der verteilten Parameter kontrollieren.

Neu entstandene Kanten werden auf *geschlossen* Rand gesetzt, falls die Kante zu einer Modellseite mit unterschiedlichen Randbedingungen gehört; ansonsten auf die Standardeinstellung der Modellseite (s.u. 8. Randbedingungen).

Blöcke, die nicht zum Modellgebiet gehören, sind weiß dargestellt.

4   Modellierung von Zerfallsreihen

Es können Zerfallsreihen modelliert werden für Stoffe, deren Abhängigkeiten voneinander mittels eines exponentiellen Zerfallsprozesses beschrieben werden können. Dies ist in erster Linie radioaktiver Zerfall, z.B. eine Nuklidkette von Mutter- und Töchter-Nukliden. Es kann sich aber auch um biologische, chemische, biochemische oder photochemische Abbauprozesse handeln.

Die Ausbreitung mehrerer Stoffe in einem Aquifer, die nicht durch solch eine Abhängigkeit voneinander beschrieben werden können, sollte getrennt modelliert werden.

Anzahl der Stoffe

Um Zerfallsreihen zu modellieren, bestimmen Sie zuerst die Anzahl der Stoffe. Die maximale Anzahl von Stoffen ist durch das Programm begrenzt.

Die Anzahl von Stoffen können Sie beim Erstellen eines neuen Modells angeben oder über das Menü *Stoff* mit dem Befehl *Anzahl Stoffe*.

Stoffeigenschaften

Danach können Sie Eigenschaften der einzelnen Stoffe setzen:

* Name (bis zu 30 Zeichen)
* Zerfallscharakteristik
* Sorptionsverhalten

Sie können einen Stoffnamen eingeben, oder einen Stoff aus mitgelieferten Stofflisten auswählen. Neben Stoffnamen enthalten die Listen auch Informationen zur Zerfallscharakteristik.

Wenn Sie einen Stoff aus einer Liste auswählen, werden die Eigenschaften bzgl. der Zerfallscharakteristik aus der Liste übernommen. Die Einstellungen bzgl. dem Sorptionsverhalten müßen Sie jedoch selber vornehmen. In den Stofflisten ist dazu keine Information vorhanden.

Bei der Zerfallscharakteristik können Sie zwischen *stabil, radioaktivem Zerfall* und *biochemischem Abbau* wählen.

Um *radioaktiven Zerfall* zu beschreiben, können Sie eine *Halbwertzeit* und eine *Zeiteinheit* angeben.

Den *biochemischen Abbau* können Sie auf mehrere Arten angeben, durch:

1. *Halbwertzeit* und *Zeiteinheit*
2. *chemischen Abbau*: Abbaurate in Prozent und Zeitraum
3. *Biodegradation*: Abbaurate in Prozent und Zeitraum

4. sowohl *chemischen Abbau* als auch *Biodegradation*

Für die Beschreibung des Sorptionsverhaltens haben Sie folgende Optionen:

- Es findet keine Sorption statt

- Isotherme für den Gleichgewichtsfall:

  - Lineare Sorption: Sie haben die Auswahl zwischen zwei Parametern: KD-Werten, Retardation.Falls Sie eine Zerfallsreihe modellieren, können Sie für die einzelnen Stoffe auch unterschiedliche Parameter wählen.
  - Sorption nach Langmuir (Beschreibung des Sorptionsverhaltens mit zwei Parametern)
  - Sorption nach Freundlich(Beschreibung des Sorptionsverhaltens mit zwei Parametern)

- linearer Übergang für den nicht-Gleichgewichtsfall:
  Diese Option müssen Sie verwenden, wenn die charakteristische Zeit für Phasenübergänge im selben Bereich liegt wie die für Transportprozesse im engen Sinn. Konzentrationen der flüssigen und der festen Phase werden gleichzeitig modelliert. Ein Anfangszustand für die feste Phase muß zusätzlich angegeben werden. Implementiert ist der Fall, in dem Transfer-Faktoren (1/Zeiteinheit) zwischen Phasen dieselben sind.

Stoffeigenschaften können Sie beim Erstellen eines neuen Modells angeben oder mit dem Befehl *Eigenschaften* im Menü *Stoff*.

5   Modellparameter

Die in diesem Kapitel beschriebenen Parameter sind verteilte Parameter, d.h. Sie können für jeden Parameter 16 verschiedene Werte definieren, die Sie den Blöcken des Rechteckgitters zuordnen. Die Zuordnung erfolgt mittels Füllmustern, denen Sie Werte zuweisen können.

Hier wird die physikalische Bedeutung der Parameter beschrieben, wie Sie die Parameter eingeben, ist in Kap. 6 beschrieben.

In Tabelle 5-1 ist eine Übersicht über Parameter und Wertebereiche gegeben.

Tabelle 5-1: Modellparameter mit Einheiten und Werten

Parameter	Einheit	Standard	Wertebereich
Stoffunabhängige			
volumetrische Feuchte	(-)	0.2	[0 ..1]
longitudinale Dispersivität	(m)	1.0	[0.0 .. 3.4e37]
transversale Dispersivität	(m)	1.0	[0.0 .. 3.4e37]
X-Geschwindigkeit	(m/s)	0.0	[-3.4e37..+3.4e37]
Y-Geschwindigkeit	(m/s)	0.0	[-3.4e37..+3.4e37]
Gesteinsdichte	(kg/m^3)	1.200	[0.0 .. 3.4e37]
effektive Diffusion	(m^2/s)	0.0	[0.0 .. 3.4e37]
Stoffabhängige			
Anfangskonzentration der flüssigen Phase	(kg/m^3)	0	[0.0 .. 3.4e37]
Anfangskonzentration der festen Phase	(kg/m^3)	0	[0.0 .. 3.4e37]
Zugabe / Entnahme	Masse/ Zeiteinheit / Block	0.0	[-3.4e37..+3.4e37]
KD-Wert	(kg/m^3)	0.0	[0.0 .. +10E10]
Retardation		0.0	[1.0 .. +10E10]
Langmuir 1 +2		0.0	[0.0 .. +10E10]
Freundlich 1 +2	(-)	0.0	[0.0 .. +10E10]
Transfer-Faktor		0.0	[0.0 .. +10E10]

5.1   Stoffunabhängige Parameter

5.1.1   Volumetrische Feuchte

Die volumetrische Feuchte ist der Anteil des fluidgefüllten Gesamtvolumens.

Falls die Option FASTA-Postprocessing gewählt ist, wird dieser Parameter von einer Datei gelesen und nicht über GeoShlB eingegeben, siehe auch Geschwindigkeiten.

5.1.2   Geschwindigkeiten

Die Geschwindigkeiten sind Darcy-Geschwindigkeiten in Richtung der X- und der Y-Achse.

Einlesen eines Geschwindigkeitsfeldes
Statt die Geschwindigkeiten einzugeben, können Sie auch ein Geschwindigkeitsfeld einlesen, daß zuvor mit FASTA berechnet wurde
Wie Sie verfahren müssen, um ein Geschwindigkeitsfeld zu erzeugen, siehe Handbuch für FASTA 10.3.4 FASTA-Postprocessing.
Das Geschwindigkeitsfeld wird zu Beginn der Modellierung eingelesen, wenn Sie die Menüoption *FASTA-Postprocessing* im Menü *Verteilung->Geschwindigkeiten* aktivieren. Die Geschwindigkeiten werden aus der Datei 'TAPE2' gelesen. Diese Datei enthält normale Geschwindigkeitskomponenten und tangentiale Komponenten an den Randblöcken.
Wenn die Option *FASTA-Postprocessing* gesetzt ist, befindet sich vor dem Menüeintrag ein Haken, und die Menüeinträge für *Geschwindigkeiten, volumetrische Feuchte* und *Randbedingungen* sind deaktiv.

Beachten Sie beim Setzen von *FASTA-Postprocessing*:

1.   Die Datei 'TAPE2' muß sich im selben Verzeichnis wie 'FASTB_2D.EXE' und 'GeoShlB.exe' befinden. Sie müssen also, nachdem Sie das Geschwindigkeitsfeld mit FASTA erzeugt haben, u.U. die Datei TAPE2 in dieses Verzeichnis kopieren.
2.   Falls Sie bereits über GeoShellB Werte für die *X- , Y-Geschwindigkeiten, volumetrische Feuchte* oder *Randbedingungen* eingegeben haben, werden diese Werte gelöscht.

Beachten Sie bei der Erzeugung des Strömungsfeldes mit FASTA:

1. Im Strömungsmodell, mit dem Sie das Geschwindigkeitsfeld erzeugt haben, und im Ausbreitungsmodell müssen die Blockanzahlen für beide Modellachsen übereinstimmen. Es ist jedoch nicht nötig, daß beide Modelle in den Achsenbezeichnungen übereinstimmen. So können Sie mit einem Strömungsmodell mit den Blockanzahlen NX=40, NY=1;NZ=20 ein Geschwindigkeitsfeld für ein Ausbreitungsmodell mit den Blockanzahlen NX=40 und NY=20 erzeugen.

2. Die Wahl, ob Sie ein horizontales oder ein vertikales Modell erstellen, treffen Sie bei der Strömungsmodellierung: so ist ein Modell mit den Blockanzahlen NX=40, NY=1;NZ=20 ein vertikales Modell, ein Modell mit den Blockanzahlen NX=40, NY=20;NZ=1 ein horizontales Modell.

Menü: *Verteilung->Geschwindigkeiten*

5.1.3   Gesteinsdichte

Die Gesteinsdichte ist die Dichte des trockenen Gesteins.
Sie wird nur verwendet, wenn für mindestens einen Stoff Sorptionsprozesse stattfinden.

5.2   Stoffabhängige Parameter

5.2.1   Flüssige Phase: Anfangs-Konzentration

Die Konzentrationsverteilung des in der Flüssigkeit gelösten Stoffes zu Beginn der Modellierung
Wenn Sie Zerfallsreihen modellieren, geben Sie für jeden Stoff der Zerfallsreihe eigene Werte an.

Ergebnisse als Eingabedaten verwenden

Sie können die Ergebnisse einer ersten Modellierung als Eingabedaten für eine zweite Modellierung verwenden z.B. um eine Modellierung fortsetzen. So ist es möglich den Zeitraum der Modellierung in zwei Intervalle aufzuteilen, und das erste Intervall nur einmal zu modellieren und nur für das zweite Intervall Modellvarianten zu rechnen.

Dazu muß am Ende der ersten Modellierung die berechnete Konzentrationsverteilung abgespeichert und bei Start der zweiten Modellierung eingelesen werden.

Verwenden Sie dazu die RESTART-Optionen *Restart-Datei lesen* und *Restart-Datei schreiben* in den Menüs *Verteilung* und *Ausgabe*:

- Um die Konzentrationsverteilung am Ende der Rechnung abzuspeichern, setzen Sie die Option *RESTART_Datei schreiben* im Menü *Ausgabe*. Die Daten werden dann in der Datei 'RESTART' abgespeichert. Bei nicht-Gleichgewichts-Sorption werden auch die Werte für die feste Phase in der Datei RESTART abgespeichert.

- Um die Konzentrationsverteilung bei Beginn der zweiten Rechnung einzulesen, setzen Sie die Option *RESTART_Datei lesen* im Menü *Stoff*. Die Werte für die Konzentrationen können dann nicht bearbeitet werden und bereits eingegebene Werte werden gelöscht. Dies betrifft die Konzentrationen für alle Stoffe. Die Menüeinträge der Konzentrationen im Menü *Stoff* werden deaktiviert.

Bei gesetzter Option ist ein Haken vor dem jeweiligen *RESTART*-Menüeintrag.

5.2.2   Feste Phase: Anfangs-Konzentration

Die Anfangskonzentration der festen Phase eines Stoffes wird nur benötigt, wenn für den Stoff die Sorptionseigenschaft *nicht-Gleichgewichts-Sorption* angegeben wird.

In den anderen Fällen ergibt sich die Konzentration aus der Konzentration der flüssigen Phase.

5.2.3   Zugaben / Entnahmen

Zugaben, Entnahmen sind Stoffeinleitungen und Entnahmestellen mit der Einheit Masse / Zeiteinheit / Block.

Positive Werte sind Zugaben.

Negative Werte sind Entnahmen.

Wenn das Transportmodell auf einem mit FASTA erstellten Strömungsmodell basiert, werden Austräge von Stoffen bei Senken des stationären Strömungsfeldes berücksichtigt. Es wird dann angenpmmen, daß die Konzentration im ausströmenden Fluid dieselbe ist, wie im Block, in dem sich die Senke befindet.

Bei Quellen im Strömungsfeld ist die Konzentration im einströmenden Fluid meist unabhängig von der Konzentration im Modell. In diesem Fall sollten Sie einen Wert für die Zugabe angeben.

spezielle Eingabe:
>   Sie können jedem *Muster* nicht nur einen Wert zuordnen, sondern für jedes Zeitintervall eine spezielle Quellrate setzen, siehe Abschnitt 9.4

5.2.4   KD-Wert, Retardation

Falls Sie als Sorptionscharakteristik für einen Stoff die *lineare Gleichgewichts-Sorptions-Isotherme* verwendet haben, können Sie als Eingabeparameter zwischen *KD-Wert* oder *Retardation* wählen.

KD-Werte werden auch bei *nicht-Gleichgewichts Sorptions-Isotherme* verwendet.

Tabelle 5.2.4-1: KD-Wert, Retardation

Parameter	Standardwert	Wertebereich
KD-Werte	0.0	[0.0, +10E10]
Retardation	0.0	[1.0, +10E10]

5.2.5   Freundlich 1+2

Wenn Sie für einen Stoff *Sorption nach Freundlich* setzen, benötigen Sie zwei Parameter *Freundlich 1* und *Freundlich 2*, um das Sorptionsverhalten zu beschreiben.

5.2.6   Langmuir 1+2

Wenn Sie für einen Stoff *Sorption nach Langmuir* setzen, benötigen Sie zwei Parameter *Langmuir 1* und *Langmuir 2*, um das Sorptionsverhalten zu beschreiben.

5.2.7   Transfer-Faktor

Wenn Sie für einen Stoff *nicht-Gleichgewichts Sorptions-Isotherme* setzen, wird das Sorptionsverhalten mittels *KD-Wert* und *Transfer-Faktor* beschrieben. In diesem Fall müssen Sie auch die Anfangskonzentration der festen Phase des Stoffes angeben.

6   Darstellung des Modells

Das Modellgebiet wird mittels eines Rechteckgitters dargestellt.

Der Ursprung des Modells (Block [1, 1, 1] mit [Blocknr X-Achse = 1, - Y-Achse = 1, Z-Achse = 1]) , liegt in der linken oberen Ecke des GeoShell-Fensters. Die Blöcke sind vom Ursprung von links nach rechts und von oben nach unten in aufstegender Reihenfolge nummeriert.

Welche Modellachse horizontal und welche Modellachse vertikal am Bildschirm dargestellt ist, erkennen Sie im Fenster *Anzeige Blöcke* (s.u.). Zu Beginn wird die X-Achse horizontal und die Y-Achse vertikal angezeigt. Wenn Sie ein Modell laden, wird das Gitter so angezeigt wie beim letzten Speichern des Modells.

Beispiel für Positionen der Blöcke auf dem Bildschirm:

linke, obere Ecke des GeoShell-Fensters ix = 1 iy = 1	ix = 2 iy = 1	...	ix = NX iy = 1
ix = 1 iy = 2	ix = 2 iy = 2	...	ix = NX iy = 2
....	...	...	....
ix = 1 iy = NY	ix = 2 iy = NY	...	ix = NX iy = NY

Auf dem Bildschirm wird die X-Achse horizontal und die Y-Achse vertikal angezeigt.

NX, NY, NZ sind die Blockanzahlen für die X-,Y- und Z-Achse.

ix, iy, iz sind variable Blocknummern.

6.1   Das Fenster 'Anzeige Blöcke'

Das Fenster *Anzeige Blöcke* (siehe Abb. 6.1-1) dient zur Anzeige wie die Modellachsen auf dem Bildschirm angezeigt werden und welche Blöcke angezeigt werden. Dieses Fenster ist weiter untergliedert bzgl. der Anzeige für die horizontale (waagerechte) und die vertikale (senkrechte) Bildschirmachse, siehe Tabellen 6.1-1, 6.1-2.

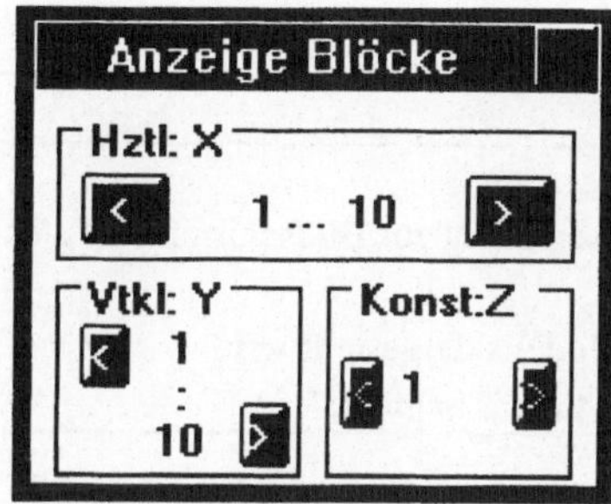

Blöcke

Abb. 6.1-1: Anzeige der dargestellten

Tabelle 6.1-1: Anzeige horizontal dargestellter Blöcke

Anzeigeelemente	Funktion
Überschrift (Hztl: X.)	Anzeige, welche Modellachse am Bildschirm horizontal dargestellt wird (hier die X-Achse)
Zahlenwerte	Anzeige, welche Blöcke dargestellt werden.
Pfeiltasten	Rollen der dargestellten Blöcke um einen Block nach rechts oder links.

Tabelle 6.1-2: Anzeige vertikal dargestellter Blöcke

Anzeigeelemente	Funktion
Überschrift (Vtkl: Y)	Anzeige, welche Modellachse am Bildschirm vertikal dargestellt wird (hier die Y-Achse)
Zahlenwerte	Anzeige, welche Blöcke dargestellt werden.
Pfeiltasten	Rollen der dargestellten Blöcke um einen Block nach oben oder unten.

Sie können das Modell statt als zweidimensionales Rechteckgitter auch "zeilen-" oder "spaltenweise" anzeigen lassen. Dies ist insbesondere dann sinnvoll, wenn Sie Parameterdaten "zeilen-" oder "spaltenweise" kopieren wollen. Im Fenster *Anzeige Blöcke* wird dann auch angezeigt, welche "Spalte" bzw. "Zeile" dargestellt wird, siehe Tabelle 6.1-3.

Tabelle 6.1-3: Anzeige der dargestellten Schicht

Elemente	Funktion
Überschrift (Konst: Z)	Anzeige, welche Modellachse senkrecht zur Bildschirmfläche steht (hier die Z-Achse)
Zahlenwerte	Anzeige, welche Schicht des Modells dargestellt wird.
Pfeiltasten	Wechseln auf eine höhere oder tiefere Schicht.

6.2   Darstellung der Modellachsen

Sie können wählen, wie die Modellachsen auf dem Bildschirm angezeigt werden. Sie haben die Wahl zwischen drei Möglichkeiten, die in Tabelle 6.2-1 afgeführt sind.

Um die Darstellung der Modellachsen zu setzen wählen Sie im Menü *Bearbeiten* den Befehl *Anzeige Achsen*.

Tabelle 6.2-1: Darstellung der Modellachsen

	X-Achse	Y-Achse	Z-Achse
1.	horizontal	vertikal	konstant
2.	horizontal	konstant	vertikal
3.	konstant	horizontal	vertikal

6.3   Vergrößern und verkleinern

Sie können die Darstellung der horizontal oder der vertikal angezeigten Modellachse vergrößern oder verkleinern.

Im Eingabefenster *Zoom* geben Sie einen Zoomfaktor an und wählen eine Bildschirmachse. Bei einem Zoomfaktor von 0.5 werden die Blöcke halb so groß, bei einem Wert von 2.0 werden sie doppelt so groß wie vorher dargestellt.

Sie öffnen das Fenster im Menü *bearbeiten*.

Hinweis: Für die Darstellung der Blöcke ist eine minimale Länge festgelegt. Wenn bereits alle Blöcke diese minimale Länge haben, läßt sich die Darstellung nicht weiter verkleinern. Auch Blöcke unterschiedlicher Länge werden dann gleich groß angezeigt.

7   Verteilte Parameter

Für verteilte Parameter können Sie jedem Block des Modells einen speziellen Wert zuordnen.

Für jeden verteilten Parameter können Sie zwischen folgenden Eingabeoptionen wählen:

- konstant: alle Blöcke des Modells haben denselben Wert. Dies ist die Standardeinstellung.
- verteilt: Sie können 16 verschiedene Werte definieren und den Blöcken des Rechteckgitters zuordnen. Die Eingabe der Werte erfolgt in diesem Fall mittels einer Eingabegraphik (siehe Abschnitt 7.1.)
- aus Datei: beim Start der Modellierung wird der Parameter aus einer zusätzlichen Datei eingelesen (siehe Abschnitt 7.2).
- Zufallsverteilung: Sie geben einen Mittelwert, eine Streuung und einen Saatparameter an. Zu Beginn der Modellierung wird aus diesen Werten eine Normalverteilung der Parameterwerte generiert. Dazu wird intern der Zufallszahlengenerator aufgerufen, der mit einem Saatparameter gestartet wird. Bei gleichem Saatparameter wird auch die gleiche Zufallsverteilung generiert.
  Sie können zwischen Normalverteilung und logarithmischer Normalverteilung wählen.

Die genannten Optionen setzen Sie im Eingabefenster für die verteilten Parameter. Der Inhalt des Eingabefensters ist von der gewählten Option abhängig.

Bei verteilter Eingabe des Parameters werden Muster und Werte angezeigt, anhand derer Sie einzelnen Modellblöcken Werte zuweisen können.

Für die anderen Optionen werden Eingabefelder angezeigt, mit denen Sie die ensprechenden Parameter angeben können.

Welche Option für jeden Parameter gewählt ist, können Sie im Menü *Verteilung* an den Buchstaben hinter den Parameternamen erkennen:

- (k) = **k**onstant
- (v) = **v**erteilt
- (D) =aus **D**atei lesen
- (n) =**N**ormalverteilung
- (l) =**l**ogarithmische Normalverteilung

7.1   Eingabeoption: verteilt

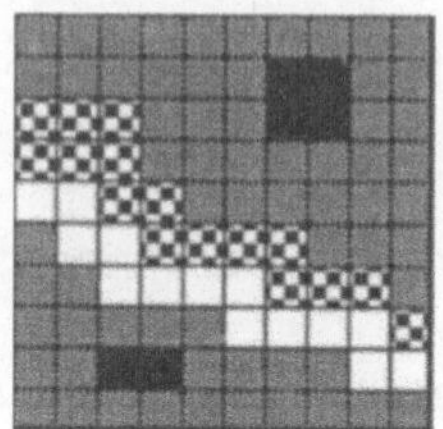

Abb. 7.1-1: Eingabegraphik
für verteilte Parameter

Wenn Sie einen Parameter als *verteilt* bestimmen, werden die Parameterwerte durch Füllmuster bzw. Farben dargestellt, siehe Abb. 7.1-1.. Das Modellgebiet wird in einem Rechteckgitter dargestellt. Den einzelnen Blöcken des Modellgebiets können Sie Werte in Form von Mustern zuweisen. So ist es auf einfache Weise möglich, Werteverteilungen eines Parameters zu erkennen und die Verteilung von Werten im Modellgebiet zu bearbeiten.

Wertzuweisung und Verteilung von Werten

Sie können für jeden verteilten Parameter 16 Werte definieren. Die Werte ordnen Sie den Füllmustern zu, siehe Abb. 7.1-2.. Mit einem Klick auf einen Wert neben einem Füllmuster öffnen Sie ein Eingabefenster, über das Sie den Wert des Füllmusters ändern können.

Die Werte können Sie mittels der Füllmuster den Blöcken des Modellgebiets

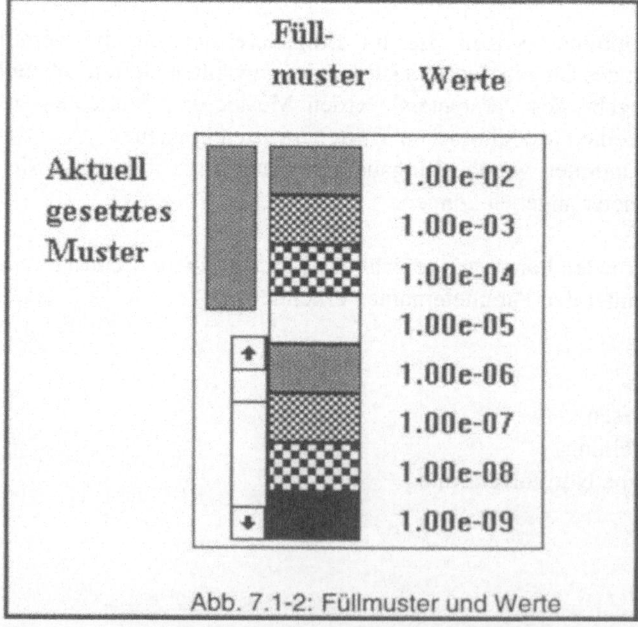

Abb. 7.1-2: Füllmuster und Werte

zuordnen. Die Zuordnung eines Füllmusters zu einem Block erfolgt durch Mausklick. Es ist immer eins der Muster als aktuelles Muster gesetzt. Wenn Sie mit der linken Maustaste auf einen Block der Eingabegraphik klicken, wird dieser mit dem aktuell gewählten Muster gefüllt.

Sie haben zwei Möglichkeiten das aktuelle Muster zu bestimmen:

- Durch Klick mit der linken Maustaste auf ein Füllmuster im Musterfenster
- Durch Klick mit der rechten Maustaste auf einen Block des Rechteckgitters. Das Muster des Blocks wird als aktuelles Muster übernommen.

Im Eingabefenster für verteilte Parameter werden nur acht der 16 Muster gleichzeitig angezeigt. Mittels des Rollbalkens und der Pfeiltasten links an den Mustern können Sie sich weitere Muster anzeigen lassen.

7.2   Einlesen aus einer Datei

Wenn Sie für einen verteilten Parameter mehr als 16 unterschiedliche Werte definieren wollen, müssen Sie eine Textdatei im ASCII-Format erstellen, die die Parameterwerte enthält. Bei Beginn der Modellierung werden die Werte aus dieser Datei gelesen. In GeoShell geben Sie nur den Namen der Datei an.

Die Datei mit den Parameterwerten muß folgendermaßen aufgebaut sein:
Wenn das Modell N Blöcke enthält (NX*NY*NZ) müssen auch N Zahlen eingegeben werden. Dies ist unabhängig davon, ob Sie Blöcke aus dem Modell entfernt haben (siehe 3.3).
Die Reihenfolge der Zahlen richtet sich nach der kanonischen Durchnummerierung der Blöcke. Zuerst wird in Richtung der X-Achse gezählt und dann in Richtung der Y-Achse.
Die Zahlen können in Gleitkommadarstellung (z.B. 123.456) oder im Exponentialformat (z.B. 1.23456e+02) angegeben werden. Die Zahlen müssen durch ein Leerzeichen voneinander getrennt sein.

Beispiel für ein Modell mit NX=2, NY=2, NZ=3 Blöcken:

Werte	für Blöcke (X, Y, Z)
1.0 1.1	(1, 1, 1) (2, 1, 1)
1.2 1.3	(1, 2, 1) (2, 2, 1)
1.4 1.5	(1, 1, 2) (2, 1, 2)
1.6 1.7	(1, 2, 2) (2, 2, 2)
1.8 1.9	(1, 1, 3) (2, 1, 3)
2.0 2.1	(1, 2, 3) (2, 2, 3)

Sie können auch mehrere Parameter aus derselben Textdatei einlesen. Dann müssen Sie jedoch folgende Reihenfolge beachten:

- Volumetrische Feuchte
- longitudinale Dispersivität
- transversale Dispersivität
- X-, Y- Geschwindigkeiten
- Gesteinsdichte (Gesteinsdichte)
- Diffusivität (Diffusion)
- Zugabe- Entbnahmeraten
- 1. Sorptionsparameter (KD-Wert, Retardation, Langmuir1 oder Freundlich1: dies ist von der Sorptionscharakteristik des Stoffes abhängig)
- 2. Sorptionsparameter (Langmuir2, Freundlich2 oder Transfer-Faktor)
- Konzentration der flüssigen Phase
- Konzentration der festen Phase

7.3   Kopieren und Einfügen

Mittels der Funktionen *Kopieren* und *Einfügen* können Sie Werteverteilungen von verteilten Parametern kopieren.

Sie haben folgende Möglichkeiten, Werteverteilungen zu kopieren:

- Für einen Parameter von einer Modellebene zu einer anderen Modellebene. Dabei ist es möglich, auch Werteverteilungen für mehrere Ebenen gleichzeitig zu kopieren.
- Von einem Parameter eines Modells zu einem anderen Parameter, z.B. für Strömungsmodelle (.WTA-Dateien) von der X-Durchlässigkeit zur Y-Durchlässigkeit, oder für Transportmodelle (.WTB-Dateien) von der longitudinalen zur transversalen Dispersivität.
- Von einem Strömungsmodell zu einem anderen Strömungsmodell, oder von Transportmodell zu Transportmodell.
- Von einem Strömungsmodell zu einem Transportmodell oder umgekehrt. Dies ist hilfreich, falls Sie ein Transportmodell auf einem Strömungsmodell aufbauen.

Das Kopieren von Daten erfordert zwei Schritte:

1. Mit *Kopieren* fügen Sie Daten in das WINDOWS Klemmbrett ein.
2. Mit *Einfügen* werden Daten vom Klemmbrett in Ihre Anwendung eingefügt.

7.3.1   Kopieren

Die Werteverteilung des angezeigten Parameters wird ins Klemmbrett kopiert.

Dabei ist es auch möglich, Daten "spalten-" oder "zeilenweise" zu kopieren. Ändern Sie dazu mittels dem Befehl *Anzeige* (siehe 7.2) die Darstellung der Modellachsen auf dem Bildschirm, so daß "Spalte" bzw. "Zeilen" angezeigt werden. Wenn Sie jetzt *kopieren* auswählen, können Sie einzelne "Spalten" bzw. "Zeilen" ins Klemmbrett einfügen. Wechseln Sie jetzt zu einer anderen "Spalte" bzw. "Zeile" und fügen Sie dort die Daten ein.

7.3.2   Einfügen

Die im Klemmbrett enthaltenen Daten werden ab der angezeigten Schicht in das bearbeitete Modell eingefügt.

Beachten Sie:
Die Blockanzahlen der horizontal und der vertikal angezeigten Achsen beim *Einfügen* müssen mit den Blockanzahlen beim *Kopieren* übereinstimmen. Nicht übereinstimmen müssen hingegen die Modellebenen.

Ein Beispiel: Beim *Kopieren* wird horizontal die X-Achse mit NX=4 Blöcken und vertikal die Y-Achse mit NY=3 Blöcken angezeigt. Es ist dann möglich, die Daten in ein Modell einzufügen, in dem horizontal die X-Achse mit NX=4 Blöcken und vertikal die Z-Achse mit NZ=3 Blöcken angzeigt wird.

Meldungen:
1. *Der aktuelle Parameter wird durch das Einfügen auf die Eingabeoption "verteilt" gesetzt.*
   Erklärung:
   Dies ist lediglich ein Hinweis. Die Daten werden korrekt eingefügt.
2. *Die Daten im Klemmbrett sind keine SHL-Daten und können nicht eingefügt werden.*
   Erklärung:
   Vermutlich haben Sie seit dem letzten *Kopieren* mit GeoShell eine Kopierfunktion ausgeführt. Beachten Sie, daß das Kopieren mit anderen Programmen ebenfalls den Inhalt des Klemmbretts verändert.
   Führen Sie mit GeoShell nochmals die Funktion *Kopieren* aus und dann die Funktion *Einfügen,* ohne zwischendurch andere Daten zu kopieren.
3. *Das Klemmbrett enthält n Ebenen. Dies sind mehr Ebenen, als ab der angezeigten Ebene eingefügt werden können.*
   Hinweis zur Lösung:
   Wechseln Sie auf eine niedrigere Ebene: z.B. mittels der Pfeiltasten im Fenster *Anzeige Blöcke* (siehe 6.1) oder durch Eingabe einer Schicht im Fenster *Anzeige* (siehe 6.2).

4. *Die Ebenen im Klemmbrett bestehen aus n*m Blöcken. Einfügen in die angezeigte Ebene ist wegen unterschiedlicher Blockanzahlen nicht möglich.*
   Hinweis zur Lösung:
   Versuchen Sie, mittels dem Fenster *Anzeige* die Darstellung Ihres Modells so zu verändern, daß für die horizontal angezeigte Achse die Blockanzahl gleich *n* Blöcke und für die vertikal angezeigte Achse *m* Blöcke ist.
   Sollte dies nicht möglich sein, können Sie versuchen, die Blockanzahl durch Vervielfachen und Löschen von Blöcken an die Anzahl der Blöcke im Klemmbrett anzupassen. Diese Methode empfiehlt sich nur, wenn Sie sich gut in der Benutzung mit GeoShell auskennen oder ein neues Modell aufbauen.

7.3.3   Beispiel für das Kopieren innerhalb eines Modells

Nachfolgend ist beschrieben, wie Sie die Werteverteilung von Parameter1 z.B. der *transversalen Dispersivität* auf Parameter2 z.B. die *longitudinale Dispersivität* übertragen.

Vorgehen:

1. Wählen Sie Parameter1 aus dem Menü Verteilung. Der Parameter1 wird angezeigt.
2. Wählen Sie *kopieren...* aus dem Menü *Bearbeiten*. Die Werteverteilung für Parameter1 wird ins Klemmbrett eingefügt
3. Wählen Sie Parameter2 aus dem Menü *Verteilung*.
4. Wählen Sie *Einfügen* aus dem Menü *Bearbeiten*. Die Daten aus dem Klemmbrett werden eingefügt und die Blockgraphik neu gezeichnet.

7.3.4   Kopieren zwischen unterschiedlichen Modellen

Es ist möglich, Werteverteilungen von einem Modell zu einem anderen Modell zu kopieren. Das Vorgehen dabei ist unabhängig davon, ob Sie Daten zwischen Modellen gleichen Typs (z.B. von Strömungsmodell zu Strömungsmodell) oder zwischen Modellen unterschiedlichen Typs (z.B. von Strömungsmodell zu Transportmodell) kopieren.

Vorgehen:

1. Führen Sie die Funktion *Kopieren* wie oben beschrieben aus.
2. Je nachdem, in welches Modell Sie Daten einfügen wollen (Strömungs oder Transportmodell), starten Sie das Programm *GeoShellA* oder *GeoShellB* und laden das Modell, in das Sie Daten übertragen wollen.
3. Wählen Sie den verteilten Parameter, in den die Daten eingefügt werden sollen.
4. Wählen Sie die Modelldarstellung so, daß die Blockanzahlen der horizontal und der vertikal dargestellten Achen den Blockanzahlen der (den) Ebene(n) im Klemmbrett entspricht. Beachten Sie die Hinweise bei Abschnitt Einfügen zu Meldungen 3. und 4..
5. Führen Sie die Funktion *Einfügen* aus.

8   Randbedingungen

Sie können mit FASTA ein Strömungsmodell erstellen, das als Grundlage für ein Transportmodell mit FASTB dient. In diesem Fall brauchen Sie keine Randbedingungen anzugeben.

Im anderen Fall geben Sie für jeden Randblock an, ob der Rand offen oder geschlossen ist, d.h. ob es über den Rand einen advektiven Fluß gibt.

Wählen Sie im Menü *Verteilung*, ob die Randbedingungen angezeigt werden.

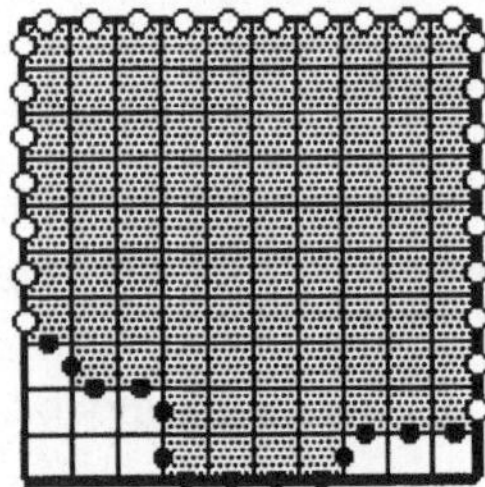

Abb. 8-1: Darstellung

der Randbedingungen

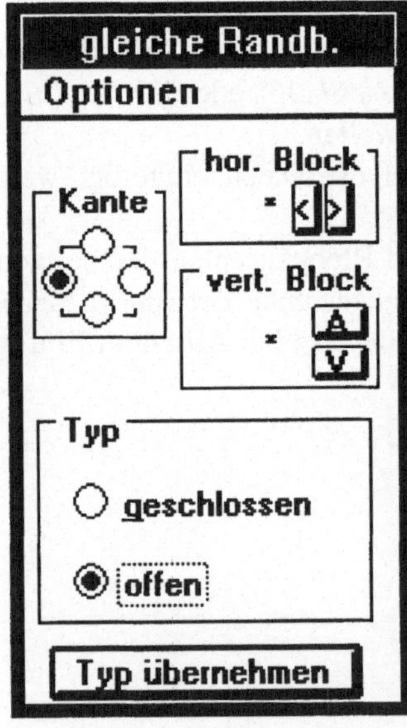

Abb. 8-2: Eingabefenster für

Randbedingungen

In der Graphik werden die Randbedingungen durch Kreise an den Kanten der Modellränder dargestellt, siehe Abb. 8-1.

Die Füllung der Kreise bedeutet den Typ der Randbedingung:

* schwarz: der Rand ist geschlossen.
* weiß: der Rand ist offen.

Mittels des Eingabefensters für die Randbedingungen (siehe Abb. 8-2) können Sie die Ränder bearbeiten.

Sie können für alle Ränder einer Modellseite *gleiche* oder *unterschiedliche* Randbedingungen festlegen. Welche Option für eine Modellseite eingestellt ist, erkennen Sie an der Überschrift des Eingabefensters. Wenn Sie das erste Mal ein Modell aufbauen, sind alle Modellseiten auf *gleiche Randbedingungen* gesetzt.

Die Optionen ändern Sie mittels des Menüs *Optionen.*

Um die Randbedingung für einen

Modellrand zu verändern, klicken Sie auf den Kreis. Die akuelle Belegung wird dann im Eingabefenster angezeigt. Ändern Sie den Typ und bestätigen Sie die Änderungen mit der Schaltfläche *Typ übernehmen*.

Bei gleichen Randbedingungen wird der Typ für alle Ränder der Seite übernommen, sonst nur für den gerade angezeigten Rand.

Mittels der Pfeiltasten neben den Blocknummern können Sie den aktuellen Rand wechseln.

9   Modellierung

9.1   Starten

Sie starten die Modellierungen im Menü *Datei*. Dies ist nur möglich, falls Sie ein schon vorhandenes Modell geladen, oder ein neues Modell erstellt haben.

Für die Modellierung wird zu MS-DOS gewechselt.
Auf dem Bildschirm erscheint die Meldung: *Monitor-Ausgabe?*.
Diese Meldung bezieht sich auf die Ausgabe der Zwischenergebnisse zur Kontrolle der Rechnung.

Geben Sie ein:

* 'j' bei Ausgabe auf den Bildschirm.
* 'n' wenn die Daten in die Datei 'TAPE7' geschrieben werden sollen.

Nach Beendigung der Berechnung drücken Sie die 'EINGABE'-Taste, um zu Windows zurückzugehen.

Fehlermeldungen

Meldung:*Fehler 2 beim Ausführen von FASTB_2D.PIF*

mögliche Ursache:
Diese Meldung erscheint vor dem Wechsel zu MS-DOS.
In diesem Fall wurde das Programm FASTB_2D.PIF, über die das Programm FASTB_2D.EXE, ausgeführt wird, nicht gefunden.

Korrektur
Stellen Sie sicher, daß FASTB_2D.PIF sich im selben Verzeichnis wie GEOSHLB.EXE befindet.

Meldung:*Gesamtanzahl der Blöcke zu groß*

Ursache:
Diese Meldung erscheint nach dem Wechsel zu MS-DOS.
Die Blockanzahl Ihres Modells ist zu groß für Ihre 'FASTB_2D.EXE'-Version.

Korrektur
Ändern Sie in GeoShellB die Blockanzahl ihres Modells.
Das Eingabefenster für die Blockanzahl öffnen Sie im Menü *Modell.*

9.2   Steuerung des Gleichungslösers

Der Gleichungslöser arbeitet mit iterativen Lösungsverfahren der Methode der konjugierten Gradienten (CG).

CG-Verfahren sind Verfahren, bei denen eine Startnäherung in Iterationsschritten verbessert wird, bis ein oder mehrere Abbruchkriterien erfüllt sind. Die Abbruchkriterien des hier verwendeten Gleichungslösers sind im nächsten Abschnitt erläutert.

Für CG-Verfahren gibt es Methoden, durch die die Anzahl der benötigten Iterationsschritten verringert werden können. Die Ihnen verfügbaren Methoden werden in Abschnitt 9.2.2 *Verringerung der benötigten Iterationsschritte* erläutert.

Tabelle 9.2-1 gibt Ihnen eine Übersicht über Parameter und Optionen zur Steuerung des Lösers.

9.2.1   Wahl des Lösers

Sie können zwischen vier <u>C</u>onjugierte-<u>G</u>radienten Lösungsverfahren wählen: CG, CGS, Bi-CG, BiCGstab.

Das CG-Verfahren wurde ursprünglich für symmetrische Gleichungssysteme entwickelt, wie sie z.B. bei der Modellierung von Strömungsmodellen entstehen. Auch wenn dieser ursprünglich nicht dafür vorgesehen war, kann er jedoch auch auf unsymmetrische Gleichungssysteme angewandt werden, wie sie bei der Modellierung von Ausbreitungsprozessen entstehen. Beim CG-Verfahren kann eine Vorkonditionierung vorgenommen werden.

Speziell für die Anwendung auf unsymmetrische Gleichungssysteme findet man in der mathematisch-numerischen Literatur unterschiedliche speziell konstruierte Varianten des klassischen Conjugierte-Gradienten Verfahrens: CGS, Bi-CG und Bi-CGstab. Das Bi-CG-Verfahren hat sich in der Praxis gegenüber dem CGS-Verfahren als stabiler erwiesen. Für diese Verfahren ist keine Vorkonditionierung verfügbar.

Tabelle 9.2-1: Parameter zur Steuerung des Lösers

Parameter	Standardwert	Wertebereich
Löser	CG	CG, CGS, BiCG, BiCGstab
Genauigkeit	1.0E-5	[1.0E-13 .. 1.0E-4]
Interne Rechengenauigkeit	einfach	• einfach • doppelt
Norm	Maximum-Norm	• Maximum-Norm, • 2-Norm
Iterationen	100	[1-65535]
Vorkonditionierung		• an • aus
Vorkonditionierungs-faktor	1.2	[1..2]
Skalierung	aus	• an • aus
Zeitschichtwichtung	0.5	[0..1]
Differenzen-quotienten	rückwärtig	• zentral • rückwärtig
numerische Dispersion	Methode des Differenzen-quotienten	Methode des: • Differenzenquotienten • Gitter-Orientierungs-Effekts

Es gibt zwei Gründe, die verwendete CG-Variante zu wechseln:

1. Das Verfahren konvergiert nicht, das heißt obwohl Sie den Wert für die Genauigkeit auf einen hohen Wert (z.B. 1.0e-5) setzen und die Anzahl der maximalen Iterationsschritte erhöhen, wird die Berechnung erst bei Erreichen der maximalen Iterationsschritte beendet.
2. Sie wollen die Modellierung durch die Wahl der schnellsten CG-Variante beschleunigen. Dies lohnt sich in der Regel nur, falls Sie eine ganze Reihe von Modellvarianten rechnen wollen (z.B. mit leicht veränderten Parameterwerten). Bei der ersten Modellierung sollten Sie in der Regel mit den Standardeinstellungen für Löser, Genauigkeit und max. Iterationsschritte arbeiten. Bei der Suche nach der schnellsten CG-Variante sollten Sie dann das Modell soweit reduzieren, daß die einzelnen Rechnungen kurz ausfallen (z.B. durch Rechnen von weniger Zeitschritten).

Generell gilt:
Welche der Varianten des CG-Verfahrens bei der Behandlung eines bestimmten Ausbreitungsproblems eine Lösung liefert, bzw. eine Lösung am schnellsten liefert, kann kaum vorhergesagt werden. Es bleibt Ihnen vorbehalten, durch Testrechnungen die für Ihr Modell am besten geeignete CG-Variante zu finden.
Die Wahl des Lösers können Sie von der Peclet-Zahl abhängig machen: lineare Systeme werden mit steigender Peclet-Zahl zunehmend unsymmetrisch.

9.2.2   Stop des Gleichungslösers

Der Gleichungslöser iteriert, bis jeweils eins von zwei Abbruchkriterien erfüllt ist:

1.   Die gesetzte *Genauigkeit* ist erreicht.
2.   Die maximale Anzahl von *Iterationen* ist erreicht.

Erreichen der Genauigkeit

Das Abbruchkriterium der Genauigkeit bedeutet, daß die Differenz, zwischen der im letzten und im vorletzten Iterationsschritt erreichten Näherungslösung, unter der vom Anwender gesetzten Genauigkeit liegt. Diese Differenz wird zusätzlich in Relation zur Lösung selbst gesetzt.

Beachten Sie also, daß die Genauigkeit nicht die Differenz zur tatsächlichen Lösung angibt, sondern die Differenz zwischen den zwei letzten Näherungslösungen.

Wenn Sie die Genauigkeit auf einen hohen Wert setzen (z.B. 1.0e-4), ist die Näherungslösung, die die Modellierung liefert, möglicherweise noch weit von der tatsächlichen Lösung entfernt.

Beachten Sie jedoch, daß falls sie den Wert für die Genauigkeit auf einen sehr kleinen Wert (z.B. 1.0e-12) setzen, die Modellierung u.U. nach der Maximalzahl der Iterationen abbricht und die gelieferte Lösung nicht die gewünschte Genauigkeit hat (s.u.).

Interne Rechengenauigkeit

Welcher Wert der Genauigkeit zu klein ist, wird auch wesentlich davon bestimmt, welche Option sie für die interne Rechengenauigkeit gesetzt haben:

*   einfache Genauigkeit
*   doppelte Genauigkeit

Bei doppelter interner Rechengenauigkeit lassen sich auch für die Lösung genauere Ergebnisse erzielen. Jedoch erhöht sich die pro Iterationsschritt benötigte Rechenzeit und es ist auch mehr Speicherplatz erforderlich.

Rechnet der Löser intern mit einfacher Genauigkeit, lassen sich für die Lösung Genauigkeiten von 1.0E-4, 1.0E-5 und evtl. auch 1.0e-6 erreichen. Bei 1.0E-7 wird in der Regel die maximale Anzahl von Iterationen benötigt.

Wenn intern mit doppelter Genauigkeit gerechnet wird, sind Genauigkeiten von 1.0E-12 oder 1.0E-13 erreichbar.

Differenz zwischen Näherungslösungen

Das Kriterium der Genauigkeit ist weiterhin davon abhängig, wie die Differenz zwischen zwei Näherungslösungen berechnet wird.

Sie können zwischen zwei Möglichkeiten wählen, wie die Differenz berechnet wird:

- Maximum-Norm
- 2-Norm

Bei der Maximum-Norm bestimmt der Betrag der größten Differenz zwischen gleichpositionierten Elementen des Lösungsvektors die Differenz zwischen zwei Näherungslösungen. Im Gleichungslöser wird dann überprüft, ob sich die Näherungslösung an allen Punkten um einen Betrag geändert hat, der kleiner ist, als die gesetzte Genauigkeit.

Bei der 2-Norm dagegen wird die Wurzel aus der Quadratsumme aller Differenzen gebildet, in Relation zur Lösung gesetzt, und dieser Wert mit der Genauigkeit verglichen.

Normalerweise empfiehlt sich die Verwendung der Maximumnorm. Dies ist auch die Voreinstellung.

Um *Genauigkeiten* und *Norm* zu ändern, wählen Sie im Menü *Lösung* den Befehl *Genauigkeit*.

Die *Genauigkeit der inneren Iterationen* wird nur bei der Modellierung eines ungesättigten Aquifers verwendet.

Erreichen der max. Iterationsschritte

Durch das Kriterium der maximalen Iterationsschritte wird verhindert, daß eine Endlosschleife entsteht, falls der Lösungsalgorithmus nicht konvergiert, d.h. die Differenz zwischen den zwei letzten Näherungslösungen immer größer bleibt, als die gesetzte Genauigkeit.

Falls der Gleichungslöser stoppt, weil die maximale Anzahl der Iterationen erreicht wurde; kann dies mehrere Ursachen haben.

Im ungünstigsten Fall divergiert der Algorithmus, d.h. er entfernt sich von der tatsächlichen Lösung.

Möglich ist jedoch auch, daß die gewünschte Genauigkeit mit der gesetzten Anzahl von Iterationen noch nicht erreicht wird.

Sie sollten das Ergebnis in jedem Fall genau überprüfen und Kontrollrechnungen mit einem höheren Wert für die Genauigkeit, oder einer höheren Anzahl von Iterationen durchführen.

Um die Anzahl der max. Iterationen zu ändern, wählen Sie im Menü *Lösung* den Befehl *Iterationen*.

Die *Anzahl der inneren Iterationen* werden nur bei der Modellierung eines ungesättigten Aquifers verwendet.

9.2.3   Verringerung der benötigten Iterationsschritte

Sie haben mehrere Möglichkeiten, um die Anzahl der vom Gleichungslöser benötigten Iterationsschritte zu reduzieren:

- Skalierung des Gleichungssystems
- Vorkonditionierung des Gleichungssystems

Bei Skalierung und Vorkonditionierung wird das Gleichungssystems aufbereitet, bevor mit der eigentlichen Lösung begonnen wird.

Skalierung

Skalierung des Gleichungssystems heißt, daß Zeilen und Spalten so multipliziert werden, daß in der Hauptdiagonale des Gleichungssystems alle Elemente den Wert 1 erhalten. Danach wird der CG-Löser gestartet. In den einzelnen Iterationsschritten sind dann etwas weniger Rechenoperationen durchzuführen, als ohne Skalierung.

Vorkonditionierung

Bei der Vorkonditionierung ist die Aufbereitung des Gleichungssystems komplexer und wird hier nicht genauer beschrieben. Als Resultat von Vorkonditionierung werden weniger Iterationen zum Erreichen einer vorgegebenen Genauigkeit nötig. Dafür erhöht sich jedoch die Rechenzeit pro Iterationsschritt. Ein Zeitgewinn liegt allerdings trotzdem in vielen Fällen vor.

Wenn Sie die Lösung mit Vorkonditionierung wählen, geben Sie zusätzlich einen Faktor, den Relaxationsparameter, an. Dieser nimmt in aller Regel im Intervall zwischen 1 und 2 seinen optimalen Wert an, für den man niedrigste Anzahl von Iterationen erhält. Unterhalb des optimalen Werts ist das Verfahren zumeist nicht viel langsamer.

Hingegen verschlechtert es sich bei knappem Überschreiten oft dramatisch. Bei 1D-Problemen liegt der optimale Wert meist bei 1.2 und bei 2D-Problemen um 1.5.

Hinweise zum Setzen der Optionen

Ob diese Methoden greifen, hängt stark von der jeweiligen Problemstellung und der sich daraus ergebenden Matrix zusammen.

Neben der Dimension des Modells entscheiden auch Randbedingungen, Inhomogenitäten, Blockanzahlen u.a. mit, durch welche Optionen sich die benötigten Iterationsschritte reduzieren lassen. In Testbeispielen erweist sich oft die Vorkonditionierung als effektive Methode der Reduzierung der Rechenzeit, wohingegen die Skalierung zumeist keinen Vorteil bringt.

Für den Einzelfall einer speziellen Anwendung besagt diese allgemeine Beobachtung nichts. Im Einzellfall ist es sogar möglich, daß sich das Lösungsverfahren verschlechtert.

9.2.4   Zeitschichtwichtung

Die zeitliche Diskretisierung erfolgt mit Hilfe der Zeitschichtwichtung. Dieser Faktor gibt an, wie die Terme der räumlichen Diskretisierung zum alten und zum neuen Zeitpunkt gewichtet werden.

Es gibt folgende spezielle Verfahren:

1.0 = explizit, die Terme der räumlichen Diskretisierung werden nur zum alten Zeitpunkt ausgewertet.
0.5 = CRANK-NICOLSON-Verfahren.
0.0 = total implizit, die Terme der räumlichen Diskretisierung werden nur zum neuen Zeitpunkt ausgewertet.

Falls der Zeitschicht-Wichtungs-Faktor größer als 0.5 gewählt wird (insbesondere bei 1.0, der expliziten Methode), muß das 'von Neumann'-Kriterium erfüllt sein.

Zur Eingabe des Zeitschicht-Wichtungs-Faktors wählen Sie den Befehl *Zeitschichtwichtung* aus dem Menu *Lösung*.

9.2.5   Korrektur der Numerischen Dispersion

Es stehen zwei effiziente Methoden zur Verfügung, um die numerische Dispersion zu reduzieren:

- die Korrektur des Differenzenquotienten
- die Korrektur des Gitter-Orientierungs-Effekts

Im Gleichungslöser wird die Dispersion korrekt berücksichtigt, d.h. alle Terme des Bear-Scheideger Dispersions-Tensors werden beachtet, insbesondere die gemischten Ableitungen. Diese werden nicht in der Hauptdiagonalen verrechnet, um einfacher strukturierte lineare Systeme zu erhalten.

Numerische Dispersion kann trotzdem nicht vermieden werden.
Die numerische Dispersion ist ein Fehler in der Diskretisierung des advektiven Terms erster Ordnung. Genauer gesagt stammt der Fehler aus dem Abschneiden der Terme höherer Ordnung, wenn die Ableitungen erster Ordnung durch die Differenzen-Quotienten ersetzt werden.

- *Korrektur des Differenzenquotienten* bedeutet, daß die signifikantesten Terme im abgeschnittenen Teil bei der Diskretisierung berücksichtigt werden. Dies wird realisiert durch die Reduktion der physikalisch realistischen Werte der Diffusion/Dispersion in den numerischen Berechnungen. Der Korrektur-Term überschreitet die realen Werte in Blöcken, in denen die Peclet-Kriterien nicht erfüllt sind. Daher sollte die Korrektur des Abschneide-Fehler nur gewählt werden, wenn die Peclet-Kriterien nicht verletzt werden.

* *Korrektur der Gitter-Orientierung* steht für folgendes: Dispersionsfehler sind höher, wenn die Geschwindigkeiten nicht parallel zu den Achsen verlaufen. Die Korrektur verändert ebenfalls den Wert der Diffusion/Dispersion. Ob eine Korrektur möglich ist, hängt von dem Winkel zwischen Geschwindigkeit und Gitter-Achsen ab. Wenn die Geschwindigkeiten parallel zu einer Achse verlaufen, ist keine Korrektur möglich.

9.2.6   Differenzenquotient

Für die Ableitungen der 1. Ordnung wird entweder mit zentralem oder rückwärtigem Differenzenquotienten diskretisiert, siehe auch Kap. 9.4.

9.3   Zeitraum der Modellierung

Sie können den insgesamt zu betrachtenden Zeitraum in bis zu sechs Zeitintervalle unterteilen. Für jedes Zeitintervall bestimmen Sie eine Anzahl von Zeitschritten.

Aus den Zeitintervallen und den Zeitschritten werden die Zeitpunkte berechnet, für die die Konzentrationsverteilungen berechnet werden.

Unter *Ende* wählen Sie, bis zu welchem Zeitintervall modelliert werden soll. So ist es möglich, für Testrechnungen nur das erste Intervall zu modellieren und dann wieder auf die Modellierung mehrere Intervalle umzuschalten, ohne die Werte für die Intervalle immer wieder neu eingeben zu müssen.

Die Zeitschritte müssen den Courant-Kriterien genügen:

$$x\text{-Courant} := Vx * dt / (M * R * dx) < 1$$

$$y\text{-Courant} := Vy * dt / (M * R * dy) < 1$$

mit

Vx, Vy:	Komponenten der Darcy Geschwindigkeit
M:	Volumetrische Feuchte
R:	Retardations-Faktor
dt:	Zeitschritt
dx, dy:	Blocklängen

Diese Bedingung muß erfüllt sein, damit eine Lösung gefunden wird, wenn Sie für den Differenzenquotienten (siehe9.2.6) die Option *zentral* gewählt haben.

Falls Sie für den Differenzenquotienten *rückwärtige* Diskretisierung gewählt haben, müssen die Courant-Kriterien nicht strikt erfüllt sein. In der Praxis hat sich jedoch als ratsam erwiesen, daß keine grobe Mißachtung des Kriteriums vorliegen sollte.

Falls der Zeitschicht-Wichtungs-Faktor (siehe 9.2.4) größer als 0.5 gewählt wird (insbesondere bei 1.0, der expliziten Methode), muß zusätzlich das *'von Neumann'-Kriterium* erfüllt sein:

$$(Ex / (dx * dx) + Ey / (dy * dy))* dt <= 1/ (2 * Kappa -1)$$

mit

Ex, Ey:	diagonale Terme des Dispersions-Tensors
Kappa:	Zeitschicht-Wichtungs-Faktor

Um den Zeitraum der Modellierung anzugeben, wählen Sie den Befehl *Zeitschritte* aus dem Menü *Modell*.

9.4   Zugabe- und Entnahmeraten für Zeitintervalle

Für den Parameter *Zugabe / Entnahme* können Sie für jedes Zeitintervall eine spezifische Quellrate angeben. Jedem Füllmuster ist dann nicht nur ein Wert, sondern 6 Werte zugeordnet. Von diesen Werten können Sie nur diese bearbeiten, für die auch das Zeitintervall modelliert wird.

Wenn Sie also nur das erste Intervall modellieren, können Sie auch nur die Quellrate für das erste Intervall angeben.

Um die *Zugaben / Entnahmenraten* der Zeitintervalle festzulegen, müssen diese angezeigt werden. Wählen Sie dazu den Befehl *Zugabe / Entnahme* aus dem Menü *Stoff*.

Weiterhin muß für die *Zugabe / Entnahme* die Eingabeoption *verteilt* gewählt sein. Wählen Sie dazu im Unterfenster mit dem Titel *Zugabe / Entnahme* den Befehl *verteilt* aus dem Menü *Optionen*. In diesem Fenster werden dann Füllmuster eingeblendet, neben denen die Texte *'No 1'* usw. angezeigt werden.

Um nun für einzelne Muster die Zugabe- / Entnahmeraten zu setzen, klicken Sie auf den Text neben den Füllmustern.

In Tabelle 9.4-1 sind die Steuerelemente dieses Fensters, sowie deren Funktion aufgelistet.

Tabelle 9.4-1: Steuerelemente des Fensters *Quellraten für Zeitintervalle*

Element	Funktion
Zeitintervall	Die Zeitintervalle, die Sie im Fenster *Zeitraum der Modellierung* gesetzt haben, werden angezeigt. .
Zug., Entn.	Eingabe positiver oder negativer Werte für die Zugabe- oder Entnahmeraten innerhalb eines Zeitintervalls. Wenn Sie an dieser Stelle einen Wert eingeben, müssen Sie zusätzlich den Schalter in der Spalte *aktiv* markieren, damit die Zugabe- oder Entnahmerate modelliert wird.
aktiv	Einstellen, ob die angegebene Zugabe- oder Entnahmerate für einen Stoff bei der Modellierung berücksichtigt wird.

9.5 Ausgabe von Ergebnissen

Die Ergebnisse der Modellierung können Sie als Graphik und in Form von Zahlenwerten erhalten.

9.5.1 Bildschirm- und Dateiausgabe

Sie können Ergebnisse als Zahlenwerte auf den Bildschirm oder in eine Datei ausgeben lassen.

Die Ausgabe auf den Bildschirm dient dazu, den Verlauf der Modellierung zu kontrollieren.

Die Ausgabe in eine Datei soll Ihnen ermöglichen, die Ergebnisse mit anderen Programmen auszuwerten.

Sie können ausgeben:

- die totale Masse von Stoffen im Modell
- die Konzentrations-Verteilung
- die Konzentrationen an Beobachtungspunkten durch F1, F2, F3.

In den Eingabefenstern *Bildschirmausgabe* und *Dateiausgabe* entscheiden Sie, ob bzw. wie oft die Parameter ausgegeben werden:

Sie geben an, nach wieviel Zeitschritten Sie eine Zwischenbilanz der berechneten Parameterwerte ausgegeben haben möchten. Es hängt dann von der Anzahl der Zeitschritte ab, wie oft die Werte ausgegeben werden.

Optionen für Dateiausgabe

Wenn Sie eine Datei mit Ergebnissen erzeugen, um diese mit einem Zusatzprogramm aufzubereiten und hochwertige Graphiken zu erstellen (z.B.

Surfer), können Sie mittels *Optionen für die Dateiausgabe* den Inhalt der Datei an die Erfordernisse Ihres Programms anpassen.
Mögliche Einstellungen sind in Tabelle 9.5.1-1 aufgeführt.

Tabelle 9.5.1-1: Optionen für Dateiausgabe

Ausgabeoption:	
• Blockanzahl	An den Anfang der Ausgabedatei wird die Blockanzahl geschrieben.
• Blocklängen	Es werden die Längen für die X-, Y- und Z-Achse in dieser Reihenfolge ausgegeben.
• X-, Y-, Z-Koordinate	Zu jedem Parameterwert wird die Koordinate ausgegeben
• Format	Hier geben Sie an, ob die Werte als Text (im ASCII-Format) oder binär codiert in die Ausgabedatei geschrieben werden.

Außerdem können Sie angeben, in welche Datei die Ergebnisse geschrieben werden sollen. Standardname der Datei ist '*TAPE8*'. Sie können direkt einen anderen Namen angeben, oder über ein Dateiauswahlfenster eine Datei auswählen.

Menü: *Ausgabe*

9.5.2   Kontrollparameter

Sie können während des Rechenlaufs Zwischenergebnisse auf dem Bildschirm anzeigen lassen, um den Fortschritt der Berechnung zu kontrollieren. Zwischenergebnisse sind z.B. die Gleichungsmatrix, die rechte Seite der Gleichungssysteme etc..
Mittels des Ausgabe-Kontrollparameters steuern Sie die Menge der Ausgaben auf den Bildschirm.
0 = Maximale Ausgabe
9 = Minimale Ausgabe, es werden keine Zwischenergebnisse ausgegeben.

Wertebereich: [0 .. 9]

9.5.3   Graphik-Ausgabe

Sie können eine Graphik erzeugen lassen, in der Isolinien die Konzentrationsverteilung skizzieren. Die Ausgabe der Graphik steuern Sie mit dem Eingabefenster *Graphikausgabe auf den Bildschirm*. Entsprechend den gesetzten Optionen werden Zwischenergebnisse bzw. das Endergebnis am Bildschirm angezeigt.

Diese Graphik können Sie durch Druck der 'ALT' und der 'Druck'-Taste in das WINDOWs Klemmbrett übertragen. Sie können die Graphik von dort in Graphikprogramme (z.B. WINDOWs Paintbrush) einfügen und bearbeiten. Dazu starten Sie das Graphikprogramm (Paintbrush finden Sie in der Zubehör-Gruppe) und wählen aus dem Menü *Bearbeiten* den Eintrag *Einfügen*.

Einstellungen für die Graphikausgabe sind in Tabelle 9.5.3-1 aufgeführt.

Tabelle 9.5.3-1: Einstellungen für die Graphikausgabe

Fenster-elemente	Funktion
Anzahl Isolinien	Mit der Anzahl der Isolinien geben Sie an, für wieviele unterschiedliche Konzentrationswerte Isolinien gezeichnet werden. Diese Werte werden nur verwendet, falls der Schalter *äquidistante Niveaus* gesetzt ist.
zeichnen nach Zeitschritten	Es wird nach der angegebenen Anzahl von Zeitschritten eine Graphik erzeugt. Von der Anzahl der Gesamt-Zeitschritte hängt es ab, wieviele Bilder gezeichnet werden. Wenn Sie 0 eingeben, wird keine Graphik erstellt.
äquidistante Niveaus	• an: Die Werte der Isolinien werden für gleichmäßig verteilte Werte gezeichnet. Grundlage hierfür sind das Minimum und Maximum der berechneten Konzentrationen, sowie die vorgegebene *Anzahl von Isolinien*. Wenn i Isolinien gezeichnet werden sollen, wird das Intervall zwischen Minimum und Maximum in i+1 gleichgroße Intervalle geteilt. Die Isolinienniveaus sind genau die i inneren Intervallgrenzen. **Beachten Sie**, daß sich die Niveaus ändern, wenn sich Minimum und Maximum von einer Modellierung zu einer andern ändern. • aus: Minimum und Maximum der berechneten Konzentrationen werden nach der Modellierung angezeigt. Sie können dann die Werte angeben, für die Isolinien berechnet werden sollen.
Gitter	Zeichnen des Rechteckgitters

Stop nach jedem Bild	• an: Sie müssen die EINGABE-Taste nach jedem angezeigten Bild drücken, damit die Berechnung fortgesetzt wird.
	   Sollen graphische Darstellungen der Zwischenergebnisse gespeichert, oder nachbearbeitet werden, muß diese Option eingeschaltet sein.
	
	• aus: die Berechnung wird automatisch fortgesetzt.
	   Möchten Sie die Modellierung möglichst schnell ablaufen lassen und dient die graphische Ausgabe nur der Kontrolle des Rechenfortschritts, sollte diese Option ausgeschaltet sein.

Farbwechsel	• an: die Isolinien werden in unterschiedlichen Farben dargestellt. • aus:die Isolinien werden alle in der gleichen Farbe dargestellt.
Bildformat:	*Länge fest, Höhe proportional:* Sie setzen einen Wert für die Länge. Die Höhe wird so berechnet, daß die Graphik in Ihren Proportionen dem Modell entspricht. *Höhe fest, Länge proportional:* s.o., mit vertauschten Rollen *Länge proportional, Höhe proportional:* *Länge fest, Höhe fest:* Das Format der Graphik wird lediglich an die vorgegebenen Werte (s.u.) angepaßt. Das Verhältnis der Länge und Höhe ist unabhängig von den Längenverhältnissen des Modells.
Länge, Höhe	Die Werte beziehen sich auf die Bildschirmhöhe, d.h. bei einem Wert von 1.0 für die Höhe, wird die Graphik so hoch wie der Bildschirm gezeichnet. Der Wert für die Länge bezieht sich ebenfalls auf die Bildschirmhöhe. Bei einem Verhälnis der Bildschirmhöhe zur Länge von 1.0 zu 1.6 müssen Sie dann für die Länge 1.6 setzen, damit die Graphik über die gesamte Länge gezeichnet wird.
Graphik-modus	Stellen Sie den Graphikmodus ein, dem Ihr Bildschirm entspricht. Entnehmen Sie den Graphikmodus der Tabelle am Ende von Anhang H.

Handbuch für FASTpath

**Strompfadsimulation in stationären Strömungsfeldern
zur besonderen Verwendung als Postprozessor von FAST-A**

Allgemeines

Mit dem Programm *FASTpath* wird der Lauf eines Fluidteilchens ausgehend von einem vom Benutzer gewählten Startpunkt simuliert. Ein 2D-Schnitt durch das Modellgebiet mit dem berechneten Strompfad ist auf dem Bildschirm zu sehen. Der Pfad endet entweder am Modellrand oder in einer Senke im Inneren des Modellgebiets. Für den simulierten Weg vom Anfangs- bis zum Endpunkt wird die Laufzeit, basierend auf Abstandsgeschwindigkeiten, berechnet und angezeigt.

Das Strömungsfeld kann 1-, 2- oder 3-dimensional sein und muß vor der Anwendung des Programms *FASTpath* berechnet worden sein. Es wird, zusammen mit anderen Eingabedaten von einer Datei gelesen, die den Standardnamen *TAPE2* besitzt. Üblicherweise wird das Strömungsfeld aus einer Modellierung mit dem Programm *FAST-A* resultieren und der Modellierer braucht sich um die Einzelheiten der eingelesenen Daten nicht zu kümmern.

Trotzdem kann es von Nutzen sein, zu wissen, für welche Variablen Werte eingelesen werden: sei es, daß keine Strömungsmodellierung mit *FAST-A* vorgeschaltet ist oder daß Eingabedaten überprüft, kontrolliert oder geändert werden sollen. Mit einem beliebigen Editor läßt sich die Eingabedatei einsehen. Eine genaue Auflistung der Variablen und Eingabeformate findet sich im Anhang der Anleitung. An dieser Stelle soll ein Überblick genügen.

Von Datei gelesen werden Blockanzahl und -längen eines unregelmäßigen Rechteckgitters, incl. der Angabe, welche Blöcke des Gesamtgitters zum Modellgebiet gehören und welche außerhalb liegen. Geschwindigkeitskomponenten werden für alle Blockkanten des Gesamtgitters eingelesen. Dabei handelt es sich um die sogenannte Normalkomponente; das ist stets dasjenige Element des Geschwindigkeitsvektors, das die Strömung senkrecht zur Kante beschreibt. Desweiteren wird ein Feld übergeben, das die Werte für volumetrische Feuchte in jedem Modellblock beinhaltet. Schließlich enthält die Datei einige Daten, die die Darstellung der Zeichnung auf dem Bildschirm betreffen: Breite und Höhe des Bildes, sowie die Angabe, ob das Gitter gezeichnet werden soll oder nur die Umrandung des Gebiets. Auch der Graphikmodus des Rechners wird vermittels der Datei vom Strömungsprogramm in den Postprozessor übergeben.

Einige weitere Optionen, die die Startpunkte, Dateien, Darstellung und Protokolle betreffen, stellt der Benutzer während des Ablaufs von *FASTpath* interaktiv ein. Darauf wird in der Bedienungsanleitung eingegangen.

Bedienungsanleitung

Sie starten das Programm mit dem Aufruf FASTPATH.EXE oder FASTPATH.PIF unter MS/DOS. Unter WINDOWS können Sie diese Datei mit einem Symbol verknüpfen und so einfacher aufrufen. Nach einmaligem Drücken der ENTER-Taste beginnt der eigentliche Programmablauf. Im ersten Teil entscheidet der Nutzer von *FASTpath* über einige Optionen. Im zweiten Teil gibt er die Startpunkte der Strompfade an und bestimmt das Programmende.

1   Optionen

Nach dem Startbild erschient zunächst die Abfrage *'Standard Eing.-datei (j/n)?'*. Mit der Antwort auf diese Frage entscheiden Sie, ob die Eingabewerte von der Standarddatei *TAPE2* gelesen werden oder nicht. Im letzeren Fall muß ein anderer Dateiname angegeben werden. Dies geschieht in der unter MS/DOS üblichen Form mit Verzeichnisangabe. Dateinamen sind stets mit einfachen Häkchen umrahmt anzugeben (Beispiel: 'TAPE2.REF').

Wird die nachfolgende Frage *'Anweisungsprotokoll (j/n) ?'* bejaht, so wird der gesamte nachfolgende Verlauf der Sitzung mit *FASTpath* auf Datei gespeichert. Standardname dieser Datei ist *TAPE1* .Streng genommen, wird nicht die Sitzung selbst festgehalten, sondern nur die Antworten, die der Benutzer auf die Fragen im interaktiven Dialog gegeben hat. Diese Antworten betreffen die Protokolloption, einige Optionen zur Darstellung auf dem Bildschirm, die Startpunkte und das Ende des Programmlaufs. Die Hauptanwendung der Option besteht darin, daß für ein modifiziertes Strömungsfeld im selben Modellgebiet eine Strompfadsimulation durchgeführt werden kann, ohne daß sämtliche Startwerte neu eingegeben werden müssen. Grund für die Modellmodifikation kann die Änderung, Verbesserung oder Variation von physikalischen oder geologischen Daten im Strömungsmodell sein. Aber selbst das numerische Modell könnte ein völlig anderes sein - mit anderen Gitterabmessungen und/oder anderen Rändern.

In dem behandelten Fall werden Ihre Antworten während einer Sitzung auf Datei gespeichert. Hier kann ebenfalls ein anderer als der Standardname gewählt werden. Die so erstellte Datei wird dann bei einem späteren Aufruf von *FASTpath* verwendet, wenn auf die Frage *'Anweisung von Datei (j/n)?'* mit "ja" geantwortet wird.

Bei der Abfrage *'Protokoll (j/n)?'* entscheiden Sie, ob die Daten über die Strompfade gespeichert werden oder nicht. Der Standardname der Datei, auf der gegebenenfalls gespeichert wird, ist *TAPE9*, aber es kann wiederum ein anderer Name gewählt werden. Bei Auswahl der Option werden Anfangs- und Endpunkt des Pfads sowie die berechnete Laufzeit auf die Datei geschrieben. Für die beiden Punkte werden dabei stets drei Ortskoordinaten ausgegeben - unabhängig von der Dimension des Modells.

Bei der Abfrage *'Vorwärts-Simulation (j/n)?'* entscheiden sie, ob die Strompfade vorwärts oder rückwärts verfolgt werden. Im ersteren Fall wird in die positive, im zweiten Fall in die negative Zeitrichtung simuliert. Optional kann also die Herkunft von Partikeln oder die Zukunft simuliert werden.

Im 3D-Fall werden zwei Angaben interaktiv eingegeben, die die Darstellung des Modellgebiets auf dem Bildschirm betreffen. Mit Ihrer Antwort auf die Frage *'Schnittebene xy (1), xz (2), yz (3)'* entscheiden Sie über die Orientierung der auf dem Schirm dargestellten 2D-Ebene im 3D-Modellgebiet. Die Antwort auf *'Schnittauswahl (Eing.lfd.Nr.)'* spezifiziert die Ebene, die auf dem Bildschirm erscheint.

2   Simulation

Nach der Auswahl der Optionen erscheint eine graphische Darstellung des Modellgebiets auf dem Bildschirm. Im 1D-Fall ist das eine Linie; in dem Fall ist die graphische Verfolgung der Strompfade uninteressant. Im 3D-Fall erscheint eine 2D-Projektion des Modellgebiets auf dem Monitor. Gezeichnet wird Umrandung und Gitter der Schnittebene, die unter Optionen ausgewählt wurde.

Am oberen Bildschirmrand steht die Aufforderung *'Startposition X:'*. Es ist nun die x-Koordinate des gewünschtes Startpunktes anzugeben. Der Positionswert muß dabei in derselben Längeneinheit angegeben werden, die auch in Eingabedatei verwendet wird. Die Position ist dabei vom Ursprung aus zu berechnen, der in der Ecke der Gesamtmodells beim Block (1,1,1) liegt.

Danach sind ggf. (abhängig von der Dimension des Modells) die anderen Koordinaten an der Reihe. Im Programm erfolgt zunächst die Prüfung, ob der Punkt auch innerhalb des modellierten Gebiets liegt. Fällt er außerhalb, so erhalten Sie auf dem Bildschirm eine Warnung und müssen neue Koordinaten eingeben. Zur Orientierung sind Maximal- und Minimalwert für die entsprechende Koordinate am Bildschirmrand rechts oben eingeblendet. Man beachte: bei unregelmäßigen Rändern garantiert die Eingabe innerhalb der angezeigten Intervallgrenzen nicht, daß der Startwert tatsächlich im Modellgebiet liegt. Vom

Programm werden allerdings auch die Fälle erkannt, in denen der Startpunkt im Gesamtgitter, nicht aber im modellierten Bereich zu liegen kommt.

Liegt der Startpunkt im zulässigen Bereich, so kann der Lauf des Partikels im Strömungsfeld auf dem Bild verfolgt werden. Strompfade enden entweder am Modellrand oder in einem Senkenblock im Inneren. Ein Senkenblock ist dadurch charakterisiert, daß an allen Kanten Einstrom vorliegt (siehe Abb.). Das gilt natürlich nur für den Fall der Simulation in positiver Zeitachse.

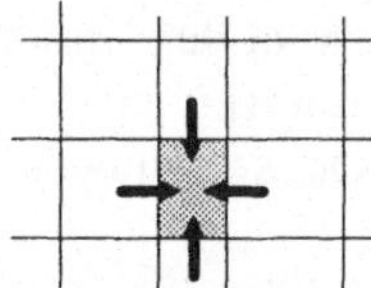

Abb.: Senkenblock in einem 2D-Modell

Bei der 'Rückwärts-Simulation' in die Vergangenheit, sind es die Quellblöcke, die der Rückverfolgung von Strompfaden ein Ende im Innern des Modellbereichs setzen. Quellblöcke enthalten in allen Blockkanten einen Ausstrom. Die so definierten Quellblöcke der Strompfadrückverfolgung können aber müssen nicht mit den Quellblöcken des Strömungsmodells übereinstimmen. Ist beispielsweise die in FAST-A eingegebene Quellrate sehr klein, so muß aus dem Block kein Quellenblock im obigen Sinne werden.

Im 3D-Fall mit unregelmäßigen Rändern können Strompfade auch außerhalb des am Bildschirm dargestellten Rands verlaufen. Es sei daran erinnert, daß ja nur eine bestimmte Schnittebene durch das Modellgitter dargestellt wird. Die Strompfadsimulation erfolgt allerdings tatsächlich in 3D; am Schirm ist allerdings nur die 2D-Projektion des Pfads darstellbar. Für 3D-Modelle gilt daher: auch wenn der Strompfad im eingezeichneten Gitter nicht an den Rand stößt, endet er doch zumeist an der Berandung des Modellsgebiets - es sei denn, das Partikel landet in einem Quellen- oder Senkenblock.

Am rechten oberen Bildschirmrand ist die Zeit angegeben, die das Partikel längs des dargestellten Pfads vom Anfangs- bis zum Endpunkt benötigt. Die Laufzeit ist in der Zeiteinheit angegeben, die in den Eingabedaten verwendet wurde. Sind beispielsweise auf *TAPE2* die Geschwindigkeiten in Metern proTag angegeben, so erscheint die Laufzeit in Tagen.

Die Laufzeitangabe für Pfade, die in Quellen oder Senken enden sind mit Vorsicht zu behandeln. Die unmittelbare Senkenumgebung spielt dabei eine entscheidende Rolle - diese ist in regionalen Modellen aber zumeist nicht berücksichtigt. Die lokalen Verhältnisse um eine Senke, oftmals ein Förderbrunnen, werden im Modell als homogen angenommen. Zudem ist die genaue Position der Senke innnerhalb des Blocks für die Laufzeitbestimmung entscheidend. Diese wird aber weder vom Strömungsmodell, noch vom Strompfadsimulator verwendet. *FASTpath* extrapoliert die Geschwindigkeiten an gegenüberliegenden Blockkanten in den Senkenblock hinein und bestimmt so eine hypothetische Lage des Brunnens, auf die sich die angegebene Laufzeit bezieht.

Nach jeder Strompfadsimulation werden Sie gefragt, ob Sie einen weiteren Startpunkt angeben möchten - mit der Frage *'Weiterer Pfad?'*. Entweder wird nach der Antwort das Ende des Programms eingeleitet oder es werden erneut Koordinaten abgefragt. Im weiteren Verlauf der Sitzung werden ggf. stets neue Strompfade in das auf dem Bildschirm dargestellte Modellgebiet eingezeichnet. Die vorherige Zeichnung wird dabei nicht gelöscht, sodaß ein immer detaillierteres Bild der Strömung entsteht. Um einen möglichst vollständigen Überblick zu erhalten, sollten sie Startpunkte in der unmittelbaren Nähe von Einstromrändern und Quellen wählen (im Falle der Rückwärts-Simulation: in der Nähe von Ausstromrändern und Senken).

Unter MS/WINDOWS kann die Bildschirmzeichnung unter Verwendung der *Druck*-Taste in den Zwischenspeicher kopiert werden. Von dort aus kann er irgendeinem unter MS/WINDOWS arbeitenden Graphikprogramm weiterverarbeitet und gespeichert werden.

Sie können die Graphik über die Abfrage des Programms *'Datei speichern?'* auch direkt als Bitmap-Datei (*.BMP Format) abspeichern. Geben Sie den Dateinamen in Häckchen an (z.B.: 'GMFILE').

Graphikmodi

FAST Graphikmodus	Bildschirm größe (Pixel)	Farben	Graphik typ
1	320 x 200	16 Farben	EGA
2	640 x 200	16 Farben	EGA
3	640 x 350	4 oder 16	EGA
4	640 x 480	Schwarzweiß	VGA
5	640 x 480	16 Farben	VGA
6	320 x 200	256 Farben	VGA
7	640 x 480	256 Farben	SVGA
8	800 x 600	16 Farben	SVGA
9	800 x 600	256 Farben	SVGA
10	1024 x 768	16 Farben	SVGA
11	1024 x 768	256 Farben	SVGA
12	1280 x 1024	16 Farben	SVGA
13	1280 x 1024	256 Farben	SVGA
14	alle unterstützt		
15	alle unterstützt		

Tabelle: Von FAST verwendete Graphikmodi

Sachverzeichnis

Anhang I: Aufbau der Eingabe-, Ausgabe- und - Transferdateien

Im Anhang I (In/Output) werden die von den FAST-Programmen benutzten Dateien in ihrem Aufbau beschreiben. Es sind sämtlich ASCII-Dateien, die mit den meisten Editor-Programmen eingesehen werden können. So ist auch die Kontrolle und ggf. die Änderung einzelner Daten möglich.

Natürlich kann anhand der folgenden Beschreibungen der Eingabedateien auch ein Datensatz zur Modellierung vollständig mittels eines Editors erzeugt werden. Dies ist in der Tat die 'althergebrachte' Methode der Dateneingabe, wie sie vor einem Jahrzehnt üblich war. Durch die Verwendung von Benutzeroberflächen, hier den GeoShell-Programmen, soll gerade die aufwendige und unübersichtliche Arbeit mit Textprogrammen umgangen werden.

Ein Überbleibsel aus der noch weiter zurückliegenden Zeit der Eingabe mittels Lochkarten findet sich in der Einteilung der folgenden Beschreibungen: die Datensätze werden in einzelnen INPUT CARDS eingelesen. Ursprünglich waren das tatsächlich einzelne Karten, die bestimmte Daten enthielten. Jede Zeile, die man im Editor auf dem Bildschirm sieht, entspräche einer Karte (wenn es solche noch gäbe).

Die Beschreibung der Eingabedatensätze kann vom Leser übergangen werden. Sie ist zur Benutzung der Software und zur Modellierung nicht erforderlich. Es zeigt sich aber, daß es für denjenigen, der sich intensiv mit einem Programm beschäftigt, in der Regel von Vorteil ist, unterschiedliche Wege zur Benutzung zur Verfügung zu haben. Insbesondere gilt das für die Fehlersuche. In komplexen Programmen, wie es die vorliegenden sind, können nicht alle möglichen Fehlerquellen vom Programmierer vorausgesehen werden. Die FAST-Programme fangen zwar gewisse Fehler in den Datensätzen ab; trotzdem gibt es noch genügend Möglichkeiten der unsinnigen Kombination von Eingabewerten.

Sind von einem einmal erzeugten Datensatz Modelläufe mit wenigen leicht veränderten Eingabewerten (z.B. bei einer Sensitivitätsanalyse oder zur Durchrechnung verschiedener Realisationen bei der Verwendung statistisch verteilter Parameter) zu starten, so ist die Änderung des Modells mit einem Editor genauso einfach wie mit der Benutzeroberfläche - wenn der Modellierer weiß, wo er die Änderung durchführen muß. Genau dazu muß er den Dateiaufbau, wie er auf den nächsten Seiten beschrieben wird, kennen.

Die Eingabedaten für FAST_A werden von der Datei mit dem Standardnamen FLOAT.WTA gelesen, von FAST_B(2D) von FLOAT.WTB. Modelleingaben können natürlich auch unter anderen Namen abgespeichert werden. Von den GeoShells werden dafür die Standard-extensions *.WTA bzw. *.WTB verwendet. Der Aufbau dieser Dateien, die alle oder die meisten Eingabedaten enthalten, ist in den ersten beiden Abschnitten beschrieben. Darauf folgt die Beschreibung von weiteren Dateien, die nur dann benötigt werden, wenn bestimmte Optionen im Modell ausgewählt wurden (z.B. 'Lesen von Datei','RESTART').

Es ist möglich, die FAST-Programme auf DOS-Ebene mit den Befehlen

> FASTA Dateiname Parameter

> FASTB_2D Dateiname Parameter

zu starten. Dateiname und Parameterangabe sind optional. Fehlt der Dateiname, wird die Standarddatei als Eingabedatensatz verwendet (es darf dann kein Parameter angegeben werden). Bei gesetztem Parameter wird die Startabfrage ('Standardausgabe auf Bildschirm?') umgangen. Ist im Eingabedatensatz für eine Eingabevariable die Option 'statistisch verteilt' gesetzt, so wird der Wert des Parameters als Saatwert zum Start des Zufallszahlengenerators verwendet - anstelle der Angabe, die im Eingabedatensatz spezifiziert ist. Das ermöglicht die Bearbeitung mehrerer Realisationen in einem Batchlauf mit einer *.BAT-Datei. Diese enthält mehrere der oben beschriebenen Aufrufe mit demselben Dateinamen, aber unterschiedlichen Parameterwerten[1].

---

[1] Näheres zur Arbeitmit Batch-Dateien findet man im DOS-Handbuch unter 'Stapelverarbeitungsprogramme'

F A S T _ A

```
Fast Algorithm for modeling Steady and Transient
     3-dimensional flow in porous media
```

Aufbau der Eingabedatei

```
DOS Version D/95
```

```
In FAST_A (durch Compilation) vordefinierte Werte:
```

M=1200	Maximale Blockanzahl im Gesamtgitter
MD=100	Maximale Blockanzahl in eine Koordinatenrichtung
MBC=M	Maximale Anzahl von Kanten ohne Standardrandbedingung
MT=6	Maximale Anzahl von Zeitintervallen
MA=16	Maximale Musteranzahl für verteilte Parameter
MB=2	Maximale Anzahl von Typen von Randbedingungen

Der Eingabedatensatz ist in INPUT CARDS eingeteilt (siehe Bemerkung in der Einleitung zu Anhang 2)

```
-----------------------INPUT CARDS 0--------------------
  A* * (CHARACTER, 2 INTEGER; FORMAT (A1,I1,I2))
  Titel (CHARACTER*128)
```

Zahlenwerte in der ersten Karte geben die Version der Software an, mit der die Eingabedatei erzeugt wurde.

```
-----------------------INPUT CARD 1--------------------
  NA,NX,NY,NZ (4 INTEGER)
```

NA	Maximale Musteranzahl für verteilte Parameter im Eingabedatensatz	
NX	Anzahl der Blöcke des Gesamtgitters in x-Richtung	
NY	Anzahl der Blöcke des Gesamtgitters in y-Richtung	
NZ	Anzahl der Blöcke des Gesamtgitters in x-Richtung	

Es ergibt sich daraus die Gesamtanzahl der Blöcke als N=NX*NY*NZ, die kleiner als M sein muß.

```
----------------------------INPUT CARD 2--------------------
  (DX(I),I=1,NX)
  (DY(I),I=1,NY)
  (DZ(I),I=1,NZ)            (alle REAL)
```

Blocklängen in den drei Koordinatenrichtungen

```
------------------------INPUT CARD 3------------------
  IRST,JRST,JCTR,ISTD,ITP1,NT,ISOT,IUST  (8 INTEGER)
```

IRST	>0: Kennzeichnung eines RESTART-Laufs
JRST	>0: Ermöglicht einen nachfolgenden RESTARTs (Sicherung Endstatus-Daten auf Datei 'RESTART')
JCTR	Ausgabe-Kontrollparameter für Zwischenergebnisse (=0: maximale -, =9: minimale Ausgabe)
ISTD	>0: stationär, sonst: instationär
ITP2	>0: Ausgabe des Geschwindigkeitsfelds auf TAPE2 (zur Verwendung im FAST-A Postprozessing)
NT	Anzahl der benötigten Zeitintervalle (<=MT) (in stationären Modellen nicht benutzt)
ISOT	Auswahl der Isotropie-Eigenschaft (=2: isotrop, =1: vertikal anisotrop, =0: vertikal & horizontal anisotrop)
IUST	Auswahl des Modelltyps bzgl. Sättigung (>0: gesättigt/ungesättigt, sonst: überall gesättigt)

```
------------------------INPUT CARD 4------------------
  RHO, EXPO, DATUM, VISC  (4 REAL)        (für IUST<=0)
  RHO, DATUM, VISC (3 REAL)               (für IUST>0)
```

RHO	Fluiddichte (nicht verwendet)
EXPO	Porengrößenindex in Sättigungsfunktion (nur im ungesättigten Fall benötigt)
DATUM	Referenzhöhe
VISC	Fluidviskosität (nicht verwendet)

```
------------------------INPUT CARD 5------------------
  LCHAR(I), I=1,N   (alle INTEGER*1)
```

LCHAR	Blockcharakteristik zur Kennzeichnung des Modellgebiets (=0: außerhalb, =1: innerhalb des Modellgebiets)

```
----------------------------------------------------
```

```
-----------------------INPUT CARD 6-------------------
   Eingabe von Parametern und Parameterfeldern:
```

Porosität
Sorptivität (nur falls IUST>0 - siehe INPUT CARD 1)
Kompressibilität
Hydraulische Leitfähigkeit X-Richtung
Hydraulische Leitfähigkeit Z-Richtung (nur falls ISOT=0 - siehe CARD 1)
Hydraulische Leitfähigkeit Y-Richtung (nur falls ISOT<2)
Quell-/Senkenrate (im instationären Fall für jedes Zeitintervall - MT-fach)

```
   (NE(I),I=NA)  (REAL ARRAY)
```
Zeitcharakteristik für Quell-/Senkenterme (nur falls ISTD<=0)

Anfangs/Startwerte der Piezometerhöhe (nur falls IRST=0)
```
        -----------------------------------------
```
Die Eingabe eines Parameters erfolgt jeweils gleich, was im folgenden beschrieben
wird:

```
   I1          (1 INTEGER)


   (X(I),I=1,N) (REAL ARRAY)          falls I1<0:
                                      (Lesen von TAPE4 (Default-name))

   (W(I),I=1,NA)  (REAL ARRAY)
   (K(I),I=1,N) (INTEGER ARRAY)       falls I1=0: verteilter Parameter


   X  (1 REAL)                        falls I1>0: konstanter Wert
```

```
   -----------------------INPUT CARD 7-------------------
   Randbedingungen für die Variable Piezometerhöhe
```

Randbedingungen für 6 Kanten:
       1. Konstanter x-Wert (linke Randkanten)
       2. Konstanter x-Wert (rechte Randkanten)
       3. Konstanter y-Wert (hintere Randkanten)
       4. Konstanter y-Wert (vordere Randkanten)
       5. Konstanter z-Wert (obere Randkanten)
       6. Konstanter z-Wert (untere Randkanten)

Einzelne Randbedingungen der 6 Kanten sind durch folgende Spezifikation
gegeben:

```
   IB  (1 INTEGER)
```

IB   Bezeichner zum Eingabetyp (homogen/ inhomogen/ von Datei)
IB, B (1 INTEGER, 1 REAL)   falls IB>0   (Homogener Fall)

IX, IY, IZ, IB, B (4 INTEGER, 1 REAL)
                    (für jeden Randblock eine Zeile, Ende durch Leerzeile))

      von Standardeingabe   falls IB=0   (Inhomogener Fall)

      von TAPE4   falls IB<0   (Inhomogener Fall,
                                                  Lesen von Datei)

      Charakteristika der Randbedingen sind:
IX,IY,IZ Blockindex
IB   Parametertyp
          =1 DIRICHLET Typ (Piezometerhöhe vorgegeben)
          =4 DARCY-Geschwindigkeit (Normalenrichtung) gegeben
          =7 NEUMANN Typ ('No-Flow')
B   Wert der Randbedingung (Piezometerhöhe o. Geschwindigkeit)

-----------------------------INPUT CARD 8--------------------
CN,OMEGA,EPS,MAX,EPS0,ISTP,MAX0,NORM,IDBL,ISCL
              (3 REAL, 1 INTEGER, 1 REAL, 5 INTEGER)

    CN   Zeitschichtwichtungsfaktor
              (=0.0: total implizit, =0.5: CRANK-NICOLSON,
              =1.0: explizit - im stationären Fall nicht benötigt)
    OMEGA   Faktor zur Vorkonditionierung
    EPS   Genauigkeit im Abbruchkriterium der CG-Löser
    ISTP   Pause-Option bei Erreichen der max. Iterationen im
              Gleichungslöser
              (=1: Pause mit Bildscirm-Info; =0: keine Pause)
    MAX   Maximale Anzahl von Iterationen der CG-Löser
    EPS0   Genauigkeit im Abbruchkriterium der inneren Iteration
    MAX0   Maximale Anzahl innerer Iterationen
    NORM   Option zur Bestimmung der Norm im Abbruchkriterium
              der CG-Löser (=1: 2-Norm; sonst: Maximum-Norm)
    IDBL   Option zum doppelt-genauen Rechnen der CG-Löser
              (=1: DOUBLE PRECISION -Felder in CG-Iterationen,
              sonst: lediglich einfache (REAL) Genauigkeit)
    ISCL   Skalierungsoption
              (=1: Überführung der Matrixdiagonale in 1.0-Werte vor dem
              Aufruf des CG-Lösers, sonst: keine Skalierung)

```
-------------------------------INPUT CARD 9-------------------
  (TIMS(I),I=0,6),(NDT(I),I=1,6)        (7 REAL, 6 INTEGER)
                (nur im instationären Fall ISTD<=0 - siehe INPUT CARD 1)
```

TIMS(0) Anfangszeitpunkt
TIMS(I) Ende des Zeitintervalls I
                    (= Anfang des Zeitintervalls I+1)
NDT(I)   Anzahl der Zeitschritte im Zeitintervall I

```
-----------------------------INPUT CARDS 10-----------------
  IPRT1,IPRT2,IPRT3,IPRT4,IPRT5,IPRT6,IPRT7
  JPRT1,JPRT2,JPRT3,JPRT4,JPRT5,JPRT6,JPRT7
                                (2 X 7 INTEGER)
```

IPRT1   Ausgabe Piezometerhöhen in Standardausgabe
IPRT2   "   Druckhöhen   "   "
IPRT3   "   Massenbilanz   "   "
IPRT4   "   x-Geschwindigkeiten   "
IPRT5   "   y-   "   "   "
IPRT6   "   z-   "   "   "
IPRT7   "   Sättigung   "   "
                   (Sättigungsausgabe nur für IUST>0)

J***   wie I*** hier für Nicht-Standardausgabe

Ausgabe erfolgt: - nach Ermittlung der Lösung im stationären Fall,
                         wenn Wert >0
                  - nach jeweils I*** (bzw. J***) Zeitschritten
                         im instationären Fall

```
-----------------------------INPUT CARD 11-----------------
  IPL,IPL1,IPL2,IPL3,IPL4,IPL5,IPL6,IPL7,IPL8,IGM,IPL9,
  PLEN,PWID
                      (11 INTEGER, 2 REAL)
```

IPL   >0 initiiert Graphikausgabe (im stationären Fall);
                im instationären Fall: Graphik nach IPL Zeitschritten
IPL1   Anzahl Isolinien für Druckhöhe
IPL2   Anzahl Isolinien für Piezometerhöhe
IPL3   =0: Darstellung x-y-Schichten
          =1 : x-z-Schnittebenen, =2: y-z-Schnittebenen
IPL4   =0: keine Änderung der Farbe
          =1: Änderung von einer Schnittebene zur nächsten
          =2: Farbänderung innerhalb einer Schnittebene

IPL5	>0: Zeichnen der Blöcke des Gitters
IPL6	>0: Automatische Berechnung der Isolinienniveaus
IPL7	=0: Isobaren oder Isohypsen für alle Schnittebenen
	=1: Isobaren und Isohypsen in einzelne Schnitte
	=2: Isobaren oder Isohypsen in einzelne Schnitte
IPL8	Ermöglichung des Speicherns nach jedem Bild
IPL9	Isolinienniveau-Ausgabe in Standarddatei
IGM	Graphikmodus
PLEN	Bildbreite (Maximum 1.6)
PWID	Bildhöhe (Maximum 1.0)

```
-----------------------INPUT CARDs 12-----------------
CH                                         (CHARACTER*128)
KPRT1,KPRT2,KPRT3,KPRT4,KPRT5,KPRT6           (6 INTEGER)
```

Name und Format der Datei für Nicht-Standardausgabe

CH   Dateiname mit (Pfad)
KPRT1 =0: hexadezimal, sonst: ASCII Format
KPRT2 >0: Ausgabe der Blockanzahl in den drei Koordinatenrichtungen
KPRT3 >0: Ausgabe der Blocklängen
KPRT4 >0: Ausgabe x-Koordinate
KPRT5 >0: Ausgabe y-Koordinate
KPRT6 >0: Ausgabe z-Koordinate

```
-----------------------------------------------------------------
```

Ende der für die Modellierung relevanten Daten. Weitere Einträge in der Datei betreffen die Bildschirmdarstellung des Modells mit dem GeoShell Programm und werden vom Modellierungsprogramm FAST-A nicht gelesen.

F A S T _ B (2D)

```
Fast Algorithm for modeling Sorption,Transport
       coupled with Biodegradation and decay
                     (2-dim.)
```

Aufbau der Eingabedatei

```
DOS Version D/95
```

```
In FAST-B(2D) (durch Compilation) vordefinierte Werte:
```

M=1200	Maximale Blockanzahl im Gesamtgitter
MD=100	Maximale Blockanzahl in eine Koordinatenrichtung
MBC=M	Maximale Anzahl von Kanten ohne Standardrandbedingung
MT=6	Maximale Anzahl von Zeitintervallen
MC=3	Maximale Anzahl von Stoffen in einem Simulationslauf
MA=16	Maximale Musteranzahl für verteilte Parameter
MB=1	Maximale Anzahl von Typen von Randbedingungen

```
-----------------------------INPUT CARDS 0-------------------------
  B* * (CHARACTER, 2 INTEGER; FORMAT (A1,I1,I2))
  Titel (CHARACTER*128)
```

Zahlenwerte in der ersten Karte geben die Version der Software an, mit der die Eingabedatei erzeugt wurde.

```
-----------------------------INPUT CARDS 1-------------------------
  NA,NX,NY,NC (4 INTEGER)
  IUT,IUL,IUM (3 INTEGER)
```

NA	Max. Musteranzahl für verteilte Parameter im Eingabedatensatz
NX	Anzahl der Blöcke des Gesamtgitters in x-Richtung
NY	Anzahl der Blöcke des Gesamtgitters in y-Richtung

Es ergibt sich daraus die Gesamtanzahl der Blöcke als N=NX*NY, die kleiner als M sein muß.

NC   Anzahl der Komponenten
IUT   Bezeichner für Zeiteinheiten
            (1: Sek., 2: Min., 3: Stunden, 4: Tage, 5: Jahre)
IUL   Bezeichner für Längeneinheiten
            (1: mm, 2: cm, 3: dm, 4: m, 5: km)
IUM   Bezeichner für Masseneinheiten
            (1: µg, 2: mg, 3: g, 4: kg, 5: t)

```
------------------------------INPUT CARD 2--------------------
 (DX(I),I=1,NX)
 (DY(I),I=1,NY)
  DZ(1)                                    (alle REAL)
```

Blocklängen in den drei Koordinatenrichtungen

```
-----------------------------INPUT CARDS 3------------------
 FÜR J=1,NC:
      DI(J), ISO(J), IPE(J)
      DECAY(J), UNIT(J)                      falls IPE(J)<=2
      OD(J), TIME(J), UNIT(J)      falls IPE(J)>2 and <>5
      DECAY(J),TIME(J),UNIT(J),D1(J),T1(J),U1(J)
                                   falls  PE(J)=5


  (DI CHARACTER*30, ISO & IPE INTEGER, andere REAL)
```

DI   Bezeichner der Komponente
ISO.....Option zum Sorptionstyp
        >3 : lineare Nicht-Gleichgewichtssorption
        <=3: Gleichgewichtssorption
        =3 : Tracer (keine Sorption)
        =2 : Freundlich-Isotherme
        =1 : Langmuir-Isotherme
        <=0 : lineare Gleichgewichtssorption
        =0 : Eingabe des Kd Verteilungskoeffizienten
        =-1: Eingabe des Retardationswerte
IPE   Option zum Abbautyp
        =0: kein Abbau, stabile Komponente
        =1: Radioaktiver Zerfall (Eingabe Halbwertzeit)
        =2: Biochemische Degradation (Eingabe Halbwertszeit)
        =3: Biologische Degradation (Eingabe Zerfallsrate)
        =4: Chemischer Abbau (Eingabe Zerfallsrate)
        =5: Biochemische Degradation
         (Eingabe der Zerfallsraten für biol. und chem. Degradation)

```
---------------------INPUT CARD 4-------------------
  IRST,JRST,ICTR,JCTR,ISTD,NT,ISPC,ICOR  (8 INTEGER)
  BROCK,RHO,VISC  (3 REAL)
```

IRST	>0: Kennzeichnung eines RESTART-Laufs
JRST	>0: Ermöglichen eines nachfolgenden RESTARTs
ICTR	>0: Einsatz als FAST-A Postprocessing
	(Strömungsdaten werden von TAPE2 eingelesen)
JCTR	Ausgabe-Kontrollparameter für Zwischenergebnisse
	(=0: maximale -, =9: minimale Ausgabe)
ISTD	>0: stationär, sonst: instationär (nicht verwendet)
NT	Anzahl der benötigten Zeitintervalle (<=MT)
ISPC	Alternative des Diskretisierunstyps für Terme
	1.Ordnung (=1: zentrales Schema, =2: rückwärtig)
ICOR	Option zur Anwendung der Dispersionskorrektur
	(>1: Korrektur des Abschneidefehlers,
	ungerade: Korrektur des Gitterorientierungseffekts)

BROCK, RHO, VISC werden nicht verwendet in Version D/95

```
---------------------INPUT CARD 5-------------------
  LCHAR(I),  I=1,N    (alle INTEGER*1)
```

LCHAR	Blockcharakteristik zur Kennzeichnung des Modellgebiets
	(=0: außerhalb, =1: innerhalb des Modellgebiets)

```
----------------------------------------------------
```

```
------------------------INPUT CARD 6-------------------
```
   Eingabe von Parametern und Parameterfeldern:

1. Nicht stoff-abhängige Parameter:
          Volumetrische Feuchte
          Longitudinale Dispersionslänge
          Transversale Dispersionslänge
          Diffusivität
          X-Richtung Darcy-Geschwindigkeit (nur falls ICTR=0)
          Y-Richtung Darcy-Geschwindigkeit ("   )
          Z-Richtung Darcy-Geschwindigkeit (nicht verwendet)
          Trockendichte

2. Stoffabhängige Parameter (Schleife mit J=1,NC)
          1. Sorptionsparameter
          2. Sorptionsparameter (for ISO(J)>0 only)
          Quell/Senkenrate (für jede Zeitperiode; MT-fach)


```
(NE(I),I=NA) (REAL ARRAY)
```
          Zeitcharakteristik für Quell-/Senkenterme

          Anfangswerte der Konzentration in flüssiger Phase
            (nur falls IRST=0)
          Anfangswert der Konzentration in fester Phase
            (falls IRST<>1 und ISO(J)>3)


```
            -----------------------------------
```
Die Eingabe eines Parameters erfolgt durch:


```
I1          (1 INTEGER)
```

```
(X(I),I=1,N) (REAL ARRAY)
```
                falls I1<0: (Lesen von TAPE4)

```
(W(I),I=1,NA)   (REAL ARRAY)
(K(I),I=1,N) (INTEGER ARRAY)
```
falls I1=0: verteilter Parameter

```
X   (1 REAL)
```
                falls I1>0: konstanter Wert


```
--------------------------------------------------------
```

```
-----------------------INPUT CARD 7-------------------
```
Randbedingungen für Strömungsmodell

(nur verwendet, wenn ICTR<=0)

Randbedingungen für 6 Kanten:
1. Konstanter x-Wert (linke Randkanten)
2. Konstanter x-Wert (rechte Randkanten)
3. Konstanter y-Wert (hintere Randkanten)
4. Konstanter y-Wert (vordere Randkanten)
5. Konstanter z-Wert (obere Randkanten)
6. Konstanter z-Wert (untere Randkanten)

Einzelne Randbedingungen der 6 Kanten sind durch folgende Spezifikationen gegeben:

```
IB   (1 INTEGER)
```

IB   Bezeichner zum Eingabetyp
              (homogen/ inhomogen/ von Datei)

```
IB, B  (1 INTEGER, 1 REAL)   falls IB>0   (Homogener Fall)
```

```
IX, IY, IZ, IB, B (4 INTEGER, 1 REAL)
```
(für jeden Randblock eine Zeile, Ende durch Leerzeile))

```
    von Standardeingabe        falls IB=0      (Inhomogener Fall)
```

```
    von TAPE4                  falls IB<0   (Inhomogener Fall,
                                             Lesen von Datei)
```

Charakteristika der Randbedingen sind:
```
IX, IY, IZ      Blockindex
IB              =1: geschlossener Rand; =0: offener Rand
B               nicht verwendet
```

```
-----------------------INPUT CARD 8-------------------
CN0,CN,OMEGA,EPS,ISTP,MAX,ICG,IPRE,NORM,IDBL,ISCL
```
(4 REAL, 7 INTEGER)

CN   Zeitschichtwichtungsfaktor für Terme 1. und 2. Ordnung
            (=0.0: total implizit, =0.5: CRANK-NICOLSON,
            =1.0: explizit - im stationären Fall nicht benötigt)
CNO   Zeitschichtwichtungsfaktor für Terme 0. Ordnung
OMEGA   Faktor zur Vorkonditionierung

EPS	Genauigkeit im Abbruchkriterium der CG-Löser
ISTP	Pause-Option bei Erreichen der max. Iterationen im Gleichungslöser (=1: Pause mit Bildscirm-Info; =0: keine Pause)
MAX	Maximale Anzahl von Iterationen der CG-Löser
ICG	Auswahl des CG-Lösers: (=0: CG, =1: CGS, =2: BI-CG, =3: BI-CGstab)
IPRE	Vorkonditionierungsoption (>0: Vorkonditionierung)
NORM	Option zur Bestimmung der Norm im Abbruchkriterium der CG-Löser (=1: 2-Norm; sonst: Maximum-Norm)
IDBL	Option zum doppelt-genauen Rechnen der CG-Löser (=1: DOUBLE PRECISION -Felder in CG-Iterationen, sonst: lediglich einfache (REAL) Genauigkeit)
ISCL	Skalierungsoption (=1: Überführung der Matrixdiagonale in 1.0-Werte vor dem Aufruf des CG-Lösers, sonst: keine Skalierung)

```
-----------------------------INPUT CARD 9-------------------
   (TIMS(I),I=0,6),(NDT(I),I=1,6)        (7 REAL, 6 INTEGER)
```

TIMS(0)	Anfangszeitpunkt
TIMS(I)	Ende des Zeitintervalls I (= Anfang des Zeitintervalls I+1)
NDT(I)	Anzahl der Zeitschritte im Zeitintervall I

```
-----------------------------INPUT CARDS 10-----------------
   IPRT1,IPRT2,IPRT3,IPRT4,IPRT5,IPRT6
   JPRT1,JPRT2,JPRT3,JPRT4,JPRT5,JPRT6
                             (2 X 6 INTEGER)
```

IPRT1	nicht verwendet
IPRT2	Ausgabe Massenbilanz in Standardausgabe
IPRT3	" Konzentrationen " "
IPRT4	" Beobachtungspunkt 1 "
IPRT5	" Beobachtungspunkt 2 "
IPRT6	" Beobachtungspunkt 3 "
J***	wie I*** für Nicht-Standardausgabe

Ausgabe erfolgt:
- nach Ermittlung der Lösung im stationären Fall, wenn Wert >0
- nach jeweils I*** (bzw. J***) Zeitschritten im instationären Fall

```
-----------------------INPUT CARD 11-----------------
IPL,IPL1,IPL2,IPL3,IPL4,IPL5,IPL6,IGM,IPL9,PLEN,PWID
                    (9 INTEGER, 2 REAL)
```

IPL	>0 initiiert Graphikausgabe (im stationären Fall); im instationären Fall: Graphik nach IPL Zeitschritten
IPL1	Anzahl Isolinien für Konzentration in der flüssigen Phase
IPL2	Ermöglichung des Speicherns nach jedem Bild
IPL3	=0: keine Änderung der Farbe =1: Änderung von einer Isolinie zur nächsten
IPL4	Anzahl Isolinien für Konzentration in der festen Phase
IPL5	>0: Zeichnen der Blöcke des Gitters
IPL6	>0: Automatische Berechnung der Isolinienniveaus
IPL9	Isolinienniveau-Ausgabe in Standarddatei
IGM	Graphikmodus
PLEN	Bildbreite (Maximum 1.6)
PWID	Bildhöhe (Maximum 1.0)

(Setzt man PLEN oder PWID zu 0.0, werden die Seitenverhältnisse, soweit möglich auf dem Bildschirm in ihren echten Abmessungen dargestellt)

```
-----------------------INPUT CARDS 12----------------
CH                                        (CHARACTER*128)
KPRT1,KPRT2,KPRT3,KPRT4,KPRT5,KPRT6        (6 INTEGER)
```

Ausgabeformat der Nichtstandarddatei

CH	Dateiname mit (Pfad)
KPRT1	=0: hexadezimal, sonst: ASCII Format
KPRT2	>0: Ausgabe der Blockanzahl in den Koordinatenrichtungen
KPRT3	>0: Ausgabe der Blocklängen
KPRT4	>0: Ausgabe x-Koordinate
KPRT5	>0: Ausgabe y-Koordinate
KPRT6	>0: Ausgabe z-Koordinate

```
-----------------------------------------------------
```

Ende der für die Modellierung relevanten Daten. Weitere Einträge in der Datei betreffen die Bildschirmdarstellung des Modells mit dem GeoShell Programm und werden vom Modellierungsprogramm FAST-A nicht gelesen.

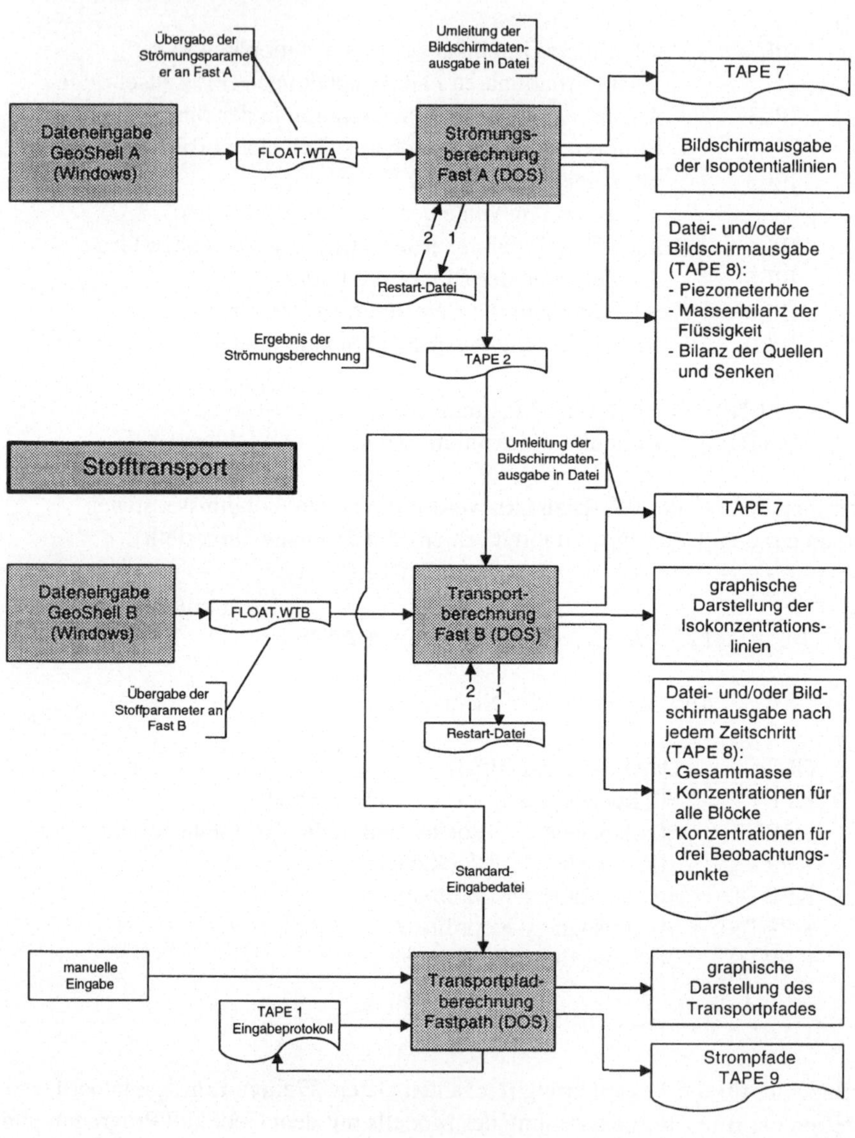

Abb.: Überblick über die Eingabe-, Ausgabe- und Transferdateien

TAPE1 - Daten-Eingabe bzw. -Transferdatei

Die Datei mit dem Standardnamen TAPE1 wird vom Programm FASTpath erzeugt, wenn die entsprechende Frage ('Anweisungsprotokoll ? (j/n)') bejaht wurde. In TAPE1 werden sämtliche Eingaben gespeichert, die während einer interaktiven Sitzung mit dem Programm erfolgen. Diese brauchen in einer weiteren Anwendung nicht ein zweites Mal per Hand eingegeben zu werden.

Beim zweiten Lauf muß die entsprechende Frage ('Anweisungen von Datei ? (j/n)') bejaht beantwortet werden. Bei beiden Anfragen folgt danach als zweites die Nachfrage, ob die Datei mit dem Standardnamen - hier Tape1 - verwendet werden soll. D.h. es können vom Benutzer auch andere Namen verwendet werden. Dabei beachte man, daß der Dateiname in Häkchen angegeben werden muß (Beispiel: 'TAPE1.DM1').

Es finden sich auf der Datei die folgenden Angaben:
1. Bezeichner zur Ausgabe eines Strompfadptotokolls ('j' für Ausgabe, 'n' unterdrückt Ausgabe)
2. Bezeichner zur Verwendung des Standarddateinamens für das Strompfadprotokoll (nur falls in der vorherigen Zeile ein 'j' steht)
3. Dateiname zur Ausgabe des Strompfadprotokolls (nur falls in der vorherigen Zeile ein 'n' steht)
4. Bezeichner zur Zeitachsenrichtung ('j' für Vorwärtssimulation, 'n' für Rückwärtssimulation)
5. Bezeichner für Schnittebenenrichtung ('1' für xy-, '2' für xz-, '3' für yz-Ebene, nur im 3D-Fall)
6. Bezeichner für Schnittebene (Index der Schicht, nur im 3D-Fall)
7. x-Koordinate des Startpunkts
8. y-Koordinate des Startpunkts (nur falls NY>1)
9. z-Koordinate des Startpunkts (nur falls NZ>1)
10. Bezeichner zur Programmfortsetzung ('j' zur Eingabe eines weiteren Startpunkts, sonst 'n') - im Falle der Programmfortsetzung erfolgt hier eine Wiederholung der Punkte 7.-10.

TAPE2 - Daten-Eingabe bzw. -Transferdatei

Die Datei enthält alle Daten, die bei der Verwendung des 'FAST-Postprocessings' benötigt werden. Normalerweise braucht die Struktur dieser Datei den Benutzer nicht zu interessieren. Zur Fehlersuche oder zur Änderung

einzelner Optionen kann die Ansicht bzw. das Editieren der Datei hilfreich sein.
TAPE2 wird von FAST-A geschrieben, wenn die entsprechende Option 'Ausgabe-
FAST-A Postprocessing' aktiviert ist. Die Datei kann dann von den Programmen
FAST-B oder FASTpath direkt gelesen werden.

```
---------------------------------INPUT CARD 1----------------
  NX, NY, NZ                        (3 INTEGER, unformatiert)


          NX                Blockanzahl in x-Richtung
          NY                Blockanzahl in y-Richtung
          NZ                Blockanzahl in z-Richtung
```

setze: N=NX*NY*NZ, NXY=NX*NY, NXZ=NX*NZ, NYZ=NY*NZ

```
---------------------------------INPUT CARDS 2---------------
  DX(I), I=1,NX                     (alle FLOAT, unformatiert)
  DY(I), I=1,NY
  DZ(I), I=1,NZ


          DX                Blocklängen in x-Richtung
          DY                Blocklängen in y-Richtung
          DZ                Blocklängen in z-Richtung


---------------------------------INPUT CARD 3----------------
  LCHAR(I), I=1,N                   (alle INTEGER, unformatiert)
```

     LCHAR   Blockcharakteristik zur Kennzeichnung des Modellgebiets
                (=0: außerhalb, =1: innerhalb des Modellgebiets)

Block I = (IX+(IY-1)*NX+(IZ-1)*NXY ergibt sich bei kanonischer Zählung der
Blöcke (erst x, dann y, dann z)

```
---------------------------------INPUT CARD 4----------------
  Y(I), I=1,N                       (alle FLOAT, unformatiert)


          Y                 Porosität in Blöcken


---------------------------------INPUT CARD 5----------------
  S(I), I=1,N                       (alle FLOAT, unformatiert)


          S                 Quellen-/Senken des Strömungsfelds
                            (Volumen/Zeit) in Blöcken


-----------------------------------------------------------------
```

```
------------------------------INPUT CARD 6---------------
  IPL5, IUST, IPL9, PLEN, PWID      (3 INTEGER, 2 FLOAT)
```

IPL5	=1: Gitter Zeichnen; =0: ohne Gitter
IUST	=1: ungesättigter Fall, =0: gesättigt
IPL9	Graphikmodus (Minimum: 1, Maximum 15)
PLEN	Bildbreite auf dem Schirm (Maximum: 1.6)
PWID	Bildhöhe auf dem Schirm (Maximum: 1.0)

```
---------------------------INPUT CARD 7----------------
  U(I), I=1,N                   (alle FLOAT, unformatiert)
                      ........(nur falls IUST>0)
```

U	Sättigung in Blöcken I

```
---------------------------INPUT CARDS 8---------------
  P(I), I=1,N+NYZ
  Q(I), I=1,N+NXZ
  R(I), I=1,N+NXY              (alle FLOAT, FORMAT 25Z)
```

P	Geschwindigkeitskomponenten x-Richtung
Q	Geschwindigkeitskomponenten y-Richtung
R	Geschwindigkeitskomponenten z-Richtung

```
--------------------------------------------------------
```

TAPE4 - Daten-Eingabedatei

Verteilte Parameter können auch über Datei eingelesen werden; der Standardname für diese Datei bzw. Dateien ist TAPE4. Es können allerdings auch andere Namen verwendet werden, die von den aus Benutzeroberflächen gewählt werden. Fast immer handelt es sich um Datenfelder der Länge N - wobei N die Gesamtanzahl der Blöcke im Quader bezeichnet. Die Blöcke sind in kanonischer Weise durchgezählt (erst x, dann y, zuletzt z).

```
---------------------------INPUT CARD------------------
  X(I), I=1,N                   (alle FLOAT, unformatiert)
```

X	Variablenwerte in Blöcken I

```
--------------------------------------------------------
```

Eine Ausnahme von dieser Grundstruktur sind lediglich die Quell-/Senkenraten bei instationären Simulationen. Sowohl bei FAST-A wie bei FAST-B werden diese in der folgenden speziellen Struktur angegeben:

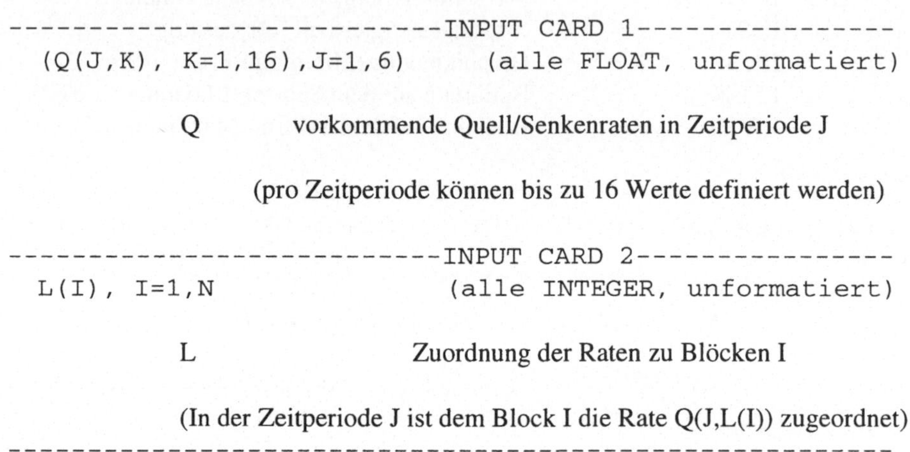

```
-------------------------------INPUT CARD 1----------------------
  (Q(J,K),  K=1,16),J=1,6)         (alle FLOAT, unformatiert)


        Q          vorkommende Quell/Senkenraten in Zeitperiode J

              (pro Zeitperiode können bis zu 16 Werte definiert werden)

-------------------------------INPUT CARD 2----------------------
  L(I),  I=1,N                      (alle INTEGER, unformatiert)


        L                  Zuordnung der Raten zu Blöcken I

        (In der Zeitperiode J ist dem Block I die Rate Q(J,L(I)) zugeordnet)
----------------------------------------------------------------
```

Das Einlesen von Randbedingungen von TAPE4 erfolgt, wie in den INPUT CARDS 7 der FAST-Programme beschrieben.

TAPE7 - Ausgabedatei

Die Datei mit dem Namen TAPE7 wird beschrieben, wenn die Startfrage eines FAST-Programms ('Ausgabe auf Standarddatei ?' bejaht wurde. Alle Ausgabewerte, die sonst auf dem Bildschirm erscheinen, werden dann in diese Datei umgelenkt. TAPE7 ist eine ASCII-Datei, die mit einem Editor (z.B. 'Edit' unter DOS, oder 'Notepad' unter WINDOWS eingesehen werden kann). Da die Ausgabe auf dem Bildschirm zumeist sehr schnell erfolgt, empfiehlt sich die Verwendung dieser Option beim ersten Modellauf. Die wichtigsten Eingabedaten können hier nochmals kontrolliert werden und auch die Standardausgabe der Ergebnisse erfolgt auf diese Datei.

Ein weiterer Vorteil der Umleitung der Standardausgabe auf Datei ist, daß die geschriebenen Daten ganz oder teilweise gespeichert und/oder gedruckt werden können. Man beachte, daß Optionen zur Standardausgabe in den GeoShells unter 'Ausgabe-Bildschirm' ausgewählt werden.

TAPE8 - Ausgabedatei

Auf die Datei mit dem Standardnamen TAPE8 werden Ausgabedaten unterschiedlicher Art geschrieben, wenn die entsprechenden Optionen in den Modelleingabedaten gesetzt sind (s. GeoShells 'Ausgabe-Datei'). Vor allem für Datenfelder ist diese Ausgabemöglichkeit interessant. Denn es bestehen Optionen zum Beschreiben in unterschiedlichen Formaten. Die Datei kann dann in nachbearbeitenden Programmen, z.B. für Graphik-Software, als Eingabedatei verwendet werden.

Die Dateien enthalten die Ausgabedaten im ASCII-Format, wobei keine Beschriftung mitgeliefert wird. Es empfiehlt sich im Zweifelsfall der Vergleich mit der Ausgabe derselben Daten in der Standardausgabedatei TAPE7. Datenfelde werden in kanonischer Reihenfolge ausgegeben (erst wird der Blockindex in x-, dann in y- zuletzt in z-Richtung hochgezählt).

Die Ausgabe von instationären Modell-läufen erfolgt jeweils nach der Simulation des Zeitschritts. D.h. die Ausgabe geschieht innerhalb der Schleifen über die Zeitschritte und der Zeitperioden. Um die Ausgabe nicht zu übersichtlich zu gestalten, sollte die Möglichkeit der unabhängigen Steuerung der Ausgabe unterschiedlicher Daten mit Bedacht gewählt sein.

Bei Ausbreitungsmodellen ist zudem zu beachten, daß in die Zeitschrittschleife eine Schleife über die Komponenten eingebettet ist. Diese beginnt mit der letzten Komponente und schreitet rückwärts bis zum ersten Stoff fort. Desweiteren erfolgt für Stoffe mit Gleichgewichtssorption die Ausgabe eines Werts oder eines Felds, während es im Falle der Nicht-Gleichgewichtssorption zwei Konzentrationen sind. Das muß auch bei Beobachtungspunkten berücksichtigt werden: max. ergeben sich 6 Ausgabewerte pro Zeitschritt pro Komponente unter dieser Option: zwei Konzentrationswerte an maximal drei Beobachtunspunkten:

C und c_s an an Beobachtungspunkt 1, C und c_s an an Beobachtungspunkt 2, C und c_s an an Beobachtungspunkt 3

Werden mehrere Ausgabefelder gespeichert, gilt die folgende Reihenfolge:

Bei FAST-A:	Piezometerhöhe
	Druckhöhe
	Sättigung
	Geschwindigkeitskomponenten (x-, y-, z-)
	Bilanzkomponenten: Summe aller Einströme,
	- aller Ausströme, Bilanz der Quell- u. Senken
Bei FAST-B(2D):	Konzentration in flüssiger Phase
	Konzentration in fester Phase
	Bilanz: Zeitpunkt, Komponentennr., Gesamtmasse
	Konzentration an Beobachtungspunkten:
	Zeit, Komponente, Konzentration

Anstelle des Standardnamens TAPE8 kann ein anderer Dateiname verwendet werden.

TAPE9 - Ausgabedatei

Die Datei mit dem Standardnamen TAPE9 wird vom Programm FASTpath erzeugt, wenn der Benutzer die entsprechende Frage ('Strompfad Protokoll ? (j/n)') bejaht hat. In der Datei werden dann die Koordinaten des Startpunkts, die Koordinaten des Endpunkts, sowie die Laufzeit notiert. Die Einheiten werden dabei aus dem vorgeschalteten Programm FAST_A übernommen.

Anstelle des Standardnamens TAPE9 kann ein anderer Dateiname verwendet werden, indem man die Anfrage im Programm demgemaß beantwortet. Der Dateiname ist wiederum in Häkchen anzugeben.

RESTART Daten-Transferdateien

Die Datei mit dem Namen RESTART wird beschrieben, wenn in einem Modellauf mit FAST-A oder FAST-B die RESTART-Ausgabe-Option aktiviert ist. Auf die Datei wird dabei die zuletzt berechnete Belegung der abhängigen Variablen gespeichert - bei FAST-A also Piezometerhöhen, bei FAST-B Konzentrations- oder Temperaturwerte. Die Variablenfelder der Länge N=NX*NY*NZ (siehe oben) werden wie folgt abgelegt:

RESTART-Datei von **FAST-A**:

```
-----------------------------INPUT CARD------------------
  X(I), I=1,N                      (alle FLOAT, unformatiert)


         X              Piezometerhöhen in Blöcken I
```

Block I = (IX+(IY-1)*NX+(IZ-1)*NXY ergibt sich bei kanonischer Zählung des Blöcke (erst x, dann y, dann z)

RESTART-Datei von **FAST-B**:

```
---------------------------INPUT CARD 1---------------
  (X(J,I), I=1,N),J=1,NC)      (alle FLOAT, unformatiert)


         X           Konzentrationswerte für Komponenten J in Blöcken I


--------------------------------------------------------
```

```
-----------------------------INPUT CARD 2----------------
 R(J,I), I=1,N)                    (alle FLOAT, unformatiert)
                                   (nur für Komp. J mit linearer
                                    Isotherme R≠1)


        R                  Retardationen für Komponenten J in Blöcken I
-----------------------------------------------------------------
```

Der Modellauf kann mit Hilfe dieser RESTART Datei fortgesetzt werden. In einem Lauf mit aktivierter RESTART-Eingabe-Option wird der Status der Variablen von der Datei gelesen und als Anfangs- bzw. Startwert verwendet. Sinnvoll ist der Einsatz der RESTART-Option.

- im instationären Fall zur Fortsetzung der zeitlichen Simulation für eine anschließende Zeitperiode
- im insationären Fall zur Simulation zeitlich variabler Parameter, soweit diese innerhalb eines Modellaufs als zeitlich konstant behandelt werden
- im stationären Fall zur Verbesserung der erhaltenen Lösung, z.B. durch Verbesserung der Genauigkeit der Gleichungslöser

Es ist darauf zu achten, daß die Datei RESTART bei einer weiteren Anwendungen des Programms mit eingeschalteter RESTART-Ausgabe-Option überschrieben wird. Sie ist also, falls sie später noch benutzt werden soll, unter anderem Namen zu speichern. Insbesondere gilt das im Falle von Modellierungen, bei denen beide RESTART-Optionen aktiviert sind. Dann werden die Initialdaten des Laufs an dessen Ende überschrieben.

BIOCHEM.ASC, NUCLIDS.ASC, CHEMDEG.ASC, BIODEG.ASC, HALFLIFE.ASC

Dies sind Hilfsdateien für FAST-B(2D), die allerdings auch selbst editiert werden können. Sie enthalten Informationen über die Zerfallscharakteristik verschiedener Stoffe.

E. Holzbecher

Modellierung von Grundwasserströmungen

Arbeitsausgabe

1996. CD-ROM ca. **DM 348,-*** ISBN 3-540-14574-5

Systemanforderung : CD-ROM Laufwerk, mindestens 80386er Prozessor, 4MB RAM, DOS 5.0 oder höher und WINDOWS 3.1

Modelle von Strömungs- und Ausbreitungsprozessen im Grundwasser und in der ungesättigten Zone werden zu einem zunehmend akzeptierten Werkzeug zur Beurteilung von Umweltproblemen. Mit dem Programm FAST können viele Aufgaben in diesem Bereich bearbeitet werden, wobei dem Anwender einfach zu bedienende graphische Benutzeroberflächen das Arbeiten erleichtern. Die CD-ROM enthält eine verbesserte und erweiterte Programmversion der Studienausgabe, in die E. Holzbecher („Modellierung dynamischer Prozesse in der Hydrologie") einführt. Vor allem können mit diesen Programmen umfangreichere Modelle erstellt werden.

* Unverbindliche Preisempfehlung zzgl. 15% MwSt. in Deutschland. In anderen Ländern der EU zzgl. landesüblicher MwSt.

Preisänderungen vorbehalten

Springer-Verlag, Postfach 31 13 40, D-10643 Berlin, Fax 0 30 / 82 07 - 3 01 / 4 48, e-mail: orders@springer.de   BA96.02.26

Arbeitsversionen für FAST-A und FAST-B(2D)

Die auf CD beiliegenden Programme sind Studienversionen, mit denen Sie Modelle bis zu einer Größe von 1000 Blöcken bearbeiten können. Zudem ist die Anzahl der Blöcke in einer Koordinatenrichtung auf 100 begrenzt. In Kürze werden Arbeitsversionen der Programme erhältlich sein, die Ihnen ein professionelles Arbeiten mit FAST erlauben. Diese bieten

- die Möglichkeit der Erstellung von Modellen mit mehr als 1000 Blöcken
- die Möglichkeit mehr als 100 Blöcke in einer Koordinatenrichtung zu wählen
- die Möglichkeit der Behandlung von mehr als 3 Komponenten in einer Simulation (betrifft FAST-B)
- erweiterte Listen mit Voreinstellungen für Stoffcharakteristiken (FAST-B)
- Erweiterungen bzgl. Modellausgabe
- Erweiterungen bzgl. Modelleingabe